インフラ／ネットワークエンジニアのための

ネットワーク技術 & 設計入門 第2版

サーバシステムを支えるネットワークは
こうしてできている

みやたひろし 著

SB Creative

この度は小社書籍をご購入いただき誠にありがとうございます。小社では本書の内容に関するご質問を受け付けております。本書を読み進めていただきます中でご不明な箇所がございましたらお問い合わせください。なお、お問い合わせに関しましては以下のガイドラインを設けております。恐れ入りますが、ご質問の際は最初に下記ガイドラインをご確認ください。

ご質問の前に

小社Webサイトで「正誤表」をご確認ください。最新の正誤情報を下記のWebページに掲載しております。

https://isbn.sbcr.jp/96805/

上記ページの「正誤情報」のリンクをクリックしてください。なお、正誤情報がない場合、リンクをクリックすることはできません。

ご質問の際の注意点

・ご質問はメール、または郵便など、必ず文書にてお願いいたします。お電話では承っておりません。
・ご質問は本書の記述に関することのみとさせていただいております。従いまして、○○ページの○○行目というように記述箇所をはっきりお書き添えください。記述箇所が明記されていない場合、ご質問を承れないことがございます。
・小社出版物の著作権は著者に帰属いたします。従いまして、ご質問に関する回答も基本的に著者に確認の上回答いたしております。これに伴い返信は数日ないしそれ以上かかる場合がございます。あらかじめご了承ください。

ご質問送付先

ご質問については下記のいずれかの方法をご利用ください。

> **Webページより**
> 上記ページ内にある「お問い合わせ」をクリックしていただき、ページ内の「書籍の内容について」をクリックすると、メールフォームが開きます。要綱に従ってご質問をご記入の上、送信してください。
>
> **郵送**
> 郵送の場合は下記までお願いいたします。
>
> 〒105-0001
> 東京都港区虎ノ門2-2-1
> SBクリエイティブ　読者サポート係

■ 本書内に記載されている会社名、商品名、製品名などは一般に各社の登録商標または商標です。本書中では®、™マークは明記しておりません。
■ 本書の出版にあたっては正確な記述に努めましたが、本書の内容に基づく運用結果について、著者およびSBクリエイティブ株式会社は一切の責任を負いかねますのでご了承ください。

©2019 Hiroshi Miyata
本書の内容は著作権法上の保護を受けています。著作権者・出版権者の文書による許諾を得ずに、本書の一部または全部を無断で複写・複製・転載することは禁じられております。

はじめに

本書について

　古き良きオンプレミスの世界へようこそ。本書は、オンプレミスなサーバサイトのネットワークを設計するうえで必要な基礎技術や、ノウハウをまとめた入門書です。初版が好評だったということで、第2版を出版する運びとなりました。本当にありがとうございます。

　初版が発行されたのは2013年。あの頃はクラウドサービスのコストメリットや運用管理性がひととおり認識され、「オンプレミスはオンプレミスでいいところあるよね」的な脱クラウド化の回帰潮流が始まりつつありました。あれから早5年。光陰矢の如しです。5年経った今現在は、ぐるっと一周回って、オンプレミスはオンプレミス、クラウドはクラウドと必要に応じた住み分けがされ、ふたつの環境をうまく共存させるようになってきています。この5年間でオンプレミスなサーバサイトのネットワーク設計自体が大きく変化したかと言われれば、必ずしもそういうわけではありません。ミッションクリティカルな環境に設置されるサーバサイトのネットワークは、先人たちの屍を乗り越えて確立した鉄板設計を採用することが多く、新しい技術が根付きづらい環境にあるからでしょう。

　しかし、その一方で、ネットワークを取り巻く環境は大きく変化しています。IoT (Internet of Things) やFintech (Financial Technology) など、ネットワークありきの技術が台頭し、トラフィックは加速度的な増加の一途をたどっています。それとともに、ただ単純に帯域拡張していくだけの高速化設計が限界を迎え、限られたリソースをより効率的に利用する最適化設計を求められるようになってきました。本書は、そんな環境変化の中にあっても、なおブレることのない、そして色あせることのない鉄板設計を説明しつつ、その変化により新たに必要になってきた高速化設計や最適化設計、そしてそれらの現実についても説明していきます。

　さて、オンプレ・クラウド共存環境が進む中で、なぜ本書は一貫してオンプレミスの世界を突き進み続けるのか。答えは簡単です。少なくとも「ネットワーク」という、ひとつの世界において、クラウドの延長線上にオンプレミスがあり、オンプレミスをしっかり理解しておきさえすれば、クラウドへの順応はさほど難しくはないからです。クラウドは、クラウド事業者が提供する「サービス」という枠組み以上のことはできません。それに対して、オンプレミスはその枠組み自体を自分自身で設計して、自由自在に組み立てることができます。この自由度こそがオンプレミスの魅力であり、インフラ/ネットワークエンジニアの知識の裾野と可能性を広げる重要な要素になり得ます。結局のところ、クラウドであろうと、オンプレミスであろうと、ネットワークを流れるパケットに違いはありません。また、それをどう扱い、どう設計するかにも大きな違いはありません。重要な

のは「オンプレミスとクラウドの知識を上手につなげること」です。「オンプレミスのときはこうだったから、クラウドではこうなるんだな」、あるいは逆に「クラウドのときはこうだったから、オンプレミスではこうしてみよう」という試行錯誤がエンジニアとしての気付きの扉を開きます。

　最後に、本書はネットワーク技術や設計の説明をしつつも、現在の日本のIT業界が抱え込んでいる矛盾であったり、雑草エンジニアである私自身が日頃ネットワークを設計する中で感じる思いであったりを、その行間に詰め込んでいます。是非とも手に取っていただき、日本のIT業界、インフラ業界の「今」を感じていただければと思います。

対象読者

　本書は以下のような読者を想定しています。

サーバサイトを設計したいインフラ / ネットワークエンジニア

　構築や試験など、下流工程をひととおりマスターしたインフラ/ネットワークエンジニアは、要件定義や基本設計という上流工程へと活躍の場をシフトしていきます。筆者の経験上、ネットワーク構築は基本設計が命です。基本設計における、しっかりとしたルール決めが、サーバサイトのすべてを握っているといっても過言ではありません。本書は基本設計で、少なくとも決めておく必要がある項目をベースに章構成を組んでいます。基本設計するときの助けになることでしょう。

知識の幅を広げたいクラウドエンジニア

　クラウドでは、各クラウド事業者が用意したサービスの枠組みに合わせて、いろいろな設計を実施していく必要があります。オンプレミスでは、その枠組み自体を自分自身で設計して、自由自在に組み立てることができます。より自由度が高いオンプレミスの設計を理解し、クラウドサービスの枠組みを超えたとき、異なる側面からクラウドサービスを眺めることができるようになります。新しい知の扉が開かれるでしょう。

サーバサイトを運用管理するサイト管理者

　長年サイトを運用していると、サーバが壊れたり、ネットワーク機器が壊れたりと、いろいろなトラブルに見舞われます。トラブルシューティングの近道は、基礎技術の習得以外にありません。サーバサイトはたくさんの基礎技術をつなぎ合わせてできている、ひとつの世界です。本書は、ひとつひとつの基礎技術をしっかり習得できるように、そして、それらをつなぎ合わせることができるように、実際によくありがちな鉄板構成例をもとに説明しています。

謝辞

　本書はたくさんの方々の協力のもとに執筆しました。相変わらず遅筆な私を、時には優しく、時には厳しくフォローしてくださる、SBクリエイティブの友保健太さんには毎度毎度感謝以外の言葉がありません。検証して、執筆を繰り返す毎日は、知らない領域があることを再認識できる、何にも代えがたい時間です。こんな時間を与えてくれて、ありがとうございました。

　また、本業が忙しい中、サポート目線で指摘をくれた松田宏之さん、アプリ目線で指摘をくれた成定宏之さん、SI目線で指摘をくれたyukaさん、物理層目線で指摘をくれた田代好秀さん、いろいろな立場からのレビューは鋭く、かつ厳しくもあり、ありがたくもありました。だからこそ、初版を超えるクオリティを出せたと思います。

　最後に、息子に自らの肝臓を提供した妻へ。初めてのことも多く、不安なこともあっただろうにもかかわらず、変わらぬ在り方でいてくれてありがとう。落ち着いたら、待望の初家族旅行しようね。そして、大手術と長い入院期間を乗り切った、小さな我が子へ。本当によくがんばったね。なぜか覚えてしまった「おしりたんてい」の次は、「ママ、肝臓ありがとう」を覚えよう！　そして、最後の最後に、入院期間をスクランブル体制でサポートしてくれた岩手と鹿児島の両親へ。みんなの愛情を一身に受けて、大きく育ってくれるはずです。ありがとうございました。

2019年6月　みやた ひろし

CONTENTS

第0章 本書の使い方 … 1

0.1 ネットワーク構築の流れ … 2
0.1.1 ネットワーク構築は6フェーズで構成されている … 2
- 要件定義 … 2
- 基本設計 … 2
- 詳細設計 … 3
- 構築 … 3
- 試験 … 3
- 運用 … 4

0.1.2 ネットワーク構築は基本設計がポイント … 4
- 物理設計 … 6
- 論理設計 … 7
- セキュリティ設計・負荷分散設計 … 8
- 高可用性設計 … 10
- 管理設計 … 11

第1章 物理設計 … 13

1.1 物理層の技術 … 14
1.1.1 物理層は規格がいっぱい … 14
- 規格を整理すると物理層が見えてくる … 15
- イーサネットの規格は別名で呼ぶ … 16

1.1.2 ツイストペアケーブルはカテゴリと距離制限が重要 … 18
- よく見かけるLANケーブルはUTPケーブル … 19

CONTENTS

■ カテゴリが大きいほど速い規格に対応できる ・・・・・・・・・・・・・・・・・・・・・・・・・・・ 19

■ ストレートとクロスを使い分ける ・・・・・・・・・・・・・・・・・・・・・・・・・・・・・・・・・・・・・ 20

■ 1000BASE-Tは8本の銅線をフルに使う ・・・・・・・・・・・・・・・・・・・・・・・・・・・ 23

■ ツイストペアの極み、10GBASE-T ・・・・・・・・・・・・・・・・・・・・・・・・・・・・・・・・・ 24

■ 既存のケーブルを使い回せる2.5G/5GBASE-T ・・・・・・・・・・・・・・・・・・・ 25

■ スピードとデュプレックスは隣と合わせる ・・・・・・・・・・・・・・・・・・・・・・・・・・・ 26

■ ツイストペアケーブルは100mまで ・・・・・・・・・・・・・・・・・・・・・・・・・・・・・・・・ 29

■ リピータハブでパケットをつかまえる ・・・・・・・・・・・・・・・・・・・・・・・・・・・・・・・ 29

1.1.3 光ファイバケーブルはガラスでできている ・・・・・・・・・・・・・・・・・・・・・ 30

■ マルチとシングルを使い分ける ・・・・・・・・・・・・・・・・・・・・・・・・・・・・・・・・・・・・ 32

■ MPOケーブルで束ねる ・・・ 34

■ ブレイクアウトケーブルで分ける ・・・・・・・・・・・・・・・・・・・・・・・・・・・・・・・・・・ 35

■ よく使われるコネクタはSC、LC、MPOの3種類 ・・・・・・・・・・・・・・・・・・・ 35

■ 光ファイバケーブルを使用する規格 ・・・・・・・・・・・・・・・・・・・・・・・・・・・・・・・ 39

1.2 物理設計 ・・・ 45

1.2.1 構成パターンは2種類 ・・ 45

■ インライン構成で管理しやすく ・・・・・・・・・・・・・・・・・・・・・・・・・・・・・・・・・・・・ 46

■ ワンアーム構成で拡張しやすく ・・・・・・・・・・・・・・・・・・・・・・・・・・・・・・・・・・・・ 49

1.2.2 安定している機器を選ぶ ・・・・・・・・・・・・・・・・・・・・・・・・・・・・・・・・・・・・・・・ 51

■ 何よりも信頼性が大事 ・・ 51

■ 安物買いの銭失いを避ける ・・・・・・・・・・・・・・・・・・・・・・・・・・・・・・・・・・・・・・・ 52

■ 使いやすさも重要 ・・ 53

1.2.3 最も大きい値で機種を決める ・・・・・・・・・・・・・・・・・・・・・・・・・・・・・・・・・ 53

■ アプリケーションによって必要なスループットは異なる ・・・・・・・・・・・・・・・ 54

■ 新規接続数と同時接続数を考える ・・・・・・・・・・・・・・・・・・・・・・・・・・・・・・・・ 55

1.2.4 仮想アプライアンスをうまく利用する ・・・・・・・・・・・・・・・・・・・・・・・・・・・ 56

■ 仮想アプライアンスのメリット ・・・・・・・・・・・・・・・・・・・・・・・・・・・・・・・・・・・・ 57

■ 仮想アプライアンスのデメリット ・・・・・・・・・・・・・・・・・・・・・・・・・・・・・・・・・・ 58

■ パフォーマンス劣化を防ぐ ・・ 59

1.2.5 安定したバージョンを選ぶ ・・・・・・・・・・・・・・・・・・・・・・・・・・・・・・・・・・・・・ 64

■ とりあえず聞いてみるのが早道 ・・・・・・・・・・・・・・・・・・・・・・・・・・・・・・・・・・・ 64

■ それでも不安だったらバグスクラブ ・・・・・・・・・・・・・・・・・・・・・・・・・・・・・・・ 65

vii

CONTENTS

| 1.2.6 | 配置と目的に応じてケーブルを選ぶ | 65 |

- 遠く離れた接続には光ファイバを使う ………………………………………… 65
- 広帯域、高信頼性を求めるなら光ファイバを使う ……………………………… 68
- ツイストペアケーブルはカテゴリと種別を決める ……………………………… 69
- ケーブルの色を決めておく ……………………………………………………… 69
- ケーブルの長さを決めておく …………………………………………………… 70

1.2.7　意外と重要なポートの物理設計 ……………………………………………… 70

- どこに接続するか統一性を持たせる …………………………………………… 71
- スピードとデュプレックス、Auto MDI/MDI-X の設定も統一性を持たせる … 71
- 空きポートをどうするか考える ………………………………………………… 72

1.2.8　上手にラックに搭載する ……………………………………………………… 73

- 中央にコアとアグリゲーションを配置 ………………………………………… 73
- 吸気と排気の方向を考える ……………………………………………………… 75
- 社内に空気の流れを作る ………………………………………………………… 76

1.2.9　電源は2系統から取る ………………………………………………………… 77

- 電源プラグを間違えないように ………………………………………………… 77
- 用途に応じて電源系統を分ける ………………………………………………… 78
- 耐荷重を超えないようにする …………………………………………………… 79

第 2 章　論理設計　81

2.1　データリンク層の技術 …………………………………………………………… 82

2.1.1　データリンク層は物理層を助けている ………………………………………… 82

- イーサネットでフレーム化する ………………………………………………… 83

2.1.2　データリンク層はL2スイッチの動きがポイント ……………………………… 90

- MAC アドレスをスイッチング …………………………………………………… 91
- VLAN でブロードキャストドメインを分ける ………………………………… 97

2.1.3　ARPで物理と論理をつなぐ ……………………………………………………… 105

- ARPはIPアドレスからMACアドレスを求める ……………………………… 106
- ARPをキャプチャして見てみる ………………………………………………… 113
- 特殊なARPがいくつかある ……………………………………………………… 114

viii

CONTENTS

2.2 ネットワーク層の技術 ·· 118

2.2.1 ネットワーク層はネットワークをつなぎ合わせている ·················· 118
- IPヘッダでパケット化する ·· 119
- IPアドレスは32ビットでできている ································ 127
- 特殊なIPアドレスは予約されていて使用できない ···················· 129

2.2.2 ルータとL3スイッチでネットワークをつなげる ···················· 139
- IPアドレスを使ってパケットをルーティング ························ 139
- ルーティングテーブルを作る ······································ 145
- ルーティングテーブルを整理する ·································· 158

2.2.3 IPアドレスを変換する ··· 162
- IPアドレスを変換する ·· 162

2.2.4 DHCPでIPアドレスを自動で設定する ·························· 167
- DHCPメッセージ部にいろいろな情報を詰め込む ···················· 167
- DHCPの動きはとてもシンプル ···································· 168
- DHCPパケットをリレーする ······································ 170

2.2.5 ICMPでトラブルシューティング ······························ 171
- ICMPのポイントは「タイプ」と「コード」 ·························· 171
- よく見るタイプとコードの組み合わせは4種類 ······················ 172
- とりあえずpingからトラブルシューティング ························ 175

2.3 論理設計 ··· 177

2.3.1 必要なVLANを洗い出す ·· 177
- 必要なVLANはいろいろな要素によって変わる ······················ 177
- VLAN IDを決める ·· 184

2.3.2 IPアドレスは増減を考えて割り当てる ·························· 185
- IPアドレスの必要個数は多く見積もる ······························ 185
- ネットワークを順序良く並べて集約しやすくする ···················· 188
- どこからIP アドレスを割り当てるか、統一性を持たせる ·············· 191

2.3.3 ルーティングはシンプルに ···································· 191
- ルーティングの対象プロトコルを考える ···························· 191
- ルーティングの方法を考える ······································ 192
- ルート集約でルートの数を減らす ·································· 198

2.3.4 NATはインバウンドとアウトバウンドで考える ·················· 198

ix

CONTENTS

- ■ NATはシステムの境界で ･････････････････････････････････ 199
- ■ インバウンド通信でアドレス変換 ･･････････････････････････ 199
- ■ アウトバウンド通信でアドレス変換 ･････････････････････････ 200

第3章 セキュリティ設計・負荷分散設計　203

3.1 トランスポート層の技術 ･･････････････････････････････ 204

3.1.1 アプリケーションを通信制御し、識別する ･･････････････ 204
- ■ トランスポート層で使用するプロトコルはUDPとTCPのふたつ ･････ 206
- ■ TCPの動きは奥深い ･･････････････････････････････････ 213
- ■ MTUとMSSの違いは対象レイヤ ･･････････････････････････ 222

3.1.2 ファイアウォールでシステムを守る ･･････････････････ 227
- ■ フィルタリングルールで許可/拒否の動作を設定する ･･････････ 227
- ■ コネクションテーブルでコネクションを管理する ･･･････････････ 228
- ■ パケットフィルタリングとの違い ････････････････････････ 237
- ■ セキュリティ要件に合わせてファイアウォールを選ぶ ････････ 240

3.1.3 負荷分散装置でサーバの負荷を分散する ･･････････････ 248
- ■ サーバ負荷分散技術の基本はあて先NAT ･･････････････････ 248
- ■ ヘルスチェックでサーバの状態を監視する ･･････････････････ 253
- ■ オプション機能を使いこなす ･････････････････････････････ 264

3.2 セッション層からアプリケーション層の技術 ･･････････････ 268

3.2.1 HTTP がインターネットを支えている ･･･････････････････ 268
- ■ バージョンによってTCPコネクションの使い方が違う ･･･････････ 268
- ■ HTTPはリクエストとレスポンスで成り立っている ･･･････････････ 272

3.2.2 SSL/TLSでデータを守る ･･･････････････････････････ 280
- ■ 「盗聴」「改ざん」「なりすまし」の脅威から守る ･･･････････････ 281
- ■ SSLはいろいろなアプリケーションプロトコルを暗号化できる ･････ 284
- ■ SSLはハイブリッド暗号化方式で暗号化する ･･･････････････ 284
- ■ ハッシュ値を比較する ･･･････････････････････････････ 288
- ■ SSLで使用する技術のまとめ ･･････････････････････････ 293

CONTENTS

■ SSLはたくさんの処理を行っている ･････････････････････････････ 294
■ 暗号化通信 ･･･ 303
■ SSLセッションの再利用 ･･･････････････････････････････････････ 304
■ SSLセッションのクローズ ･････････････････････････････････････ 305
■ クライアント証明書でクライアントを認証する ･････････････････ 305

3.2.3　FTPでファイル転送 ･････････････････････････････････ 309
■ アクティブモードで特定ポートを使う ･･･････････････････････ 310
■ パッシブモードで使用ポートを変える ･･･････････････････････ 313
■ FTPはFTPとして認識させる ･･････････････････････････････ 315
■ ALGプロトコルはALGプロトコルとして認識させる ･････････ 317

3.2.4　DNSで名前解決 ･･･････････････････････････････････ 318
■ 名前解決はUDPで行う ･･･････････････････････････････････ 318
■ ゾーン転送はTCPで行う ･････････････････････････････････ 320

3.3　セキュリティ設計・負荷分散設計 ･･････････････････････ 324

3.3.1　セキュリティ設計 ･･･････････････････････････････････ 324
■ 必要な通信を整理する ･･･････････････････････････････････ 324
■ 多段防御でよりセキュアに ･･･････････････････････････････ 331
■ 起動サービスは必要最低限に ･････････････････････････････ 332

3.3.2　負荷分散設計 ･･･････････････････････････････････････ 332
■ 効率的に負荷を分散する ･････････････････････････････････ 332
■ オプション機能をどこまで使用するのか ･････････････････････ 336

第 4 章
高可用性設計 339

4.1　冗長化技術 ･･ 340

4.1.1　物理層の冗長化技術 ･････････････････････････････････ 340
■ 複数の物理リンクをひとつの論理リンクにまとめる ･･･････････ 340
■ 複数の物理NICをひとつの論理NICにまとめる ･･････････････ 346
■ 複数の機器をひとつの論理機器にまとめる ･･････････････････ 354
■ アップリンクがダウンしたら、ダウンリンクもダウンさせる ･･･････ 364

xi

CONTENTS

4.1.2	**データリンク層の冗長化技術**	365
	■ STPのポイントはルートブリッジとブロッキングポート	366
	■ 3種類のSTP	372
	■ いくつかのオプションを併用する	375
	■ BPDUでブリッジングループを止める	377
4.1.3	**ネットワーク層の冗長化技術**	379
	■ FHRP	379
	■ ルーティングプロトコルで上位に対してルートを確保する	390
4.1.4	**トランスポート層からアプリケーション層の冗長化技術**	394
	■ ファイアウォールの冗長化技術	394
	■ 負荷分散装置の冗長化技術	400

4.2 高可用性設計 402

4.2.1	**高可用性設計**	402
	■ インライン構成	402
	■ ワンアーム構成	407
4.2.2	**通信フローを整理する**	410
	■ インライン構成	410
	■ ワンアーム構成	423

第5章

管理設計

429

5.1 管理技術 430

5.1.1	**NTPで時刻を合わせる**	430
	■ NTPの動きはシンプル	430
5.1.2	**SNMPで障害を検知する**	439
	■ SNMPマネージャとSNMPエージェントでやり取りする	439
	■ 3種類の動作パターンを使いこなす	440
	■ 送信元を制限する	444
5.1.3	**Syslogで障害を検知する**	445
	■ Syslogの動きはシンプル	445

xii

CONTENTS

5.1.4　CDP/LLDPで機器情報を伝える ･･ 448

- CDP ･･ 448
- LLDP ･･ 449
- CDPやLLDPのセキュリティを考慮する ････････････････････････････････ 450

5.2　管理設計 ･･ 451

5.2.1　ホスト名を決める ･･ 451

5.2.2　オブジェクト名を決める ･･ 451

5.2.3　ラベルで接続を管理する ･･ 452

- ケーブルラベル ･･･ 452
- 本体ラベル ･･･ 453

5.2.4　パスワードを決める ･･ 453

5.2.5　運用管理ネットワークを定義する ･･････････････････････････････ 454

5.2.6　設定情報を管理する ･･ 455

- バックアップ設計では「タイミング」「手法」「保管場所」を定義する ･･････ 455
- 障害が発生したらリストアする ･･････････････････････････････････････ 456

索引 ･･･ 457

xiii

本章の概要

本章では、本書の流れと使い方を説明します。本書は、サーバサイトのネットワーク構築において最も重要なフェーズである基本設計の設計項目をベースとして、各設計項目に関連する技術と設計ポイントを説明していきます。基本設計における確固たるルール決めが、その後の拡張性や運用性など、そのネットワークのすべてに大きく関与してきます。将来を見据えた形で基本設計ができるように、まずは本章で本書の使い方を理解してください。

 # ネットワーク構築の流れ

　まず、ネットワーク構築の大まかな流れを説明します。ネットワーク構築の大きな流れを理解したあと、本書の中核となる基本設計の設計項目と、本書の内容（技術項目、設計項目）をマッピングしていきます。

0.1.1 ネットワーク構築は6フェーズで構成されている

　一般的なサーバサイトのネットワーク構築は、「要件定義」→「基本設計」→「詳細設計」→「構築」→「試験」→「運用」という6つのフェーズで構成されています。それぞれのフェーズは独立しているわけではなく、ひとつ前のフェーズが、次のフェーズのインプットになるように各フェーズは密接にかかわり合っています。

要件定義

　「要件定義」は、顧客が持っている要件を確認し、それをひとつひとつ定義していくフェーズです。顧客の要件は提案依頼書（RFP、Request For Proposal）という形で提示されますが、これはあくまで要件の概要です。提案依頼書の情報をもとにしつつ、顧客の要件をヒアリングして、要件の明確化・詳細化を図ります。そして、その内容を「要件定義書」という形でドキュメント化します。

基本設計

　「基本設計」は、各要素における設定の方針を決定するフェーズです。「設定の方針を決定」と聞くと難しく感じるかもしれませんが、ざっくり言うと、そのネットワークにおけるルールを決める感じです。ネットワーク機器は、同じ種別の機器であれば、設定方法や設定項目が異なるだけで、できることはそれほど大きく変わりません。したがって、ここでのルール決めが、ここから先のフェーズすべてを握っているといっても過言ではありません。ネットワーク構築はこのフェーズが生命線になります。ここで決めたルールを「基本設計書」という形でドキュメント化します。

詳細設計

「詳細設計」は、基本設計の情報をもとに、各機器のパラメータ（設定値）レベルまで落とし込みを行うフェーズです。当然ながら、機器や機種、OSのバージョンなど、各種要素によって設定すべき項目は異なります。機器ごとに設定値の詳細化を図り、誰が見ても機器を設定でき、システムを構築できるようにします。そして、ここで決めたパラメータを「詳細設計書」という形でドキュメント化します。

詳細設計書の定義は企業やベンダーによってさまざまです。すべてのパラメータを記載している「機器設定書」や「パラメータシート」のことを詳細設計書と呼んだり、設定値のポイントとなる部分をまとめて詳細設計書にしたり、いろいろな形式の詳細設計書があります。前もって、どのレベルの詳細設計書が必要か、顧客に確認してください。

構築

「構築」は、詳細設計書の情報（パラメータ、設定値）をもとに、機器を設定するフェーズです。詳細設計書は設定値まで落とし込みが図られているので、それらの情報を機器に設定し、接続していきます。当然ながら、機器の設定方法は、機器や機種、OSのバージョンなどによって異なります。設定者のスキルレベルや顧客の要求によっては「作業手順書」「作業チェックシート」を作り、作業手順の詳細化、設定ミスの軽減を図ります。

試験

「試験」は、構築した環境で、単体試験や正常試験、障害（冗長化）試験など、各種試験を行うフェーズです。試験する前に「試験仕様書」や「試験計画書」を作成し、その項目をもとに試験を実施、その結果を「試験結果報告書」という形にドキュメント化します。

単体試験では、「LEDが正常に点灯しているか」「OSが想定したバージョンで正常起動しているか」「インターフェースがリンクアップするか」など、その機器が単体で動作するかどうかを確認します。

正常試験では、接続した環境で「想定どおり接続できること」「アプリケーション通信ができていること」「冗長化構成が組めていること」「SyslogやSNMP、NTPなど管理通信ができていること」など、それぞれの機器が連携して動作できているかを確認します。

障害試験では、冗長化されている、すべてのポイントで障害を起こし、「継続してサービスを提供できること」「各障害を起こしたときにどんなログが送出されるか」などを確認します。

運用

「運用」は、構築したシステムを継続的に、かつ安定的に提供するために、運用していくフェーズです。システムは構築したら終了というわけではありません。そこからがスタートです。どこかが壊れることもあるでしょうし、サーバを増設することもあるでしょう。通常のオペレーションだけでなく、不測の事態にも備えられるように、万全な形で運用していきます。運用に関連する業務はすべて「運用手順書」という形でドキュメント化します。

図 0.1.1　ネットワーク構築は 6 フェーズで構成されている

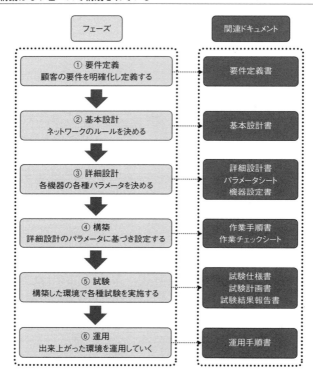

0.1.2　ネットワーク構築は基本設計がポイント

　ネットワーク構築において最も重要なフェーズが基本設計です。基本設計における、しっかりとしたルール決めが、その後の拡張性や運用性など、そのネットワークのすべてに大きく関与してきます。基本設計のレベルは顧客によってさまざまです。どこまでのレベルのものを求めているか最初に確認し、それに基づいて基本設計を行っていきます。既存に他のシステムがあるのであれば、

その基本設計書を確認し、だいたいのレベル感を確認しておくのもよいでしょう。

さて、本書はサーバサイトのネットワーク構築において、最も重要な基本設計フェーズに重点を置きつつ、各設計項目で必要な技術と、設計ポイントを説明していきます。一般的なサーバサイトのネットワーク構築の基本設計は、大きく分けて「物理設計」「論理設計」「セキュリティ設計・負荷分散設計」「高可用性設計」「管理設計」という、5つの設計項目で構成されています。もちろんこれはあくまで一般的な設計項目の例です。設計項目は顧客の要件やサービスの性質など、いろいろな要件によって変わってきます。これらの中から項目を分割したり、削除したり、追加したりと、必要に応じて調整を加えてください。

ここからは各設計項目の概要と、それぞれの設計項目に関連する本書内の技術項目、設計項目を整理して説明します。物理設計をしたいときは第1章、論理設計をしたいときは第2章のような形で、設計項目に応じて参照してください。

図 0.1.2　本書の構成

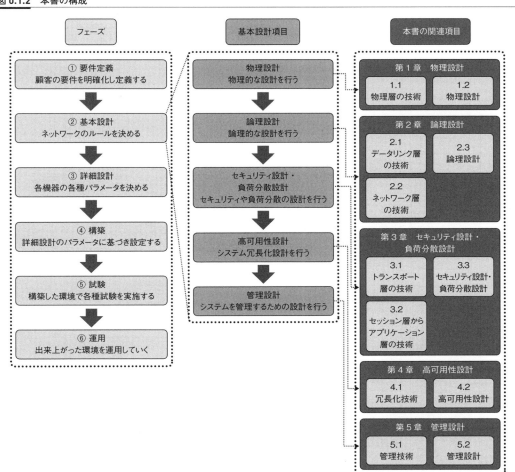

第0章　本書の使い方

物理設計

　物理設計では、サーバサイトにおける物理的なものすべてに関するルールすべてを定義します。ひとくちに「物理的なもの」と言っても、ケーブルからラック、電源に至るまで、多岐にわたります。そのすべてに対してしっかりとした定義を設けます。

　本書では第1章を「物理設計」としています。第1章では、物理設計で必要な技術、および設計ポイントを説明しています。設計項目やそれに関する本書内の技術項目、設計項目の詳細は、以下の表を参照してください。

表0.1.1　物理設計に関する本書内の技術項目、設計項目

		設計項目	設計概要		本書で関連する技術項目		本書で関連する設計項目
1	物理設計		物理的な設計を行う	1.1	物理層の技術	1.2	物理設計
	1.1	物理設計方針	物理設計の全体的な方針を定義する	—	—	—	—
	1.2	物理構成設計	各機器がどのように接続するか	—	—	1.2.1	構成パターンは2種類
	1.3	ハードウェア構成設計	どんな機器、どんな機種を使用するか	—	—	1.2.2	安定している機器を選ぶ
						1.2.3	最も大きい値で機種を決める
						1.2.4	仮想アプライアンスをうまく利用する
	1.4	ソフトウェア構成設計	どのバージョンのOSを使用するか	—	—	1.2.5	安定したバージョンを選ぶ
	1.5	接続設計	どこにどんな形で接続するか	—	—	—	—
		1.5.1 ケーブル設計	どこでどのケーブルを使用するか	1.1.1	物理層は規格がいっぱい	1.2.6	配置と目的に応じてケーブルを選ぶ
				1.1.2	ツイストペアケーブルはカテゴリと距離制限が重要		
				1.1.3	光ファイバケーブルはガラスでできている		
		1.5.2 物理接続設計	スピード・デュプレックスをどうするか	—	—	—	—
		1.5.3 ポートアサイン設計	どの順番でポートを使用するか	—	—	1.2.7	意外と重要なポートの物理設計
	1.6	ファシリティ設計	ラックや電源をどのように使用するか	—	—	—	—
		1.6.1 ラック搭載設計	どのようにラックに搭載するか	—	—	1.2.8	上手にラックに搭載する
		1.6.2 電源接続設計	どのように電源を接続するか	—	—	1.2.9	電源は2系統から取る

論理設計

　論理設計では、サーバサイトにおける論理的なものすべてに関するルールすべてを定義します。すべてのネットワークは物理の上にある論理で成り立っています。VLANをどう割り当てるか、IPアドレスをどう割り当てるか、そのルールをひとつひとつ定義していきます。

　本書では第2章を「論理設計」としています。第2章では、論理設計で必要な技術、および設計ポイントを説明しています。設計項目やそれに関する本書内の技術項目、設計項目の詳細は、以下の表を参照してください。

表 0.1.2　論理設計に関する本書内の技術項目、設計項目

設計項目		設計概要	本書で関連する技術項目		本書で関連する設計項目	
2	論理設計	論理的な設計を行う	2.1	データリンク層の技術	2.3	論理設計
			2.2	ネットワーク層の技術		
2.1	論理設計方針	論理設計の全体的な方針を定義する	—	—	—	—
2.2	VLAN 設計	どのように VLAN を割り当てるか	2.1.1	データリンク層は物理層を助けている	2.3.1	必要な VLAN を洗い出す
			2.1.2	データリンク層は L2 スイッチの動きがポイント		
			2.1.3	ARP で物理と論理をつなぐ		
2.3	IP アドレス設計	どのように IP アドレスを割り当てるか	2.2.1	ネットワーク層はネットワークをつなぎ合わせている	2.3.2	IP アドレスは増減を考えて割り当てる
			2.2.4	DHCP で IP アドレスを自動で設定する		
2.4	ルーティング設計	どのようにルーティングするか	2.2.2	ルータと L3 スイッチでネットワークをつなげる	2.3.3	ルーティングはシンプルに
			2.2.5	ICMP でトラブルシューティング		
2.5	アドレス変換設計	どのようにアドレスを変換するか	2.2.3	IP アドレスを変換する	2.3.4	NAT はインバウンドとアウトバウンドで考える

第0章　本書の使い方

セキュリティ設計・負荷分散設計

　セキュリティ設計では、ファイアウォールのポリシーを定義します。情報セキュリティの重要性は、今や言うまでもありません。セキュリティ設計における、わかりやすく、シンプルなセキュリティポリシー策定は、情報セキュリティの基本といえるでしょう。また、負荷分散設計ではサーバ負荷分散のルールについて定義します。トラフィックの加速度的な増大が叫ばれて久しい昨今、サーバ負荷分散技術の進化は目覚ましいものがあります。すべての大規模サーバサイトでサーバ負荷分散技術が縁の下の力持ち的に働いていると考えて間違いありません。負荷分散設計における、効率的なトラフィックの負荷分散がサーバサイトの拡張性と柔軟性を担います。

　本書では第3章を「セキュリティ設計・負荷分散設計」としています。第3章では、セキュリティ設計・負荷分散設計で必要な技術、および設計ポイントを説明しています。それぞれを設計項目として分けてもよかったのですが、ここはどちらもトランスポート層からアプリケーション層の技術に関する設計項目ということで本書ではまとめた形で表現しています。必要に応じて項目を分割してください。設計項目やそれに関する本書内の技術項目、設計項目の詳細は、次の表を参照してください。

0.1 ネットワーク構築の流れ

表 0.1.3　セキュリティ設計・負荷分散設計に関する本書内の技術項目、設計項目

設計項目			設計概要	本書で関連する技術項目		本書で関連する設計項目	
3	セキュリティ設計・負荷分散設計		セキュリティ、負荷分散に関する設計を行う	3.1	トランスポート層の技術	3.3	セキュリティ設計・負荷分散設計
				3.2	セッション層からアプリケーション層の技術		
	3.1	セキュリティ設計方針	セキュリティ設計の全体的な方針を定義する	—	—	—	—
	3.2	セキュリティ設計	どのようにセキュリティを確保するか	—	—	—	—
		3.2.1　通信要件の整理	どのような通信が発生するか	3.1.1	アプリケーションを通信制御し、識別する	—	—
				3.2.1	HTTP がインターネットを支えている	—	—
				3.2.2	SSL/TLS でデータを守る	—	—
				3.2.3	FTP でファイル転送	—	—
				3.2.4	DNS で名前解決		
		3.2.2　オブジェクト設計	どのようにネットワークオブジェクト、プロトコルオブジェクトを定義するか	3.1.2	ファイアウォールでシステムを守る	3.3.1	セキュリティ設計
		3.2.3　セキュリティゾーン設計	どのようにゾーンを割り当てるか				
		3.2.4　セキュリティポリシー設計	どのようにセキュリティポリシーを定義するか				
	3.3	負荷分散設計方針	負荷分散設計の全体的な方針を定義する	—	—	—	—
	3.4	負荷分散設計	どのように負荷分散するか	—	—	—	—
		3.4.1　負荷分散要件の整理	どの通信をどのサーバに負荷分散すべきか	3.1.3	負荷分散装置でサーバの負荷を分散する	3.3.2	負荷分散設計
		3.4.2　ヘルスチェック設計	どのヘルスチェックを使用するか				
		3.4.3　負荷分散方式設計	どの負荷分散方式を使用するか				
		3.4.4　パーシステンス設計	どのパーシステンス方式を使用するか				
		3.4.5　SSL オフロード設計	SSL オフロードを使用するか				

第 0 章 本書の使い方

 高可用性設計

　高可用性設計では、システム冗長化に関するルールについて定義します。サーバサイトはミッションクリティカルな環境に置かれていることがほとんどで、サービスダウンは許されるものではありません。どこでどんな障害が起きても、必ず対応できるように、すべての部分で冗長化を図ります。

　本書では第4章を「高可用性設計」としています。第4章では、高可用性設計で必要な技術、および設計ポイントを説明しています。設計項目やそれに関する本書内の技術項目、設計項目の詳細は、以下の表を参照してください。

表 0.1.4　高可用性設計に関する本書内の技術項目、設計項目

設計項目			設計概要	本書で関連する技術項目		本書で関連する設計項目	
4	高可用性設計		高可用性に関する設計を行う	4.1	冗長化技術	4.2	高可用性設計
	4.1	高可用性設計方針	高可用性設計の全体的な方針を定義する	—	—	—	—
	4.2	リンク冗長化設計	どのリンク冗長化方式を使用するか	4.1.1	物理層の冗長化技術	4.2.1	高可用性設計
	4.3	筐体冗長化設計	どの筐体冗長化方式を使用するか				
	4.4	STP 設計	どの STP モードを使用するか。どのスイッチをルートブリッジにして、どこをブロックするか	4.1.2	データリンク層の冗長化技術		
	4.5	FHRP 設計	どの FHRP を使用するか。どのルータ/L3 スイッチをアクティブにするか	4.1.3	ネットワーク層の冗長化技術		
	4.6	ルーティングプロトコル冗長化設計	どのルーティングプロトコルを使用して冗長化するか				
	4.7	ファイアウォール冗長化設計	どのような形でファイアウォールを冗長化するか	4.1.4	トランスポート層からアプリケーション層の冗長化技術		
	4.8	負荷分散装置冗長化設計	どのような形で負荷分散装置を冗長化するか				
	4.9	通信フロー設計	どのような通信フローが発生するか	—	—	4.2.2	通信フローを整理する
		4.9.1　通常時フロー	通常時にどのようなルートを経由するか	—	—		
		4.9.2　障害時フロー	障害時にどのようなルートを経由するか	—	—		

管理設計

　管理設計では、サーバサイトの運用管理に関するルールすべてを定義します。管理設計における、しっかりとしたルール決めが、その後の運用フェーズの運用性、拡張性に直結してきます。

　本書では第5章を「管理設計」としています。第5章では、管理設計で必要な技術、および設計ポイントを説明しています。設計項目やそれに関する本書内の技術項目、設計項目の詳細は、以下の表を参照してください。

表 0.1.5　管理設計に関する本書内の技術項目、設計項目

設計項目			設計概要	本書で関連する技術項目		本書で関連する設計項目	
5	管理設計		運用管理に関する設計を行う	5.1	管理技術	5.2	管理設計
	5.1	管理方針設計	管理設計の全体的な方針を定義する	—	—	—	—
	5.2	ホスト名設計	どのようなホスト名を定義するか	—	—	5.2.1	ホスト名を決める
	5.3	オブジェクト名設計	どのようなオブジェクト名を定義するか	—	—	5.2.2	オブジェクト名を決める
	5.4	ラベル設計	どのようなラベルを貼るか	—	—	5.2.3	ラベルで接続を管理する
		5.3.1　ケーブルラベル設計	ケーブルにどのようなラベルを貼るか	—	—		
		5.3.2　本体ラベル設計	本体にどのようなラベルを貼るか	—	—		
	5.5	パスワード設計	どのようなパスワードを設定するか	—	—	5.2.4	パスワードを決める
	5.6	運用管理ネットワーク設計	運用管理専用のネットワークを定義するか	—	—	5.2.5	運用管理ネットワークを定義する
	5.7	バックアップ・リストア設計	どのように設定をバックアップするか。どのようにリストアするか	—	—	5.2.6	設定情報を管理する
	5.8	時刻同期設計	どこに時刻同期するか	5.1.1	NTPで時刻を合わせる	—	—
	5.9	SNMP 設計	どこを SNMP マネージャとして定義し、どのバージョンを使用するか	5.1.2	SNMPで障害を検知する	—	—
	5.10	Syslog 設計	どこを Syslog サーバとして定義し、どの Facility と Severity を使用するか	5.1.3	Syslogで障害を検知する	—	—
	5.11	CDP/LLDP 設計	どこで CDP/LLDP を有効にするか	5.1.4	CDP/LLDPで機器情報を伝える	—	—

本章の概要

　本章では、サーバサイトで使用する物理層の技術や、その技術を使用する際の設計ポイント、一般的な物理構成パターンについて説明します。

　サーバサイトにおいて、目に見えるものと言ったら、ラックやケーブル、ポートなど、物理的なものしかありません。だからこそ、その技術や仕様をしっかり理解し、要件に応じた設計をしていく必要があります。物理層における確固たる設計が、将来の拡張性や運用管理性に大きくかかわってきます。

1.1 物理層の技術

　物理層は、ネットワークを物理的な側面から支えているレイヤです。コンピュータはすべてのデータを「0」と「1」という数字でデジタルに表現します。それに対して、ネットワークはすべてのデータを光や電流、電波などの波でアナログに表現します。物理層はデジタルなデータとアナログなデータを相互に変換することによって、コンピュータとネットワーク、そしてコンピュータとコンピュータをつなぐ役割を担っています。

　物理層は「変化が少ない」と言われるネットワークの世界の中で、今もなお現在進行形で急速に進化を遂げている分野です。Webやメールだけでなく、ストレージや音声、動画など、ありとあらゆるデータがネットワーク上を流れるようになった今、「高速化・広帯域化」はネットワークにおける最優先課題のひとつです。物理層は、その課題を真正面から受け止め、先陣切って進化を続けています。

1.1.1 物理層は規格がいっぱい

　物理層はその名のとおり、**通信における物理的なものすべてを担っているレイヤです**。OSI参照モデルの最下層にあります。他のレイヤに比べて堅苦しそうな名前なのですが、そこまで難しく考えることはありません。有線LANの場合は、会社や学校などでよく見かけるLANケーブルを物理層と考えてください。無線LANの場合は、駅やカフェで飛び交っているWi-Fiの電波を物理層と考えてください。

　コンピュータの世界は「0」と「1」というふたつの数字だけで構成されています。このふたつの数字のことを「ビット」、ビットが連続したデータのことを「ビット列」といいます。

　物理層はデータリンク層から受け取ったビット列（フレーム）を、LANケーブルや光ファイバケーブルに流せるアナログ波に変換するためのルールを定義しています。また、それに加えて、ケーブルの材質やコネクタの形状、ピンのアサインや周波数など、ネットワークに関する物理的な要素すべてを定義しています。

1.1 物理層の技術

図1.1.1 物理層でデータをLANケーブルや光ファイバケーブルに流せるようにする

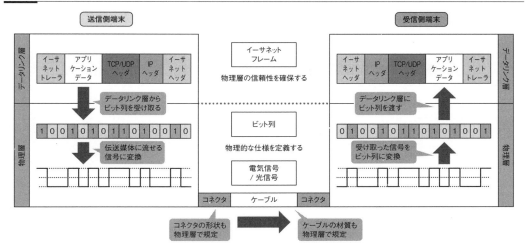

規格を整理すると物理層が見えてくる

　これから物理層のポイントを説明していきますが、その中ではたくさんの規格名称が出てきます。そこで、まずは規格を整理しておきましょう。規格を整理すると、自ずと物理層を整理して理解できるようになります。

　物理層はデータリンク層と一蓮托生に存在しているレイヤで、それ単体では標準化されていません。**データリンク層とセットで標準化されています**。規格を整理するときもセットで考えましょう。物理層とデータリンク層に関連する技術の標準化を推進しているのは、IEEE802委員会という国際的な標準化組織です。IEEE802委員会は、たくさんの分科会（WG、ワーキンググループ）で構成されています。分科会には「IEEE802.1」のような形で小数部が割り当てられており、専門的な分野については分科会で議論されています。そして、その分科会の中で規格が策定されると「IEEE802.1x」のような形で後ろにアルファベットが付きます。たくさんの分科会があるのですが、既に活動を休止していたり、解散していたりして、すべての規格を理解することにはあまり意味がありません。物理層を理解するうえでポイントとなる規格は、イーサネット（Ethernet）を標準化している「IEEE802.3」と、無線LANを標準化している「IEEE802.11」です。このふたつを押さえておけば、現存しているほぼすべてのネットワークに対応することができるでしょう。本書ではサーバサイトで使用するイーサネットのみを扱います。

15

第 1 章　物理設計

図 1.1.2　IEEE802.3 と IEEE802.11 を押さえよう

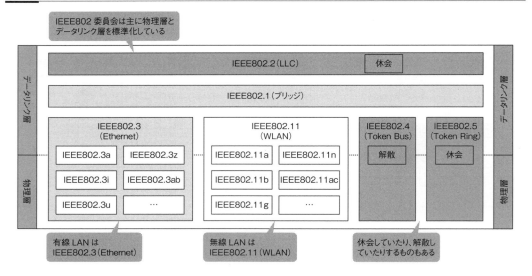

イーサネットの規格は別名で呼ぶ

　イーサネットは、物理層とデータリンク層を扱っている規格のひとつです。現代ネットワークのデファクトスタンダードで、**最近の有線LAN環境はイーサネット一択です**。IEEE802委員会ではIEEE802.3で標準化されています。

　IEEE802.3ではたくさんの規格が策定されていて、それぞれIEEE802.3の後ろにアルファベットが付いた規格名称が与えられています。しかし、実務においては規格名称を使用することはほとんどなく、通常は**規格の概要を表した別名を使用します**。たとえば、ツイストペアケーブルを使用するギガビットイーサネットの規格であるIEEE802.3abには、1000BASE-Tという別名が付いています。しかし、ネットワークを設計するときにIEEE802.3abという名前で呼ぶことはなく、ほとんどの場合1000BASE-Tという名前で呼びます。代表的なイーサネット規格の名称と別名を整理すると、次の表のようになります。別名を見ると、どんな規格なのかがなんとなくわかります。

表 1.1.1　イーサネットは別名で呼ぶことが多い

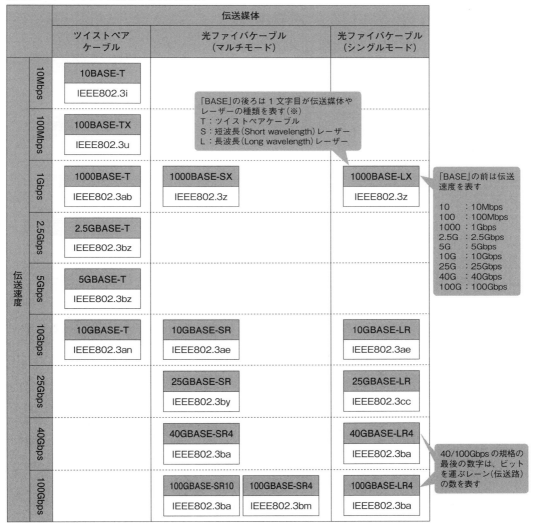

※　2文字目は派生元の規格ファミリーを表します。たとえば10GBASE-SRと10GBASE-LRは、10GBASE-Rファミリーから派生した規格、40GBASE-SR4と40GBASE-LR4は、40GBASE-Rファミリーから派生した規格です。

　物理層では、ネットワークの急速な拡大を反映するかのように、たくさんの通信媒体や規格が乱立しています。伝送符号化方式や変調方式など、これだけで本が1冊書けてしまうくらい奥深いものです。しかし、有線LANのネットワークを設計・構築していくうえで、気を付けないといけないポイントはケーブルとコネクタだけです。このふたつをイーサネットの規格と関連付けながら説明していきます。

　なお、物理層で一般的に使用されているケーブルは、銅でできたツイストペアケーブルとガラス

第 1 章　物理設計

でできた光ファイバケーブルの2種類です。コネクタは使用するケーブルによって異なりますので、ケーブルの説明をしていく中で併せて説明します。

図 1.1.3　有線 LAN でよく使われるケーブルは 2 種類

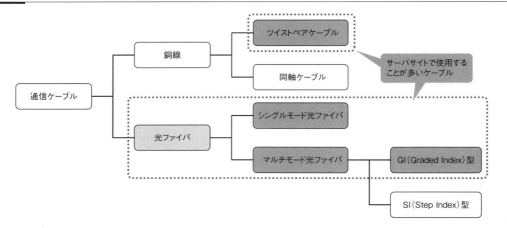

表 1.1.2　ツイストペアケーブルと光ファイバケーブルの比較

比較項目	ツイストペアケーブル	光ファイバケーブル
伝送媒体の中身	銅	ガラス
伝送速度	遅い	速い
信号の減衰	大きい	小さい
伝送距離	短い	長い
電磁ノイズの影響	大きい	ない
取り回し	しやすい	しにくい
コスト	安い	高い

1.1.2　ツイストペアケーブルはカテゴリと距離制限が重要

　まずは、ツイストペアケーブルです。○○BASE-Tや○○BASE-TXのように、BASEの後ろにTが付いている規格はツイストペアケーブルを使用する規格です。○○BASE-Tの「T」は、ツイストペアケーブルのTです。

　ツイストペアケーブルは、一見すると1本のケーブルなのですが、実際は**8本の銅線を2本ずつ（ペア）撚り合わせ（ツイスト）、さらにひとつに束ねてケーブルにしています**。ケーブル部分をアルミ箔などでシールド処理している「**STP (Shielded Twist Pair) ケーブル**」と、シールド処理していない「**UTP (Unshielded Twist Pair) ケーブル**」の2種類に分けられます。

よく見かける LAN ケーブルは UTP ケーブル

UTPケーブルは、いわゆるLANケーブルです。会社や自宅、家電量販店などでも見かける機会が多いので、一般的に最もなじみ深いケーブルでしょう。UTPケーブルは取り回しがしやすく、価格も安いため、爆発的に普及が進みました。最近では色も多彩になったり、細くなったりと、なんだかおしゃれにもなってきています。一方で、電磁ノイズに弱いという一面も持ち合わせており、工場など電磁ノイズの多い環境での使用に適しません。

電磁ノイズに弱いという弱点を克服しているケーブルが、STPケーブルです。ケーブルをシールド処理して、内部および外部の電磁ノイズの影響を軽減しています。ただ、残念なことに、シールド処理したことによって価格が高くなり、取り回しもしにくくなっているため、今のところ工場など過酷な環境でしかお目にかかる機会がありません。サーバサイトで使用することもないでしょう。

図 1.1.4　UTP と STP の違いはシールド処理の有無

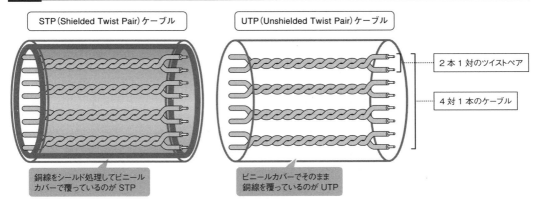

カテゴリが大きいほど速い規格に対応できる

ツイストペアケーブルには「**カテゴリ**」という概念があります。家電量販店でLANケーブルのスペック表をよくよく見てみると、カテゴリ6やカテゴリ5eといった表記があると思います。このカテゴリが伝送速度に直結します。**カテゴリが大きいほど、伝送速度が速い規格に対応できます。**

現在のイーサネット環境で使用されているケーブルのカテゴリは、カテゴリ5e以上です。カテゴリ1からカテゴリ5までは、今現在主流となっている1000BASE-Tには対応していません。したがって、古いケーブルを流用し、サーバやネットワーク機器だけ交換して高速イーサネット環境に移行するようなケースでは注意が必要です。対応している規格をしっかり確認する必要があります。

特に銅線の数（芯数）が少ないときは、よりいっそうの注意が必要です。たとえば、カテゴリ3のケーブルには芯数が4本しかありません。それに対して、1000BASE-Tは8本の銅線をフルに使用することでスループットの向上を図っています。したがって、カテゴリ3のケーブルを流用しつ

第 1 章 物理設計

つ、1000BASE-Tの環境に移行しようとしてもリンクアップすらしません。現場で冷や汗をかくことになります。移行のタイミングで、配線の見直しを図らなければなりません。

各カテゴリの特徴と対応規格を整理すると、次の表のようになります。これらをしっかり確認しつつ、ツイストペアケーブルを選択するようにしましょう。

表 1.1.3 カテゴリが大きいほど速い規格に対応できる

カテゴリ	種別	芯数	対応周波数	主な対応規格	最大伝送速度	最大伝送距離
カテゴリ 3	UTP/STP	4芯2対	16MHz	10BASE-T	16Mbps	100m
カテゴリ 4	UTP/STP	4芯2対	20MHz	Token Ring	20Mbps	100m
カテゴリ 5	UTP/STP	8芯4対	100MHz	100BASE-TX	100Mbps	100m
カテゴリ 5e	UTP/STP	8芯4対	100MHz	1000BASE-T 2.5GBASE-T 5GBASE-T	1Gbps 2.5Gbps 5Gbps	100m
カテゴリ 6	UTP/STP	8芯4対	250MHz	1000BASE-T 10GBASE-T	1Gbps 10Gbps	100m 55m（10GBASE-T のとき）
カテゴリ 6A	UTP/STP	8芯4対	500MHz	10GBASE-T	10Gbps	100m
カテゴリ 7	STP	8芯4対	600MHz	10GBASE-T	10Gbps	100m

ストレートとクロスを使い分ける

ツイストペアケーブルには、カテゴリとは別に「**ストレートケーブル**」と「**クロスケーブル**」という種別があります。外観はまったくと言ってよいほど同じです。異なるところといえば、「**RJ-45**」と呼ばれるコネクタ部分からチラリと見える銅線の配列くらいでしょう。

ストレートケーブルとクロスケーブルは「**MDI**」と「**MDI-X**」というふたつの物理ポートのタイプと密接にかかわり合っています。ツイストペアケーブルは8本の銅線を2本ずつ（ペア）撚り合わせ（ツイスト）、さらにひとつに束ねてケーブルにしているというのは先述のとおりです。サーバやPCのNIC（Network Interface Card）やスイッチの物理ポートでは、その8本の銅線を受け入れるための8本のピンが装備されていて、向かって左から順に番号が付いています。そして、それぞれに役割があります。

図 1.1.5 物理ポートには 8 本のピンが装備されている

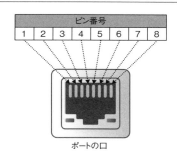

100BASE-TXの場合、MDIはピンの1番と2番を送信に使用し、3番と6番を受信に使用します。それ以外のピン（4番、5番、7番、8番）は使用しません。PCやサーバのNIC、ルータの物理ポートはMDIです。それに対してMDI-Xは、MDIとは逆に、1番と2番を受信に使用し、3番と6番を送信に使用します。L2スイッチやL3スイッチの物理ポートはMDI-Xです。

図1.1.6　PCやサーバのNICはMDIポート

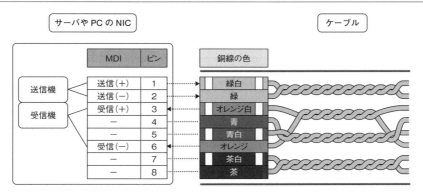

図1.1.7　スイッチの物理ポートはMDI-Xポート

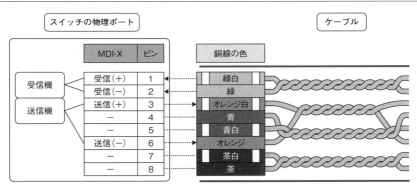

データの流れを考えると、片方でデータを送信したら、もう片方では受信するのが必然でしょう。片方で受信しようとして、もう片方でも受信しようとしていたら、お見合い状態になってしまいます。また、片方で送信して、もう片方でも送信していたら、データがぶつかってしまいます。したがって、ツイストペアケーブル内の銅線が平行に配線されている場合、MDIはMDI-Xに接続しなければなりません。MDIで送信したものをMDI-Xで受信します。また、MDI-Xで送信したものをMDIで受信します。銅線が平行に配線されているケーブルをストレートケーブルといいます。たとえば、PCやサーバをスイッチに接続する場合、MDIとMDI-Xの関係が成り立つので、ストレートケーブルを使用します。

第1章 物理設計

図 1.1.8　MDIとMDI-Xはストレートケーブルで接続する

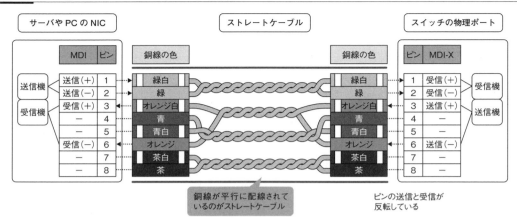

＊ ストレートケーブルの両端は、上から「オレンジ白 → オレンジ → 緑白 → 青 → 青白 → 緑 → 茶白 → 茶」の場合もあります。

　しかし、すべての接続環境でMDIとMDI-Xの関係が成り立つとは限りません。PCとPCを接続することもあるでしょうし、スイッチとスイッチを接続することもあります。この場合、送受信の関係が成り立ちません。このような場合は、リンクアップすらしません。

　さて、どうしましょう。この場合は、ケーブルの配線を変えればよいのです。これがクロスケーブルです。クロスケーブルは、同じポートのタイプでも送受信の関係が成り立つように、銅線の配置が内部でクロスしています。これで、PCとPCを接続したとしても、送受信の関係が成り立ちます。また、スイッチとスイッチを接続したとしても、送受信の関係が成り立ちます。

図 1.1.9　同じポートタイプの場合はクロスケーブルで接続する

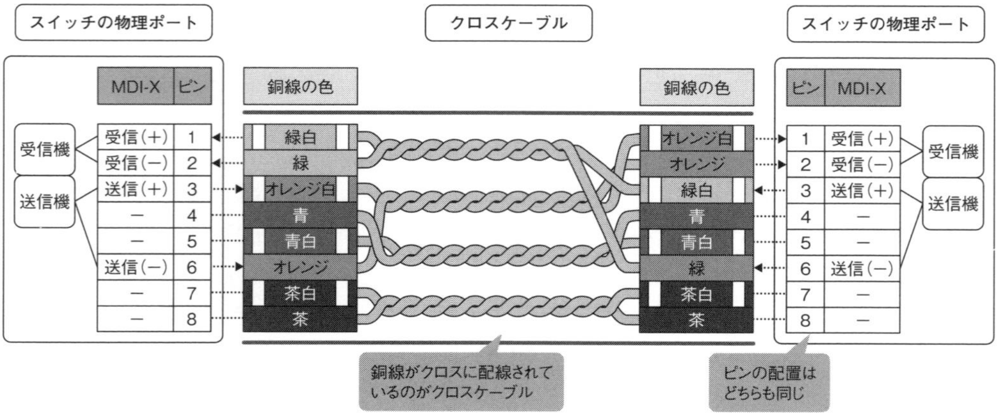

　ここまで説明してきたストレートケーブルとクロスケーブルですが、最近はあまりクロスケーブルを使わなくなってきました。かつて厳密にストレートケーブルとクロスケーブルを使い分けてい

1.1 物理層の技術

たころ、この厳密な使い分けが意外と面倒で、トラブルの元になっていました。ここはクロスで、ここはストレートで、という具合にいちいち指定するのが大変だったのです。実際、大規模なネットワーク環境を構築していくとき、とても大変でした。そこで、ポートタイプを自動で判別するAuto MDI/MDI-X機能がスイッチに実装されるようになりました。**Auto MDI/MDI-X機能は、相手のポートタイプを判別し、そのタイプによって受信機と送信機を入れ替える機能です**。この機能によって、同じポートタイプでもストレートケーブルで接続できるようになり、クロスケーブルが必要なくなりました。最近の機器はほとんどがAuto MDI/MDI-X機能を実装していて、いちいちケーブルの種類を気にする必要がなくなってきました。

図 1.1.10 Auto MDI/MDI-X 機能を使用するとすべてストレートケーブルで接続できる

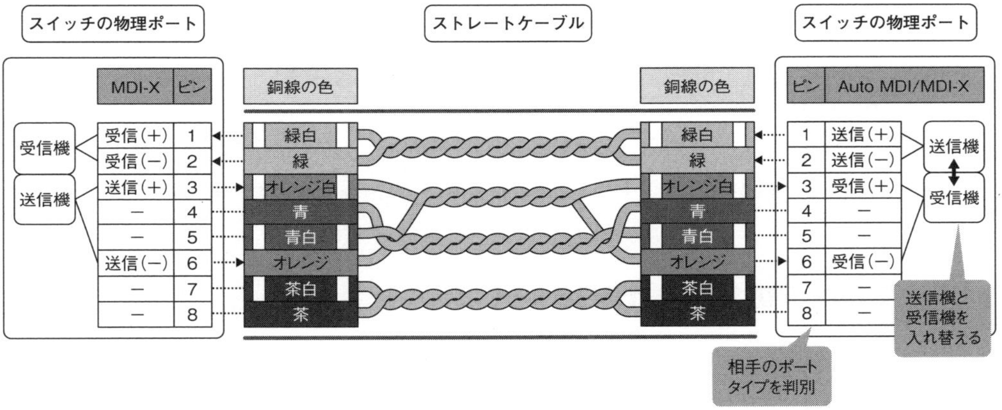

＊ストレートケーブルの両端は、上から「オレンジ白 → オレンジ → 緑白 → 青 → 青白 → 緑 → 茶白 → 茶」の場合もあります。

1000BASE-T は 8 本の銅線をフルに使う

100BASE-TXの場合、MDIはピンの1番と2番を送信に使用し、3番と6番を受信に使用しています。それ以外のピン（4番、5番、7番、8番）は使用していません。したがって、たとえツイストペアケーブルが8本で構成されていたとしても、半分の4本しか使用していません。せっかくあと4ピンもあるのに使わないのはもったいないです。そこで、残りの4ピンも使用して、スループットの向上を図っているのが「1000BASE-T」です。今やノートPCやデスクトップPCにも対応NICが搭載され、最近のネットワーク環境で最も使用されている規格でしょう。

1000BASE-Tは、100BASE-TXのように送信と受信を分けて通信するわけではありません。送信も受信も同じピンで行います。送信機・受信機とピンの間にハイブリッド回路という基板を組み込み、そこで送信データと受信データを分離したうえで、それぞれ送信機と受信機に渡すようにしています。100BASE-TXのときは1番と2番が送信用のピンでした。1000BASE-Tは1番と2番を送信と受信の両方で使用します。1番と2番のペアで250Mbps送受信、3番と6番のペアで250Mbps送受信、4番と5番のペアで250Mbps送受信、7番と8番と250Mbps送受信という

第 1 章 物理設計

ような感じで、4ペアすべて送受信を行い、1Gbps（＝250Mbps×4ペア）という高速通信を実現しています。

図 1.1.11　1000BASE-T は 8 本の銅線をフルに使う

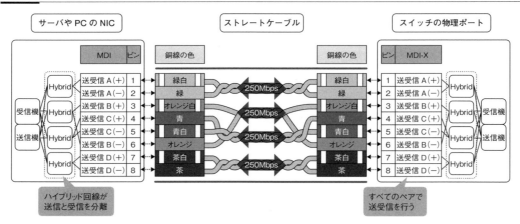

＊ ストレートケーブルの両端は、上から「オレンジ白 → オレンジ → 緑白 → 青 → 青白 → 緑 → 茶白 → 茶」の場合もあります。

ツイストペアの極み、10GBASE-T

　現在実用的に使用されているツイストペア規格の中で、最も高速なものが「**10GBASE-T**」です。10GBASE-Tは、4ペア8芯の銅線をフルに使用して通信するという点においては、1000BASE-Tとなんら変わりありません。その使い方を工夫することによって、短時間に可能な限りたくさんのデータを詰め込み、1ペア2.5Gbps、合計10Gbpsというすさまじい伝送速度を生み出しています。

　10GBASE-Tは、2006年9月に標準化されてから最近まで、発熱量や消費電力などの技術的な問題やコストの問題を抱えて、なかなか実用化にまで至りませんでした。しかし、ここ最近になって、半導体プロセスの微細化によって技術的な問題が解消され、やっとサーバサイトでも使用されるようになってきました。あとはコストの問題だけです。今はまだ1000BASE-Tと比較して1ポートあたりの単価が高く、すべてを10GBASE-T対応機器でネットワークを構築しようとすると、それ相応にお金がかかってしまいます。バックアップサーバやNAS、仮想化環境など、短時間に**トラフィックが集中しやすい部分だけ10GBASE-T対応機器で構築して、限りある予算を**うまくやりくりしていきましょう。

図 1.1.12 10GBASE-T は 1 ペア 2.5Gbps の伝送速度を実現している

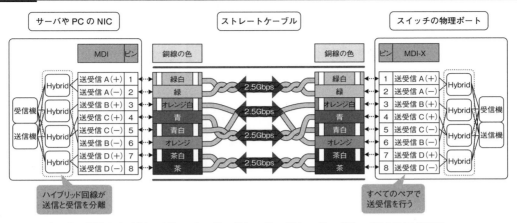

* ストレートケーブルの両端は、上から「オレンジ白 → オレンジ → 緑白 → 青 → 青白 → 緑 → 茶白 → 茶」の場合もあります。

既存のケーブルを使い回せる 2.5G/5GBASE-T

　1000BASE-Tと10GBASE-Tの隙間を埋めるツイストペア規格として、2016年に策定されたものが「**2.5GBASE-T**」と「**5GBASE-T**」です。メーカーによって「マルチギガビットイーサネット（mGig）」と言ったり「NBASE-T」と言ったり、いろいろですが、方言みたいなもので、すべて同じです。

　2.5G/5GBASE-Tも、4ペア8芯の銅線をフルに使用して通信するという点では1000BASE-Tと変わりありません。10GBASE-Tで使用されている技術の一部を流用して高速化を図り、それぞれ2.5Gbpsと5Gbpsのスループットを実現しています。

　このふたつの規格で、スループット以上に注目されているのが配線コストです。10GBASE-Tは10Gbpsという爆速を叩き出すために、規格策定段階でカテゴリ5eをサポートから切り離しました。長期間にわたってネットワークを支えてきた1000BASE-Tに対応するカテゴリ5eを切り離した結果、10GBASE-Tネットワークを構築するほとんどの場合において、ケーブルを配線し直さなければならなくなりました。ラックや床下、天井袋を、龍のように這うLANケーブルを敷き直す作業コストは決して小さいものではありません。2.5G/5GBASE-Tは、再びカテゴリ5eをサポートするようになったため、カテゴリ5eの既設配線を流用することができ、サーバやネットワーク機器の交換だけで2.5〜5倍の伝送速度の向上を図れます。よくよく考えてみると、すべてのネットワーク環境でいきなり10Gbpsもの伝送速度が必要かと言われてみれば、意外とそうでなかったりもします。その一方で、ネットワークありきの最近の状況を考えると、1Gbpsでは少し心もとなかったりもします。2.5G/5GBASE-Tは、かゆいところに手が届く規格として、また10GBASE-Tへのつなぎ規格として、今後普及していくことでしょう。

第1章 物理設計

図1.1.13 2.5G/5GBASE-Tでは既設のカテゴリ5eケーブルを使い回せる

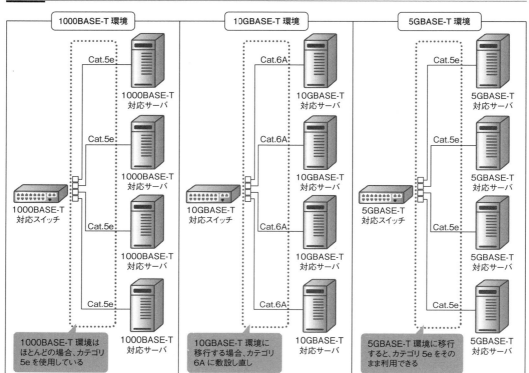

スピードとデュプレックスは隣と合わせる

　ここまで、ツイストペアケーブルの仕組みについて説明してきました。とても細かく、奥深いものです。しかし、物理層部分はケーブルやNICなどハードウェアに依存するところが多く、実際にネットワーク機器を設定するときは、それほど設定する項目がなかったりします。ツイストペアケーブルを使用するとき、気を付ける必要がある設定は、ポートの「スピード」と「デュプレックス」だけです。**スピードとデュプレックスの設定を「必ず」隣接機器と合わせなければなりません。**
　スピードは、その名のとおり伝送速度を表しています。100Mbpsや1000Mbpsなど、サーバのNICやネットワーク機器の物理ポートに合わせて設定します。
　デュプレックスは、双方向通信の方式のことを表しています。ネットワークの世界は片方向通信ではなく双方向通信で成り立っています。この双方向通信をどうやって成立させるか、その方式のことをデュプレックスといいます。半二重通信（ハーフデュプレックス）と全二重通信（フルデュプレックス）があります。半二重通信は同時に片方向しか通信せず、方向を切り替えることで双方向通信を成り立たせています。10BASE2や10BASE5など、過去の規格では使用されていましたが、今ではわざわざ好んで設定することはありません。10GBASE-Tでは半二重通信の概念自体

がなくなりました。半二重通信になっていると、大容量ファイルを送受信するときなどにエラーが発生し、スループットが上がりません。それに対して、全二重通信は同時に送受信を行い、双方向通信を成り立たせています。送信と受信に別々の通信チャネルを設けます。今はこの全二重通信が絶対です。**全二重通信になるようにポートを設定しなければなりません。**

図 1.1.14　半二重通信は伝送路がひとつ

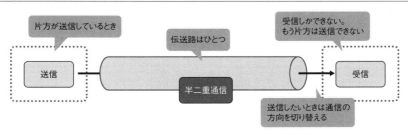

図 1.1.15　全二重通信は伝送路がふたつ

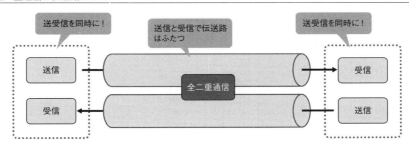

スピードとデュプレックスの設定は、手動で設定する場合と自動（オートネゴシエーション）で設定する場合があります。どちらにしても、隣接する機器同士で設定を合わせる必要があります。

図 1.1.16　必ず隣接する機器同士でスピードとデュプレックスを合わせる

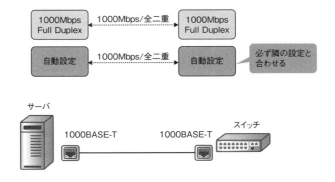

どちらのポートも手動で設定する場合、スピードの設定が異なっているとリンクアップすらしません。また、デュプレックスの設定が異なっていると、リンクアップはするものの、ほとんど通信できない状態になります。

第1章 物理設計

図 1.1.17　手動設定でスピードかデュプレックスの設定が違っていたら、通信が成立しない

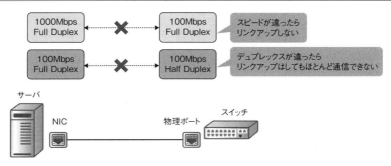

自動設定（オートネゴシエーション）を使用する場合も注意が必要です。自動設定は**FLP (Fast Link Pulse)** という信号をやり取りして、スピードとデュプレックスを決定します。FLPでお互いがサポートしているスピードとデュプレックスをやり取りして、あらかじめ決められた優先順位に従って、スピードとデュプレックスを決定します。

図 1.1.18　お互いに信号をやり取りしてスピードとデュプレックスを決める

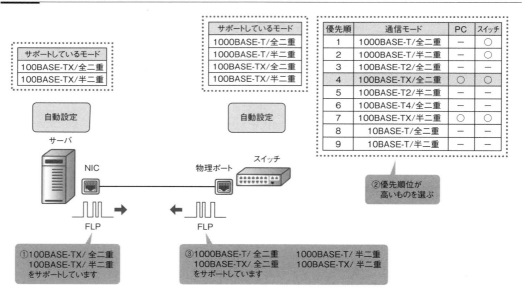

どちらも自動設定の場合は、結果的に全二重が選択されるため問題ないでしょう。しかし、どちらか片方が自動設定だった場合、デフォルトのデュプレックス設定である半二重が選択されてしまいます。送ったFLPに対して、FLP以外の信号が返ってきたら、半二重になるようになっているためです。こうなると思うようにスループットが上がりません。片方が自動設定の場合は、もう片方も自動設定にします。これは絶対です。

図 1.1.19 自動設定にしているときは注意！

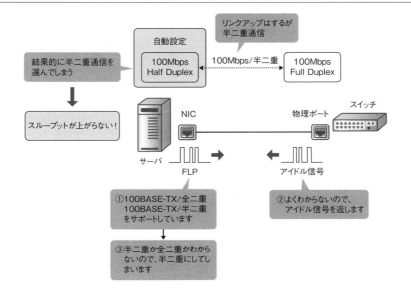

ツイストペアケーブルは 100m まで

　現時点で最も多く使用されているツイストペアケーブルですが、致命的な弱点があります。それは距離の制限です。**ツイストペアケーブルは仕様上、100mまでしか延長できません**[*1]。100m以上に延長すると、電気信号が減衰して、データが消失してしまいます。100mを超えてしまう場合、その途中でスイッチなどの中継機器を設けて、距離を延長する必要があります。この距離制限を考慮することはとても重要です。「100mもあれば……」と思う人もいるかもしれませんが、ダクトがあったり、行き止まりがあったりと、建物上の都合で迂回しまくってケーブルを敷設しなければならないことも多く、意外と100mは短かったりします。ケーブルの敷設経路をしっかり確認し、100mを超えないようにしましょう。もちろん中継機器を使用して、ひたすら延長し続けることも可能です。しかし、その場合、運用管理台数が増えるだけでなく、障害ポイントも増えてしまうため、あまり実用的とは言えません。そのような場合、光ファイバケーブルを使用します。光ファイバケーブルについては次項で説明します。

　＊1　例外的に10GBASE-Tをカテゴリ6で使用した場合は、55mまでしか延長できません。

リピータハブでパケットをつかまえる

　物理層で動作する機器で、最も実用的な機器は「リピータハブ」でしょう。リピータハブは、ポートで受け取った物理的な信号をコピーして、そのまますべてのポートに送るという、とてもシンプルな動きをします。すべてのポートにデータを送ってしまうので、そのリピータハブに接続してい

る端末すべてが関係のないデータを受け取ってしまい、トラフィック的に効率がよくありません。最近ではスイッチングハブに置き換えられ、ほとんど見ることがなくなりました。データ通信を支えるハブとしての役割は終わったと考えてよいでしょう。

リピータハブの真骨頂はトラブルシューティングです。パケットを取得したいPCやサーバの間にリピータハブを挿入し、同列にPCを配置すると、そのPCでやり取りされている信号を受け取ることができます。受け取った信号をWiresharkやtcpdumpなどのパケットキャプチャツールでキャプチャ（取得）し、解析します。リピータハブを使用すると、既存機器の設定を変更することなくパケットをキャプチャすることができるため、パケットレベルまでブレイクダウンしないとわからないようなトラブルシューティングのときに威力を発揮してくれます。

図 1.1.20　リピータハブはすべてのポートにコピーを送る

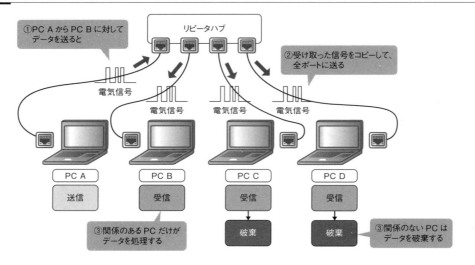

図 1.1.21　リピータハブでトラブルシューティング

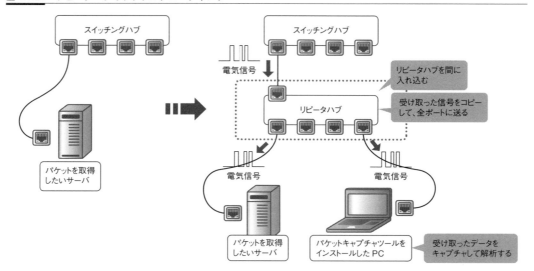

さて、既存機器の設定を変更することなく対象機器のパケットをキャプチャできて、便利なことこのうえなしのリピータハブですが、使用するときに気を付けないといけない点が**接続台数**です。リピータハブは受け取った信号のコピーをすべてのポートに転送します。そのため、リピータハブに接続する台数が多くなればなるほど、どんどんトラフィック量が増加し、全体としての処理負荷が上がります。**接続台数は可能な限り少なく、できればパケットキャプチャをする端末とされる端末、2台だけにしたほうがよいでしょう。**

1.1.3 光ファイバケーブルはガラスでできている

次に、光ファイバケーブルです。○○BASE-SX/SRや○○BASE-LX/LRとなっている規格は、光ファイバケーブルを使用する規格です。○○BASE-SX/SRの「S」は「Short Wavelength」（短波長）の「S」、○○BASE-LX/LRの「L」は「Long Wavelength」（長波長）の「L」で、それぞれレーザーの種類を表しています。使用するレーザーの種類がそのまま伝送距離と使用するケーブルに関係してきます。

光ファイバケーブルはガラスを細い管にしたもので[*1]、光信号を伝送します。光ファイバケーブルは光の屈折率が高い「コア」と、屈折率がやや低い「クラッド」という同芯2層で構成されています。屈折率が異なるガラスを2層構造[*2]にして、光をコア内に閉じ込め、損失率の低い光の伝送路を作っています。この光の伝送路のことを「モード」といいます。

図1.1.22　光ファイバケーブルはコアとクラッドでできている

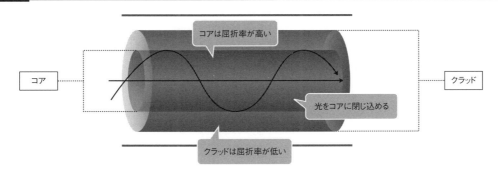

実際にデータを送るときは、1芯を送信用、もう1芯を受信用というように、2芯1対で使用して、全二重通信を成立させています[*3]。送受信の関係が成り立たないといけませんので、片方が送信だった場合、もう片方は受信である必要があります。両方とも送信、あるいは受信だった場合はリンクアップすらしません。

[*1] 最近はプラスチックファイバやポリマーファイバなど、ガラス以外でできている光ファイバもあります。しかし、一般的に使用されている光ファイバケーブルは高純度の石英ガラスでできています。
[*2] 被覆カバーを合わせると3層構造になります。
[*3] 1000BASE-BXは、1芯の中で送信用波長と受信用波長を分けて送受信を行います。

第 1 章　物理設計

図 1.1.23　送信と受信で別の光ファイバケーブルを使用する

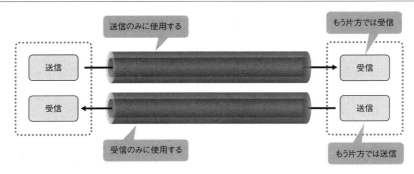

　光ファイバケーブルは、距離を長くしても信号が減衰しにくく、広帯域を保つことが可能です。ツイストペアケーブルよりもかなり長く延長できます。しかし、ケーブルの構造が精密で、取り回ししにくいという欠点があります。

マルチとシングルを使い分ける

　光ファイバケーブルには、「**マルチモード光ファイバ（MMF）**」と「**シングルモード光ファイバ（SMF）**」の2種類があります。ふたつの違いは光信号が通るコアの直径（コア径）です。

マルチモード光ファイバ

　マルチモード光ファイバはコア径が50μmか62.5μmの光ファイバケーブルです。10GBASE-SRや40GBASE-SR4など、短波長を使用する規格で使用されています。コア径が大きいため、光の伝送路（モード）が分散して複数（マルチ）になります。伝送路が複数になるため、シングルモード光ファイバと比較して、伝送損失が大きくなり、伝送距離も短く（〜550m）なります。しかし、シングルモード光ファイバより価格が安く、取り回しもしやすいため、LANなど比較的近距離の伝送で使用されています。マルチモード光ファイバは、コアの屈折率によって、「SI（Step Index）型」と「GI（Graded Index）型」の2種類があります。**現在使用されているマルチモード光ファイバはGI型です**。マルチモード光ファイバといえばGI型と考えてよいでしょう。GI型はコアの屈折率を緩やかに（Graded）変化させて、すべての光の伝送路が同じ時間で到達するようにし、それによって伝送損失を小さくしています。

図 1.1.24　マルチモード光ファイバは光の伝送路が複数ある

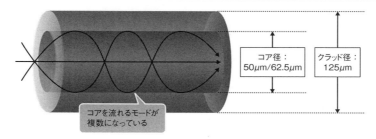

シングルモード光ファイバ

　シングルモード光ファイバはコア径が8〜10μmの光ファイバケーブルです。1000BASE-LXや10GBASE-LRで使用されています。コア径を小さくするだけでなく、コアとクラッドの屈折率差を適切に制御することで、**光の伝送路 (モード) をひとつ (シングル) に**しています。伝送路がひとつになるように厳密に設計されているため、長距離伝送もできますし、大容量のデータ伝送もできるようになっています。家や会社などではめったに見かけることはありませんが、データセンターやISP (Internet Service Provider) のバックボーン施設を歩き回るとよく見かけます。筆者の印象では、シングルモード光ファイバはなぜか黄色のケーブルが多い気がします。伝送損失も小さく、長距離通信ができて言うことなしなのですが、価格が高いという困った点を抱えています。

図 1.1.25　シングルモード光ファイバは光の伝送路がひとつだけ

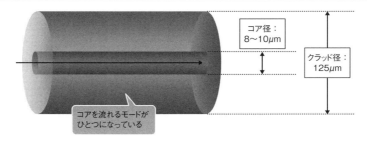

　ふたつの光ファイバケーブルを比較すると、次の表のようになります。

第 1 章　物理設計

表 1.1.4　シングルとマルチの比較

比較項目	マルチモード光ファイバ (MMF)	シングルモード光ファイバ (SMF)
コア径	50μm 62.5μm	8〜10μm
クラッド径	125μm	125μm
光の伝送路(モード)	複数	ひとつ
モード分散	あり	なし
伝送損失	小さい	もっと小さい
伝送距離	〜550m	〜70km
取り回し	しにくい	もっとしにくい
コスト	高い	もっと高い

MPO ケーブルで束ねる

　マルチモード光ファイバとシングルモード光ファイバは、光ファイバケーブルの基本中の基本です。ここからは、このふたつを利用しつつ、派生した2種類の光ファイバケーブルについて説明します。

　まず、ひとつ目が「MPO (Multi-fiber Push On) ケーブル」です。MPOケーブルは複数の光ファイバケーブルの芯を1本に束ねたケーブルで、両端にはMPOコネクタが装着されています。MPOケーブルを使用すると、必要な光ファイバケーブルの数を劇的に減らせるため、省スペース化を図れるだけでなく、煩雑になりがちなケーブルの管理をシンプルにすることができます。

図 1.1.26　MPO ケーブルを使うと必要なケーブルの数を減らせる

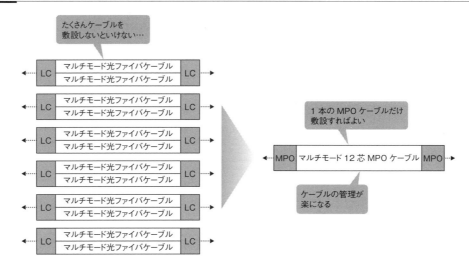

MPOケーブルは束ねる光ファイバケーブルの芯数によって、いくつかの種類があり、最近の現場でよく使用されているものは12芯か24芯のどちらかです。詳しくはp.39からの「光ファイバケーブルを使用する規格」で説明しますが、12芯のMPOケーブルは40GBASE-SR4で使用します。また、24芯のMPOケーブルは100GBASE-SR10で使用します。

ブレイクアウトケーブルで分ける

ふたつ目が「**ブレイクアウトケーブル**」です。メーカーによっては、ファンアウトケーブルと言ったりしますが、まったく同じものと考えて問題ありません。ブレイクアウトケーブルは、MPOケーブルで束ねた芯線を、途中から1芯ずつ、あるいは2芯ずつにバラしているケーブルです。ブレイクアウトケーブルを使用すると、ひとつの40GBASE-SR4のQSFP+モジュール[*1]と4つの10GBASE-SRのSFP+モジュールを接続できるようになったり、ひとつの100GBASE-SR10のQSFP28モジュール[*2]と4つの25GBASE-SRのSFP28モジュールを接続できるようになったり、物理的な接続のバリエーションが増えます。

[*1] この場合、ひとつの40Gbpsインターフェースを4つの10Gbpsインターフェースとして扱います。
[*2] この場合、ひとつの100Gbpsインターフェースを4つの25Gbpsインターフェースとして扱います。

図 1.1.27 ブレイクアウトケーブルを使うと、接続のバリエーションを増やせる

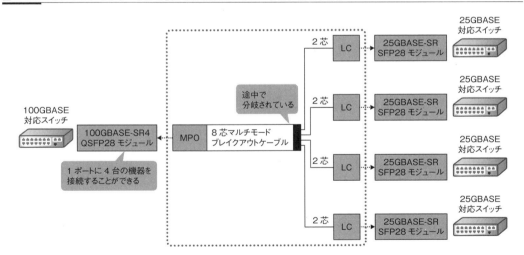

よく使われるコネクタは SC、LC、MPO の 3 種類

光ファイバのコネクタにはいろいろ形状がありますが、LANやサーバサイトなどで一般的に使用されているコネクタは「SCコネクタ」「LCコネクタ」「MPOコネクタ」の3種類です。接続する機器やトランシーバモジュールによって、どのコネクタを使用するか選択します。

第 1 章　物理設計

🔷 SC コネクタ

　SCコネクタはプラグを押し込むだけでロックされ、引っ張れば簡単に外れるプッシュプル構造のコネクタです。扱いやすく、低コストなのが特徴です。ただ、少しだけプラグが大きいのが難点です。ラック間を接続するパッチパネルや、電気信号と光信号を双方向に変換するメディアコンバータ・ONU（Optical Network Unit）と接続するときなどに使用します。以前は光ファイバのコネクタといえばSCコネクタという感じでしたが、**最近は集約効率を考慮して、後述するLCコネクタに置き換えられつつあります**。

図 1.1.28　SC コネクタの形状　（写真提供：サンワサプライ株式会社）

🔷 LC コネクタ

　LCコネクタの形状はSCコネクタと似ています。ツイストペアケーブルのコネクタ（RJ-45）と同じように、押し込むだけでロックされ、外すときは小さな突起（ラッチ）を押して引き抜きます。SCコネクタよりもプラグが小さく、よりたくさんのポートを実装することが可能です。SFP+モジュールやQSFP+モジュール[*1]と接続するときに使用します。

　　＊1　例外的に40GBASE-SR4のQSFP+モジュールは、後述するMPOコネクタでないと接続できません。

図 1.1.29　LC コネクタの形状　（写真提供：サンワサプライ株式会社）

🔷 MPO コネクタ

　MPOコネクタは、複数の光ファイバケーブルの芯をひとつにまとめて接続できるコネクタで、MPOケーブルの両端、あるいはブレイクアウトケーブルの片端に装着されています。形状は偏平

の凸型で、じっくり中を覗き込むと*1、まとめられた芯がぽつぽつと点になって見えます。MPOコネクタもSCコネクタと同じように、プラグを押し込むだけでロックされ、引っ張れば簡単に外れるプッシュプル構造を採用しています。40GBASE-SR4のQSFP+モジュール、100GBASE-SR4/10のQSFP28モジュールと接続するときに使用します。

*1 光が出ているときに覗き込んだらいけません。失明します。

図 1.1.30　MPO コネクタの形状　（写真提供：サンワサプライ株式会社）

MPOコネクタの芯には左から順に番号が振られていて、使用する規格によってそれぞれ役割が異なります。40GBASE-SR4と100GBASE-SR4は12芯のMPOコネクタを使用し、左4芯を送信に、右4芯を受信に使用します。それに対して、100GBASE-SR10は24芯のMPOコネクタを使用し、中央の上10芯を受信に、下10芯を送信に使用します。

図 1.1.31　MPO コネクタの芯

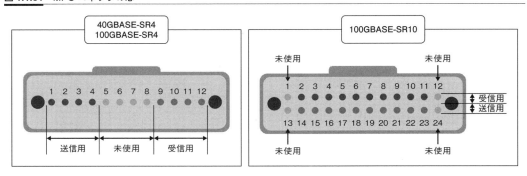

SCコネクタやLCコネクタ、MPOコネクタは、あくまでコネクタの形状だけの話です。使用する規格とは直接的には関係ありません。まず、使用したい規格に合わせて接続する機器やモジュールを選び、次にそれらに合わせてコネクタとケーブルの種類を選びます。たとえば、10GBASE-SRのSFP+モジュールが搭載されているふたつのスイッチを接続したい場合を考えましょう。SFP+モジュールはLCコネクタです。LC-LCのマルチモード光ファイバを選択します。

第 1 章 物理設計

図 1.1.32 機器とモジュールに合わせてコネクタとケーブルの種類を選ぶ

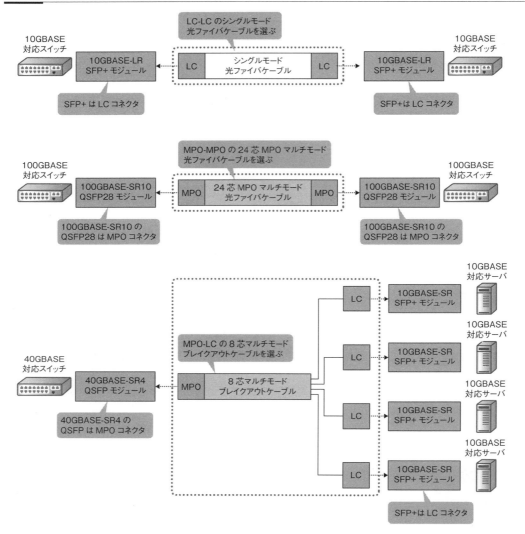

光ファイバケーブルを使用する規格

光ファイバケーブルを使用する規格はいろいろあって、なんとなくわかりづらいという声をよく耳にします。使用規格がケーブル選択に直結します。ここでいったん整理しましょう。

規格を整理するときに、最もわかりやすいのは、○BASE-□△の□部分です。この部分がレーザーの種類を表していて、筆者はこの文字で規格を整理するようにしています。「10GBASE-SR」を例にとりましょう。「10GBASE-SR」の「S」は、Short Wavelength（短波長）の「S」です。「S」の付く規格は850nm波長という波長の短いレーザーを使用していて、マルチモード光ファイバのみ使用することができます。筆者自身は「SはShortだから短いマルチモード[*1]」「LはLongだから長いシングルモード」みたいな感じであまり深く考えずに覚えています。

[*1] 1000BASE-SXは例外的にマルチモードだけでなく、シングルモードも使用することができます。

では、光ファイバケーブルを使用する規格の中で、サーバサイトで使用することが多いものをいくつかピックアップして説明しましょう。

10GBASE-R（10GBASE-SR/10GBASE-LR）

光ファイバは、光の波にビットを乗せて、データを伝送します。10GBASE-Rは、1波あたり10Gbpsの光を、送信と受信でそれぞれ1芯ずつ、合計2芯の光ファイバに流します。10GBASE-SRと10GBASE-LRの違いは、使用する光の波長の違いです。光の波長が長ければ長いほど、より遠くまで伝送することができます。10GBASE-SRは850nmの波長の光を使用して、マルチモード光ファイバで最大550mまで伝送することができます。それに対して、10GBASE-LRは1310nmの波長の光を使用して、シングルモード光ファイバで最大10kmまで伝送することができます。

図1.1.33 10GBASE-Rは10Gbpsの光を2芯の光ファイバに流す

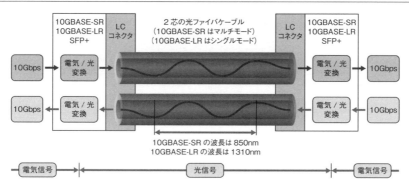

第 1 章　物理設計

🔷 40GBASE-R（40GBASE-SR4/40GBASE-LR4）

　40Gbpsの伝送速度を出すことができるイーサネット規格の総称を40GBASE-Rといいます。40GBASE-Rの中でも、サーバサイトで使用されることが多い規格は「**40GBASE-SR4**」と「**40GBASE-LR4**」のふたつです。それぞれ説明しましょう。

　40GBASE-SR4は、ざっくり言うと4本の10GBASE-SRを束ねたバージョンです。1波あたり10Gbpsの光を、送信と受信でそれぞれ4芯ずつ、合計8芯の光ファイバに流します。40GBASE-SR4は12芯のMPOケーブル/コネクタを使用することによって、伝送路（レーン）を増やし、10GBASE-SRの4倍の伝送速度を実現しています。

図 1.1.34　40GBASE-SR4 は 10Gbps の光を 8 芯の光ファイバに流す

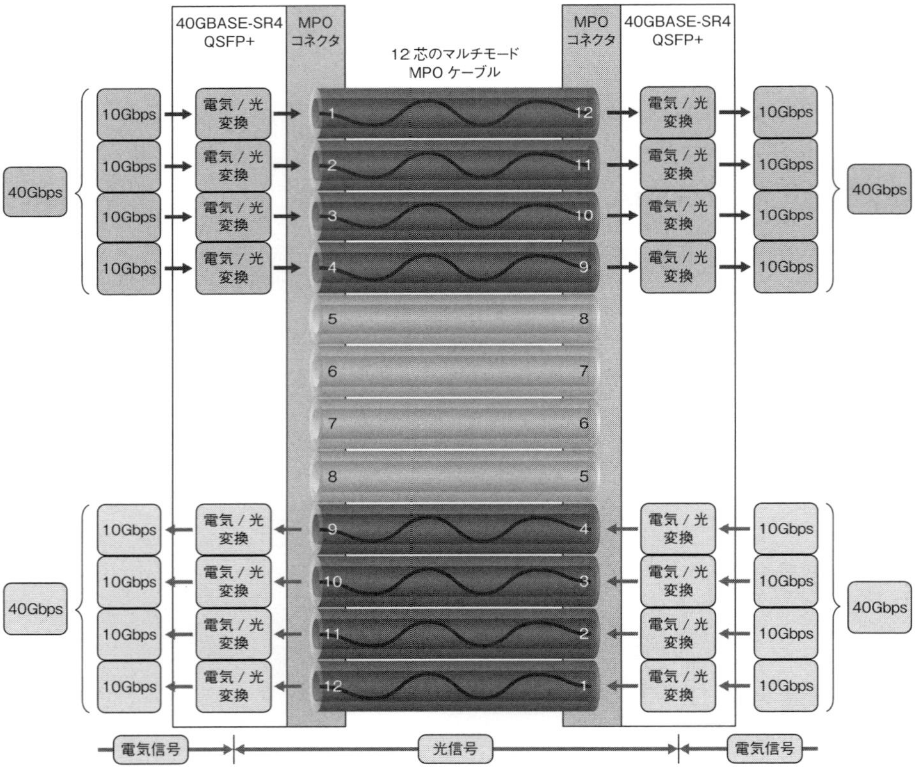

　40GBASE-LR4は、「光波長分割多重（WDM）」という技術を使用して、微妙に波長が異なる4本の光を1本にまとめて、1芯のシングルモード光ファイバに流します。1波あたり10Gbpsの光を、送信で1芯、受信で1芯にそれぞれまとめて流すことによって、40Gbpsの伝送速度を生み出します。

40

図 1.1.35　40GBASE-LR4 は波長が異なる 4 本の光を 1 本にまとめて流す

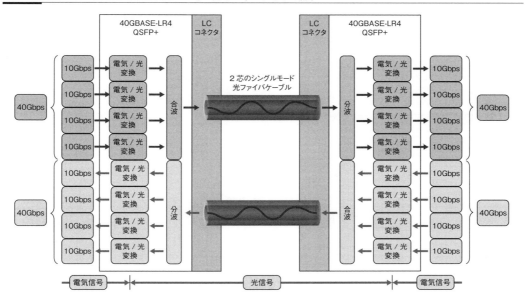

■ 100GBASE-R（100GBASE-SR10/100GBASE-SR4/100GBASE-LR4）

　100Gbpsの伝送速度を持つイーサネット規格の総称を100GBASE-Rといいます。100GBASE-Rの中でも、サーバサイトで使用されることが多い規格は「**100GBASE-SR10**」「**100GBASE-SR4**」「**100GBASE-LR4**」の3つです。それぞれ説明しましょう。

第 1 章　物理設計

■ 100GBASE-SR10

100GBASE-SR10は、10本の10GBASE-SRを束ねたバージョンです。1波あたり10Gbps
の光を送信と受信で10芯ずつ、合計20芯の光ファイバに流します。100GBASE-SR10も
40GBASE-SR4と同じく24芯のMPOケーブル/コネクタを使用することによって、伝送路（レー
ン）を増やし、10GBASE-SRの10倍の伝送速度を実現しています。

図 1.1.36　100GBASE-SR10 は 10Gbps の光を 20 芯の光ファイバに流す

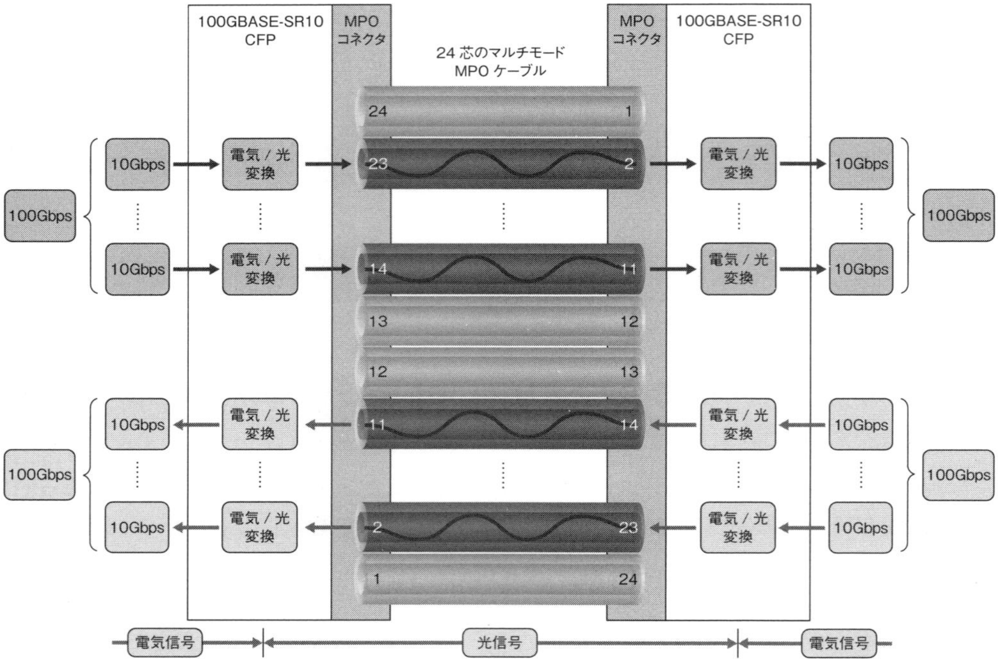

100GBASE-SR4

　100GBASE-SR4は、100GBASE-SR10の後継バージョンです。1波あたり25Gbpsの光を送信と受信で4芯ずつ、合計8芯の光ファイバに流すことによって、100Gbpsの伝送速度を生み出します。100GBASE-SR4は「ギアボックス」と呼ばれる変速機を使用して、10Gbps×10レーンを25Gbps×4レーンに変速し、12芯のMPOケーブル/コネクタに流します。100GBASE-SR4は、100GBASE-SR10と比較して、最大伝送距離がいくぶん短いものの（100m）、敷設する光ファイバの芯数が少なくて済みます。対応しているQSFP28モジュールの価格も下落していることから、100GBASE-SRの規格といえば、最近は100GBASE-SR4を指すようになってきました。

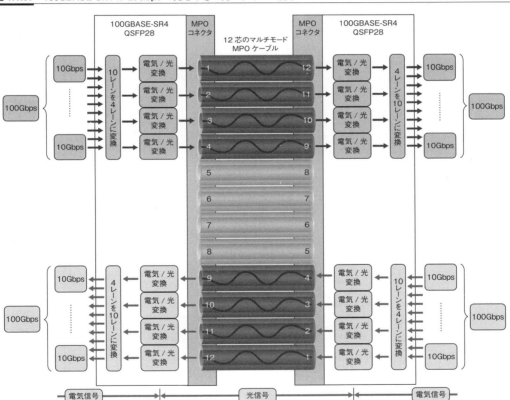

図 1.1.37　100GBASE-SR4 は 25Gbps の光を 8 芯の光ファイバに流す

第 1 章　物理設計

■ 100GBASE-LR4

　100GBASE-LR4は、40GBASE-LR4と100GBASE-SR4の合わせ技のような規格です。まず、ギアボックスを使用して、10Gbps×10レーンを25Gbps×4レーンに変速したうえで、光信号に変換します。変換によってできた4本の光を光波長分割多重で1本にまとめて、送信で1芯、受信で1芯のシングルモード光ファイバケーブルに流します。

図1.1.38　100GBASE-LR4は25Gbpsの4本の光を1本にまとめて流す

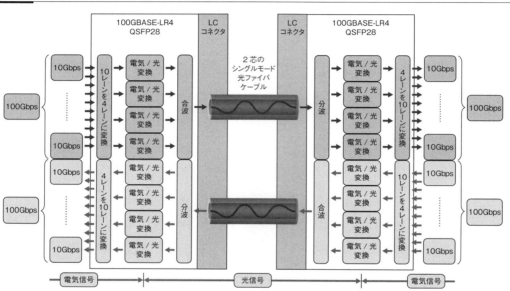

　光ファイバケーブルを使用する代表的な規格や各種特性、トランシーバモジュールを整理すると、次の表のようになります。

表1.1.5　光ファイバケーブルを使用する規格

伝送速度	規格ファミリー	呼称	IEEE名称	対応ケーブル	最大伝送距離	トランシーバモジュール	コネクタ形状
10Gbps	10GBASE-R	10GBASE-SR	IEEE802.3ae	MMF	550m	SFP+	LC
		10GBASE-LR	IEEE802.3ae	SMF	10km	SFP+	LC
25Gbps	25GBASE-R	25GBASE-SR	IEEE802.3by	MMF	100m	SFP28	LC
		25GBASE-LR	IEEE802.3cc	SMF	10km	SFP28	LC
40Gbps	40GBASE-R	40GBASE-SR4	IEEE802.3ba	MMF	100m	QSFP+	MPO（12芯）
		40GBASE-LR4	IEEE802.3ba	SMF	10km	QSFP+	LC
100Gbps	100GBASE-R	100GBASE-SR10	IEEE802.3ba	MMF	150m	CXP/CFP	MPO（24芯）
		100GBASE-SR4	IEEE802.3bm	MMF	100m	QSFP28	MPO（12芯）
		100GBASE-LR4	IEEE802.3ba	SMF	10km	QSFP28	LC

1.2 物理設計

さて、ここまで物理層のいろいろな技術について説明してきました。ここからは、これら物理層の技術をサーバサイトでどうやって使用していくのか、サイトを設計・構築するときにどういうところに気を付けていけばよいのかなど、実用的な側面を説明していきます。

1.2.1 構成パターンは 2 種類

どのような機器を、どのように配置して、どのように接続するか、その物理的な構成を設計します。ひとたびサービスが稼働してしまうと、あとから大きく構成を変更するのはかなり難しくなります。もちろんやろうと思えばできないことはないのですが、サービスの一時停止を余儀なくされてしまいます。そうならないようにするためにも、**より管理しやすく、より拡張しやすい、将来を見据えた**物理構成を設計していく必要があります。

サーバサイトで一般的に用いられている物理構成は、**インライン構成**と**ワンアーム構成**のふたつです。小〜中規模なシステム環境ではインライン構成、大規模なシステム環境ではワンアーム構成を採用する傾向にあります。ふたつのポイントをざっくり比較すると、次の表のようになります。

表 1.2.1　インライン構成とワンアーム構成の比較

比較項目	インライン構成	ワンアーム構成
構成のわかりやすさ	○	△
トラブルシュートのしやすさ	○	△
構成の柔軟性	△	○
拡張性	△	○
冗長性・可用性	○	○
採用の規模	小規模〜中規模	大規模

各機器の持つ技術や機能、なぜこんな物理構成になっているのか等々、細かな部分についてはこの先の章で構成パターンをもとに説明していきます。この節では、とりあえずこういう感じで接続しているんだなという概要だけつかんでください。この物理構成の設計は、たくさんの技術、たくさんの機能の集大成です。すべての機器配置に意味があります。いろいろな技術や機能を理解して、この節に戻ってくると、よりおもしろく感じることができるでしょう。では、それぞれの構成の概要をブレイクダウンして説明していきます。

第 1 章　物理設計

インライン構成で管理しやすく

　まず、インライン構成です。通信経路上に機器を配置するので、インライン構成と呼ばれています。現在サーバサイトで最も多く採用されている構成でしょう。構成がシンプルでわかりやすく、トラブルシュートもしやすいため、運用管理者にも好まれています。ひとくちにインライン構成といっても、構成のバリエーションはさまざまで、すべての構成を取り上げるのは不可能です。ここでは代表的な構成パターンを紹介します。

インライン構成パターン 1

　ひとつ目の構成パターンです。インライン構成の中でも、最も簡単でわかりやすい構成にしました。ネットワーク機器の配置が上から四角、また四角、またまた四角になっている、この**スクエア構成はインライン構成の基本中の基本**でしょう。

図 1.2.1　インライン構成の構成パターン 1

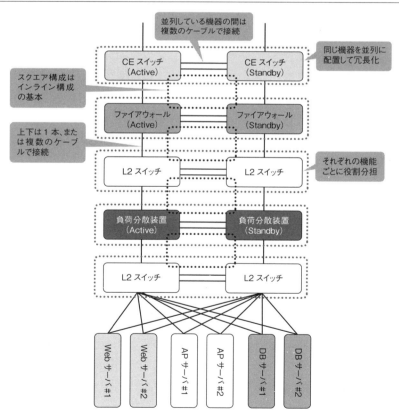

1.2 物理設計

　同じ機器を並列に配置して冗長化を図り、機器間を複数のケーブルで接続します。この複数の
ケーブルは冗長構成を組むための管理パケットをやり取りしたり、障害時の迂回経路になったりし
ます。上下は1本のケーブルで接続します。ここのケーブルはトラフィック量に応じて増やすこと
も可能です。今回はわかりやすくするために1本にしています。

　この構成はそれぞれの機器が機能ごとに役割分担されており、どこかが壊れたら、他の機器への
影響を最小限にしつつ、経路が切り替わるという、とてもシンプルな構成です。

インライン構成パターン2

　ふたつ目の構成パターンです。ひとつ目の構成パターンに「ブレードサーバ」「仮想化」
「StackWiseテクノロジー、VSS（Virtual Switching System）」「セキュリティゾーンの分割」
という4つのエッセンスを加えています。一見複雑そうですが、よく見ると、しっかりスクエア構
成になっています。なお、StackWiseテクノロジーを使用しているスイッチは専用のStackケー
ブルで接続します。

　サーバは「ブレードサーバ」と「仮想化」で集約効率と拡張性を高め、スイッチは「StackWise
テクノロジー、VSS」で運用管理の効率化、構成のシンプル化を図っています。また、DMZと
LANにセキュリティゾーンを分割して、セキュリティレベルの向上を図っています。この構成の
場合、ブレードサーバ特有の構成をとる必要があったり、仮想化の機能を使用するために専用の
ネットワークを作ったりと、構成パターン1よりも少し考慮すべきところは多くなります。各エッ
センスの詳細は、「ブレードサーバ」はp.352、「仮想化」はp.180、「StackWiseテクノロジー、
VSS」はp.355、「セキュリティゾーンの分割」はp.325で、それぞれ説明します。

　この構成も構成パターン1と同様、それぞれの機器が機能ごとに役割分担されています。どこか
が壊れたら、他の機器への影響を最小限にしつつ、経路が切り替わるように構成を組んでいます。

第1章　物理設計

第 1 章 物理設計

図 1.2.2　インライン構成の構成パターン 2

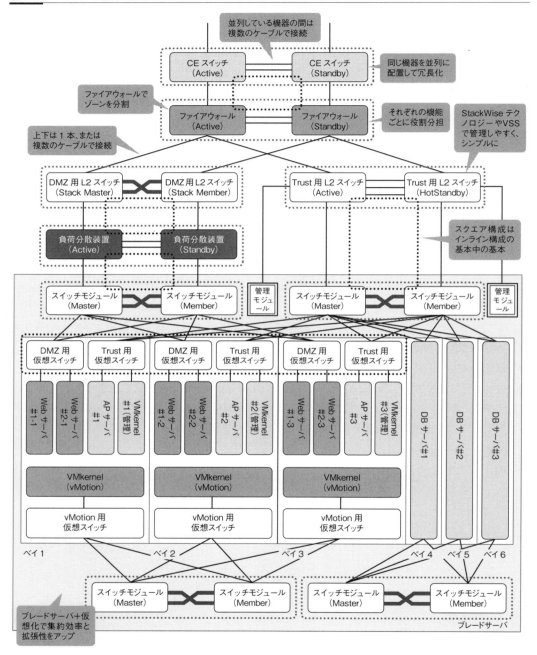

ワンアーム構成で拡張しやすく

次に、ワンアーム構成です。**コアスイッチの腕のような感じに機器を配置するので、ワンアーム構成と呼ばれています。**サイトの中心にあるコアスイッチが複数の役割を持つことになるので、インライン構成より構成がわかりにくくなります。しかし、いろいろな要件に応えることができる柔軟性と拡張性を持ち合わせていて、データセンターやマルチテナント環境など、比較的大規模なサイトで採用されています。ワンアーム構成も、代表的な構成パターンをポイントとともに紹介します。

ワンアーム構成パターン1

ひとつ目の構成パターンです。ワンアーム構成の中でも、最も簡単でわかりやすい構成にしました。実はこの構成、インライン構成の構成パターン1と論理的に同じだったりします。同じ機器を並列に配置して冗長化を図るところは変わりません。縦列の配置が異なります。コアスイッチの腕のような感じにファイアウォールや負荷分散装置を配置します。インライン構成はそれぞれの機器が完全に役割分担されて、とてもわかりやすく配置されていました。ワンアーム構成では、その役割のいくつかをコアスイッチに集約しています。システムの中心にいるコアスイッチがたくさんの役割を担っていて、ほぼすべてのトラフィックがコアスイッチを経由するように構成を組んでいます。

機器の配置は全然違いますが、使用する冗長化機能はインライン構成とまったく同じです。どこかに障害が発生したら、即座に経路が切り替わって、新しい経路を確保します。コアスイッチがいろいろな役割を担っているため、コアスイッチがダウンしたときはすべての機器に影響します。

図1.2.3　ワンアーム構成の構成パターン1

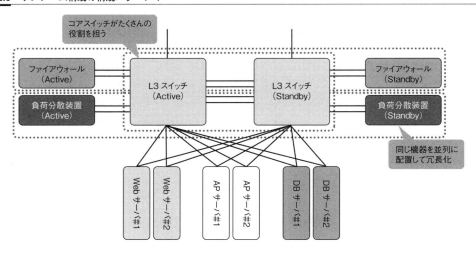

第 1 章　物理設計

ワンアーム構成パターン 2

　ふたつ目の構成パターンです。インライン構成同様、ワンアーム構成パターン1に「ブレードサーバ」「仮想化」「StackWiseテクノロジー、VSS（Virtual Switching System）」「セキュリティゾーンの分割」という4つのエッセンスを加えています。

図 1.2.4　ワンアーム構成の構成パターン 2

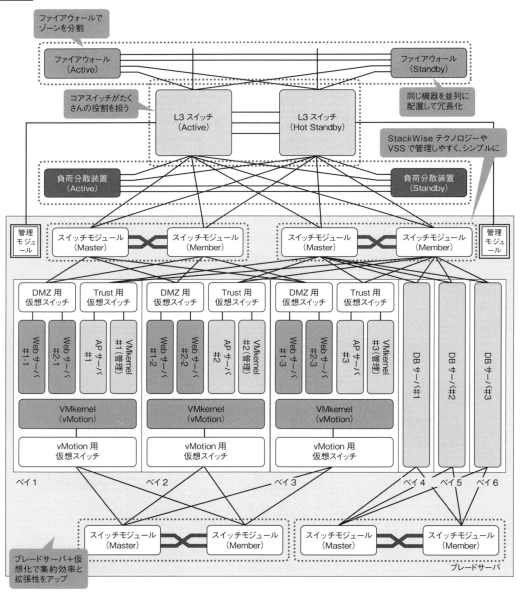

＊　紙面の都合で、管理コンソール以外の管理系ポートとの接続は省略しています。

50

これもまた、一見複雑そうですが、基本の構成は構成パターン1と同じです。コアスイッチに対する接続形態が微妙に違いますが、これは2台のコアスイッチをVSSで論理的に1台として構成しているためです。**ファイアウォールと負荷分散装置からは、あたかも1台のコアスイッチに接続しているかのように見えます。**1台のコアスイッチの腕のような感じにファイアウォールと負荷分散装置を配置しています。

この構成も構成パターン1と同様、機器の配置は全然違いますが、使用する冗長化機能はインライン構成とまったく同じです。どこかに障害が発生したら、即座に経路が切り替わって、新しい経路を確保します。コアスイッチは構成パターン1と同様にいろいろな役割を担っています。ただ、コアスイッチはVSSで論理的に1台として構成しているため、たとえコアスイッチがダウンしたとしても、パターン1ほど周辺機器に影響はありません。

以上の4つの構成は、これから先の章で技術や仕様を説明するときの構成パターンとして使用します。今はまだかなり難しいものに見えるかもしれません。特に構成パターン2はいろいろな要素を詰め込んだため、現時点ではまったく訳がわからないかもしれません。しかし、これから先の章で技術や仕様を理解したうえで、この構成パターンを見直すと、まったく違ったものに見えることでしょう。

1.2.2 安定している機器を選ぶ

物理構成がある程度見えてきたら、それぞれどんな機器を使用するかを考えます。サーバサイトにおける機器選定のポイントは「信頼性」「コスト」「運用管理性」の3つです。それぞれ説明します。

何よりも信頼性が大事

決してサービス断が許されないサーバサイトの機器選定において、最も重要なポイントが信頼性です。どんなに高価で高速な機器でも、ぽこぽこ壊れるようでは話になりません。長期にわたって安定して動作する機器を選定しましょう。信頼性の指標となる数値が「**MTBF（Mean Time Between Failures、平均故障間隔）**」です。MTBFは、故障から次の故障までの平均的な間隔を表しています。各メーカーのWebサイトで公開されているので、参考にしましょう。

さて、ここまでが建前で、ここからが本音です。**どんなにMTBFが長くても、壊れるときは壊れるし、使用する機能や使い方によっても大きく変動します。**MTBFはわかりやすく、論理的でもありますが、絶対的な信頼性の指標になり得るかと言われれば、はて……現場から言わせてもらうと、正直かなり疑問です。結局のところ、機器の信頼性は往々にして人柱の数に比例します。したがって、まずは各分野における鉄板機器、鉄板メーカーを選定しておく。なんだかんだで、これが最も問題が少ない気がします。

第 1 章　物理設計

図 1.2.5　MTBF

安物買いの銭失いを避ける

　信頼性を追い求めて鉄板の機器ばかりを選定していると、あることに気付くはずです。「た、高い……」と。そうです。鉄板機器は往々にして高価なのです。もちろん湯水のようにお金がある場合なら、そのまま鉄板機器を選んでしまってもよいでしょう。問題は、お財布事情がよろしくないときです。その場合は、鉄板機器をあきらめ、別の機器を探す必要があります。中には鉄板機器の半額以下の機器もあるはずです。このあたりは、家電製品や家具と同様、安かろう悪かろうという場合もあります。安物買いの銭失いにならない程度の機器を選定してください。なお、**別の機器に置き換えを図るのは重要度の低い機器からです**。たとえば、ユーザにサービスを提供するサービス側の機器と、監視で使用する運用管理側の機器であれば、運用管理側の機器のほうが圧倒的に重要度が低いでしょう。運用管理側の機器を鉄板機器から置き換えてください。

図 1.2.6　機器を置き換えるときは重要度が低いほうから

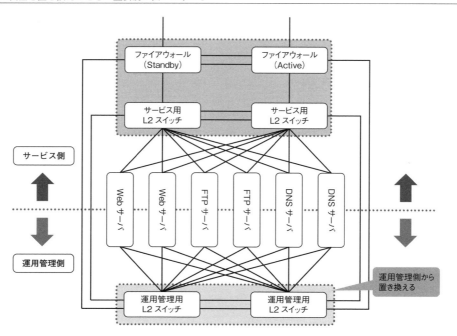

使いやすさも重要

　運用管理フェーズはシステムの一生の中で最も長いフェーズで、場合によっては10年以上続くこともあったりします。したがって、設定がしやすく情報が見やすい機器を選定することも重要なポイントのひとつです。特に日本は機器選定にあたってカタログスペックの情報を鵜呑みにし、運用管理性というプライスレスな要素を軽視する傾向にあります。使いにくい機器の運用管理は、そのまま運用費や教育費などの間接費用として、長く重くのしかかってきます。使いやすい機器を選定しましょう。

　さて、ここまで機器選定について述べてきましたが、ネットワーク構築の現場では、なぜその機器を選んだのかという根拠がとても重要になってきます。筆者自身、以前お客さんが選定した機器をそのまま鵜呑みにして納入した結果、致命的なバグに引っかかって激怒された苦い経験があります。「なんでこんな機器入れたんだ！」と怒鳴られている最中に「それを選んだのはあなたの隣に座ってる人なんですけど……」とは口が裂けても言えません。「お客様は神様」的になることが多い日本のITシステム構築現場において、トラブルは納入者の責任以外の何物でもありません。残念ながら、なくなく涙を飲むしかないのです。そんな悲しいことにならないよう、なんらかの形でしっかりした根拠を残しておきましょう。

1.2.3 最も大きい値で機種を決める

　機器構成が決まったら、どれくらいのスペック（性能）を持つ機種を配置するかを考える必要があります。どんな要素をもとに機種を選定したか。これがハードウェア構成設計です。場合によっては、物理設計の1項目としてではなく、ハードウェア構成設計や性能設計として別に項目を用意することもあります。本書では、物理的な機器の持つ性能の設計という意味を踏まえて、物理設計の中に入れています。

　どの機種を選ぶかは、使用する機能やコスト、スループット、接続数、実績など、たくさんの要素をもとに決めていきます。ここでは、その中でも「スループット」と「接続数」に注目して説明します。このふたつは、機種選定において、絶対的な指標になりえます。既存機器の置換であれば、SNMP（Simple Network Management Protocol）を使用して、あらかじめ既存の機器からこのふたつに関連する値を取得して、次の機種選定に役立てたほうがよいでしょう。なお、SNMPについてはp.439で説明します。新しく設置する場合であれば、想定しているユーザ数や使用するプロトコル、アプリケーション、コンテンツサイズやその比率など、いくつかの要素をもとに机上で予測します。

　よくあることなのですが、スループットも接続数も、平常時の平均値を使用して機種選定して

も、あまり意味がありません。**長期的、あるいは短期的にアクセスパターンを分析し、最も大きな値を使用して機種選定を行います。**

図1.2.7　最も大きな値を参考にする

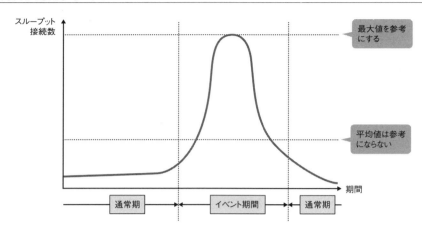

　コストが許すようであれば、そこからさらに検証機を用意して、性能試験や負荷試験を実施してみるのもよいでしょう。より実際の環境に近い値を得られるだけでなく、設定方法や起こりうる不具合を事前にある程度知っておくことができます。なお、検証機には、同じ機器を使用するのがベストです。お財布の事情で、同じ機器を用意できない場合は、**少なくとも同じハードウェア構成を採用している機器を用意しましょう。**一般的に、ハードウェア構成が同じであれば、性能的な違いはCPUのクロック数やコア数、メモリ容量くらいで、本番機との差異を最小限に抑えることができます。たとえば、物理アプライアンスと仮想アプライアンスとでは、ハードウェア処理があるかないかという点において、ハードウェア構成がまったく異なります。また、物理アプライアンスでも、シリーズやリリース時期が異なると、新しいアーキテクチャやコンポーネントが使用されていたりして、ハードウェア構成が異なる場合があります。メーカーのWebサイトやマニュアルをしっかり確認して、検証機を選定してください。

アプリケーションによって必要なスループットは異なる

　スループットは、アプリケーションが実際にデータを転送するときの実効速度のことです。スループットにはアプリケーションに関するいろいろな処理遅延が含まれており、規格上の理論値である伝送速度より必ず小さくなります。たとえば、1000BASE-Tで構成しているからといって、必ずしも1Gbpsのスループットが出るとは限りません。サーバサイトにおいて必要なスループットは、想定している最大同時ユーザ数や、使用するアプリケーションのトラフィックパターンなど、いろいろな要件によって異なります。それぞれをしっかり把握したうえで、必要なスループッ

トを算出します。ネットワーク機器は、各メーカーから、ビットロスなくデータ転送できる値、最大スループットが公表されています。その値を照らし合わせながら、ある程度のゆとりを持って必要性能を見極め、機種を選定してください。

機器によっては、使用する機能によって最大スループットが低下する場合があります。その場合は、使用する機能を考慮しつつ、機器の最大スループットを定めます。たとえば、ファイアウォール機能だけを有効にした場合は4Gbpsも処理できるのに、IPS（侵入防御システム）を同時に有効にしたら1.3Gbpsしか処理できないなどという機器もあったりします。システムでIPSを使用しなければならない場合は1.3Gbpsが最大スループットになります。その値を照し合わせます。

新規接続数と同時接続数を考える

どれくらいのコネクションを処理できるか。これが接続数です。値が大きければ大きいほど、たくさんのデータを処理することができます。ファイアウォールや負荷分散装置を選定するときは、特にこの値に注意を払う必要があります。接続数には「**新規接続数**」と「**同時接続数**」の2種類があります。新規接続数（Connection Per Seconds、CPS）は、1秒間あたりどれくらいのコネクションを処理できるかを表します。同時接続数は、同時にどれくらいのコネクションを保持できるかを表しています。

図 1.2.8 新規接続数と同時接続数は必ずしも比例しない

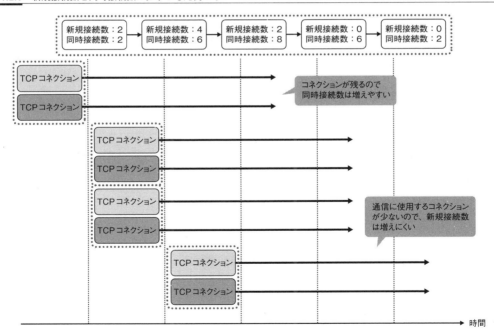

第 1 章　物理設計

　このふたつの値は一見比例しそうですが、必ずしもそうとは限りません。たとえば、FTP（File Transfer Protocol）のように、少数のコネクションを長く張ろうとするプロトコルがアクセスを試みてきた場合、同時接続数は増えやすいですが、新規接続数はそこまで増えません。逆に、HTTP（Hyper Text Transfer Protocol）/1.0のように、大量のコネクションを短く張ろうとするプロトコルがアクセスを試みてきた場合、新規接続数は増えやすいですが、同時接続数はそこまで増えません。

　必要な接続数は、想定している最大同時ユーザ数や、使用するアプリケーションによって異なります。それぞれをしっかり把握したうえで、必要な新規接続数、同時接続数を算出します。最大接続数もメーカーから公表されています[*1]。その値を照し合わせつつ、**ある程度のゆとりを持って必要性能を見極め、機種を選定してください**。最大新規接続数、最大同時接続数、どちらの最大接続数を超えたとしても、サービス遅延が発生します。

　　　*1　メーカーによっては同時接続数しか公表されていないこともあります。

　さて、ここまでハードウェア構成設計について説明してきましたが、結局のところ機器のスペック以上の力は出ません。いろいろな係数を用いてどんなに計算しても、それは想定内です。企業によっては、その値をぎりぎりに設定して機器選定しまうことがあるため、想定外のトラフィック量にはまったく対応できなかったりします。ネットワーク機器は、サーバと比べて長く使用することが多く、スケールアップやスケールアウトが難しいものです。十分にゆとりを持った性能設計をしましょう。なんの情報をもってその機種を選定したか。その根拠はとても重要です。

1.2.4　仮想アプライアンスをうまく利用する

　サーバ仮想化の潮流に乗って新しく生まれたアプライアンスが、ネットワーク機器を仮想化した「**仮想アプライアンス**」です。最近のネットワーク機器のほとんどが、ベースのOSとしてUNIX系OSを使用し、その上で特別にコーディングされたサービスを動作させたり、そこから専用のハードウェア処理を呼び出したりすることによって、処理の高速化・効率化を図っています。仮想アプライアンスは、ベースOSやサービス、それにハードウェア処理をすべて仮想化ソフトウェアのハイパーバイザ上で行います。仮想アプライアンスはここ数年で、だいぶ ITシステムに定着してきました。

表 1.2.2　代表的な仮想アプライアンス製品

メーカー	機器の種類	仮想アプライアンス
シスコ	スイッチ	Nexus 1000v
	ルータ	vIOS
	ファイアウォール	ASAv

メーカー	機器の種類	仮想アプライアンス
ジュニパー	ルータ	vMX
	ファイアウォール	vSRX
フォーティネット	ファイアウォール	FortiGate VM

メーカー	機器の種類	仮想アプライアンス
パロアルト	ファイアウォール	VM-Series
インパーバ	ファイアウォール	SecureSphere Virtual Appliances
F5	負荷分散装置	BIG-IP VE

仮アプライアンスのメリット

　仮想アプライアンスのメリットは、なんといっても「**設置スペースがいらない**」ことでしょう。これまでネットワーク機器といえば、ラック型サーバと同じようにサーバラックに搭載し、設置スペースを取ってしまうのが当たり前でした。仮想アプライアンスは、仮想化ソフトウェアのハイパーバイザ上で、ひとつの仮想マシンとして動作するため、設置スペースを取ることがありません[*1]。設置スペースは、そのままコストにつながります。仮想アプライアンスを利用すると、設置スペースを節約でき、加えてコストを節約できます。

[*1] もちろん仮想化ソフトウェアをインストールする物理サーバの設置スペースは必要です。

図 1.2.9　仮想アプライアンスを利用すると設置スペースを節約できる

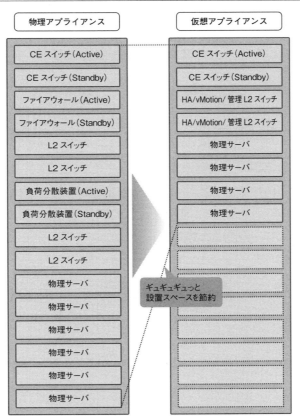

第 1 章　物理設計

仮想アプライアンスのデメリット

　仮想アプライアンスのデメリットは「**パフォーマンスが落ちる**」ことでしょう。仮想アプライアンスは、いったんハイパーバイザを経由することになるだけでなく、物理アプライアンスが処理の高速化・効率化を図るために使用しているハードウェア（FPGA）の処理を、ソフトウェア（CPU）で置き換えることになるため、パフォーマンス劣化の影響が顕著に表れます。そこで、ただやみくもに仮想アプライアンスを使用するだけでなく、単純な機能検証しか行わない初期の検証環境では仮想アプライアンスを使用し、詳細な機能検証や性能試験を行う後期の検証環境や本番環境では物理アプライアンスを使用するといった具合に、うまくハイブリッド化を図るようにしてください。

図 1.2.10　仮想アプライアンスは仕組み上、物理アプライアンスよりもパフォーマンスが落ちる

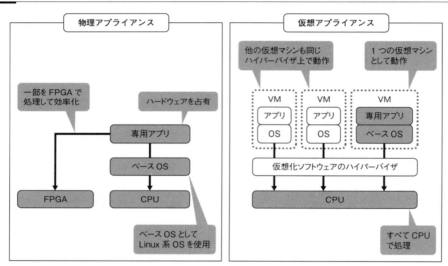

　ちなみに、p.46のインライン構成パターン1でファイアウォールと負荷分散装置に仮想アプライアンスを使用し、仮想化ならではのエッセンスを加えると次の図のようになります。

図1.2.11　インライン構成パターン1に仮想アプライアンスを使用した例

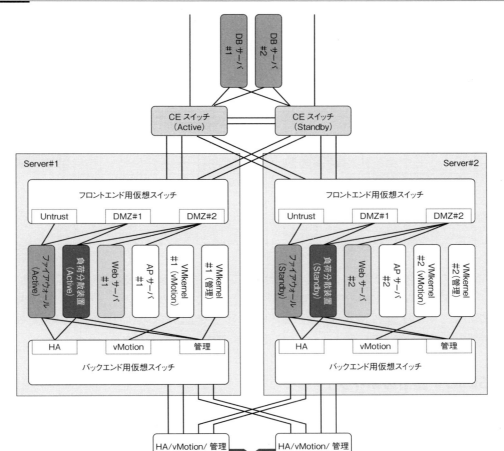

パフォーマンス劣化を防ぐ

　さて、仮想化ソフトウェアの側としても、パフォーマンス劣化を手をこまねいて見ているわけではありません。仮想化への潮流という大きな勝機を逃さないよう、いろいろな技術をどんどん追加しています。そのうちのひとつが「**SR-IOV (Single Root I/O Virtualization)**」です。SR-IOVは、PCI Expressカード (NIC) が持つ物理ポート (PF) から作成した複数の仮想ポート (VF) を仮想マシンに直接割り当てる技術です。ハイパーバイザ (仮想スイッチ) の処理をパススルーできるため、物理アプライアンスと同じくらいのスループットを叩き出すことができます。

図1.2.12 SR-IOVでパフォーマンスの劣化を防ぐ

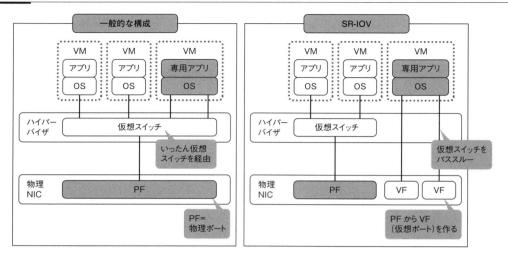

　さて、ここからは仮想アプライアンスにおけるパフォーマンス最適化を考慮した設計について説明していきます。あらかじめお断りしておきますが、ここからはサーバのハードウェア構成も大きくかかわってくるので、少々複雑です。もしもスペックを追い求めるような仮想化環境でなければ、無理して読む必要はありません。読み飛ばしてください。では、行きましょう！

■ SR-IOV設計のポイント

　SR-IOVを設計するときに気を付けないといけないことは、「**対応環境**」と「**NUMA (Non-Uniform Memory Access)**」の2点です。

　まず、ひとつ目、対応環境についてです。SR-IOVは、NICや仮想化ソフトウェア、OS、ドライバ、それらのバージョンなど、かなりシビアに環境を選びます。各メーカーのWebサイトをしっかり確認し、サーバを選定するときに併せて指定してください。

　続いて、ふたつ目、NUMAについてです。NUMAは、ひとつのサーバに複数のCPUとメモリが乗っている構成のことです。それぞれのCPUが同時かつ並行にアクセス（ローカルアクセス）できるメモリ（ローカルメモリ）を搭載しているため、メモリアクセスの競合が発生しづらく、パフォーマンスの向上を図ることができます。CPUとローカルメモリのペアを「**NUMAノード**」といいます。

　SR-IOVを使用する場合は、**仮想マシンに割り当てるリソース（仮想CPU、仮想メモリ、NIC）がNUMAノードをまたがないように注意を払う必要があります**。NUMAノードをまたいでしまうと、インターコネクトを経由したリモートアクセスになってしまうため、パフォーマンスが落ちてしまいます。

図 1.2.13　NUMA ノード

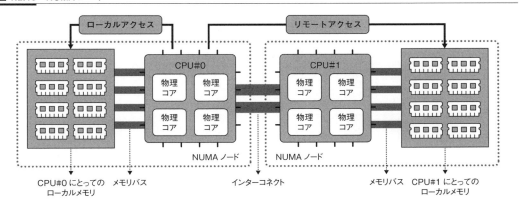

■ 仮想 CPU

では、ここからは、仮想マシンに割り当てるリソースごとに説明しましょう。

まず、仮想CPUについてです。仮想CPUは、仮想マシンの処理だけで物理コアを占有できるよう、特定の物理コアを仮想マシンに紐付けます。当然ながら、仮想マシンに割り当てる仮想CPUの数は、基本的に多ければ多いほどパフォーマンスがアップします。しかし、ひとつのCPUが持つコア数を超えてしまうと、「NUMAノードまたぎ」が発生し、パフォーマンスに影響します。また、すべての物理コアを仮想マシンに割り当ててしまうと、ハイパーバイザの処理がおろそかになってしまいます。そこで、割り当てる仮想CPUの数は、多くても「(ひとつのCPUが持つコア数)－1」までに抑えてください。1コアはハイパーバイザの処理のために確保しておきます。また、仮想マシンがどのコアを使用するか、そのコアがどのNUMAノードにあるかをしっかりと確認し、NUMAノードをまたがないように割り当てる仮想CPUの数を調整してください（図1.2.14）。

CPUで「**ハイパースレッディング**」が有効になっているときには、さらに論理コアの配置にも気を配ってください。ハイパースレッディングはひとつの物理コアをふたつの論理コア（スレッド）に分割し、物理コアを効率的に使用する技術です。ハイパースレッディングが有効になっていると、仮想マシンに割り当てられるコア数が倍増し、お得感があります。しかし、実際は物理CPUコアの空き時間を使用して処理しているだけなので、空き時間が発生しないくらい高負荷状態のときにまで効果を発揮し続けられるかは、微妙なところです。そういう状態まで考慮する必要がある場合は、**可能な限り物理コアを共有しないように、仮想CPUとして紐付ける論理コアを固定します**（図1.2.15）。

第 1 章　物理設計

図 1.2.14　NUMA ノードをまたがないように仮想 CPU を割り当てる

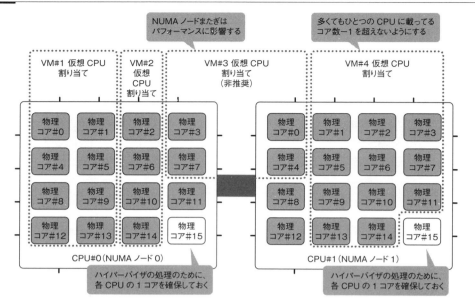

図 1.2.15　ハイパースレッディングが有効なときは、物理コアを共有しないように論理コアを割り当てる

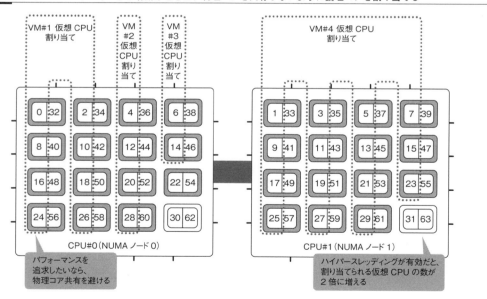

■ **仮想メモリ**

　続いて、仮想メモリについてです。仮想メモリはほとんどの場合、仮想CPUの数に紐付いていて、〇ギガ×仮想CPU数のような形で定義されています。メーカーのWebサイトを確認してくだ

さい。最近のサーバは仮想化環境を考慮して潤沢なメモリを搭載しているので、よほどのことがない限り、NUMAノードをまたぐことはないでしょう。**NUMAノードをまたいでしまいそうなときは、うまくサイズを調整してやりくりしてください。**

■ NIC

最後にNICについてです。SR-IOVで使用するNICは、NUMAノードに紐付いています。たとえば、ふたつのNUMAノード、3枚の物理NICを持つサーバの場合、2枚の物理NICはひとつのNUMAノード（NUMAノード0）に、もう1枚の物理NICはもう片方のNUMAノード（NUMAノード1）に紐付きます。**あらかじめ、どの物理NICがどのNUMAノードの配下にいるかを確認し、仮想マシンに割り当てた仮想CPU（CPUコア）と同じNUMAノードにある物理NICのVFを割り当てるようにします。**

図 1.2.16　同じ NUMA ノードにある物理 NIC の VF を割り当て

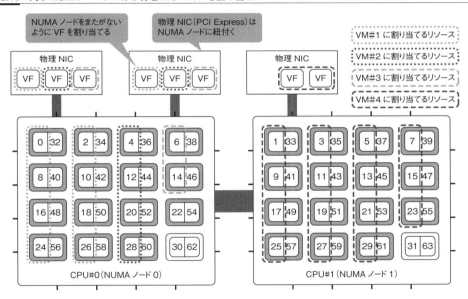

さて、ここまで仮想化環境におけるパフォーマンスの最適化設計について説明してきました。今後、CPUにFPGAが乗り、それを仮想アプライアンスが使えるようなことになってきたら、物理アプライアンスとの差がなくなり、いよいよ本格的な置き換えが始まるはずです。そのときは、ここで述べた設計を思い出してください。きっと助けになるはずです。

1.2.5 安定したバージョンを選ぶ

　ネットワーク機器もサーバと同様にOS上で動作します。しかし不思議なことに、サーバのOSバージョンは気にするのに、ネットワーク機器のOSバージョンは気にしないことが多いです。しかし、ネットワーク機器のOSバージョンも、サーバのOSバージョンと同じくらい重要なものです。特に最近のネットワーク機器は、ベースでLinux OSを動かし、その上に乗るサービスで機能を提供していることもあるので、よりいっそうの考慮が必要です。不安定なバージョンで納入したり、システム内でOSバージョンに差異が出たりと後々の運用に支障をきたすことがないように、OSバージョンをしっかり決めておく必要があります。

とりあえず聞いてみるのが早道

　ネットワーク機器は、最新バージョン、最新修正プログラム（パッチ、ホットフィックス）を適用したOSが必ずしも安定しているとは限りません。**納入実績やメーカーや、代理店の推奨がものをいいます**。メーカーや代理店によっては推奨バージョン、安定バージョンを公開していたり、また、企業によっては企業内で使用するバージョンを決めていたりもします。どのバージョンを選択するかは、その内容に準拠したほうがよいでしょう。

　OSにバグは付きものです。システムを運用していると、メーカーや代理店のWebサイトやニュースレターで、たくさんのバグが公開されることでしょう。そのすべてに対応する必要はありません。そんなことをしていたらきりがありません。システムで使用している機能に関連するバグだけをピックアップし、システムへの影響が高いバグのみ対応するようにします。それともうひとつ。サポート期限も選択要素のひとつになります。機器によっては、OSバージョンごとにサポート期限が設けられていて、それ以降は修正プログラムが提供されなくなったり、テクニカルサポートを受けられなくなったりします。そもそも、**ずっと同じバージョンを使い続けるなんて不可能です**。ニュースレターを見ながら定期的に使用するOSバージョンの見直しを図り、バージョンアップしていくようにしてください。例として、負荷分散装置のデファクトスタンダード、BIG-IPのソフトウェアサポート期限を次の表に示します。

1.2 物理設計

表1.2.3　バージョンによってサポート期限が違うことがある（2019年5月時点）

メジャーリリース （長期安定化サポートのみ抜粋）	リリース日	ソフトウェア開発終了日	テクニカルサポート終了日
14.1.x	2018年12月11日	2023年12月11日	2024年12月11日
13.1.x	2017年12月19日	2022年12月19日	2023年12月19日
12.1.x	2016年5月18日	2021年5月18日	2022年5月18日
11.6.x	2016年5月10日	2021年5月10日	2022年5月10日
11.5.x	2014年4月8日	2019年4月8日	2020年4月8日

*　参考URL：https://support.f5.com/csp/article/K5903

それでも不安だったらバグスクラブ

　ある程度バージョンが確定したら、各メーカーが公開しているリリースノートを見て、そのバージョンが潜在的に持っている既知バグをチェックしておくのもよいでしょう。このような既知バグチェックのことを「**バグスクラブ (bug scrub)**」といいます。バグスクラブを実施すると、あらかじめバグを持っている機能を使用しないように設計できたり、設定で回避できたり、バグに起因するトラブルを未然に防ぐことができたりします。バグに起因するトラブルは、設定や設計の誤りではないため、最もわかりづらく、解決までに多大な時間を要します。**転ばぬ先の杖的に、バグスクラブを実施し、有限な時間を余計に浪費してしまわないようにしましょう。**

1.2.6　配置と目的に応じてケーブルを選ぶ

　どんなケーブルを使用して接続するか、接続に使用するケーブルを設計します。現在、サーバサイトの物理層で使用されている伝送媒体は「ツイストペアケーブル」か「光ファイバケーブル」のどちらかです。どんなに無線LANが高速になったといっても、サーバサイトで使おうなんていうチャレンジ精神溢れるシステム管理者は、今のところいないでしょう。どちらの伝送媒体を使用するかは、**コストや利便性、物理的な配置やデータの用途など、いろいろな要件をもとに決めていく必要があります。**ここでは、その中でも「物理的な配置」と「データの用途」という、ふたつに注目して説明します。

遠く離れた接続には光ファイバを使う

　ここまでで説明したように、有線LANで使用するケーブルにはすべて距離の制限があります。距離が遠くなればなるほど、信号強度が落ちてしまって、データの損失率が大きくなります。当然ながらスループットも落ちます。特にツイストペアケーブルは100mまでしか延長できないため、

その現象が顕著に現れます。何階かのフロアをまたいだり、ビルや棟をまたいだりして、接続する機器と機器の間が100mに近くなるようであれば、光ファイバで接続したほうが無難でしょう。距離に応じた伝送媒体を選択しましょう。その中でももっと遠くの場所と接続したいなら、シングルモード光ファイバを使用しましょう。

図 1.2.17 100mに近付くようであれば光ファイバで接続

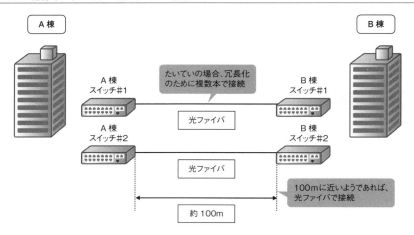

スイッチが光ファイバに対応していないのに、どうしても距離を延長したい。そんなときは、**メディアコンバータ**を使用するという選択肢もあります。メディアコンバータはツイストペアケーブルを流れる電気信号を、光ファイバを流れる光信号に変換するための機器です。光ファイバに対応していない機器をツイストペアケーブル経由でメディアコンバータに接続し、そこから先をSC-SCの光ファイバケーブルでメディアコンバータに接続、最後にツイストペアケーブルで接続、といった形で、距離を延長することができます。

図 1.2.18 メディアコンバータで距離を延長する

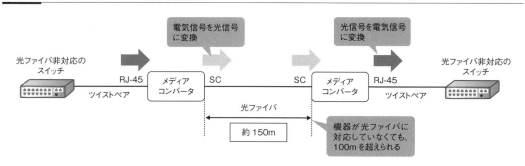

メディアコンバータを使用するときの注意点が「リンク連動機能」です。リンク連動機能は、片

1.2 物理設計

方のリンクがダウンしたら、もう片方のリンクをダウンさせる機能です。この機能を使用しないと、構成によっては対向機器の障害を検知できず、冗長化技術がうまく機能しません。言葉だけではイメージしづらいので、もう少し具体的な例を用いて説明しましょう。

図1.2.19は、ファイアウォールの設置場所と、L2スイッチ/サーバの設置場所が物理的に遠かったため、メディアコンバータを使用してネットワークを延伸した構成です。この構成は、リンク連動機能を有効にしていないと、L2スイッチのアップリンクがダウンしたとき、ファイアウォールがフェールオーバせず、通信し続けることができません。リンク連動機能を有効にしていると、L2スイッチのアップリンクがダウンしたとき、ファイアウォールがフェールオーバするため、通信し続けることができます。

図 **1.2.19** リンク連動機能で片方のリンクがダウンしたら、もう片方のリンクもダウンさせる

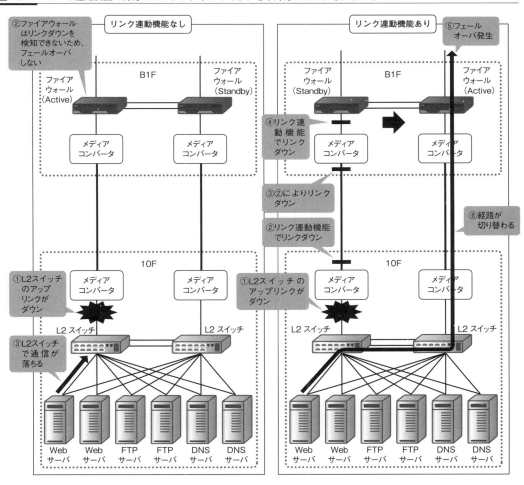

第1章 物理設計

なお、ファイアウォールの冗長化技術については第4章で詳しく説明します。ここではとりあえず「あー、なんかこんな感じで切り替わるんだなー」という程度に、ざっくり見ておいてください。

広帯域、高信頼性を求めるなら光ファイバを使う

ツイストペアケーブルは高周波数における信号減衰が顕著で、広帯域（高速）伝送にはどうしても限りがあります。最近では、通信がユニファイド化してきて、いろいろな通信をネットワークに乗せるようになってきました。道路が1車線より3車線、広ければ広いほど渋滞しにくいのと同じように、今や広帯域伝送はシステム設計に必須のものになっています。iSCSIやFCoE（Fibre Channel over Ethernet）などのストレージ通信のような、常に広帯域を保ちつつ、かつ高信頼性を求める通信では光ファイバケーブルを使用したほうがよいでしょう。また、コアスイッチやアグリゲーションスイッチ[*1]など、上位に配置するスイッチに対するアップリンク部分もいろいろなトラフィックが集中しがちです。同じように広帯域、高信頼性を求められます。**光ファイバケーブルを使用して、広帯域、かつ高信頼性を確保しましょう。**

[*1] アグリゲーションスイッチは、アクセススイッチやサーバスイッチを集約するスイッチです。ディストリビューションスイッチとも呼ばれます。

図 1.2.20 広帯域、高信頼性を求めるなら光ファイバ

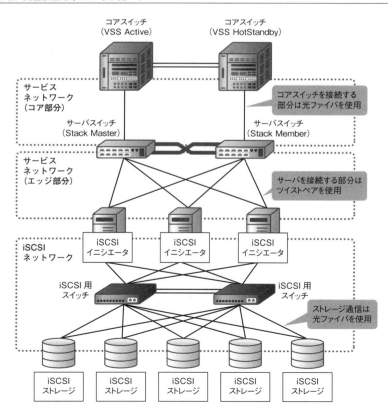

68

ツイストペアケーブルはカテゴリと種別を決める

　ツイストペアケーブルを使用する場合は、カテゴリに気を付けましょう。広帯域の規格になればなるほど、電磁ノイズの影響が顕著になるため、厳密にカテゴリを選ぶようになります。たとえば、1000BASE-Tはカテゴリ5e以上が推奨ですし、10GBASE-Tはカテゴリ6A以上が推奨です。後々混乱を招くことがないように、どのカテゴリを使用するか、設計時にしっかり決めておきましょう。

　併せて、ツイストペアケーブルを使用する場合、**ストレートケーブルとクロスケーブルのどちらの種別を使用するかも重要です**。これは、Auto MDI/MDI-X機能を有効にしている場合はあまり気にする必要はありません。無効にしている場合、種別が合っていないと接続できません。たとえば、同じ種類のネットワーク機器を接続するときはクロス、サーバやPC、異なる種類のネットワーク機器を接続するときはストレートみたいな形で、定義付けしておきましょう。

図 1.2.21 Auto MDI/MDI-X 機能を無効にするときはクロスかストレートかを決める

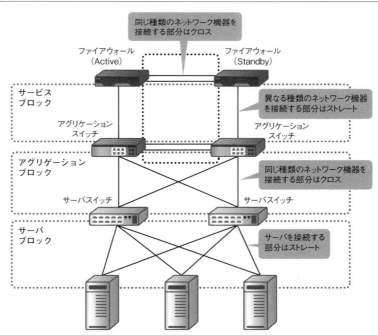

ケーブルの色を決めておく

　意外と重要な要素のひとつがケーブルの色です。**どこに、あるいは何に、どんな色のケーブルを使用するかを定義しておくと、一目で用途を判断できて運用管理がしやすくなります**。ケーブルの

第 1 章　物理設計

種別による色分けが一般的だと思います。たとえば、クロスケーブルは赤色、ストレートケーブル
は青色みたいな感じで色分けしておくと、ケーブル不良が発生したときに、一目でどちらのケーブ
ルを用意すればよいか判断できて、対応の迅速化を図ることができます。

　そういえば、筆者は以前、虹かと見まがうほどたくさんの色のケーブルを駆使したサーバサイト
を見たことがあります。9色のLANケーブルで彩られたその様子は、確かに鮮やかで見事なもので
した。何よりこれだけ多彩な色のLANケーブルがあるのも驚きでした。しかし、こんなことをし
てしまうと、最初によほどたくさんの予備ケーブルを用意しておかない限り、将来拡張していくと
きにケーブルの手配が面倒なことになってきます。ある程度ポイントを絞って定義しておいたほう
がよいでしょう。

ケーブルの長さを決めておく

　ケーブルの長さは、設計というよりもむしろ発注にかかわる、とても重要な要素のひとつです。
もちろん実際の長さに合わせて、職人さんにひとつひとつケーブルを作ってもらうのもありでしょ
う。しかし、そんなことをしてしまうと、拡張するたびに職人さんに頼んで、ケーブルを作って
……ということをしないといけなくなって、コストがかさみます。たとえば、ラック内は○メート
ル、ラックまたぎは○メートルといった具合に、ある程度ポイントを絞って定義し、それに合わせ
て少し多めに予備ケーブルを発注しましょう。

　さて、ここまでどんなケーブルを選択するべきか説明してきましたが、もしかしたら「じゃあ、
全部光ファイバを使えばいいじゃん」と思った読者の方もいるかもしれません。確かにそうかもし
れません。湯水のようにお金があったら、それもよいでしょう。でも、みんながみんなそんなバブ
ルなわけではありません。光ファイバはケーブルもコネクタも価格が高いのです。そもそも光ファ
イバのコネクタを持っていない機器もあります。この世知辛い世の中、節約節約なのです。機器と
機器の間が遠かったり、伝送品質を上げたかったりするところだけ光ファイバを使用して、うまく
やりくりしていきましょう。

1.2.7　意外と重要なポートの物理設計

　どこに何を接続するか、そのポリシーを設計します。とても単純なことなのですが、これは後々
の運用にかなり大きくかかわってきます。空いているポートに誰彼かまわずサーバやPCをつない
でいたら、トラブルが発生したとき、どこに何がつながっているかわからなくなってしまいます。
ポリシーを統一せずに機器を接続していたら、構成のイメージが湧きづらくなってしまいます。設
計の段階で、**どこに何を接続するか、しっかりとわかりやすいルールを定めておきましょう。**

70

どこに接続するか統一性を持たせる

　統一性を持たせること。設計段階では、これがとても重要です。したがって、既存のシステムがあるのであれば、そのポリシーに準拠したほうがよいでしょう。既存のポリシーを無視してシステムを構築したり、拡張したりしても、あとで混乱を招くだけです。新しくシステムを構築するのであれば、ポリシーをゼロから作ることになります。ここでは設計者が法律です。わかりやすく、かつ拡張しやすいポリシーを作ってください。

　筆者の場合、並列ネットワーク機器間や上下ネットワーク機器間など、比較的増減しにくいポートは末番ポートから使用し、逆に、サーバやPCを接続するポートなど、比較的増減しやすいポートは若番ポートから使用するような感じで、機器の役割ごとにポリシーを定義しています。

図 1.2.22　接続に統一性を持たせる

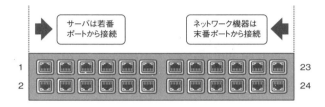

スピードとデュプレックス、Auto MDI/MDI-X の設定も統一性を持たせる

　p.27で説明したとおり、ポートのスピードとデュプレックスが接続機器間で違うと通信が成立しません。相違がないようにポリシーを定義する必要があります。こちらも先述の話と同様に、既存のシステムがあるのであれば、そのポリシーに準拠したほうがよいでしょう。新しくシステムを構築する場合は、接続相手によってスピードとデュプレックスの設定を考える必要があります。最近は相性問題も少なくなってきて、すべてのポートを自動で設定することも多くなってきました。それもありでしょう。ここでは、固定にするか自動にするかはそれほど重要ではありません。**両機器間で不整合が起きないように、しっかりとしたポリシーを作ることが重要です。**

図 1.2.23　スピードとデュプレックスは両機器間で合わせることが重要

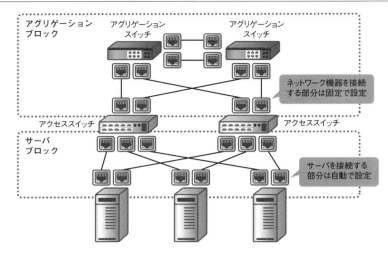

空きポートをどうするか考える

　空きポート、つまり使用していないポートの扱いも重要な設計要素のひとつです。空きポートをシャットダウンしていないと、誰彼かまわず機器を接続できるようになってしまい、セキュリティ上よろしくありません。最近のサーバサイトは仮想化ありきで進むことが多く、使用するポートが激しく増減するようなことはありません。拡張するときも、まずは仮想マシンを増やして対応することがほとんどでしょう。空きポートをシャットダウンすることによって、物理的なセキュリティの脆弱性を潰しておきましょう。

1.2.8 上手にラックに搭載する

機器をフロアのどこにどのように配置するか。これも物理設計のひとつです。物理構成と、その拡張性を考慮しつつ、フロアに分散して配置するようにしましょう。また、ラックにどのように搭載するかも重要です。機器の仕様を把握したうえで、どこにどのように搭載するかを考えましょう。

中央にコアとアグリゲーションを配置

機器をフロアのどこにどのように配置するか。これはネットワークの物理構成と拡張性に大きくかかわる問題です。多くのシステムは、役割や機能ごとに階層構造のネットワーク構成を組んでいます。この階層に応じた機器の配置を考えるのが効率的でしょう。

たとえば、そのシステムがコアスイッチ[*1]、アグリゲーションスイッチ[*2]、アクセススイッチ[*3]という3つの要素で構成されている場合、アクセススイッチ以外はそこまで激的に増設することはありません。そこで、フロアやケージなど、割り当てられている場所の中央に配置します。それに対して、アクセススイッチは接続するサーバの台数に応じて増設する可能性があります。増設に対応できるように、うまく分散して配置しましょう。アクセススイッチの配置パターンは「End of Row」と「Top of Rack」の2種類があります。どちらも一長一短です。コストや運用と相談して選択してください。

[*1] コアスイッチは、システムの中心的な役割を担っているスイッチです。アグリゲーション（ディストリビューション）スイッチを集約します。
[*2] アグリゲーションスイッチは、アクセススイッチを集約するスイッチです。ディストリビューションスイッチともいいます。
[*3] アクセススイッチは、サーバを接続するスイッチです。

「End of Row」で一気に接続

「End of Row」は、**ラック列ごとにアクセススイッチを配置するパターン**です。比較的大きなモジュール型スイッチにたくさんのサーバを収容します。サーバが増えたら、インターフェースモジュールを増設して対応します。たくさんのケーブルがラックをまたぐため、ケーブルの引き回しが大変ですが、アクセススイッチの管理台数が少なくて済みます。

第 1 章 物理設計

図 1.2.24 End of Row は管理台数が減る

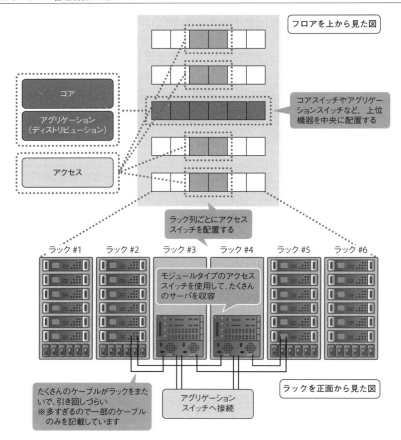

■「Top of Rack」でラックごとに接続

「Top of Rack」は、ラックごとにアクセススイッチを配置するパターンです。比較的小さな固定型スイッチにラック内のサーバを収容し、ラック内にあるサーバの配線をラック内で完結します。ひとつひとつのラックにアクセススイッチを配置するため、管理台数が増えますが、ケーブルの引き回しが楽になり、ケーブルコストも減ります。

1.2 物理設計

図 1.2.25　Top of Rack はケーブルの引き回しが楽

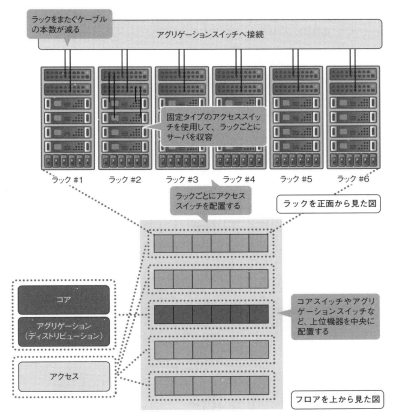

表 1.2.4　スイッチの配置は 2 パターン

比較項目	End of Row	Top of Rack
アクセススイッチの設置単位	ラック列ごと	ラックごと
管理台数	少ない	多い
1 台のアクセススイッチあたりのサーバ接続数	多い	少ない
ラックまたぎのケーブル	多い	少ない
ケーブルコスト	大きい	小さい
拡張性	低い	高い
柔軟性	低い	高い

吸気と排気の方向を考える

機器をラックのどこにどのように搭載するかも重要な問題です。最近のデータセンターは、通路

第 1 章　物理設計

を交互にホット（熱）、コールド（冷）とすることで、フロア内の空冷効率を高めるように空気の流れが設計されていたりします。このような空調設計の場合、**熱い空気と冷たい空気を混ぜないことが重要です**。それぞれの機器がどちらから空気を吸い込み、どちらへ吐き出すのかを把握していないと、空気の混流を招いてしまいます。機器の仕様をしっかりと把握したうえで、ラックに搭載するようにしましょう。

図 1.2.26　吸気と排気を考えてラックに搭載する

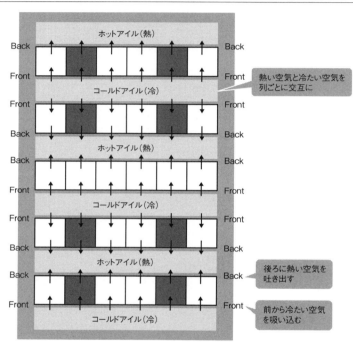

社内に空気の流れを作る

　社内にサーバやネットワーク機器を設置する場合は、空気の流れを生み出すためにちょっとした工夫が必要です。たとえば、空調の効きが悪いときは、ラックの側板を外してみたり、工場用の大きな扇風機を置いてみたりするだけで、劇的に空調効率が向上します。試してみる価値はあるでしょう。

　ちなみに筆者は、ビル全体の空調管理設定が間違っていて、オフィスのクールビズとともにサーバルーム（といっても、階段下にある小部屋（EPS）でしたが）がクールビズに温度設定され、サーバたちがバタバタ落ちていくという悲惨な状況を経験しました。まさに地獄絵図です。そんな地獄を経験しないですむように、あらかじめいろいろな策を講じておきましょう。

1.2.9 電源は2系統から取る

ネットワーク機器は精密な電子機器です。どんなに機器の機能や物理構成で冗長化を図っていたとしても、電気がないと動きません。たとえどこかの電源がダウンしてしまっても、サービスを提供し続けられるように、電源を設計する必要があります。

電源プラグを間違えないように

ネットワーク機器やサーバで使用する電源の種類はさまざまです。使用する機器の電流（A）、電圧（V）に応じて、ラック内に引き込む電源を選択します。ここで気を付ける必要があるのは、電源プラグの形状です。ごく当たり前なことですが、電源プラグと電源コンセントの形状が違ったら挿さりません。電源が入りません。なす術もなくラックの前で泣くことになるので注意しましょう。

一般的に使用されている電源コンセントの形状は4タイプです。100V電源の場合、家庭用電源コンセントと同じ「NEMA 5-15」か、ロックできる「NEMA L5-30」です。200V電源の場合、「NEMA L6-20」か「NEMA L6-30」です。「L」はカチャッとロックできるかどうかを表し、そのあとの数字は「5」が100V、「6」が200Vを表しています。また、ハイフンのあとの数字はアンペア数を表しています。機器で採用されている電圧と、ラック全体のアンペア数を考慮したうえで、どのタイプの電源を引き込むべきか考えましょう。モジュールタイプのネットワーク機器やブレードサーバは、搭載モジュールやブレードの数や種類によって、アンペア数が変化します。空きスロットがあるのに使えない……なんていう悲劇を起こしてしまわないように、ゆとりを持ったアンペア数を計算しておき、拡張性に幅を持たせておきましょう。

表1.2.5 電源コンセントの形状はいろいろ

項目	NEMA 5-15	NEMA L5-30	NEMA L6-20	NEMA L6-30
コネクタ形状	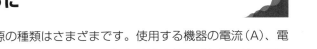			
電圧タイプ	100V	100V	200V	200V
電流	15A	30A	20A	30A
ロック	×	○	○	○

ラックに引き込んだあとはPDU（Power Distribution Unit、電源タップ）やUPS（無停電電源装置）で分岐します。100Vの場合は、家庭用コンセントと同じ形状なので、そのまま使用できます。しかし、200VのPDUやUPSの場合は注意が必要です。少しコンセントの形状が違っていて、「IEC320 C13」か「IEC320 C19」という形状になっています。この形状に合わせた電源ケーブルを用意してください。

第 1 章　物理設計

表 1.2.6　200V の PDU、UPS のときはコンセントの形状に注意する

接続先	IEC320 C13	IEC320 C19
コンセントの形状	![C13]	![C19]
用途	200V の PDU と接続	200V の UPS と接続

用途に応じて電源系統を分ける

　電源の冗長化を図る場合、まず、前提として1ラックに2系統の電源が敷設されている必要があります。これは絶対です。1系統しか敷設されていなかったら、ラック内でいくら電源の冗長化をがんばっても、あまり意味がありません。A系統、B系統という2系統の電源が敷設されていることを前提として説明します。場合によっては、両系統にUPSを設置したり、片系統のみUPSを設置したりして運用することもあるかもしれません。

　電源ユニットを冗長化している機器の場合は、あまり深く考える必要はありません。A系統、B系統、それぞれから電源を取ればよいでしょう。電源障害が起きたとしても、サービスへの影響は皆無です。電源ユニットを冗長化していない機器の場合、**機器の冗長状態（アクティブ/スタンバイ、スタックマスタ/メンバなどなど）や経路に応じて、取得系統を分けます**。アクティブ機もスタンバイ機も同じ系統から電源を取っていたら、その系統に障害が起きたとき、どうしようもありません。たとえば、アクティブ機はA系統、スタンバイ機はB系統のように、系統を分けて電源を取りましょう。

図 1.2.27　系統を分けて電源を取る

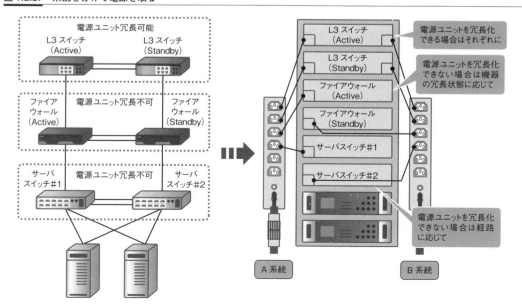

耐荷重を超えないようにする

　たいていのデータセンターやサーバルームは二重床になっていて、下から冷たい空気を送ったり、ラック間のケーブルを這わせたりしています。そのため、ラックが下に落ちてしまわないように、耐荷重という値が決められています。耐荷重にはラックの耐荷重と床の耐荷重があって、それぞれラックに載せられる重量、床に載せられる単位（1平方メートル）あたりの重量が決まっています。調子に乗って、空きスペースにサーバやネットワーク機器を搭載していくと、当然ながらドスンと下に落ちます。シャレになりません。それぞれの機器の最大重量をしっかり把握したうえで、機器の配置を考える必要があります。モジュールタイプのネットワーク機器やブレードサーバは、搭載モジュールやブレードの数によって重量が変化します。**最大に搭載したときの重量を計算しておき、拡張性に幅を持たせておきましょう。**

図 1.2.28　耐荷重を超えないようにする（実際はこんなに軽くありません）

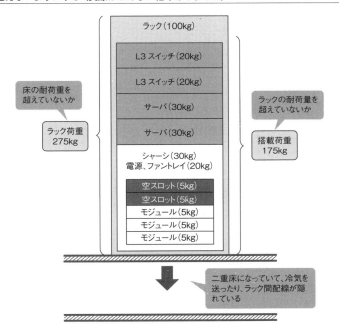

第 2 章

論理設計

本章の概要

　本章では、サーバサイトで使用するデータリンク層とネットワーク層の技術、および、それらを使用する際の設計ポイントについて説明します。
　ここ数年、ネットワークに関連する根本的な技術は大きく変わっていません。むしろ洗練され、シンプルになってきています。しかし、ブレードサーバや仮想化技術など、サーバやクライアントで使用する技術は日々進化を遂げていて、求められるネットワークの形も変化しています。その変化に柔軟に対応できるよう、技術や仕様をしっかり理解し、最適な論理構成を設計しましょう。

2.1 データリンク層の技術

　データリンク層は、物理層上でビット列を正確に、かつ安定的に伝送する仕組みを提供しています。物理層はビット列を信号に変換し、ケーブルに流すのが仕事です。それ以上のことはしてくれません。誰に送っているかも知らないですし、どこかでビットが落ちてもお構いなしです。データリンク層は、そんな物理層の不器用さをカバーしているレイヤです。隣接する機器と論理的な伝送路（データリンク）を作り、その中でエラーを検出して、物理層の信頼性を確保しています。

2.1.1 データリンク層は物理層を助けている

　データリンク層は、物理層の信頼性を確保するためにあるレイヤです。データリンク層の「データリンク」は隣接する機器（ノード）との間に作る論理的な伝送路のことを表しています。

　データリンク層では「データリンクをどのノードに対して作るか」、そして出来上がったデータリンクの中で「ビットが欠けていないか」を判断するために、カプセル化処理を行い、物理層の信

図 2.1.1　データリンク層でフレーム化する

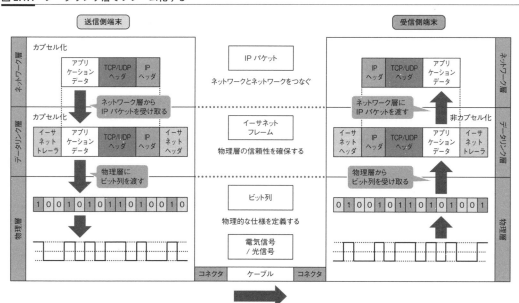

頼性を確保します。データリンク層で行う、このカプセル化処理のことを「**フレーム化**」、そして、フレーム化によってできたデータのことを「**フレーム**」といいます。データリンク層では、このフレーム化に関する各種方式が定義されています。

データリンク層はネットワーク層と物理層の間にある、下から2番目のレイヤです。送信するときは、ネットワーク層から受け取ったパケットをフレーム化して、物理層に渡します。また、受信するときは、物理層から受け取ったビット列をフレームとして認識し、フレーム化とは逆の処理をして、ネットワーク層に渡します。

イーサネットでフレーム化する

では、データリンク層の中核を担うカプセル化処理「フレーム化」について、詳しく見ていきましょう。

データリンク層は、物理層と一蓮托生のレイヤです。プロトコルもふたつまとめた形で定義されています。以前はトークンリングやフレームリレー、PPPなど、たくさんの規格が乱立していたのですが、今は「**イーサネット(IEEE802.3)**」だけを押さえておけばよいでしょう。本書ではイーサネットでどのようなフレーム化が行われているのかを説明します。

図2.1.2　フレーム化でビットを守る

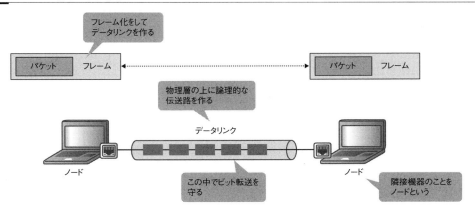

イーネットによってフレーム化されたフレームのことを「**イーサネットフレーム**」といいます。イーサネットのプロトコルには、大きく分けて「Ethernet II (DIX)規格」と「IEEE802.3規格」の2種類があります。DEC、Intel、Xeroxの3社が独自に作ったEthernet IIを進化させて、IEEEで標準化したのがIEEE802.3だったのですが、実際のデータ通信で使用されている規格のほとんどはEthernet IIです。Ethernet IIのフレームフォーマットは、1982年に発表されてから今現在に至るまで、まったく変わっていません。シンプルでいて、わかりやすいフォーマットが、30年以上にも及ぶ長い歴史を支えています。

第 2 章　論理設計

　Ethernet IIのイーサネットフレームは、「プリアンブル」「あて先/送信元MACアドレス」「タイプ」「イーサネットペイロード」「FCS」という5つのフィールドで構成されています。このうち、あて先/送信元MACアドレスとタイプを合わせて「イーサネットヘッダ」といいます。

プリアンブルはフレームを送る合図

　プリアンブルは、「これからイーサネットフレームを送りますよー」という合図のような8バイト（64ビット）のビット配列です。「10101010…（中略）…10101011」と必ず同じビット配列になっています。この特別なビット配列を見て、相手は「これからフレームが届くんだな」と判断します。

イーサネットヘッダでどこに送るかを決める

　イーサネットヘッダは、「あて先MACアドレス」「送信元MACアドレス」「タイプ」という3つのフィールドで構成されています。

■あて先 MAC アドレス / 送信元 MAC アドレス

　MACアドレスは、イーサネットネットワークに接続しているノードを識別するIDです。イーサネットネットワークにおける住所のようなものと考えてよいでしょう。送信側のノードは、イーサネットフレームを送り届けたいノードのMACアドレスを「あて先MACアドレス」に、自分のMACアドレスを「送信元MACアドレス」にセットして、イーサネットフレームを送出します。対する受信側のノードは、あて先MACアドレスを見て、自分に関係するMACアドレスだったら受け入れ、関係ないMACアドレスだったら破棄します。また、送信元MACアドレスを見て、どのノードが送ったイーサネットフレームなのかを判断します。

■タイプ

　タイプは、ネットワーク層でどんなプロトコルを使用しているかを表す識別IDです。IPv4（Internet Protocol version 4）だったら「0x0800」、ARPだったら「0x0806」など、使用するプロトコルによって値が決まっています。代表的なプロトコルのタイプコードは、次の表のとおりです。

表 2.1.1　代表的なプロトコルのタイプコード

タイプコード（16 進数）	プロトコル
0x0800	IPv4 （Internet Protocol Version 4）
0x0806	ARP （Address Resolution Protocol）
0x86DD	IPv6 （Internet Protocol Version 6）
0x8100	IEEE802.1Q （Tagged VLAN）

イーサネットペイロード＝上位層のデータ

イーサネットペイロードは、ネットワーク層から受け取るデータそのものを表しています。たとえば、ネットワーク層でIPを使用していたら「イーサネットペイロード＝IPパケット」、ARPだったら「イーサネットペイロード＝ARPフレーム」です。イーサネットペイロードに入るデータのサイズは、デフォルトで46～1500バイトと決められていて、この範囲内に収めないといけません[*1]。46バイトに足りてない場合は、「パディング」と呼ばれるダミーのデータを付加することによって強引に46バイトにします。逆に1500バイトを超える場合は上位層でプチプチと分割して1500バイトに収めます。イーサネットペイロードの最大サイズ（最大値）のことを「MTU（Maximum Transmission Unit）」といいます。MTUについてはp.222で詳しく説明します。

[*1] 1500バイトより大きい値に設定することも可能です。1500バイトより大きいフレームのことを「ジャンボフレーム」といいます。

FCSでエラーをチェックする

FCS（Frame Check Sequence）は、データが壊れていないかどうかを確認するためのフィールドです。送信するときにイーサネットヘッダとイーサネットペイロードに対して一定の計算（チェックサム計算、CRC）を行い、その結果をFCSとして付加します。受信するときも同じ計算を行い、その値が付加されているFCSと同じだったらフレームが正しいものと判断します。異なっていたら、データが伝送途中で壊れていると判断して破棄します。FCSがイーサネットにおけるエラー制御の役割を担っています。

図2.1.3 イーサネットのフレームフォーマットはきれいでわかりやすい

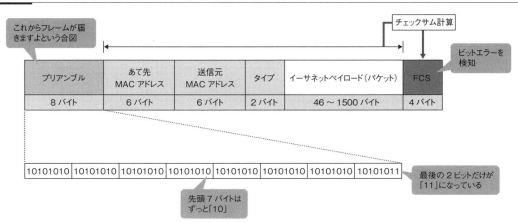

第 2 章　論理設計

図 2.1.4　イーサネットフレームを Wireshark で解析した画面

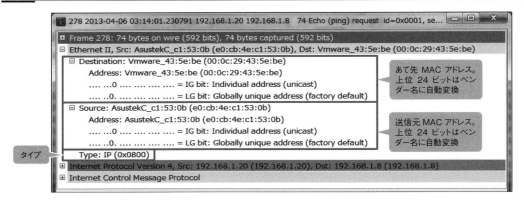

＊　WiresharkではプリアンブルとFCSは表示されません。Wiresharkで受け取る前に外してしまうからです。それ以外の情報（ヘッダとイーサネットペイロード）のみが表示されます。

上位 24 ビットで NIC のベンダーがわかる

　MACアドレスは48ビットで構成されている一意の識別情報で、イーサネットにおけるデータリンクの始点と終点になります。「E0-CB-4E-C1-53-CB」や「00:0c:29:43:5e:be」のように、8ビットずつをハイフンやコロンで区切り、16進数で表記します。

　MACアドレスは上位24ビットと下位24ビットで違う意味を持ちます。上位24ビットはIEEEによって一意に管理されているベンダーコードです。「OUI（Organizationally Unique Identifier）」と呼ばれています。この部分を見ると、通信しているノードのNICがどのベンダーによるものなのかがわかります。ちなみに、OUIは以下のサイトで公開されています。トラブルシュートのときなどに参考にしてみるのもよいでしょう。

URL　http://standards-oui.ieee.org/oui/oui.txt（2019年6月時点）

　また、Wiresharkではキャプチャオプションの［オプション］タブ―「名前解決」にある「MACアドレス解決」にチェックを入れておくと、MACアドレスのベンダーコードをベンダー名に自動的に変換してくれます。意外と便利な機能なので、筆者はチェックを入れて活用しています。

図 2.1.5　Wireshark はベンダーコードをベンダー名に自動変換してくれる

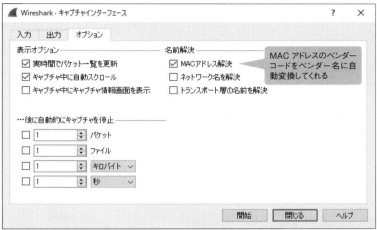

　下位24ビットはベンダー内で一意に管理されているコードです。IEEEによって一意に管理されている上位24ビットと、各ベンダーによって一意に管理されている下位24ビット、このふたつの要素によって、MACアドレスは世界中で一意なものになっています。

図 2.1.6　MAC アドレスは 24 ビットごとに表す意味が違う

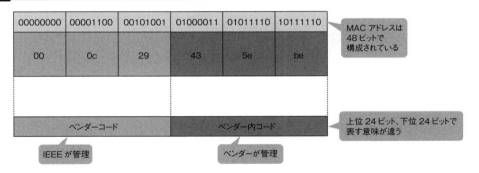

特別な MAC アドレス

　イーサネットにおけるすべての通信が1:1で成り立っているかといえば、そういうわけではありません。イーサネットでは、1本のケーブル（伝送媒体）を共有しつつ、同時にたくさんの論理的な伝送路（データリンク）を作って、たくさんの相手と通信しています。イーサネットは、通信パターンによって「**ユニキャスト**」「**ブロードキャスト**」「**マルチキャスト**」という3つのフレームタイプに分類しています。この中でよく使用するのはユニキャストとブロードキャストでしょう。それぞれ説明していきます。

■ユニキャスト

ユニキャストは1:1の通信です。これはわかりやすいでしょう。MACアドレスは基本的には一意なものなので、データリンクはノードに対して1:1でできます。送信元MACアドレスもあて先MACアドレスもそれぞれのノードのMACアドレスになります。現代のイーサネット環境は、このユニキャストが大部分を占めています。たとえば、メールやインターネットの通信はこの通信で成り立っています。

図 2.1.7 ユニキャストは 1:1 で通信する

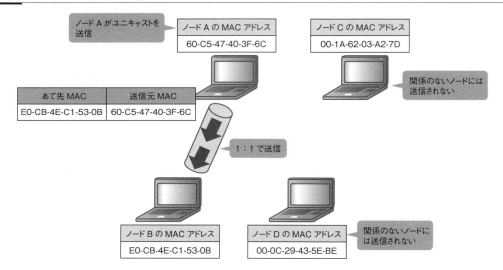

■ブロードキャスト

ブロードキャストは1:nの通信です。ここでいう「n」は同じネットワークにいるノードすべてを表します。あるノードがブロードキャストを送信したら、すべてのノードが受信します。ブロードキャストが届く範囲のことを「**ブロードキャストドメイン**」といいます。

ブロードキャストは、送信元MACアドレスはそのままノードのMACアドレスです。あて先MACアドレスが特別で、ちょっと違います。あて先MACアドレスは「FF-FF-FF-FF-FF-FF」です。ビットで表すと全部「1」です。

ブロードキャストを使用する通信として代表的な「ARP（Address Resolution Protocol）」を例にとりましょう。動きをざっくり説明します。たとえば、ノードAがノードBに対してユニキャストで通信したいと思っても、そもそもノードAはノードBのMACアドレスを知りません。そこでノードAはノードBのMACアドレスを教えてもらうためにブロードキャストを使用します。ブロードキャストでみんなに「教えてくださーい！」とお願いしたあとに、ノードBとユニキャストで通信します。ARPについてはp.105から詳しく説明します。

図 2.1.8　ブロードキャストはみんなに一気に送信する

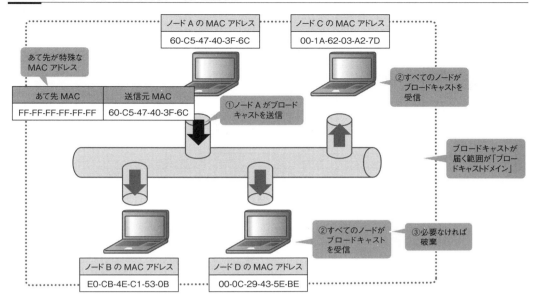

■ マルチキャスト

　マルチキャストは1:nの通信です。心なしかブロードキャストと同じ感じがしますが、ここでいう「n」は特定のグループ（マルチキャストグループ）に入っているノードを表します。あるノードがマルチキャストを送信したら、グループに入っているノードだけが受信します。

　マルチキャストも送信元MACアドレスはそのままノードのMACアドレスです。あて先MACアドレスが特別で、ちょっと違います。あて先MACアドレスは、上位8ビット目の「I/G（Individual/Group）ビット」が「1」になっているMACアドレスです。ブロードキャストで使用するMACアドレス（FF-FF-FF-FF-FF-FF）もマルチキャストMACアドレスの一部として扱われます。マルチキャストIPv4アドレスと対応する場合は、上位25ビットが「0000 0001 0000 0000 0101 1110 0」です。16進数で表すと「01-00-5E」と、続く1ビットが「0」です。なお、「01-00-5E」はインターネット上のグローバルIPアドレスを管理しているICANNが所有しているベンダーコードです。下位23ビットはマルチキャストIPアドレス（224.0.0.0 ～ 239.255.255.255）の下から23ビットをコピーして使用します。

　マルチキャストは、動画配信や証券取引系のアプリケーションで使用されています。ブロードキャストは全員が強制的に受信してしまうのに対して、マルチキャストはアプリケーションを起動したノードだけが受信できるので、トラフィック的に効率が良くなります。

第 2 章　論理設計

図 2.1.9　マルチキャストは特定のグループに送信する

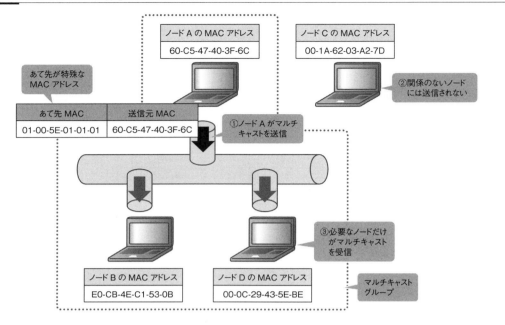

図 2.1.10　IPv4 マルチキャストの MAC アドレスは IP アドレスをもとに作られる

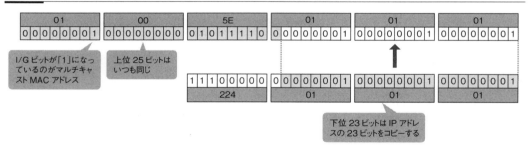

2.1.2　データリンク層は L2 スイッチの動きがポイント

　データリンク層（イーサネット）で動作する機器といえば「**L2スイッチ**」です。馴染みのない方は、家電量販店や会社の机の上などで見かける、LANポートをたくさん搭載しているネットワーク機器を思い浮かべてください。あれがL2スイッチです。有線LANを使用する、ほぼすべてのノードが、LANケーブルを経由してL2スイッチにつながっています。サーバサイトでよく使用されるL2スイッチの代表格といえば、シスコのCatalystスイッチ（Catalyst 2960シリーズ、9200シリーズ）です。「まずは、この機器から」というくらい鉄板の機器です。

ちなみに「スイッチ」という言葉は、ネットワーク機器の世界ではよく使われる言葉で、○○スイッチの○○の部分がOSIのレイヤを表していて、それぞれどのレイヤの情報をもとに転送先の切り替えを行うかを表しています。転送先の切り替えのことを「**スイッチング**」といいます。L2スイッチは、データリンク層（L2）の情報、つまりMACアドレスをもとにフレームをL2スイッチングします。

表2.1.2　いろいろなスイッチングがある

レイヤ		スイッチ	何をもとにスイッチングするか
L5〜L7	セッション層〜アプリケーション層	L7スイッチ（負荷分散装置）	アプリケーション
L4	トランスポート層	L4スイッチ（負荷分散装置）	ポート番号
L3	ネットワーク層	L3スイッチ	IPアドレス
L2	データリンク層	L2スイッチ	MACアドレス

MACアドレスをスイッチング

さて、L2スイッチはどのようにL2スイッチングしているのか見ていきましょう。

L2スイッチは、メモリ上の「MACアドレステーブル」という表（テーブル）をもとにフレームをスイッチングしています。MACアドレステーブルは「ポート番号」と「送信元MACアドレス」で構成されていて、どのポートにどのノードが接続しているかを管理しています。L2スイッチのメインの動作は「**受け取ったフレームのポートと送信元MACアドレスを登録**」「**知らないMACアドレスはフラッディング**」「**使わなくなったら削除**」、この3つです。

MACアドレステーブルを使ってスイッチング

では、ノードAとノードBが双方向に通信すると想定して[*1]、MACアドレステーブルの使われ方を見ていきましょう。

　*1　ここでは純粋にL2スイッチングの動きだけを説明するために、ノードAがノードBのMACアドレスを知っていることを前提としています。実際の通信の場合、ノードAはノードBのMACアドレスを知らないので、ノードAがARPをブロードキャストするところから始まります。

 ノードAがノードBに対するイーサネットフレームを作り、ケーブルに流します。ここはそのままユニキャストの動きです。送信元MACアドレスはノードAのMACアドレス、あて先MACアドレスはノードBのMACアドレスです。

第 2 章　論理設計

図 2.1.11　ノード A からノード B に対してユニキャストフレームを送信する

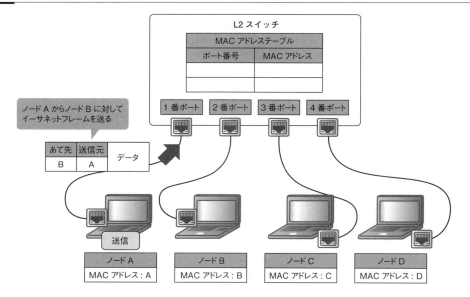

2　スイッチはそのイーサネットフレームを受け取り、ノード A を接続しているポートの番号と送信元 MAC アドレスを、MAC アドレステーブルにエントリとして登録します。MAC アドレステーブルは最初は空っぽです。空っぽの状態からイーサネットフレームを見て学習して作っていきます。

図 2.1.12　MAC アドレステーブルにノード A を登録

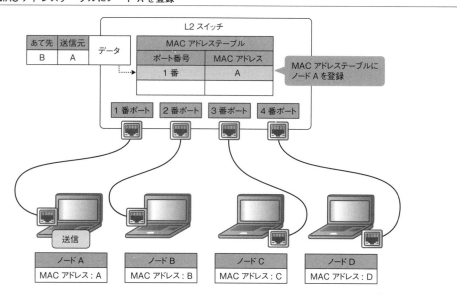

2.1 データリンク層の技術

3▶ スイッチはノードBのMACアドレスを知らないので、ノードAを接続しているポート以外のすべてのポートにイーサネットフレームのコピーを送信します。このイーサネットフレームの一斉送信のことを「**フラッディング**」といいます。「このMACアドレスは知らないから、とりあえずみんなに投げちゃえ！」的な動きです。ちなみに、ブロードキャストのMACアドレス「FF-FF-FF-FF-FF-FF」は送信元MACアドレスになることがないため、MACアドレステーブルに登録されることはありません。したがって、ブロードキャストはいつもフラッディングされることになります。

図 2.1.13 フラッディングでみんなに送信する

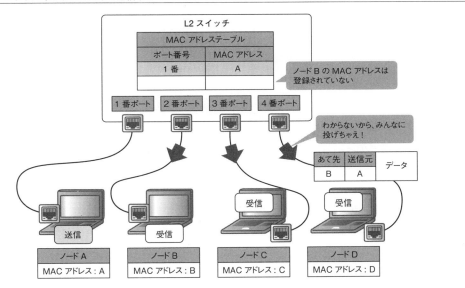

4▶ イーサネットフレームを受け取ったノードBは、自分あてのイーサネットフレームだと判断します。そして、それに応答するためにノードAに対するイーサネットフレームを作って、ケーブルに流します。送信元MACアドレスはノードBのMACアドレス、あて先MACアドレスはノードAのMACアドレスです。ノードB以外のノードCとノードDは、関係ないイーサネットフレームと判断して破棄します。

第 2 章 論理設計

図 2.1.14　関係のあるノード B が応答する

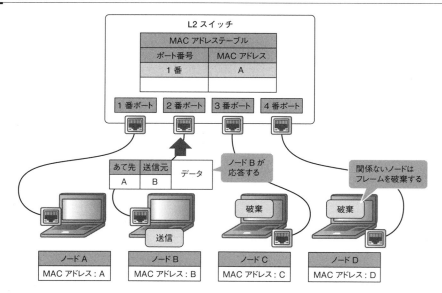

5 スイッチはそのイーサネットフレームを受け取り、ノード B を接続しているポートの番号と MAC アドレスを MAC アドレステーブルに登録します。これで、ノード A とノード B に関する MAC アドレステーブルの出来上がりです。ノード A に対するイーサネットフレームは MAC アドレステーブルを見て、すぐに 1 番ポートに転送します。MAC アドレステーブルが出来上がったあとのノード A とノード B のイーサネットフレーム転送は、他のノードに対して影響なく、効率的に行われます。

図 2.1.15　MAC アドレステーブルの出来上がり

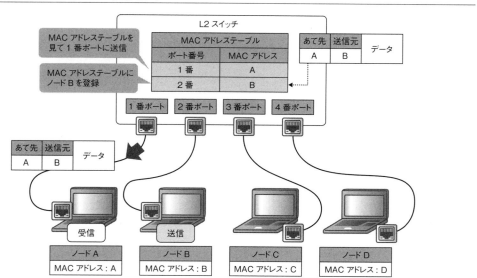

図 2.1.16　ノード A とノード B の通信に、その他のノードは関与しない

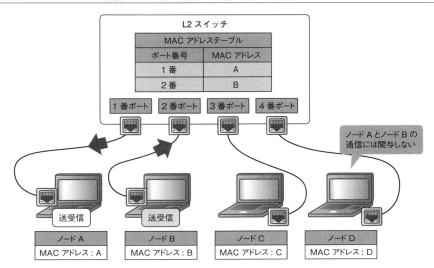

6. 出来上がった MAC アドレステーブルのエントリは、ずっと保持し続けているわけではありません。ずっと保持していたら、いくらメモリがあっても足りませんし、ノードが別の場所に動いたりしたら対応できません。エントリは、ポートに接続しているケーブルを抜いたり、一定時間使用されなかったら削除されます。削除するまでの時間を「**エージングタイム**」といいます。シスコの Catalyst スイッチのエージングタイムはデフォルトで 300 秒（5 分）です。もちろん設定で変更することもできます。

図 2.1.17　必要なくなったらエントリを削除する

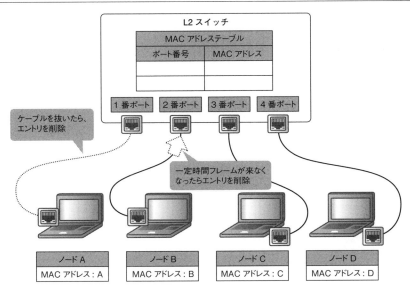

第 2 章　論理設計

■ MAC アドレステーブルを見てみる

次の図のように接続されているL2スイッチ、Switch1のMACアドレステーブルを実際に見てみましょう。

図 2.1.18　MAC アドレステーブルを確認するための接続例

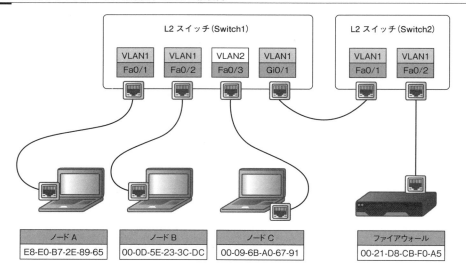

ここではシスコのCatalystスイッチを使用して確認します。Catalystスイッチは、「show mac address-table」というコマンドでMACアドレステーブルを確認することができます。

図 2.1.19　Catalyst スイッチでの MAC アドレステーブル表示例

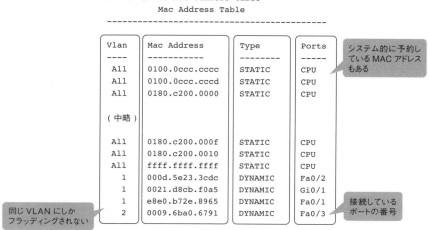

前の図で、「Mac Address」がノードのMACアドレス、「Ports」が接続しているポートの番号です。他の要素も説明しておきましょう。「Vlan」については次項で詳しく説明します。ブロードキャストやフラッディングは同じVLANにしか送信されません。「Type」はMACアドレスのタイプです。フレームから動的に学習したものなら「DYNAMIC」です。エージングタイムが経過したら削除されます。「STATIC」は自分で静的に設定したり、システム的に予約されていたりするMACアドレスです。こちらは自動で削除されることはありません。

VLAN でブロードキャストドメインを分ける

ブロードキャストが届く範囲のことを「ブロードキャストドメイン」といいます。ユニキャストの相手を探すARPはブロードキャストで送信されるため、ブロードキャストドメインは直接的にフレームをやり取りできる範囲と考えてよいでしょう。ブロードキャストは、みんなに一気に同じ情報を送れて、ちょっと便利な気がします。しかし、必要ないノードにもフレームが行き渡ってしまって、トラフィック的に効率が良くありません。そこで、スイッチにはこのドメインを分割する機能が用意されています。それが「**VLAN（Virtual LAN）**」です。VLANはブロードキャストを分割して、トラフィックの効率化を図ります。

VLANは、「セグメント」と言ったり、「ネットワーク」や「LAN（ラン、Local Area Network）」と言ったりと、人によって呼び方がいろいろです。全部意味は同じなので、あまり気にせずに変換して聞いておきましょう。

図 2.1.20 VLAN が同じだと、ブロードキャストが届いてしまう

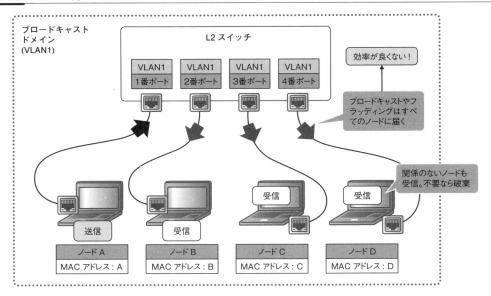

第 2 章　論理設計

図 2.1.21　VLAN でブロードキャストドメインを分けると、通信効率が良くなる

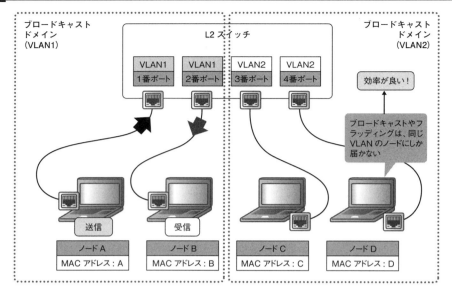

VLAN は数字でできている

　VLANはブロードキャストドメインを分ける。こう聞くとなんとなく難しそうなのですが、VLANの本質は「VLAN ID」というただの数字です。それぞれのポートにVLAN IDという数字を割り当てて、ポートを識別しているだけです。Catalystスイッチの場合、最大4096個のVLAN IDをサポートしていて、その中のいくつかは特殊な用途によって予約されています。実際に使用できるVLAN IDの範囲や個数は、機種やOSのバージョンによっていろいろです。しっかりと確認しましょう。

表 2.1.3　予約されていて使えない VLAN ID もある

VLAN ID	用途
0	システムで予約されている VLAN
1	デフォルト VLAN
2 〜 1001	イーサネット用 VLAN
1002 〜 1005	FDDI、トークンリングのデフォルト VLAN
1006 〜 1024	システムで予約されている VLAN
1025 〜 4094	イーサネット用 VLAN
4095	システムで予約されている VLAN

2.1 データリンク層の技術

さて、このVLANをどうやって設定するか。これもそんなに難しくはありません。VLANの設定方法は「**ポートVLAN**」か「**タグVLAN**」のどちらかしかありません。それぞれをブレイクダウンして説明しましょう。

■ ポートVLANで1ポートにつき1VLAN

ポートVLANは、その名のとおり、ポートにVLANを割り当てる設定方法です。静的に設定する「**スタティックVLAN**」と、ポリシーによって動的に設定する「**ダイナミックVLAN**」のふたつがありますが、スタティックVLANを使用している環境がほとんどでしょう。ダイナミックVLANはCCNAやCCNPなど、シスコの試験でしかお目にかかりません。本書ではスタティックVLANのみを扱います。

スタティックVLANは、ポートにVLAN IDを割り当てます。それぞれのポートにVLAN IDを割り当てて、ひとつのスイッチを論理的に分割し、かつブロードキャストドメインを分割します。たとえば、VLAN1とVLAN2をポートに割り当てた場合、VLAN1に所属するノードとVLAN2に所属するノードはブロードキャストドメインが異なります。VLAN1のブロードキャストはVLAN2には届きません。ARPも届かないので、直接的には通信できません。VLAN1とVLAN2を通信させたい場合は、L3スイッチやルータなどL3レベルの機器で中継してあげる必要があります。スイッチをまたいでポートVLANを設定することもできます。その場合はスイッチ間を接続するポートとケーブルを、VLANの数だけ用意する必要があります。

図2.1.22 ポートごとにVLANを設定する

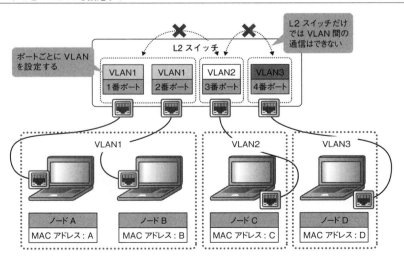

99

タグVLANでケーブルを1本に

タグVLANは、その名のとおり、VLANをタグ付けする設定方法です。タグ付けする？　言葉だけ聞くとイメージが湧かないかもしれませんが、実際に**フレームにVLAN情報をタグ付けします**。タグ付けの方法には、イーサネットフレーム以外を運べる「ISL」とイーサネットフレームしか運べない「IEEE802.1Q」という2種類があります。**現在のネットワーク環境はイーサネットがほとんどなので、使用しているタグVLANの方式もIEEE802.1Qがほとんどです**。ISLはCCNAやCCNPなど、シスコの試験でしかお目にかかりません。本書ではIEEE802.1Qのみを扱います。IEEE802.1QはIEEE委員会で策定されている、タグVLANの標準仕様です。

図2.1.23　IEEE802.1QはVLANタグを付けている

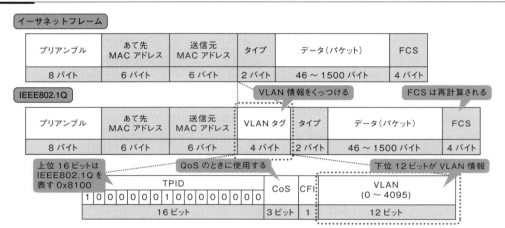

　ポートVLANは1ポート1VLANが絶対で、スイッチをまたいで同じVLAN内のノードが通信できるように設定する場合、VLANの数だけポートとケーブルを用意しないといけませんでした。しかし、これでは拡張性に問題があります。たとえば1000個のVLANがある場合、1000個のケーブルとポートが必要になってしまいます。配線も設定も大変です。ポートがいくらあっても足りません。

　そんなときにタグVLANを使用します。スイッチのポートからフレームを送出するときに「VLANタグ」というVLANの情報（VLAN ID）を付加し、受け取るときにタグを外して、必要なノードに渡します。タグVLANでどのVLANのフレームかを識別できるため、ケーブルもポートもひとつで済みますし、配線もシンプルになります。タグVLANを使用するときは、接続する両機器で同じ情報を識別する必要があるので、**両方で設定するVLAN IDは必ず合わせなければなりません**。

2.1 データリンク層の技術

図 2.1.24 ポート VLAN だと VLAN がスイッチをまたぐときに大変

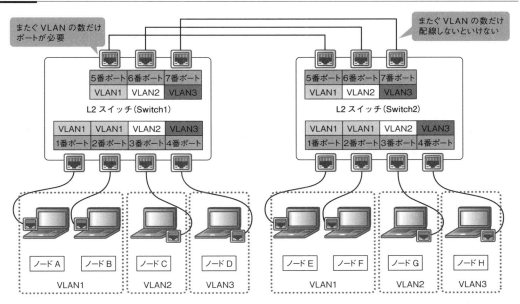

図 2.1.25 タグ VLAN を使うと、配線もポートもひとつでよい

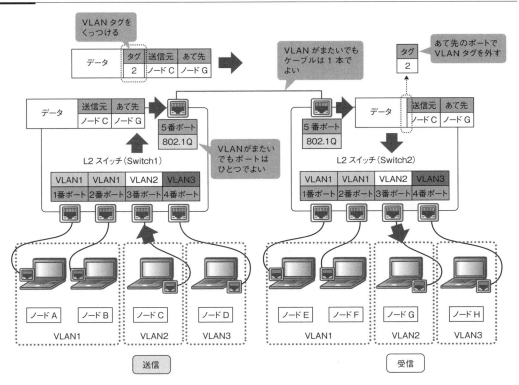

第 2 章　論理設計

　タグVLANは、最近はスイッチ間の接続だけでなく、仮想化環境（VMware環境）でも使用することが多くなりました。仮想化環境では、いろいろなVLANに所属している仮想マシンがひとつの物理サーバ上に共存し、仮想スイッチ経由でネットワークに出ていきます。L2スイッチに接続するときは、接続するポートに対して、仮想マシンが所属するVLANをすべて設定してあげなければなりません。そこで、IEEE802.1Qを使用します。

　仮想化環境において、仮想マシンは「ポートグループ」という仮想スイッチポートの設定の集まりに所属し、vSwitch（仮想スイッチ）経由でネットワークに接続します。たとえば仮想マシンがそれぞれVLAN10とVLAN20のポートグループに所属している場合、vSwitchにマッピングされているvmnic（物理NIC）はVLAN10とVLAN20に所属することになります。vSwitchでVLAN10とVLAN20をタグ付けし、vmnicと接続するスイッチのポートはタグVLANとして設定します。vSwitchでタグの処理をすることを「**VST (Virtual Switch Tagging)**」といいます。

　なお、CatalystスイッチではタグVLANのことを「トランク」といいます。他のメーカーの機器では「トランク」はリンクアグリゲーション機能や、その機能によってできる論理ポートのことを表します。紛らわしいので注意してください。リンクアグリゲーションについては、p.340で説明します。

図 2.1.26　仮想化環境でもタグ VLAN をよく使用する

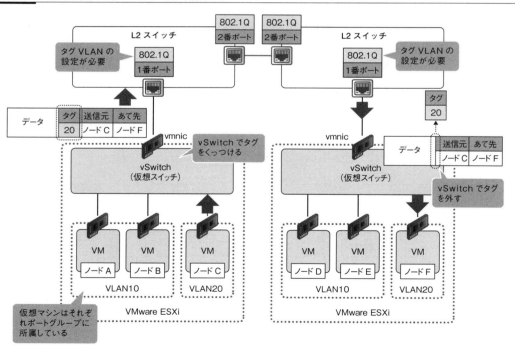

＊　実際はL2スイッチでもVLANタグの処理をしています。図では省略しています。

タグVLANを使うときはネイティブVLANを合わせる

タグVLANを設定するときに注意しなければならないのは、「**ネイティブVLAN**」の存在です。IEEE802.1Qを設定したポートは、すべてのVLANフレームにタグ付けするわけではありません。タグ付けしないVLANがひとつだけ存在します。それがネイティブVLANです。

図 2.1.27　タグ付けしないVLANもある

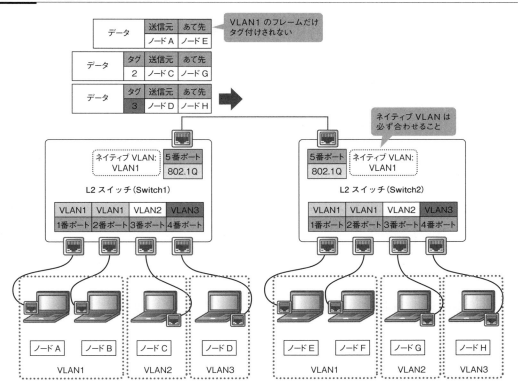

ここで最も重要なのは、**ネイティブVLANは接続機器間で合わせる**ということです。タグ付けしないVLANだったら気にしなくてもいいじゃん、と思うかもしれませんが、そうはいきません。片方のネイティブVLANがVLAN1で、もう片方のネイティブVLANはVLAN3だったら、お互いで違うブロードキャストドメインがマッピングされてしまって、通信ができなくなってしまいます。お互いで使用するVLAN IDを合わせるだけではなく、ネイティブVLANも絶対に合わせてください。

第 2 章 論理設計

図 2.1.28 ネイティブ VLAN が合っていないと正しく通信できない（ARP を例にとっています）

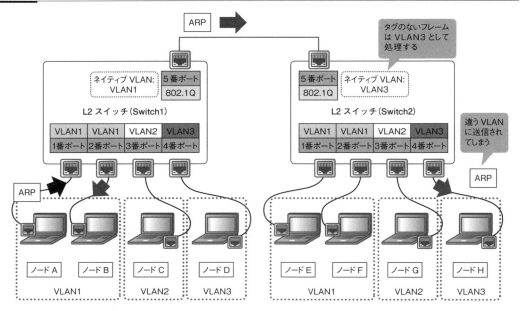

　Catalystスイッチの場合、デフォルトのネイティブVLANはVLAN1です。もちろん変更もできます。また、CDP（Cisco Discovery Protocol）を使用しているときに限り、両機器のネイティブVLANの相違を自動的に検知して「%CDP-4-NATIVE_VLAN_MISMATCH」という警告メッセージを出します。CDPについてはp.448で説明します。

　また、仮想化環境でもネイティブVLANの考え方は同じです。ポートグループのVLAN IDで「なし（0）」を選択すると、そのポートグループに所属する仮想マシンのフレームはタグ付けされずに処理されます。タグ付けされない、つまりネイティブVLANです。ここでVLAN IDを設定すると、vSwitchでそのVLAN IDがタグ付けされます。

図 2.1.29 仮想化環境でもネイティブ VLAN に注意する

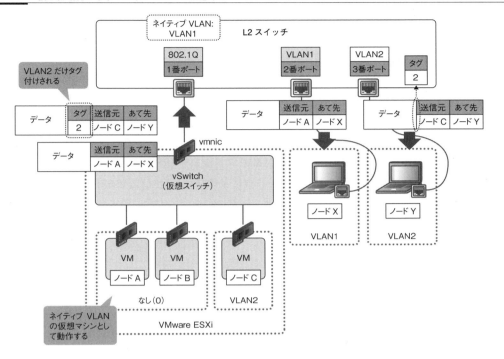

2.1.3 ARP で物理と論理をつなぐ

　ネットワークの世界において、アドレスを示すものはふたつしかありません。ひとつはこれまで説明してきた「MACアドレス」、もうひとつは「IPアドレス」です。MACアドレスはハードウェアそのものに焼き付いている物理的なアドレスです。データリンク層（L2）で動作します。IPアドレスはOSで設定する論理的なアドレスです。ネットワーク層（L3）で動作します。このふたつのアドレスは、別々に動いてしまうと整合性がとれなくなってしまいます。必ず協調して動作する必要があります。このふたつのアドレスを協調的に動作させるために、物理と論理の架け橋的な役割を果たしているプロトコルがARP（Address Resolution Protocol）です。

図 2.1.30 ARP は物理と論理の架け橋

ARPはIPアドレスからMACアドレスを求める

　物理と論理の架け橋。こう聞くとなんとなく難しそうですが、実際にやっているのは**IPアドレスとMACアドレスの関連付けだけ**です。そこまで難しいことはしていません。
　ノードはネットワーク層から受け取ったIPパケットをフレーム化してケーブルに流す必要があります。しかし、いきなりIPパケットを受け取っても、どうフレーム化すればよいかわかりません。送信元MACアドレスは自分自身のMACアドレスなのでわかるとしても、あて先MACアドレスがわかりません。そこでARPを使用します。**IPパケットのあて先IPアドレスを見て、同じネットワークのノードだったら、そのIPアドレスのMACアドレスをARPで問い合わせます。異なるネットワークのノードだったら、デフォルトゲートウェイのMACアドレスをARPで問い合わせます。**デフォルトゲートウェイは、自分以外のネットワークに行くための出口のようなものです。自分が知らないネットワークのあて先IPアドレスのパケットだったら、とりあえずデフォルトゲートウェイに送信しようとします。ここでいう「ネットワーク」は、同じIPサブネットに所属するIPアドレスの範囲のことを表しています。p.127で詳しく説明します。今はとりあえず、ブロードキャストドメインやVLANと同義と考えてください。
　ここでは、ARPはIPアドレスからMACアドレスを求める、これだけを押さえてください。

図2.1.31　ふたつのアドレスを関連付ける

ARPの動きはとてもシンプル

　ARPの動きはシンプルで、とてもわかりやすいです。みんなに「○○さんはどなたですかー？」と大声（ブロードキャスト）で聞いて、○○さんが「○○は私でーす！」と返すような様子を想像してください。
　「○○さんはどなたですかー？」を「**ARP Request**」といいます。○○の部分にはネットワーク層から受け取ったパケットのあて先IPアドレスが入ります。ARP Requestはブロードキャストで送信されるため、同じVLANにいるノードすべてに行き渡ります。

2.1 データリンク層の技術

図 2.1.32 送り先がわからないので大声でみんなに聞いてみる

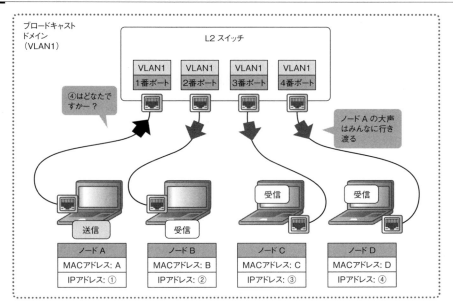

図 2.1.33 対象のノードだけが応答する

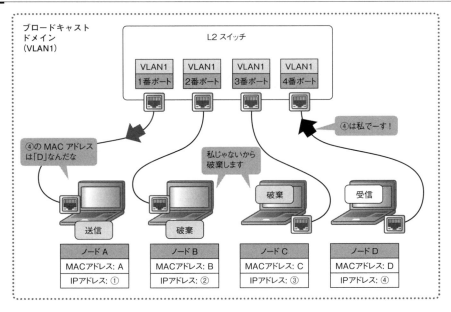

ARP Requestに対する応答、「○○は私でーす！」を「**ARP Reply**」といいます。同じVLAN（ブロードキャストドメイン）にいるノードの中で、対象のIPアドレスを持っているノード1台だけが

107

応答します。それ以外のノードは関係ないので破棄します。ARP Replyはブロードキャストである必要はありません。ARP Requestを送信したノードに対してユニキャストで行われます。

図 2.1.34　ブロードキャストとユニキャストを駆使して、相手の MAC アドレスを知る

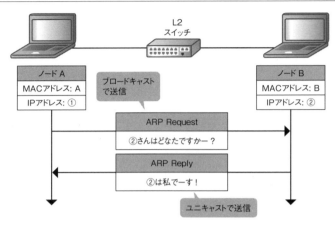

ARP ペイロードにいろいろなアドレス情報を詰め込んでいる

ARPはイーサネットでカプセリングしたARPペイロード部分にアドレス情報を詰め込んで、MACアドレスとIPアドレスを関連付けています。「動作（オペレーション）」と「アドレス」以外は固定です。本書ではこのふたつに絞って説明します。

図 2.1.35　ARP は ARP ペイロードに情報を詰め込んでいる

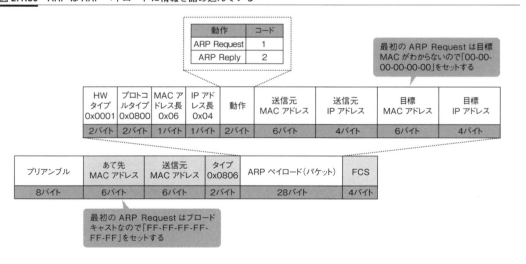

ARP Requestは動作コードが「1」です。送信元MACアドレス、送信元IPアドレスはそのまま自分自身のアドレスをセットします。目標MACアドレスはARP Request時点ではわからないのでダミーのMACアドレス「00-00-00-00-00-00」をセットします。目標IPアドレスにはMACアドレスを知りたいノードのIPアドレスが入ります。最初のARP Requestはブロードキャストです。ブロードキャストを受け取ったすべてのノードは、目標IPアドレスの部分を見て、そのIPアドレスを持つノードは応答するためのARP Replyを作ります。それ以外のIPアドレスを持つノードは破棄します。

ARP Replyは動作コードが「2」です。送信元MACアドレス、送信元IPアドレスはそのまま自分自身のアドレスをセットします。目標MACアドレス、目標IPアドレスにはARP Requestを送信してきたノードの情報をセットします。ARP Replyはユニキャストです。ARP Requestを送ってきたノードに対して送信します。このARP Replyを受け取ったノードは、送信元MACアドレスと送信元IPアドレス部分を見て相手のMACアドレスを知ります。MACアドレスを知って、初めて通信ができるようになります。MACアドレスとIPアドレスを関連付けた表のことを「ARPテーブル」といいます。ちなみにARPテーブルは、Windows OSの場合、コマンドプロンプトで「arp -a」と入力すると確認できます。また、Linux OSの場合、ターミナルで「arp」と入力すると確認できます。

図 2.1.36 　問い合わせと応答で MAC アドレスと IP アドレスを関連付ける

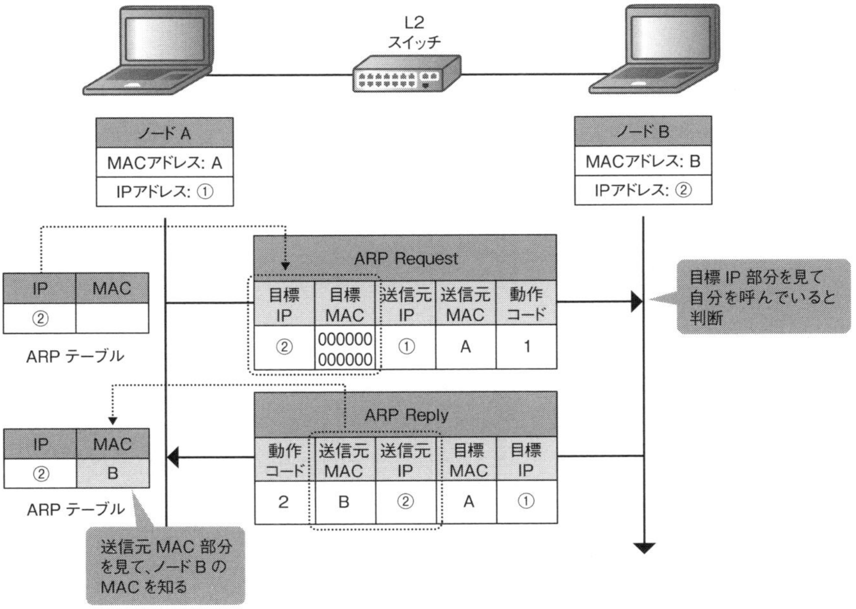

キャッシュでトラフィックを抑える

　ここまでで、ARPが通信においてかなり重要な役割を果たしていることはわかってきたかと思います。**すべての通信の始まりの始まりはARPなのです**。ARPでパケットを送信するべきMACアドレスを知って、初めて通信できるようになるのです。

　さて、このARPですが、致命的な弱点があります。それは「ブロードキャストを前提としている」ということです。相手のMACアドレスを知らないので、ブロードキャストを使用するのは、ある種の必然です。しかし、ブロードキャストは同じネットワークにいる、すべてのノードに対してデータを送ってしまう非効率な通信です。たとえば1000台のノードがいるVLANがあったとしたら、1000台すべてにトラフィックが行き渡ってしまいます。みんながみんな通信するたびにARPを送信していたら、そのVLANはARPのトラフィックだけでいっぱいになってしまいます。そもそもMACアドレスもIPアドレスもそんなに頻繁に変わりません。そこで、ARPは一定時間エントリを保持する「**キャッシュ機能**」を備えています。

図2.1.37　ARPを全員に送信しても、返ってくるのは1台だけで非効率

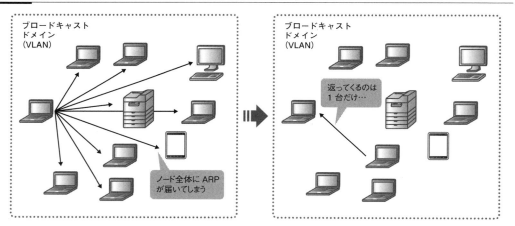

　キャッシュ機能の動作は、機器やOS、OSバージョンによって異なります。たとえば、シスコのルーターの場合、一度ブロードキャストのARP RequestでMACアドレスを知ったら、ARPテーブルのエントリとして追加し、保持します。そして、一定時間（タイムアウト時間、デフォルト4時間）±α秒が経過したら、そのエントリに対して、ユニキャストのARP Requestを送信して、エントリの有効性（到達性）を確認します。

2.1 データリンク層の技術

図 2.1.38　キャッシュ機能で効率化を図る

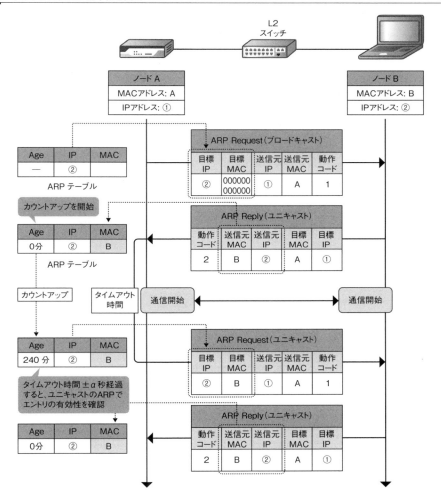

リプレースのときには ARP キャッシュに気を付ける

　ARPのトラフィック軽減に大きな効果を発揮しているキャッシュ機能ですが、必ずしも良いところばかりというわけではありません。**キャッシュ機能があると、どうしてもリアルタイム性に欠けてしまうのです**。これはキャッシュ機能を備えているプロトコルすべてが共通して抱える致命的な弱点です。ARPテーブルは、IPアドレスやMACアドレスが変わったとしても、古い情報のままエントリを保持し続けます。したがって、対象のエントリがタイムアウトして、学習し直すまで通信できません。

　先述のとおり、ノードのMACアドレスやIPアドレスが頻繁に変わるかといえば、そんなことはありません。ほとんどの場合、MACアドレスもIPアドレスも同じものを使用し続けます。そのた

第 2 章　論理設計

め、通常はこの弱点について気にする必要はないでしょう。特に気を付けなければならないのは、機器をリプレース（置換、交換）するときです。たとえば、ネットワークプリンタが急に壊れてしまって、交換せざるを得なくなったとします。この場合、IPアドレスは同じものを引き継ぐことはできますが、MACアドレスは交換前と交換後で変わってしまいます。しかし、周りのノードはMACアドレスが変わったことに気付きません。ARPテーブルを見て、いなくなったMACアドレスに対して通信を試みようとします。そのエントリがタイムアウトするまで通信できません。これを解決するのがGARPです。GARPについてはp.114から説明します。

図 2.1.39　MAC アドレスが変わってしまうと通信できなくなる

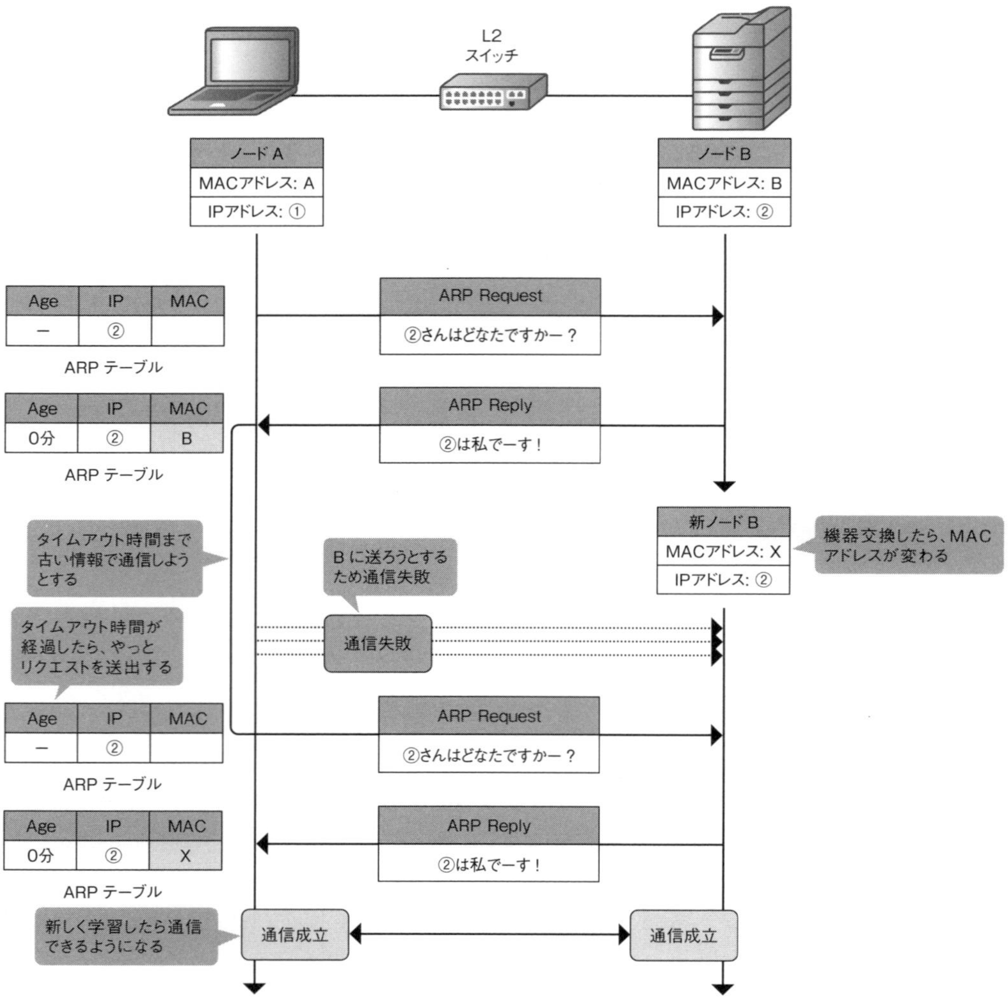

L2
スイッチ

ノード A
MACアドレス: A
IPアドレス: ①

ノード B
MACアドレス: B
IPアドレス: ②

Age	IP	MAC
−	②	

ARP テーブル

ARP Request
②さんはどなたですかー？

Age	IP	MAC
0分	②	B

ARP テーブル

ARP Reply
②は私でーす！

新ノード B
MACアドレス: X
IPアドレス: ②

機器交換したら、MAC
アドレスが変わる

タイムアウト時間まで
古い情報で通信しよう
とする

B に送ろうとする
ため通信失敗

通信失敗

タイムアウト時間が
経過したら、やっと
リクエストを送出する

Age	IP	MAC
−	②	

ARP テーブル

ARP Request
②さんはどなたですかー？

Age	IP	MAC
0分	②	X

ARP テーブル

新しく学習したら通信
できるようになる

通信成立

通信成立

ARP Reply
②は私でーす！

112

ARPをキャプチャして見てみる

ARPをキャプチャしたものが次の図です。

ARP Requestはブロードキャストなので、あて先MACアドレスが「FF-FF-FF-FF-FF-FF」です。また、ARPペイロードにアドレス情報を詰め込んでいることがわかります。ARP Replyはユニキャストなので、あて先MACアドレスはARP Requestを送信してきたノードのMACアドレスです。こちらも同じようにARPペイロードにアドレス情報を詰め込んでいることがわかります。

図 2.1.40 ARP Request はブロードキャストで行う

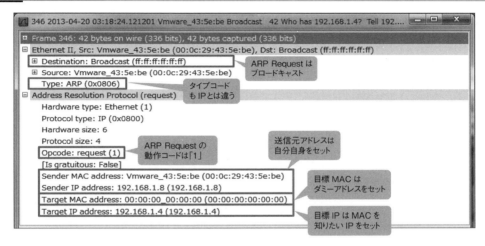

図 2.1.41 ARP Reply はユニキャストで行う

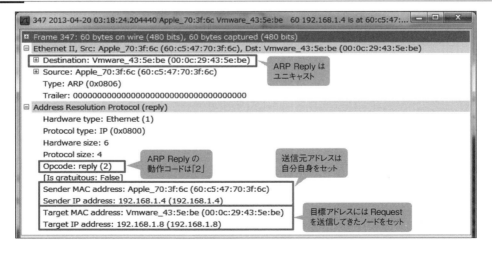

特殊な ARP がいくつかある

　ARPはTCP/IP通信の序盤を支える、とても重要なフレームです。ここでつまずいてしまうと、通信が成立しません。そこで、ARPには周囲の情報（MACアドレステーブルやARPテーブルなど）をすぐに更新するための特別なARPが用意されています。「**GARP (Gratuitous ARP)**」です。「ガープ」と読んだり、「ジーアープ」と読んだりします。ここで詳しく説明していきます。

GARP で MAC アドレスが変わったことをみんなに伝える

　GARPは、ARPペイロードの目標IPアドレスに自分自身のIPアドレスをセットした、特別なARPです。GARPは「**競合IPアドレスの検知**」と「**隣接機器のテーブル更新**」というふたつの役割を担っています。それぞれ説明しましょう。

■競合 IP アドレスの検知

　会社や学校のネットワーク環境で、他の人と同じIPアドレスを間違って設定してしまったことはありませんか？　このようなとき、OSは「IPアドレスの競合が検出されました」というエラーメッセージを表示し、IPアドレスの変更を促します。このメッセージはGARPの情報をもとに表示されています。OSはIPアドレスが設定されたとき、すぐに設定を反映しようとはしません。いったんGARPを送出して、ネットワークに同じIPアドレスを持ったノードがいないか確認します。そして、ARP Replyが返ってくると、同じIPアドレスのノードがいると判断してエラーメッセージを表示します。ARP Replyが返ってこなかったとき、初めてIPアドレスの設定を反映します。

図 2.1.42 IPアドレスの競合をGARPで検知する

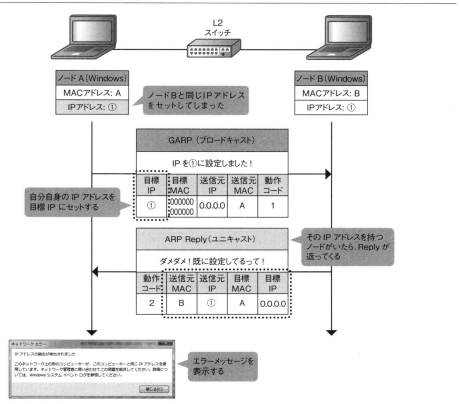

■ 隣接機器のテーブル更新

ここでいう「テーブル」は、ARPテーブルとMACアドレステーブルを表しています。どちらも同じGARPで更新するのですが、微妙に利用パターンが異なります。それぞれ説明しましょう。

まず、ARPテーブルを更新するGARPの利用パターンを考えます。機器故障やEoS（End of Support、サポート終了）など、何かのきっかけで機器を交換すると、MACアドレスは交換前と交換後で変わってしまいます。周囲のノードは、たとえ交換機器のARPエントリを持っていたとしても、自動的に更新しようとはしません。古い情報のまま保持してしまい、通信できません。そこでGARPを使用します。交換した機器はリンクアップや起動のタイミングでGARPを送出し[*1]、自分自身のMACアドレスが変わったことを一斉通知します。そして、GARPを受け取ったノードは対象となるARPエントリを更新します。

　＊1　GARPを送出しない機器もあります。その場合は周辺のノードのARPテーブルをクリアしてあげる必要があります。

第 2 章　論理設計

図 2.1.43　GARP で ARP エントリを更新する

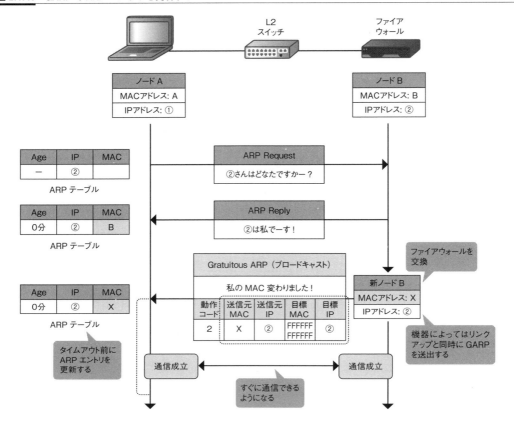

次に、MACアドレステーブルを更新するGARPの利用パターンを考えます。

ここでは仮想化環境でのGARPの使用を例に説明します。仮想化ソフトウェアは、仮想マシンを停止することなく物理サーバを移行する「ライブマイグレーション機能」を提供しています。Xenだったら「XenMotion」、VMwareだったら「vMotion」という名前です。ライブマイグレーションを実行した場合、仮想マシンが物理サーバを移動しても、L2スイッチは仮想マシンが移動したことに気付きません。そこで、仮想マシンは物理サーバを移動したあとに、GARPを送出します[*2]。GARPを受け取ったL2スイッチはGARPの送信元MACアドレスを見て、MACアドレステーブルを更新し、移行後の物理サーバにトラフィックを流します。

[*2] VMwareのvMotionではRARP (Reverse Address Resolution Protocol) を使用します。プロトコルは異なりますが、原理は同じです。RARPでMACアドレステーブルを更新します。

2.1 データリンク層の技術

図 2.1.44 GARP でライブマイグレーション後の仮想マシンを追跡

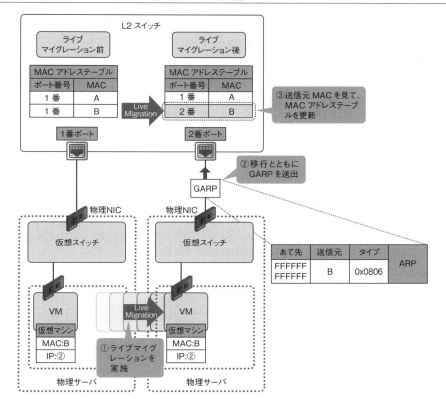

2.2 ネットワーク層の技術

　ネットワーク層はイーサネットで作ったネットワークをつなげて、**異なるネットワークにいるノードとの通信を確保するためのレイヤ**です。データリンク層は同じネットワークに存在するノードたちを接続するところまでが仕事です。それ以上のことはしてくれません。たとえば、海外のWebサーバに接続しようとしても、ネットワークがまったく違うので、データリンク層レベルでは接続できません。ネットワーク層は、データリンク層でできている小さなネットワークをつなぎ合わせて、大きなネットワークを作ることを可能にします。今や日常生活になくてはならないものになった「インターネット」。これはネットワークを相互に（インター）つなぐという意味からできているネットワーク層レベルの造語です（今や固有名詞になりましたが……）。たくさんのネットワークがつなぎ合わさって、インターネットができています。

2.2.1 ネットワーク層はネットワークをつなぎ合わせている

　ネットワーク層は、**異なるネットワークにいるノードとの接続性を確保するためにあるレイヤです**。データリンク層は、同じネットワークにいる隣接ノードとの接続性を確保するものでした。ネットワーク層では、データリンク層でできているネットワークをつなぎ合わせて、異なるネットワークに存在する非隣接ノードと接続できるように、ヘッダを付加する処理を行っています。ネットワーク層で行うヘッダ処理のことを「**パケット化**」、そして、パケット化によってできたデータのことを「**パケット**」といいます。ネットワーク層ではパケット化に関する各種方式について定義されています。

　ネットワーク層はOSI参照モデルの下から3番目のレイヤです。送信するときは、トランスポート層から受け取ったセグメント/データグラムをパケット化して、データリンク層に渡します。また、受信するときは、データリンク層からフレームを受け取り、パケット化とは逆の処理をして、トランスポート層に渡します。

2.2 ネットワーク層の技術

図 2.2.1 ネットワーク層で IP ヘッダを付加する

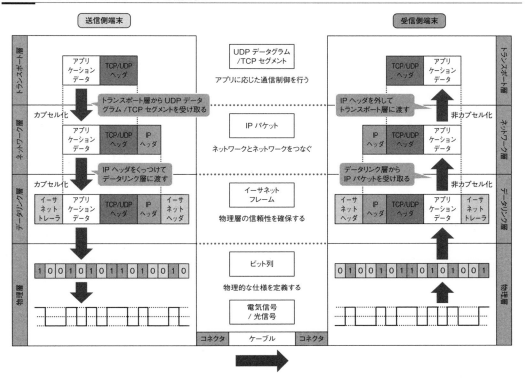

IP ヘッダでパケット化する

　サーバサイトの構築において、ネットワーク層で押さえておくべきプロトコルは「IP (Internet Protocol)」一択です。それ以外のプロトコルは、IPを勉強したあとにおいおい知っていけばよいでしょう。本書では、IPでどのようなパケット化が行われているのかを説明します。

　IPによってパケット化されたパケットのことを「**IPパケット**」といいます。IPパケットは、IPにおける制御情報を表す「**IPヘッダ**」と、データそのものを表す「**IPペイロード**」で構成されています。このうちIPの鍵を握っているフィールドがIPヘッダです。私たちは日ごろいろいろな海外のWebサイトを見ることができますが、その裏側ではIPパケットが海を潜ったり、山を越えたり、谷を下ったりと、世界中のありとあらゆる場所をびゅんびゅん駆け巡っています。IPヘッダは、こうした世界中の環境差をうまく吸収して、より安定的に通信できるように、たくさんの情報で構成されています。

第 2 章 論理設計

図 2.2.2　IP ヘッダはたくさんの情報を付加している（IPv4、オプションなし）

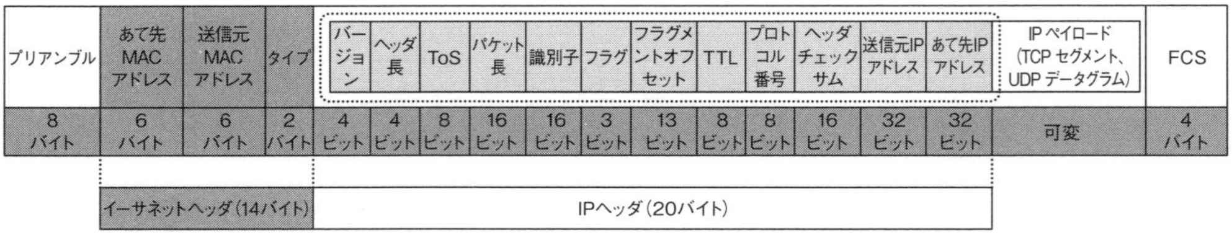

プリアンブル	あて先MACアドレス	送信元MACアドレス	タイプ	バージョン	ヘッダ長	ToS	パケット長	識別子	フラグ	フラグメントオフセット	TTL	プロトコル番号	ヘッダチェックサム	送信元IPアドレス	あて先IPアドレス	IPペイロード(TCPセグメント、UDPデータグラム)	FCS
8バイト	6バイト	6バイト	2バイト	4ビット	4ビット	8ビット	16ビット	16ビット	3ビット	13ビット	8ビット	8ビット	16ビット	32ビット	32ビット	可変	4バイト

イーサネットヘッダ（14バイト）　　IPヘッダ（20バイト）

　さて、IPヘッダではたくさんの情報を付加しているのですが、このすべてを理解することにはあまり意味がありません。本書では、この中でもサーバサイトを設計していく中で、よく見たり、確認したりするフィールドだけをピックアップして説明していきます。

図 2.2.3　IP ヘッダを Wireshark で解析した画面

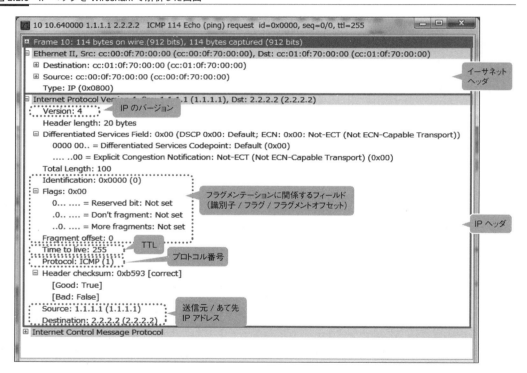

■ バージョンは IPv4 か IPv6

　まずは「バージョン」フィールドです。これはIPのバージョンを表しています。IPv4だったら「4」（2進数表記で「0100」）、IPv6だったら「6」（2進数表記で「0110」）です。このバージョン部分によって、その後のIPヘッダ情報が変わります。図2.2.2と図2.2.3はIPv4のIPヘッダを表し

ています。これがIPv6になると、図2.2.4と図2.2.5のように変化します。IPv4よりも若干シンプルになっています。

図 2.2.4　IPv6 のフォーマットはシンプル

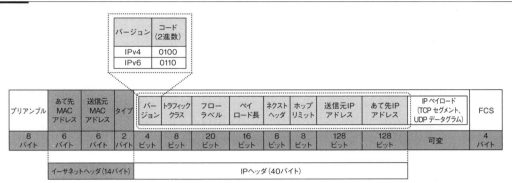

図 2.2.5　IPv6 ヘッダを Wireshark で解析した画面

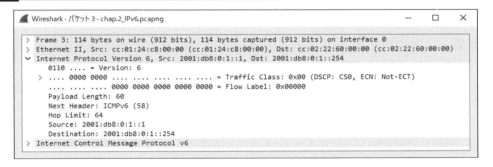

　IPv6は、IPv4アドレスの枯渇に伴い、鳴り物入りでネットワーク界に登場しました。インターネットに接続するIPv4アドレス（グローバルIPアドレス）を管理しているICANN（Internet Corporation for Assigned Names and Numbers）が割り当てられるIPv4アドレスが底をつくころには、「IPv6対策、待ったなし！」などと言われて、多くの雑誌やカンファレスでたくさんの特集が組まれていたものです。しかし今のところ、待ってくれていないことはなくて、けっこう余裕で待ってくれています。実際は、ISPがどこかに余っていたIPv4アドレスを買い集めたり、通信キャリア事業者がIPv6アドレスをIPv4アドレスに相互変換したりして、裏でいろいろとがんばってくれているのですが、ユーザレベルで意識するようなことはありません。もちろんいずれ売買されているIPv4アドレスすらなくなり、IPv6の時代が来るでしょう。しかし、その時期はまだまだ先でしょうし、ある日突然IPv4が切り捨てられるようなことはなくて、ふたつは共存し続けます。サーバサイトを構築する側としても、要件にない限り、無理にIPv6に対応する必要はないでしょう。また、たとえ要件があったとしても、IPv4の設計をベースに考えていけば、IPv6アド

第2章 論理設計

レスが超わかりづらくて覚えづらいくらいで（これが一番厄介だったりしますが……）、そこまで大きな違いはありません。また、少なくともネットワーク機器やOSは、随分前からIPv6に対応済みです。そこで本書では、これ以上IPv6については取り扱いません。

識別子、フラグ、フラグメントオフセットは フラグメンテーションで使用する

「識別子」「フラグ」「フラグメントオフセット」という3つのフィールドは、すべてパケットのフラグメンテーション（断片化）に関連しています。フラグメンテーションとは、MTU（Maximum Transmission Unit）に収まりきらないサイズのIPペイロードを、MTUに収まるように分割するネットワークの機能です。

■ 識別子

「識別子」は、パケットを作成するときにランダムに割り当てるパケットのIDです。16ビットで構成されています。IPパケットのサイズがMTUを超えてしまっていて、途中でパケットをフラグメントしたとき、あて先ホストはこのIDを見てパケットを再合成します。

■ フラグ

「フラグ」は3ビットで構成されていて、上位1ビットは使用しません。2ビット目はフラグメントしてよいかどうかを表しています。「**DFビット（Don't fragmentビット）**」といいます。「0」だったらフラグメント許可、「1」だったらフラグメントを許可しません。3ビット目はフラグメントされたパケットが後ろに続くかどうかを表しています。「**MFビット（More fragmentビット）**」といいます。「0」だったらパケットが後ろに続かないことを表し、「1」だったらパケットが後ろに続くことを表しています。PPPoE環境でMTU値を誤って設定してしまった場合、パケットがロストして特定のWebサイトが見えなくなったりします。この現象は、このフィールドが関係しています。この現象の詳細はp.223で説明します。

■ フラグメントオフセット

「フラグメントオフセット」は、フラグメントしたときにそのパケットがオリジナルのパケットの先頭からどこに位置しているかを示しています。8バイト単位です。フラグメントされた最初のパケットの値は0で、その後のパケットは位置を示した値が入ります。パケットを受け取るホストは、この値を見て、パケットの順序を正しく並べ替えます。

図 2.2.6　フラグメントされても、ヘッダの情報を見たら元に戻せる

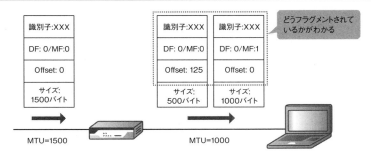

■ TTL はパケットの寿命を表している

「**TTL (Time To Live)**」はパケットの寿命を表しています。IPの世界ではパケットの寿命を、経由するルータの数で表しています。経由するルータの数[*1]のことを「**ホップ数**」といいます。TTLの数はルータを経由するたびに、つまりネットワークを経由するたびにひとつずつ減算されて、値が「0」になると破棄されます。パケットを破棄したルータは「Time-To-Live exceeded (タイプ11/コード0)」というICMP (Internet Control Message Protocol)パケットを返して、パケットを破棄したことを送信元ホストに伝えます。ICMPについてはp.171から詳しく説明します。

[*1]　実際はネットワーク層以上で動作する機器すべてで減算されます。たとえば、L3スイッチや負荷分散装置を経由してもTTLは減ります。

図 2.2.7　TTL はルータを経由するたびに減っていく

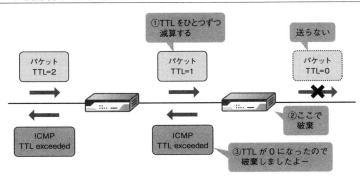

TTLのデフォルト値は、OSやそのバージョンによって異なります。そのため、パケットに含まれるTTLの値を見ることによって、パケットを送受信したノードがWindows系かUNIX系かくらいのざっくりとした判別が可能です。

第 2 章　論理設計

表 2.2.1　TTL のデフォルト値は OS によって違う

メーカー	OS/ バージョン	TTL のデフォルト値
マイクロソフト	Windows 10	128
アップル	macOS 10.12.x	64
アップル	iOS 10.3	64
オープンソースソフトウェア	Linux Ubuntu 16.04	64
グーグル	Android	64
シスコ	Cisco IOS	255

　TTLの持つ最も重要な役割が「ルーティングループ」の防止です。ルーティングループは、ルーティングの設定間違いでIPパケットが同じところをぐるぐる回ってしまう現象のことです。IPパケットは同じネットワークをぐるぐる回ったとしても、TTLがカウントされるため、最終的にどこかで破棄されます。ぐるぐる回ったパケットが帯域を圧迫し続けるようなことはありません。

プロトコル番号はどんなプロトコルかを表している

　「プロトコル番号」は、IPペイロードがどんなプロトコルで構成されているかを表しています。たくさんのプロトコルが定義されていますが、筆者が現場で実際によく見かけるプロトコルを次の表にまとめておきます。

表 2.2.2　現場でよく見かけるプロトコル番号

番号	用途
1	ICMP （Internet Control Message Protocol）
2	IGMP （Internet Group Management Protocol）
6	TCP （Transmission Control Protocol）
17	UDP （User Datagram Protocol）
47	GRE （Generic Routing Encapsulation）
50	ESP （Encapsulating Security Payload）
88	EIGRP （Enhanced Interior Gateway Routing Protocol）
89	OSPF （Open Shortest Path First）
112	VRRP （Virtual Router Redundancy Protocol）

送信元/あて先IPアドレスはネットワーク上の住所を表している

「IPアドレス」はネットワーク上の住所を表しています。IPアドレスは32ビットで構成されていて、通常は「XXX.XXX.XXX.XXX」というような10進数で表します。

送信元IPアドレスがネットワーク上の自分の住所を表しています。ネットワークの世界は双方向のやり取りで成り立っています。「こんなデータが欲しいですー」に対して「どうぞー」「ありがとー」みたいな感じです。相手はこのフィールドを見て、情報を送り返します。それに対して、あて先IPアドレスは相手の住所です。自分が情報を送るときに使用します。

ネットワーク層はIPアドレスありきのレイヤです。次節でじっくり説明していきます。

図 2.2.8 ネットワークの世界は双方向で成り立っている

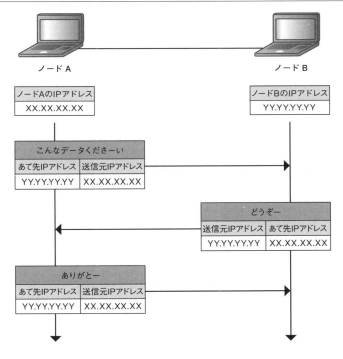

さて、最後にIPヘッダのすべてのフィールドを表にまとめておきます。さらっと確認したいときに活用してください。

第 2 章　論理設計

表2.2.3　IP ヘッダにいろいろな情報を詰め込んでいる

フィールド	サイズ	用途
バージョン	4 ビット	IP プロトコルのバージョンを表しています。 　IPv4：0100（2 進数） 　IPv6：0110（2 進数）
ヘッダ長	4 ビット	IP ヘッダのサイズを 4 バイト単位で表しています。
ToS（Type of Service）	8 ビット	パケットの優先度を表しています。QoS（Quality of Service）の際に使用します。
パケット長	16 ビット	パケット全体のサイズをバイト単位で表しています。
識別子	16 ビット	パケットの識別に使用します。 フラグメント（断片化）したとき、このフィールドをもとに、どのパケットの断片なのかを識別します。送信元ホストがランダムに割り当てます。
フラグ	3 ビット	パケットのフラグメンテーションを許可するかどうかを表しています。 　1 ビット目：未使用 　2 ビット目：フラグメントしてよいかどうかを表しています。 　　　　　　　0：フラグメント OK 　　　　　　　1：フラグメント NG 　3 ビット目：フラグメントされたパケットが後ろに続くかを表しています。 　　　　　　　0：これで最後 　　　　　　　1：まだまだ続く
フラグメントオフセット	13 ビット	フラグメンテーションされたパケットがオリジナルのパケットのどこに位置しているかを表しています。
TTL（Time To Live）	8 ビット	パケットの寿命を表しています。 具体的には何台のルータを経由できるかを表しています。デフォルトは 64 です。ルータを通過するごとに 1 ずつ減っていきます。TTL=1 のパケットを受け取ったルータはパケットを破棄し、ICMP パケットを返します。
プロトコル番号	8 ビット	IP ペイロードを構成しているプロトコルを表しています。 　ICMP：1 　TCP ：6 　UDP ：17
ヘッダチェックサム	16 ビット	IP ヘッダのフィールドに誤りがないかを確認するフィールドです。ルータを通過するごとに TTL の値が変わるため、ルータを越えるたびにヘッダチェックサムの値は変わります。
送信元 IP アドレス	32 ビット	ネットワーク上の自分の住所です。このフィールドがないと、相手がデータを送り返すことができません。
あて先 IP アドレス	32 ビット	ネットワーク上の相手の住所です。このフィールドに対して、IP パケットを送ります。
IP ペイロード	可変長	IP レベルのデータを表しています。たとえば、TCP であれば「TCP セグメント」、UDP であれば「UDP データグラム」です。

IP アドレスは 32 ビットでできている

IPアドレスは32ビットで構成されている一意の識別情報で、ネットワーク内だけでなく、ネットワークを超えて有効なアドレスです。「192.168.1.1」のように、32ビットを8ビットずつ4つのグループに分け、10進数に変換して、ドットで区切ります。この一区切り、1グループを「オクテット」といい、先頭から「第1オクテット」「第2オクテット」……という形で表現します。

図 2.2.9 IPv4 アドレスはドットで 4 つに区切って表現する

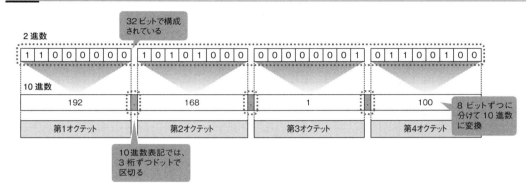

サブネットマスクはネットワークとホストの目印

さて、このIPアドレスですが、それ単体で動作するわけではありません。「**サブネットマスク**」とセットで動作します。

IPアドレスは「ネットワーク部」と「ホスト部」のふたつで構成されています。ネットワーク部はネットワークそのものを表しています。つまり、ブロードキャストドメインであり、VLANでもあり、セグメントでもあります。また、ホスト部はそのネットワークに接続しているノードそのものを表しています。**サブネットマスクはこのふたつを区切る目印のようなものです。**サブネットマスクの「1」の部分がネットワークアドレス、「0」の部分がホストアドレスです。サブネットマスクを設定するときは、IPアドレスと同じように3桁ずつ（2進数では8桁ずつ）、ドットで4つに区切って10進数にします。たとえば「172.16.1.1」というIPアドレスに「255.255.0.0」というサブネットマスクが設定されていたら、「172.16」というネットワークの「1.1」というホストであることがわかります。

第 2 章　論理設計

図 2.2.10　IP アドレスとサブネットマスクのセットでネットワーク部とホスト部に分ける

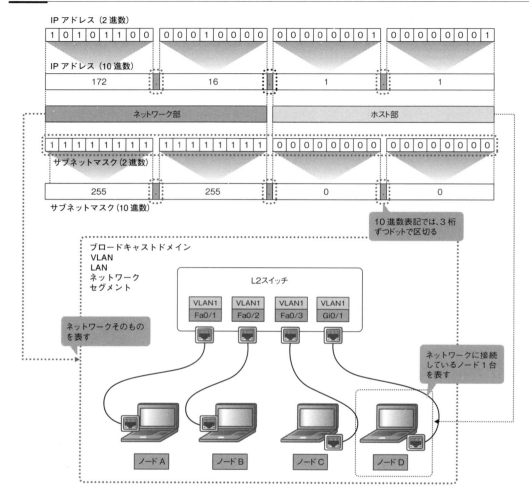

特殊なIPアドレスは予約されていて使用できない

IPアドレスは「0.0.0.0」から「255.255.255.255」まで、2^{32}(約43億)個あります。しかし、それらをどこでも好き勝手に使ってよいかといえば、そういうわけではありません。IPアドレスは、ICANNという民間の非営利団体とその下部組織によって、どこからどこまでをどのように使用するかが決められています。本書では、そのルールを「使用用途」「使用場所」「除外アドレス」という3つの分類方法を用いて説明します。

使用用途による分類

IPアドレスは使用用途に応じて、クラスAからクラスEまでの5つのアドレスクラスに分類することができます。この中で一般的に使用するのは、クラスAからクラスCまでです。これは、ノードに設定し、ユニキャスト、つまり1:1の通信で使用します。この3つのアドレスクラスの違いは、ざっくり言うと、ネットワークの規模の違いです。クラスA→クラスB→クラスCの順に規模が小さくなります。クラスDとクラスEは特殊な用途で使用し、一般的には使用しません。クラスDは特定グループの端末にトラフィックを配信するIPマルチキャストで使用し、クラスEは将来のために予約されているIPアドレスです。

表2.2.4 組織の大きさや必要なIP数によってクラスが変わる

アドレスクラス	用途	先頭ビット	開始IPアドレス	終了IPアドレス	ネットワーク部	ホスト部	最大割り当てIPアドレス数
クラスA	ユニキャスト(大規模)	0	0.0.0.0	127.255.255.255	8ビット	24ビット	16,777,214 ($=2^{24}-2$)
クラスB	ユニキャスト(中規模)	10	128.0.0.0	191.255.255.255	16ビット	16ビット	65,534 ($=2^{16}-2$)
クラスC	ユニキャスト(小規模)	110	192.0.0.0	223.255.255.255	24ビット	8ビット	254 ($=2^{8}-2$)
クラスD	マルチキャスト	1110	224.0.0.0	239.255.255.255	―	―	―
クラスE	研究、予約用	1111	240.0.0.0	255.255.255.255	―	―	―

アドレスクラスの分類は、IPアドレスの先頭の1～4ビットだけで行っています。そのため、先頭のビットによって、使用できるIPアドレスの範囲も自ずと決まります。たとえば、クラスAの場合、先頭1ビットは「0」で、残りの31ビットには「すべて0」から「すべて1」までのパターンを取りうるので、IPアドレスは「0.0.0.0」から「127.255.255.255」までになります。

第 2 章　論理設計

図 2.2.11　上位の 1 〜 4 ビットがアドレスクラスを決める

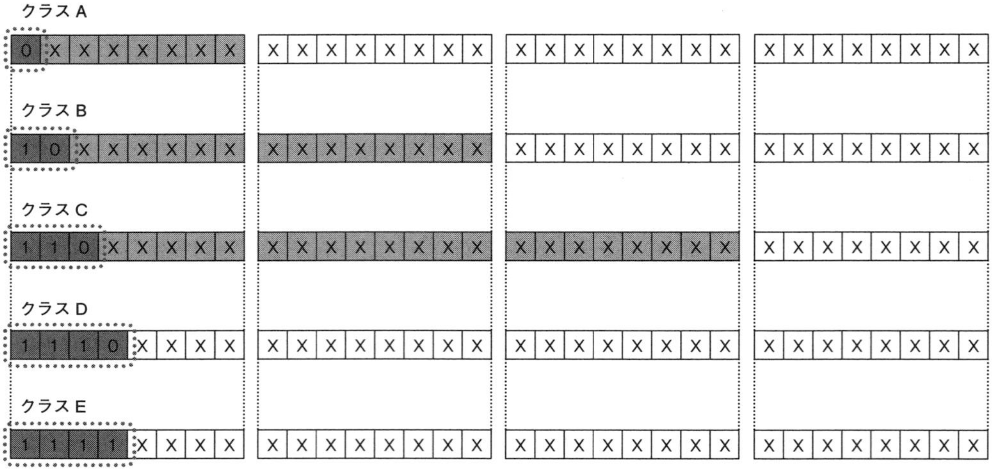

■ クラスフルアドレスでわかりやすく

　アドレスクラスに基づいてIPアドレスを割り当てる方式を、「**クラスフルアドレス**」といいます。クラスフルアドレスは8ビット（1オクテット）単位でサブネットマスクを考えるため、とてもわかりやすく、扱いやすいというメリットがあります。しかし、その半面、あまりにざっくりしすぎていて、無駄が多いというデメリットもあります。クラスAを例にとって説明しましょう。クラスAで割り当てられるIPアドレスは、1600万以上もあります。ひとつの企業や団体で1600万ものIPアドレスを必要とするところがあるでしょうか。おそらくありません。必要なIPアドレスをひと通り割り当ててしまったら、残りは放置です。あまりにもったいなさすぎます。そこで、有限なIPアドレスを有効活用しようと、新たに生まれた概念が「クラスレスアドレス」です。

■ クラスレスアドレスで効率よく

　8ビットという数字にとらわれずにIPアドレスを割り当てる方式を、「**クラスレスアドレス**」といいます。クラスレスアドレスは、クラスフルアドレスをもっと小さな単位、サブネットに分割します。「サブネッティング」や「CIDR（Classless Inter-Domain Routing）」とも呼ばれています。クラスレスアドレスでは、ネットワーク部とホスト部のほかに「サブネット部」という新しい概念を加えて、新しいネットワーク部を作り出します。サブネット部はもともとホスト部として使用されている部分なのですが、ここをうまく利用することによって、もっと小さな単位に分割します。では、例として、「192.168.1.0」をサブネット化してみましょう。「192.168.1.0」はクラスCのIPアドレスなので、ネットワーク部は24ビット、ホスト部は8ビットです。このホスト部からサブネット部を割り当てます。サブネット部に何ビット割り当てるかは、必要なIPアドレス数や必要なネットワーク数に応じて考えます。今回は、16個のネットワークにサブネット化してみましょう。16（2^4）に分割するためには、4ビット必要です。4ビットをサブネット部として使用し、

130

新しいネットワーク部を作ります。すると「192.168.1.0/28」から「192.168.1.240/28」まで、16個のサブネット化されたネットワークができます。また、各ネットワークに対して、14個（2^4-2）のIPアドレスを割り当てることができます。

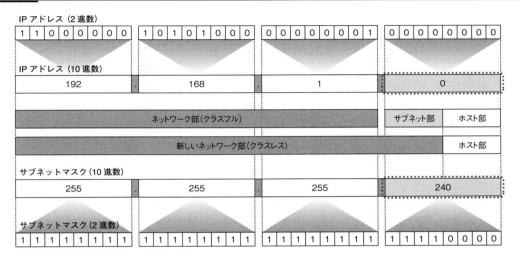

図 2.2.12　クラスレスでサブネットに分ける

クラスレスアドレスは、有限なIPアドレスを有効に活用できるため、現在の割り当て方式の主流になっています。ICANNの割り当て方式もクラスレスアドレスです。しかし、その半面、ビット数の計算がややこしくなってしまって、ついつい間違えがち、そして、計算のやり方自体を忘れがちです。特に、実際にネットワークを設計していく場合、同じサブネットマスクだけでなく複数のサブネットマスクを混在して使用するので、よりいっそう複雑になります。そこで筆者は設計のとき、表にまとめて整理するようにしています。次の表は、「192.168.1.0/24」を16個にサブネット分割した場合の例です。

第2章　論理設計

表2.2.5　サブネットは表で整理するとわかりやすい

10進数表記	255.255.255.0	255.255.255.128	255.255.255.192	255.255.255.224	255.255.255.240
スラッシュ表記	/24	/25	/26	/27	/28
最大IP数	254（=256－2）	126（=128－2）	62（=64－2）	30（=32－2）	14（=16－2）
割り当てネットワーク	192.168.1.0	192.168.1.0	192.168.1.0	192.168.1.0	192.168.1.0
					192.168.1.16
				192.168.1.32	192.168.1.32
					192.168.1.48
			192.168.1.64	192.168.1.64	192.168.1.64
					192.168.1.80
				192.168.1.96	192.168.1.96
					192.168.1.112
		192.168.1.128	192.168.1.128	192.168.1.128	192.168.1.128
					192.168.1.144
				192.168.1.160	192.168.1.160
					192.168.1.176
			192.168.1.192	192.168.1.192	192.168.1.192
					192.168.1.208
				192.168.1.224	192.168.1.224
					192.168.1.240

使用場所による分類

　続いて、使用場所による分類です。「使用場所」といっても、「屋外ではこのIPアドレス、屋内ではこのIPアドレス」みたいに物理的な場所を表しているわけではありません。ネットワークにおける論理的な場所を表しています。IPアドレスは使用場所によって「**グローバルIPアドレス**」と「**プライベートIPアドレス**」のふたつに分類することもできます。前者はインターネットにおける一意な（他に同じものがない、個別の）IPアドレスであり、後者は企業や自宅のネットワークなど限られた組織内だけで一意なIPアドレスです。電話の世界でいうと、グローバルIPアドレスが外線、プライベートIPアドレスが内線ということになります。

■グローバルIPアドレス

　グローバルIPアドレスは、ICANNとその下部組織（RIR、NIR、LIR[*1]）によって世界的に管理され、自由に割り当てることができないIPアドレスです。たとえば、日本のグローバルIPアドレスは、JPNIC（JaPan Network Information Center）が管理しています。昨今枯渇してしまった

IPアドレスは、このグローバルIPアドレス[*2]のことを表しています。

* 1　RIR：地域インターネットレジストリ (Regional Internet Registry)
　　　NIR：国別インターネットレジストリ (National Internet Registry)
　　　LIR：ローカルインターネットレジストリ (Local Internet Registry)
* 2　もう少し細かく言うと、「グローバルIPv4アドレス」です。

図 2.2.13　ICANN とその下部組織が IP アドレスを管理している

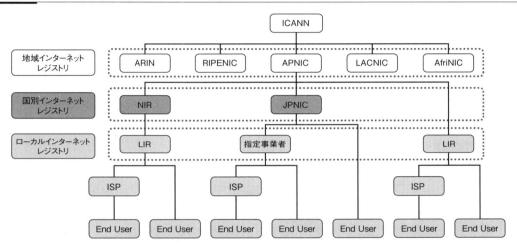

■ プライベート IP アドレス

　プライベートIPアドレスは、組織内であれば自由に割り当ててよいIPアドレスで、表2.2.6のようにアドレスクラスごとに決められています[*1]。たとえば、自宅でブロードバンドルータを使っている方は、192.168.x.xのIPアドレスが設定されていることが多いでしょう。192.168.x.xは、クラスCのプライベートIPアドレスということになります。プライベートIPアドレスは、組織内だけで有効なIPアドレスです。インターネットに直接的に接続できるわけではありません。インターネットに接続するときには、プライベートIPアドレスをグローバルIPアドレスに変換する必要があります。IPアドレスを変換する機能のことを「**NAT (Network Address Translation)**」といいます。自宅でブロードバンドルータを使っている方は、ブロードバンドルータが送信元IPアドレスをプライベートIPアドレスからグローバルIPアドレスに変換しています。なお、NATについては、p.162で詳しく説明します。

* 1　2012年4月にRFC 6589で「100.64.0.0/10」も新しくプライベートIPアドレスとして定義されました。100.64.0.0/10は、通信事業者で行う大規模NAT (Career-Grade NAT、CGNAT) で加入者 (サブスクライバー) に割り当てる、専用のプライベートIPアドレスです。

第 2 章　論理設計

表 2.2.6　プライベート IP アドレスはクラスごとに用意されている

クラス	開始 IP アドレス	終了 IP アドレス	サブネットマスク	最大割り当てノード数
クラス A	10.0.0.0	10.255.255.255	255.0.0.0	16,777,214（=2^{24}−2）
クラス B	172.16.0.0	172.31.255.255	255.240.0.0	1,048,574（=2^{20}−2）
クラス C	192.168.0.0	192.168.255.255	255.255.0.0	65,534（=2^{16}−2）

図 2.2.14　内部にはプライベート IP アドレスを割り当てる

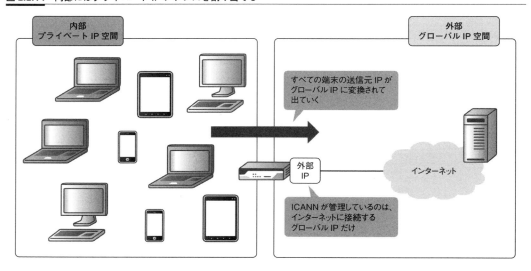

除外 IP アドレスによる分類

クラスAからクラスCの中でも、特別な用途に使用され、ノードには設定できないアドレスがいくつかあります。その中でも実際の現場でよく見かけるIPアドレスが「**ネットワークアドレス**」「**ブロードキャストアドレス**」「**ループバックアドレス**」の3つです。それぞれ説明します。

■ネットワークアドレス

ネットワークアドレスは、ホスト部のビットがすべて「0」のIPアドレスで、ネットワークそのものを表しています。たとえば「192.168.100.1」というIPアドレスに「255.255.255.0」というサブネットマスクが設定されていたら、「192.168.100.0」がネットワークアドレスになります。

2.2 ネットワーク層の技術

図 **2.2.15** ネットワークアドレスはホスト部がすべて「0」

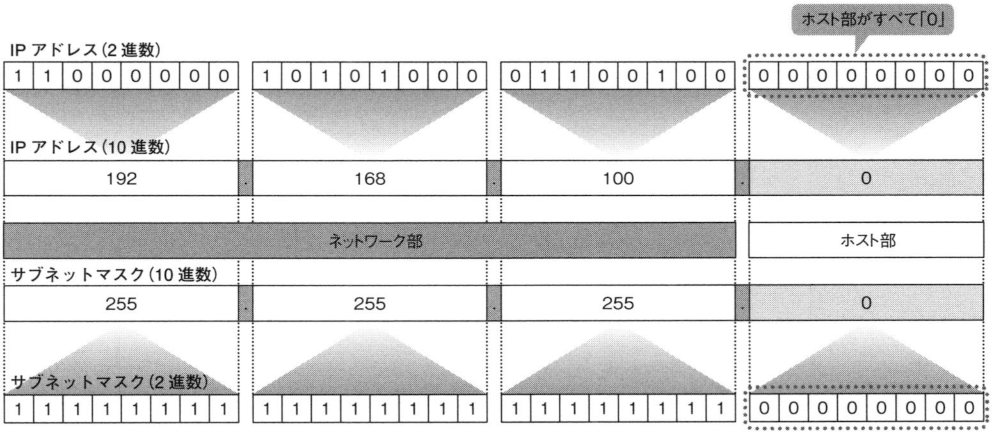

ちなみに、ネットワークアドレスを極限まで推し進めて、IPアドレスもサブネットマスクも「0」で構成すると、「**デフォルトルートアドレス**」になります。デフォルトルートアドレスは「すべてのネットワーク」を表しています。

図 **2.2.16** デフォルトルートアドレスはすべて「0」

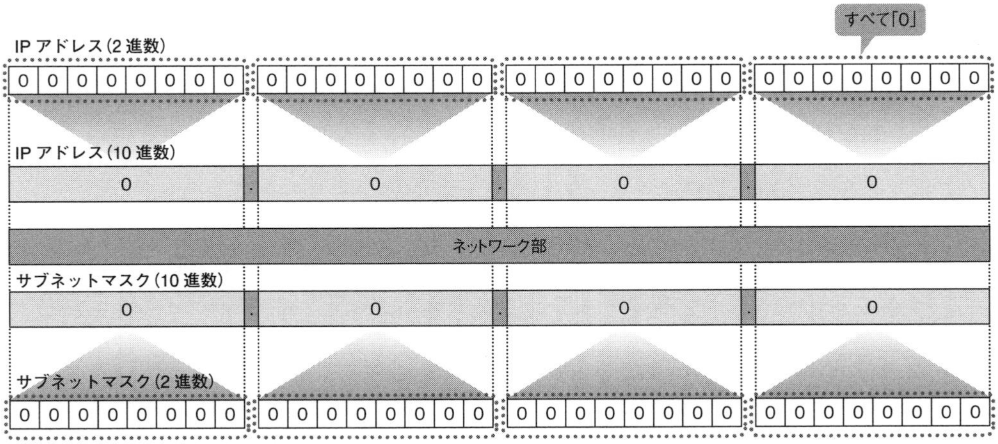

■ ブロードキャストアドレス

ブロードキャストアドレスは、ホスト部のビットがすべて「1」のIPアドレスで、同じネットワークに存在するノードすべてを表しています。たとえば「192.168.1.1」というIPアドレスに「255.255.255.0」というサブネットマスクが設定されていたら、「192.168.1.255」がブロードキャストアドレスになります。

第 2 章　論理設計

図 2.2.17　ブロードキャストアドレスはホスト部がすべて「1」

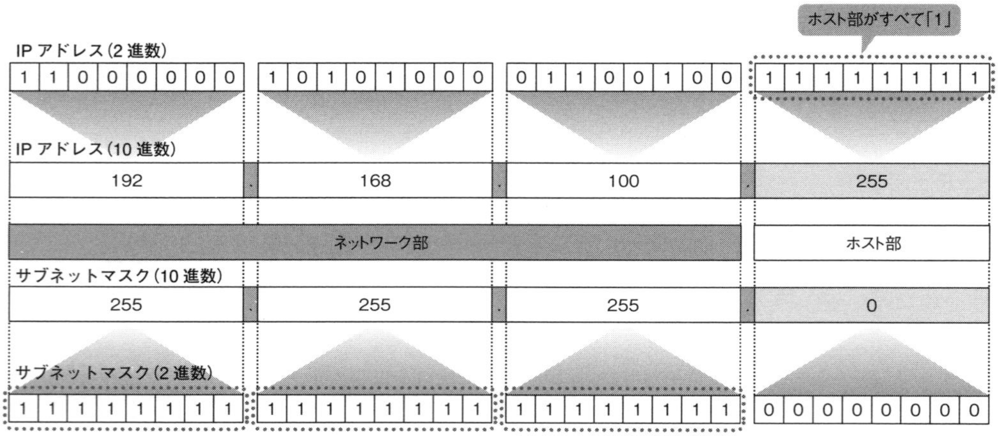

IPアドレス（2進数）	11000000	10101000	01100100	11111111
IPアドレス（10進数）	192	168	100	255
	ネットワーク部			ホスト部
サブネットマスク（10進数）	255	255	255	0
サブネットマスク（2進数）	11111111	11111111	11111111	00000000

※右端の「11111111」部分が「ホスト部がすべて「1」」

ブロードキャストアドレスは、さらに「**ローカルブロードキャストアドレス**」「**ダイレクトブロードキャストアドレス**」「**リミテッドブロードキャストアドレス**」に細分化することができます。

ローカルブロードキャストアドレスは、自分が所属しているネットワークのブロードキャストアドレスです。「192.168.1.1/24」のノードは「192.168.1.0/24」のネットワークに所属しているので、「192.168.1.255」がローカルブロードキャストアドレスです。「192.168.1.255」に対して通信を試みた場合、同じネットワークにいるノードすべてに対してパケットが送信されます。

図 2.2.18　ローカルブロードキャストアドレスは同じネットワークのノードすべてを表す

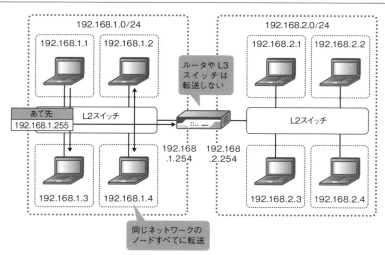

2.2 ネットワーク層の技術

ダイレクトブロードキャストアドレスは、自分が所属していないネットワークのブロードキャストアドレスです。「192.168.1.1/24」のノードは「192.168.1.0/24」のネットワークに所属しているので、たとえば「192.168.2.255」や「192.168.3.255」など、「192.168.1.255」以外のブロードキャストアドレスがダイレクトブロードキャストアドレスです。リモートからWoL (Wake-on- LAN)[*1]を実行するときはダイレクトブロードキャストを使用します。

> [*1] WoL (Wake-on-LAN) はネットワーク経由でPCやサーバを起動する技術です。マジックパケットという特定ビット列で構成された特殊なパケットを送信して、PCやサーバを起動します。起動待ちの状態ではIPアドレスがわからないので、ダイレクトブロードキャストを使用します。

図 2.2.19 ダイレクトブロードキャストアドレスは異なるネットワークのノードすべてを表す

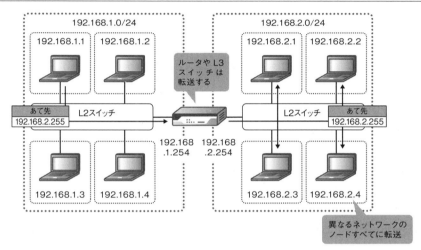

最後に、リミテッドブロードキャストアドレスです。**IPアドレスは「255.255.255.255」のみです。**「255.255.255.255」に対して通信を試みた場合、ローカルブロードキャストアドレスに対する通信と同様、同じネットワークにいるノードすべてに対してパケットが送信されます。リミテッドブロードキャストアドレスは、自分のIPアドレスやネットワークがわからないときなどに使用します。また、DHCPのパケットでも使用します。DHCPについてはp.167から詳しく説明します。

第 2 章　論理設計

図 2.2.20　リミテッドブロードキャストアドレスは同じネットワークのノードすべてを表す

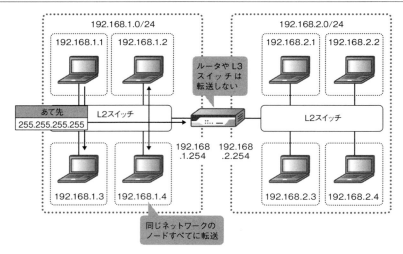

■ ループバックアドレス

　ループバックアドレスは自分自身を表すIPアドレスです。ループバックアドレスは第1オクテットが「127」のIPアドレスです。第1オクテットが「127」でさえあれば、どれを使ってもよいのですが、「127.0.0.1/8」を使うのが一般的です。Windows OSもmacOSも、自分で設定するIPアドレスとは別に、自動的に「127.0.0.1/8」が設定されています。

図 2.2.21　ループバックアドレスは自分自身を表す

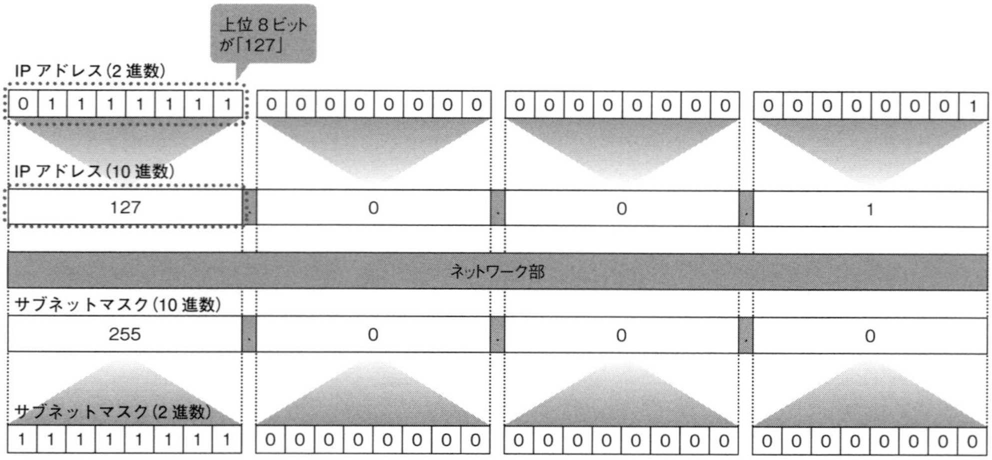

2.2.2 ルータとL3スイッチでネットワークをつなげる

IPで動作する機器といえば「**ルータ**」と「**レイヤ3スイッチ**（以降、L3スイッチと表記）」です。このふたつは、厳密に言うと似て非なるものですが、異なるイーサネットネットワークをつなぎ、IPパケットを転送する役割を担っているという点では同じです。今のところ、L3スイッチは複数のL2スイッチとルータを1台にまとめたものだと思えばよいでしょう。IPパケットは、たくさんのルータやL3スイッチを伝って世界中のサイトに旅立っていきます。サーバサイトでよく使用されるL3スイッチの代表格といえば、シスコのCatalystスイッチ（Catalyst 3850シリーズ、9300シリーズ）です。また、ルータの代表格といえば、シスコのISRシリーズ、ヤマハのRTXシリーズです。

IPアドレスを使ってパケットをルーティング

ルータやL3スイッチは、あて先IPアドレスの参照元となる「**あて先ネットワーク**」と、そのIPパケットを転送すべき隣接機器（隣接ノード）のIPアドレスである「**ネクストホップ**」を管理することによって、IPパケットの転送先を切り替え、通信の効率化を図っています。このIPパケットの転送先を切り替える機能のことを「**ルーティング**」といいます。また、あて先ネットワークとネクストホップを管理するテーブル（表）のことを「**ルーティングテーブル**」といいます。ルーティングはルーティングテーブルありきで動作します。

ルーティングテーブルを使ってルーティング

では、ルータがどのようにIPパケットをルーティングするのか見てみましょう。ここでは、ノードA（192.168.1.1/24）が2台のルータを経由して、ノードB（192.168.2.1/24）とIPパケットをやり取りすることを想定して説明します。また、ここでは純粋にルーティングの動作を理解してもらうために、すべての機器が隣接機器のMACアドレスを学習している前提で説明します。

第 2 章 論理設計

図 2.2.22 ルーティングを説明するためのネットワーク構成

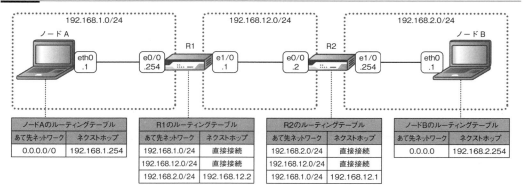

1 ノードAがノードBに対するIPパケットを作り、フレーム化してケーブルに流します。ここはそのままユニキャストの動きです。送信元IPアドレスはノードAのIPアドレス(192.168.1.1)、あて先IPアドレスはノードBのIPアドレス(192.168.2.1)です。ここで、ノードAは異なるネットワークにいるノードBとは直接的に通信を行うことができません。そこで、自分自身が持っているルーティングテーブルを検索します。

「192.168.2.1」は、すべてのネットワークを表すデフォルトルートアドレス(0.0.0.0/0)にマッチします。そこで、デフォルトルートアドレスのネクストホップである「192.168.1.254」に転送します。デフォルトルートアドレスのネクストホップのことを「デフォルトゲートウェイ」といいます。ノードは世界中に存在する不特定多数のサイトにアクセスするとき、とりあえずデフォルトゲートウェイにIPパケットを送信し、あとはデフォルトゲートウェイの機器にルーティングを任せます。

図 2.2.23 とりあえずデフォルトゲートウェイに送る

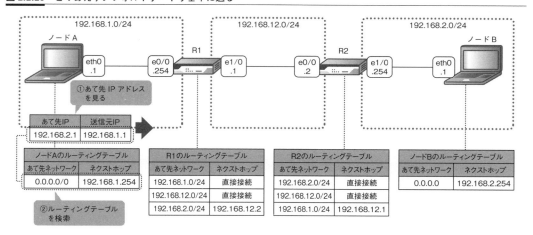

2 R1は受け取ったパケットのあて先IPアドレスを見て、ルーティングテーブルを検索します。受け取ったパケットのあて先IPアドレスは「192.168.2.1」です。ルーティングテーブルを見ると、「192.168.2.0/24」があり、ネクストホップは「192.168.12.2（R2のe0/0）」であることがわかります。そこでR2のe0/0にパケットを送信します。なお、該当するあて先ネットワークがない場合はパケットを破棄します。

図 2.2.24　R1 はルーティングテーブルを見て、どこに送信するか考える

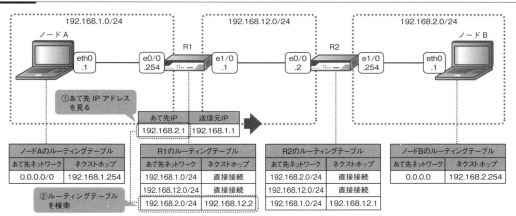

3 R2は受け取ったパケットのあて先IPアドレスを見て、ルーティングテーブルを検索します。受け取ったパケットのあて先IPアドレスは「192.168.2.1」です。ルーティングテーブルを見ると「192.168.2.0/24」で直接接続、つまり自分自身が持っているネットワークであることがわかります。ノードBにパケットを送信します。

図 2.2.25　R2 はルーティングテーブルを見て、どこに送信するか考える

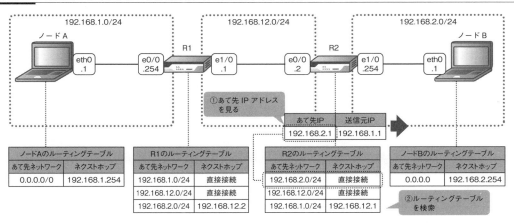

第 2 章　論理設計

4 パケットを受け取ったノードBは、自分あてのパケットだと判断します。そして、それに応答するためにノードAに対するパケットを作って、フレーム化してケーブルに流します。送信元IPアドレスはノードBのIPアドレス（192.168.2.1）、あて先IPアドレスはノードAのIPアドレス（192.168.1.1）です。ノードBから見てノードAは異なるネットワークにいるノードなので、デフォルトゲートウェイとして設定されているR2のe1/0にパケットを送信します。

図 2.2.26　PC2 はルーティングテーブルを見て、どこに送信するか考える

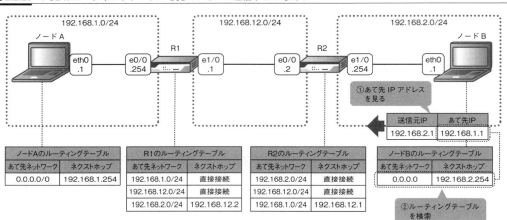

5 戻りのパケットも同じようにあて先IPアドレスを見て、ルーティングテーブルを検索し、ネクストホップに転送するという動きを繰り返します。最終的にノードAに対してパケットが届いて、双方向通信の完了です。

図 2.2.27　戻りのパケットも同じようにルーティングテーブルを使う

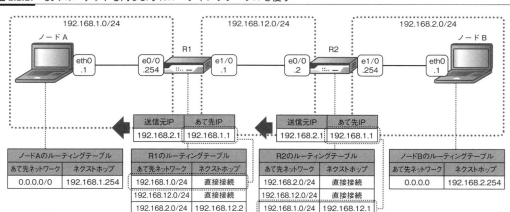

142

ルーティングテーブルを見てみる

次のように接続されているノードA（Windows OS）とR1（Ciscoルータ）のルーティングテーブルを実際に見てみましょう。

図 2.2.28 ルーティングテーブルを確認するための構成例

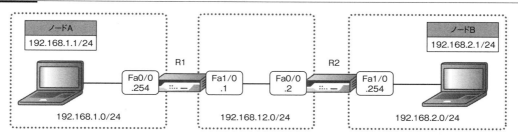

まずは、ノードのルーティングテーブルを見てみましょう。Windows OSはコマンドプロンプトの「route print」というコマンドでルーティングテーブルを確認することができます（図2.2.29）。各ネットワークがあて先ネットワーク、「ゲートウェイ」がネクストホップです。route printでは、ブロードキャストアドレスやループバックアドレスなど、システム的に予約されているIPアドレスやあて先ネットワークも併せて確認することができます。

図 2.2.29 ノードのルーティングテーブル

```
C:¥Windows¥system32>route print -4
===========================================================================
インターフェイス一覧
  3...04 92 26 be a1 14 ......Intel(R) Ethernet Connection (2) I219-V
  5...00 ff 35 63 11 ca ......TAP-Windows Adapter V9 (for PixNSM)
  1...........................Software Loopback Interface 1
===========================================================================

IPv4 ルート テーブル
===========================================================================
アクティブ ルート:
 ネットワーク宛先        ネットマスク         ゲートウェイ      インターフェイス    メトリック
          0.0.0.0          0.0.0.0    192.168.1.254     192.168.1.1    281
        127.0.0.0        255.0.0.0           リンク上         127.0.0.1    331
        127.0.0.1  255.255.255.255           リンク上         127.0.0.1    331
  127.255.255.255  255.255.255.255           リンク上         127.0.0.1    331
      192.168.1.0    255.255.255.0           リンク上       192.168.1.1    281
      192.168.1.1  255.255.255.255           リンク上       192.168.1.1    281
    192.168.1.255  255.255.255.255           リンク上       192.168.1.1    281
        224.0.0.0        240.0.0.0           リンク上         127.0.0.1    331
        224.0.0.0        240.0.0.0           リンク上       192.168.1.1    281
  255.255.255.255  255.255.255.255           リンク上         127.0.0.1    331
  255.255.255.255  255.255.255.255           リンク上       192.168.1.1    281
===========================================================================

固定ルート:
 ネットワーク アドレス      ネットマスク   ゲートウェイ アドレス    メトリック
          0.0.0.0          0.0.0.0    192.168.1.254         既定
===========================================================================
```

第 2 章　論理設計

次に、R1のルーティングテーブルを確認します。Ciscoルータは「show ip route」というコマンドでルーティングテーブルを確認することができます（図2.2.30）。表示されている各ネットワークがあて先ネットワークを表しています。「via」以降のIPアドレスがネクストホップです。

他の要素も説明しておきましょう。最初の1文字から2文字がルートの学習方法を表しています。「C」は直接接続、「O」は動的ルーティングの「OSPF」で学習したことを表しています。また、「[110/20]」はそれぞれ「AD値」と「メトリック」を表しています。これらについては次節で説明します。最後のインターフェースIDは、ネクストホップがどこのインターフェースの先にあるかを表しています。

図 2.2.30　ルータのルーティングテーブル

■ MACアドレスとIPアドレスは協調的に動作する

MACアドレスとIPアドレスは、ARPを通じて協調的に動作します。MACアドレスは同じネットワークだけで有効な物理アドレスです。したがって、ネットワークを越えるたび、つまりルータを越えるたびに付け替わります。付け替えるあて先MACアドレスをARPで解決します。それに対して、IPアドレスはネットワークを越えても有効な論理アドレスです。送信元ノードからあて先ノードまで、基本的にずっと同じです。

このふたつがどのようにして協調的に動作しているのか、あて先/送信元MACアドレスまで加えて図解すると次のようになります。

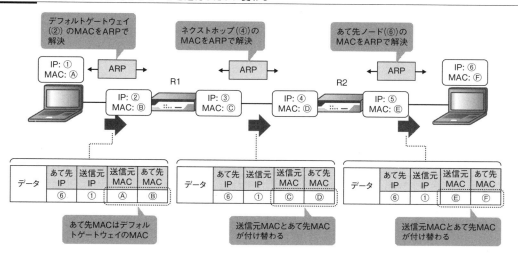

図 2.2.31　MACアドレスはネットワークを越えるたびに変わる

ルーティングテーブルを作る

　ルーティングを司っているのはルーティングテーブルです。このルーティングテーブルをどうやって作るか。ここがネットワーク層のポイントです。本書ではそのさわりの部分を説明します。
　ルーティングテーブルの作り方は大きく分けてふたつです。ひとつは「**静的ルーティング**」、もうひとつは「**動的ルーティング**」です。それぞれ説明しましょう。

静的ルーティング

　静的ルーティングは、手動でルーティングテーブルを作る方法です。ひとつひとつあて先ネットワークとネクストホップを設定します。わかりやすく、管理もしやすいため、小さなネットワーク環境のルーティングに適しています。その一方で、すべてのルータに対してあて先ネットワークをひとつひとつ設定する必要があるため、大きなネットワーク環境には適していません。
　たとえば、次の図のような構成の場合、R1に「192.168.2.0/24」のルート、R2に「192.168.1.0/24」のルートを静的に設定する必要があります。Ciscoルータの場合、「ip route <network> <subnetmask> <next hop>」コマンドで静的ルートを設定することができます。

第 2 章　論理設計

図 2.2.32　ひとつひとつルートを手動で設定する

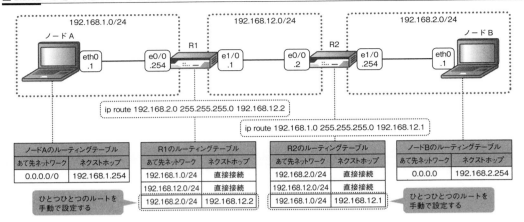

動的ルーティング

　動的ルーティングは、隣接するルータ同士で自分の持っているルート情報を交換して、自動でルーティングテーブルを作る方法です。ルート情報を交換するプロトコルを「ルーティングプロトコル」といいます。大きなネットワーク環境だったり、構成が変わりやすい環境だったりしたら、動的ルーティングを使用したほうがよいでしょう。たとえネットワークが増えたとしても、すべてのルータに設定が必要なわけでもなく、管理の手間がかかりません。また、あて先までのどこかで障害が発生したとしても、自動的に迂回ルートを探してくれるので、耐障害性も向上します。

　ただし、動的ルーティングが万能かといえばそうでもありません。未熟な管理者が何も考えずにちゃちゃっと設定して、間違いでもしたら大変なことになります。その影響が波及的にネットワーク全体に伝播します。そうならないようにするためにも、**しっかり設計をしたうえで設定する必要があります。**

　では、先ほどと同じ構成を動的ルーティングで考えてみましょう。R1とR2はお互いにルート情報をやり取りし、やり取りした情報をルーティングテーブルに追加します。

図 2.2.33 ルート情報をやり取りして、自動でルーティングテーブルを作る

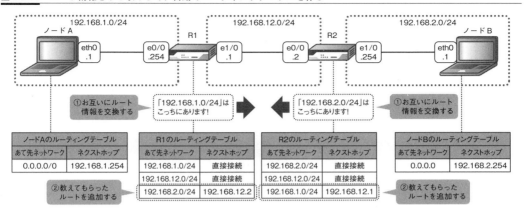

たとえば、この環境に新しくネットワークを追加する場合を考えます。新しくルータを追加すると、同じように新しいルータとルート情報をやり取りし、全体的にルーティングテーブルを自動更新します。動的ルーティングを使用すると、ルータにひとつひとつルートを設定する必要はありません。すべてルーティングプロトコルが行ってくれます。ネットワーク上のルータがすべてのルートを認識している状態を「収束状態」といい、それまでにかかる時間を「収束時間」といいます。

図 2.2.34 動的ルーティングではネットワークの追加も簡単にできる

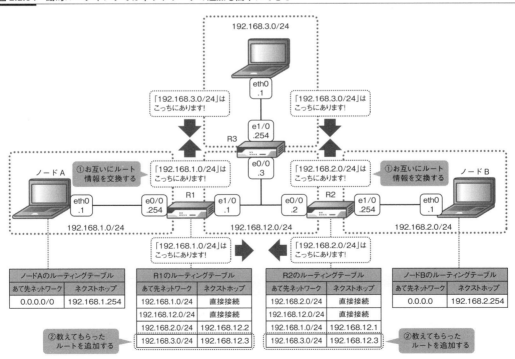

第2章 論理設計

　もうひとつ、**ルーティングプロトコルは耐障害的な側面も持ち合わせています**。たとえば、あて先に対して複数のルートがあり、そのどこかで障害が発生したとします。動的ルーティングを使用すると、自動的にルーティングテーブルを更新したり、変更を通知し合ったりして、新しいルートを確保してくれます。わざわざ迂回ルートを設定する必要はありません。

図 2.2.35　正常時は最適なルートを使用する

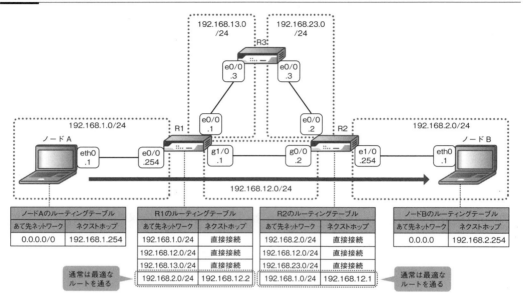

図 2.2.36　障害が起きても迂回経路を確保してくれる

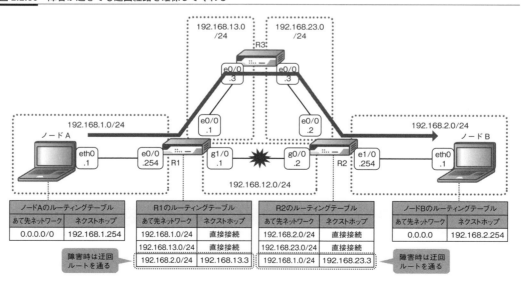

ルーティングプロトコルは2種類

ルーティングプロトコルは、その制御範囲によって「**IGP (Interior Gateway Protocol、内部ゲートウェイプロトコル)**」と「**EGP (Exterior Gateway Protocol、外部ゲートウェイプロトコル)**」の2種類に分けられます。

このふたつを分ける概念が「**AS (Autonomous System、自律システム)**」です。ASは、ひとつのポリシーに基づいて管理されているネットワークの集まりのことです。少し難しそうな感じがしますが、ここではそれほど深く考えずに「AS＝組織（ISP、企業、研究機関、拠点）」のような感じでざっくり考えてよいでしょう。そして、AS内を制御するルーティングプロトコルがIGP、ASとASの間を制御するルーティングプロトコルがEGPです。一般的に、IGPは「RIPv2」「OSPF」「EIGRP」を、EGPは「BGP」を使用します。

図 2.2.37　ルーティングプロトコルは制御範囲によって2種類に分けられる

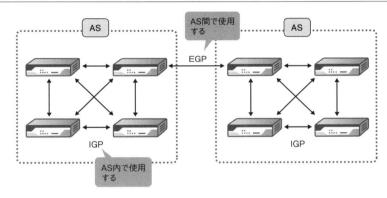

IGPのポイントは「ルーティングアルゴリズム」と「メトリック」のふたつ

IGPはAS内で使用するルーティングプロトコルです。いろいろなIGPがありますが、現在のネットワーク環境で使用されているプロトコルは「RIPv2 (Routing Information Protocol version 2)」「OSPF (Open Shortest Path Fast)」「EIGRP (Enhanced Interior Gateway Routing Protocol)」のどれかと考えてよいでしょう。これらを説明するうえでのポイントは「**ルーティングアルゴリズム**」と「**メトリック**」のふたつです。

■ ルーティングアルゴリズム

ルーティングアルゴリズムは、どうやってルーティングテーブルを作るか、そのルールを表しています。ルーティングアルゴリズムの違いが収束時間や適用規模に直結します。IGPのルーティングアルゴリズムは「**ディスタンスベクタ型**」と「**リンクステート型**」のどちらかです。

ディスタンスベクタ型は、距離（ディスタンス）と方向（ベクタ）に基づいてルートを計算するルー

第 2 章　論理設計

ティングプロトコルです。ここでいう距離はあて先に行くまでに経由するルータの数（ホップ数）を表し、方向は出力インターフェースを表しています。あて先までどれだけのルータを経由するかが最適ルートの判断基準になります。それぞれがそれぞれのルーティングテーブルを交換し合うことで、ルーティングテーブルを作ります。

　リンクステート型は、リンクの状態（ステート）に基づいて最適ルートを計算するルーティングプロトコルです。各ルータが自分のリンク（インターフェース）の状態や帯域、IPアドレスなど、いろいろな情報を交換し合ってデータベースを作り、その情報をもとにルーティングテーブルを作ります。

■ メトリック

　メトリックはあて先ネットワークまでの距離を表しています。 ここでいう距離とは物理的な距離ではありません。**ネットワークにおける論理的な距離です。** たとえば、地球の裏側と通信するからといって必ずしもメトリックが大きいわけではありません。ルーティングプロトコルによって論理的な距離の算出方法が異なります。

IGP は「RIPv2」「OSPF」「EIGRP」を押さえる

　現在のネットワーク環境で使用されているルーティングプロトコルは「**RIPv2**」「**OSPF**」「**EIGRP**」のどれかです。それ以降、新しいルーティングプロトコルの名前を聞いていないので、この3つでIGPは網羅できます。これらを「**ルーティングアルゴリズム**」と「**メトリック**」に着目しつつ、説明していきます。

表 2.2.7　IGP は「RIPv2」「OSPF」「EIGRP」の 3 つを押さえれば大丈夫

項目	RIPv2	OSPF	EIGRP
ルーティングアルゴリズム	ディスタンスベクタ型	リンクステート型	ディスタンスベクタ型（ハイブリッド型）
メトリック	ホップ数	コスト	帯域幅＋遅延
更新間隔	定期的	変更があったとき	変更があったとき
更新に使用するマルチキャストアドレス	224.0.0.9	224.0.0.5 (All OSPF ルータ) 224.0.0.6 (All DR ルータ)	224.0.0.10
適用規模	小規模	中規模～大規模	中規模～大規模

■ RIPv2

　RIPv2はディスタンスベクタ型のルーティングプロトコルです。 最近ではあまり見なくなってきましたが、古い環境にはたまに残っていて、そこからOSPFやEIGRPに移行するなんていうのはよくある話です。これから作るネットワークでわざわざRIPv2を使用することはないでしょう。RIPv2はルーティングテーブルそのものを定期的にやり取りし合うことで、ルーティングテーブ

ルを作ります。動きはとてもわかりやすいのですが、ルーティングテーブルが大きくなればなるほど余計な帯域を消費してしまい、収束にも時間がかかるため、大規模なネットワーク環境には不向きです。

メトリックには「ホップ数」を使用しています。 ホップ数とは、あて先に行くまでに経由するルータの数のことです。ルータを経由すればするほど遠くなります。これもまたシンプルでわかりやすいのですが、たとえば途中の経路の帯域が小さくても、ホップ数が小さいルートを最適ルートとしてしまうため、ツッコミどころ満載のルーティングプロトコルといえるでしょう。RIPには、もちろんRIPv1もあります。ただ、v1はクラスフルアドレスしか扱うことができず、現在では見かけることすらなくなりました。

図2.2.38 RIPはホップ数でルートを決める

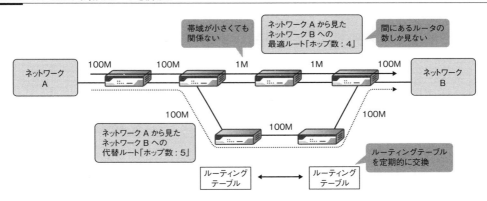

■ OSPF

OSPFはリンクステート型のルーティングプロトコルです。 RFCで標準化されているルーティングプロトコルということもあって、マルチベンダのネットワーク環境ではOSPFを使用することが多い傾向にあります。OSPFは各ルータがリンクの状態や帯域、IPアドレス、ネットワークなどいろいろな情報を交換し合って、「リンクステートデータベース(LSDB)」を作ります。そして、そこから最適なルート情報を計算し、ルーティングテーブルを作ります。RIPv2は定期的にルーティングテーブルを送り合っていましたが、OSPFは変更があったときだけ更新がかかります。また、通常時はHelloパケットという小さなパケットを送信して、相手が正常に動作しているかどうかだけを確認しているため、必要以上に帯域を圧迫することはありません。OSPFでポイントとなる概念が「エリア」です。いろいろな情報を集めて作っているLSDBが大きくなりすぎてしまわないように、ネットワークをエリアに分けて、同じエリアのルータだけでLSDBを共有するようにしています。

メトリックには「コスト」を使用しています。 コストはデフォルトで「100/帯域幅(Mbps)[*1]」に当てはめて整数値として算出され、ルータを超えるたびに出力インターフェースで加算されま

す。したがって、ルートの帯域が大きければ大きいほど、最短ルートになりやすくなります。ちなみに、学習したルートのコストがまったく同じだった場合は、コストが同じルートすべてを使用してパケットを運び、ルートを負荷分散します。このような動作を「ECMP (Equal Cost Multi Path、イコールコストマルチパス)」といいます。ECMPは耐障害性の向上だけでなく、帯域の拡張も兼ねることができ、たくさんのネットワーク環境で使用されています。

*1 コストは整数値で算出されるため、100Mbps以上のインターフェースで同じ値になってしまいます。そこで、最近は分子の「100」を大きくするのが一般的です。

図 2.2.39 OSPF はコストでルートを決める

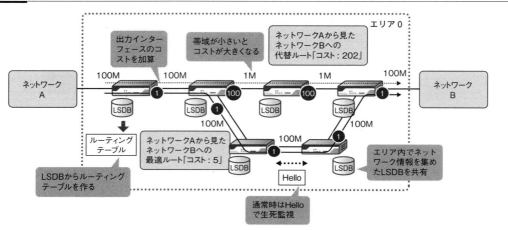

■ EIGRP

EIGRPはディスタンスベクタ型プロトコルを拡張したものです。 シスコ独自のルーティングプロトコルなので、CiscoルータやCatalystスイッチで構成されているネットワーク環境でしか使用することができませんが、そのような環境であれば、かなりの力を発揮してくれます。EIGRPは、RIPv2やOSPFをいいとこ取りしたルーティングプロトコルです。最初に自分の持つルート情報を交換してそれぞれでトポロジテーブルを作り、そこから最適なルート情報だけを抽出し、ルーティングテーブルを作ります。この部分はRIPv2に少し似ています。EIGRPは変更があったときだけ更新がかかります。また、通常時はHelloパケットという小さなパケットを送信して、相手が正常に動作しているかを判断します。この部分はOSPFに似ています。

メトリックはデフォルトで「帯域幅」と「遅延」を使用しています。 帯域幅は「10,000/最小帯域幅(Mbps)」の公式に当てはめて算出します。あて先ネットワークまでのルートの中で最も小さい値を採用して計算します。遅延は「マイクロ秒/10」の公式に当てはめて算出します。ルータを越えるごとに出力インターフェース分を加算します。このふたつを足して256をかけたものがEIGRPのメトリックになります。EIGRPもデフォルトの動作はECMPです。メトリックがまったく同じだったら、そのルートすべてを使用してパケットを運び、負荷分散します。

図 2.2.40 EIGRP は帯域幅と遅延でルートを決める

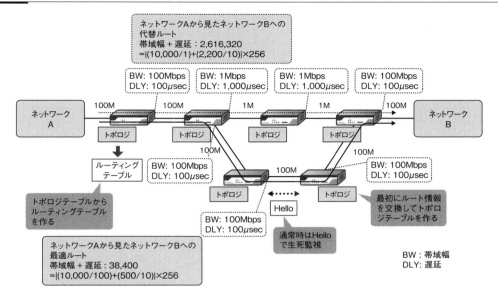

EGP は「BGP」だけ押さえる

EGPは、ASとASをつなぐときに使用するルーティングプロトコルです[*1]。IGPは「RIP」「EIGRP」「OSPF」の3つを押さえる必要がありましたが、EGPは「BGP (Border Gateway Protocol)」だけを押さえておけば大丈夫です。現在使用されているBGPがバージョン4なので、BGP4やBGPv4と呼ばれたりもしますが、意味的にほとんど同じと考えてよいでしょう。

BGPのポイントは「**AS番号**」「**ルーティングアルゴリズム**」「**ベストパス選択アルゴリズム**」の3つです。

[*1] BGPはAS内でも使用することができます。AS内で使用するBGPを「iBGP」、AS間で使用するBGPを「eBGP」といいます。

■ AS 番号

インターネットは世界中に存在するASをBGPピアでつなぐことによって成り立っています。インターネットに旅立ったパケットは、インターネット上にあるルータがやり取りするBGPによって作られた全世界のルートエントリ「**フルルート**」を使用して、バケツリレー的にあて先IPアドレスを持つノードに転送されていきます。

ASを識別する番号のことを「**AS番号**」といいます。AS番号は0～65535まで設定することができますが、「0」と「65535」は予約されていて使用できません。1～65534までを用途に応じて使用します。

第 2 章　論理設計

表 2.2.8　AS 番号

AS 番号	用途
0	予約
1 ～ 64511	グローバル AS 番号
64512 ～ 65534	プライベート AS 番号
65535	予約

　グローバルAS番号は、インターネット上で一意になっているAS番号です。グローバルIPアドレスと同じように、ICANNとその下部組織（RIR、NIR、LIR）によって管理されていて、ISPやデータセンター事業者、通信事業者などに割り当てられています。ちなみに、日本のAS番号はJPNICが管理していて、以下のサイトで公開されています。

URL https://www.nic.ad.jp/ja/ip/as-numbers.txt（2019年5月現在）

　プライベートAS番号は、組織内であれば自由に使用してよいAS番号です。サーバサイトを構築するときには、こちらのAS番号を使用します。サーバサイトはISPから、ISP内で一意になっているプライベートAS番号が割り当てられ、CEスイッチとPEルータでBGPピアを張ります。サーバサイトにおけるBGPの詳細については、p.194で説明します。

■ ルーティングアルゴリズム

　BGPはパスベクタ型のプロトコルです。パス（経路）と方向（ベクタ）に基づいてルートを計算します。ここでいうパスはあて先までに経由するASを表し、方向はBGPピアを表しています。あて先までどれだけのASを経由するかがベストパスの判断基準のひとつになります。BGPピアはルート情報を交換する相手のことです。BGPは相手（ピア）を指定して、1:1のTCPコネクションを作り、その中でルート情報を交換します。BGPピアとルート情報を交換してBGPテーブルを作り、そこから一定のルール（ベストパス選択アルゴリズム）に基づきベストパスを選択します。そして、ベストパスだけをルーティングテーブルに追加するとともに、BGPピアに伝播します。BGPもOSPFやEIGRPと同様に、変更があったときだけ更新がかかります。更新するときはUPDATEメッセージを使用します。また、通常時はKEEPALIVEメッセージで相手が正常に動作しているかを判断します。

図 2.2.41 BGP はデフォルトでは経由する AS の数でパスを決める

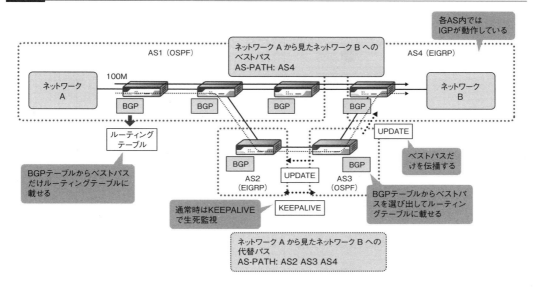

■ ベストパス選択アルゴリズム

　ベストパス選択アルゴリズムは、どのパスを最適パス（ベストパス）として判断するか、そのルールを表しています。インターネットは地球全体のASをBGPでネット状につなぎ合わせたものです。地球全体をつなぐとなると、国がかかわります。政治がかかわります。お金がかかわります。BGPには、そんないろいろな状況に柔軟に対応できるように、たくさんのルート制御機能が用意されています。BGPのルート制御には、アトリビュート（属性）を使用します。BGPはUPDATEメッセージの中に「NEXT_HOP」や「LOCAL_PREF」など、いろいろなアトリビュートを埋め込み、それも含めてBGPテーブルに載せます。その中から図2.2.42のようなアルゴリズムをもとにベストパスを選び出します。上から順々に勝負していって、勝敗が決したら、その後の勝負は行いません。そして、選び出したベストパスをルーティングテーブルに追加し、同時にBGPピアに伝播します。

第 2 章 論理設計

図 2.2.42 ベストパス選択アルゴリズムに基づいてどんどん勝負していく

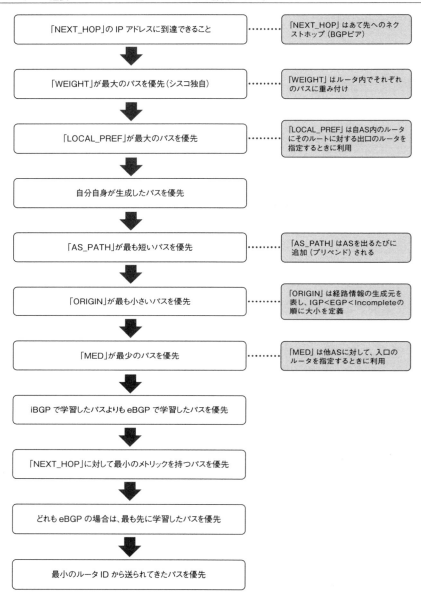

図 2.2.43　BGPテーブルからベストパスを選ぶ

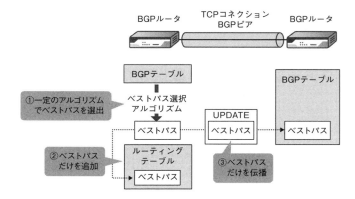

再配送で複数のルーティングプロトコルを使いこなす

「RIPv2」「OSPF」「EIGRP」「BGP」と、4つのルーティングプロトコルをそれぞれ説明してきました。**それぞれ異なるルーティングアルゴリズムやメトリックを使用していて、プロセスも別なので互換性はありません**。したがって、ひとつのルーティングプロトコルで統一したネットワークを構築するのがわかりやすくて理想的でしょう。しかし、現実はそんなに甘くありません。会社が合併したり離脱したり、そもそも機器が対応していなかったりと、いろいろな状況が重なり合って、複数のルーティングプロトコルを使用せざるを得ない場合がほとんどです。このようなとき、それぞれをうまく変換して、協調的に動作させる必要があります。この変換のことを「**再配送**」といいます。「**再配布**」といったり、「**リディストリビューション (Redistribution)**」といったり、言い方や書き方は人によってさまざまですが、全部同じです。

図 2.2.44　再配送で複数のルーティングプロトコルを使う

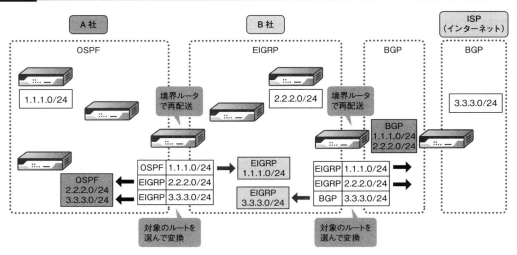

第2章　論理設計

　再配送は、ルーティングプロトコルとルーティングプロトコルをつなぐ境界のルータで設定します。境界ルータはルーティングテーブルの中から変換元のルーティングプロトコルで学習したルートエントリを選び出し、変換して伝播します。

ルーティングテーブルを整理する

　ここまではルーティングテーブルをどうやって作るか、ここにポイントを置いて説明してきました。ここからは出来上がったルーティングテーブルをどうやって使用するか説明します。出来上がったルーティングテーブルのポイントは「**ロンゲストマッチ**」「**ルート集約**」「**AD値**」の3つです。それぞれブレイクダウンして説明します。

より細かいルートが優先（ロンゲストマッチ）

　ロンゲストマッチは、あて先IPアドレスの条件にヒットするルートがいくつかあったとき、**サブネットマスクが最も長いルートを使用する**というルーティングテーブルのルールです。ルータはIPパケットを受け取ると、そのあて先IPアドレスを、ルートエントリのサブネットマスクのビットまでチェックします。このとき、最もよく合致したルート、つまり最もサブネットマスクが長いルートを採用し、そのネクストホップにパケットを転送します。

図 2.2.45　サブネットマスクのビットまでチェックして、最もよく合致したルートを採用

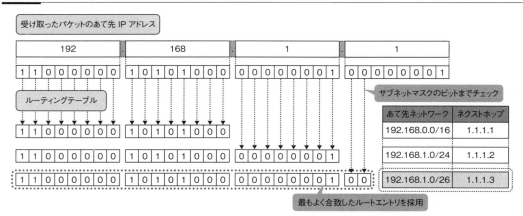

　実際のネットワーク環境を例にとって考えてみましょう。たとえば、「192.168.0.0/16」「192.168.1.0/24」「192.168.1.0/26」というルートを持つルータに、あて先IPアドレス「192.168.1.1」のIPパケットが飛んできたとします。この場合、どのルートも「192.168.1.1」に合致してしまいます。こんなときにロンゲストマッチが適用されます。ルータはサブネットマスクが最も長いルート「192.168.1.0/26」を採用し、「1.1.1.3」に転送します。

図 2.2.46　サブネットマスクが最も長いエントリを採用する

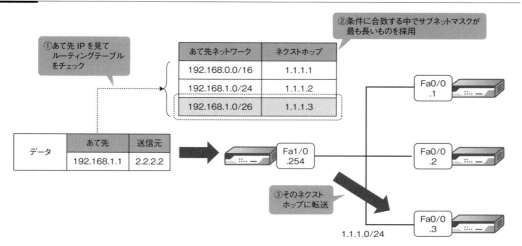

ルート集約でルートをまとめる

　複数のルートをまとめることを「ルート集約」といいます。ルータはIPパケットを受け取ると、ルーティングテーブルにあるエントリをひとつひとつチェックします。この仕組みは、エントリが増えれば増えるほど負荷が積み上がるという致命的な弱点を抱えています。現代のネットワークは効率化を図るために、クラスレスにサブネット分割して構成されています。サブネット分割するということは、ルートが増えるし、負荷も増えることを意味しています。そこで、同じネクストホップになっている複数のルートをまとめて、ルートの数を減らし、ルータの負荷を減らします。

　ルート集約の方法は意外と簡単で、同じネクストホップになっているルートのネットワークアドレスをビットに変換して、共通しているビットまでサブネットマスクを移動するだけです。たとえば、表2.2.9のようなルートを持つルータがあったとします。この状態（ルート集約前）でIPパケットが飛んでくると、少なくとも4回のチェックが必要です。

表 2.2.9　ルート集約前のルート

あて先ネットワーク	ネクストホップ
192.168.0.0/24	1.1.1.1
192.168.1.0/24	1.1.1.1
192.168.2.0/24	1.1.1.1
192.168.3.0/24	1.1.1.1

　これをルート集約してみます。表2.2.9のあて先ネットワークは、ビット変換すると図2.2.47のようになり、22ビットまでビット配列は同じです。したがって、「192.168.0.0/22」にルート集約することができます。ここにIPパケットが飛んでくると、1回のチェックだけで済んでしま

います。この例では4回が1回に減っただけなので、大したことないと思うかもしれません。しかし、塵も積もれば山になります。実際は何十万ルートを1ルートに集約したりするので、劇的な変化を生み出します。

図 2.2.47 共通しているビットで集約する

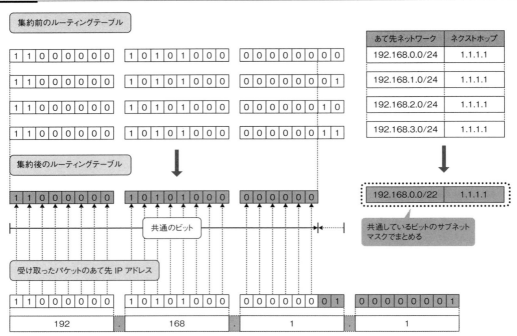

　ルート集約を極限まで推し進めた形が「**デフォルトルート**」です。デフォルトルートはすべてのルートをひとつに集約したものです。あて先IPアドレスに合致するエントリがなかったら、デフォルトルートのネクストホップであるデフォルトゲートウェイにパケットを送信します。デフォルトルートのルートエントリはデフォルトルートアドレス、つまり「0.0.0.0/0」です。
　皆さんもPCにIPアドレスを設定するときに「デフォルトゲートウェイ」を併せて設定すると思います。PCは自分が所属するネットワーク以外のネットワークにアクセスするとき、自分自身の中にあるルーティングテーブルを見て、あて先IPアドレスがどのエントリにもヒットしないのでデフォルトゲートウェイにパケットを送信しようとします。

あて先ネットワークがまったく同じだったらAD値で勝負！

　AD (Administrative Distance) 値は、ルーティングプロトコルごとに決められている優先度のようなものです。値が小さければ小さいほど優先度が高くなります。
　まったく同じルートを複数のルーティングプロトコル、あるいは静的ルーティングで学習してし

まった場合、ロングストマッチが適用できません。そこでAD値を使用します。ルーティングプロトコルのAD値を比較し、AD値が小さい、つまり優先度が高いルートだけをルーティングテーブルに載せて、そのルートを優先的に使用するようにします。

図 2.2.48 AD値が小さいルートだけをルーティングテーブルに載せる

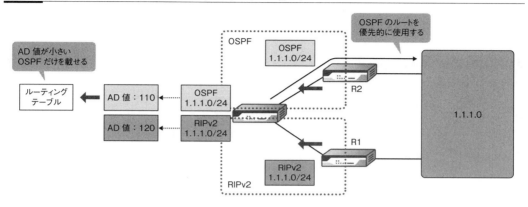

AD値は機器ごとに決められていて、シスコのルータやL3スイッチでは次の表のようになっています。直接接続以外は変更可能です。再配送時のルーティングループ防止やフローティングスタティックルート[*1]で使用します。

[*1] ルーティングプロトコルでルート情報を学習できなくなったときだけ静的ルートを使用する、ルートバックアップ手法のひとつ。静的ルートのAD値を高く設定することで実現します。

表 2.2.10 AD値は小さいほど優先

ルートの学習元 ルーティングプロトコル	AD値（デフォルト）	優先度
直接接続	0	高い
静的ルート	1	↑
eBGP	20	
内部 EIGRP	90	
OSPF	110	
RIPv2	120	
外部 EIGRP	170	↓
iBGP	200	低い

161

2.2.3 IPアドレスを変換する

パケットのIPアドレスを変換する技術を「**NAT（Network Address Translation）**」といいます。NATを使用すると、IPアドレスを節約できたり、同じネットワークアドレスを持つシステム間で通信ができるようになったりと、IP環境に潜在する問題のいくつかを解決することができます。

IPアドレスを変換する

NATには、広義のNATと狭義のNATの2種類が存在します。広義のNATはIPアドレスを変換する技術全体を表しています。しかし、これでは幅広すぎてよくわかりません。そこで、ここではサーバサイトで一般的に使用する「**静的NAT**」「**NAPT（Network Address Port Translation）**」「**Twice NAT**」の3種類のNATを説明します。

図2.2.49　広義の NAT と狭義の NAT

静的 NAT で 1:1 に関連付ける

静的NATは内部と外部のIPアドレスを1:1に紐付けて変換します。「1:1 NAT」とも呼ばれています。狭義のNATは、この静的NATを表しています。

静的NATは、内部から外部にアクセスするとき、送信元IPアドレスを変換します。このとき、送信元IPアドレスに応じて、変換するIPアドレスを切り替えます。逆に、外部から内部にアクセスするときは、あて先IPアドレスを変換します。このとき、あて先IPアドレスに応じて、変換するIPアドレスを切り替えます。サーバサイトでは、たとえば「このサーバは、どうしてもこのIPアドレスでインターネットに出したい」「このサーバは、このIPアドレスでインターネットに公開したい」、そんなときにこの静的NATを使用します。

図 2.2.50 1:1 で紐付けられている

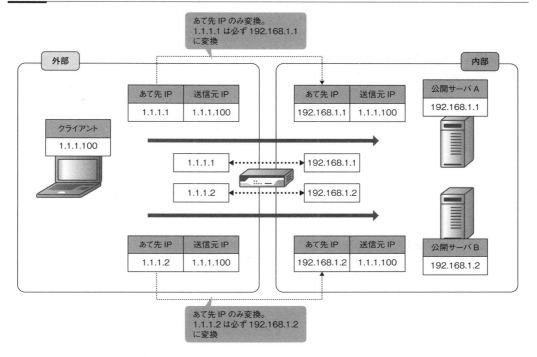

NAPT で IP アドレスを有効活用する

　NAPTは内部と外部のIPアドレスをn:1に紐付けて変換します。「IPマスカレード」や「PAT (Port Address Translation)」など、いくつかの呼び方がありますが、すべて同じです。

　NAPTは内部から外部にアクセスするとき、送信元IPアドレスだけでなく、送信元ポート番号まで変換します。どのクライアントがどのポート番号を利用しているかを見てパケットを振り分けているので、n:1に変換することができます。

　家庭でも一般的に使用されているブロードバンドルータは、このNAPTを使用してクライアントをインターネットに接続しています。最近ではPCだけでなく、スマートフォンやタブレット、家電製品など、たくさんの機器がIPアドレスを持つようになりました。これらひとつひとつに世界中で一意のグローバルIPアドレスを割り当てていたら、アドレスがすぐになくなってしまいます。そこで、NAPTを使用してグローバルIPアドレスを節約します。

　サーバサイトでは、時刻同期やウイルス対策ソフトの定義ファイル更新など、サーバ（内部）からインターネット（外部）に対するアウトバウンド通信にNAPTを適用することが多いでしょう。

第 2 章　論理設計

図 2.2.51　n:1 の接続で IP アドレスを節約する

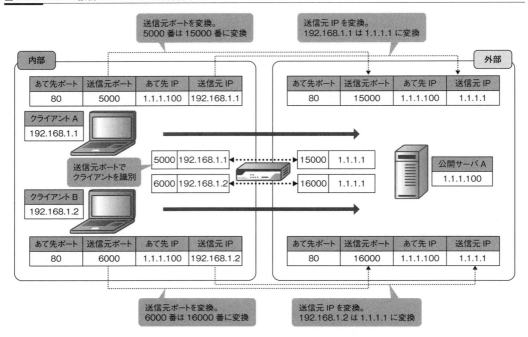

Twice NAT で重複するネットワーク間の通信を可能にする

　静的NATとNAPTは、送信元かあて先のどちらか片方だけを変換していました。**Twice NATは送信元とあて先、両方を一気に変換します**。会社が合併したときや違う会社のシステムと接続するときなど、アドレス空間が重複している構成を接続しなければならないとき、このTwice NATを使用します。

　ここは図を見て、順を追って説明したほうがわかりやすいでしょう。システムAにあるサーバAが、重複したアドレス空間を持つシステムBにあるサーバCに対してアクセスしたい場合を考えます（図2.2.52）。

1. サーバA（192.168.1.1）は、システムAにあるルータに設定されているNAT用IPアドレス（192.168.1.3）に対してアクセスします。
2. システムAのルータは、送信元IPアドレスを1.1.1.1、あて先IPアドレスを1.1.1.3に変換し、システムBのルータに送り届けます。
3. システムBのルータは、送信元IPアドレスを192.168.1.1、あて先IPアドレスを192.168.1.3に変換し、サーバCに送り届けます。

図 2.2.52 Twice NAT で重複ネットワーク間の通信を可能にする

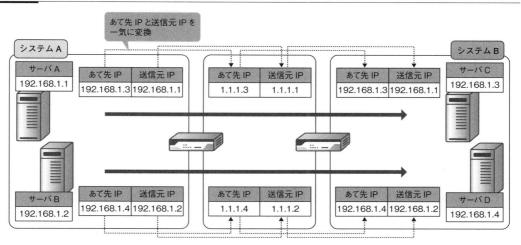

NAT を支えているのは NAT テーブルとプロキシ ARP

さて、ここまでいろいろなタイプのNATを説明してきました。このNATを支えているのは「**NATテーブル**」と「**プロキシARP**」のふたつです。それぞれ説明しましょう。

まず、NATテーブルです。**NATテーブルは変換前と変換後のIPアドレス、あるいはポート番号を記録している表です**。ルータは変換対象のパケットが飛んできたら、変換後のIPアドレスに変換するという、とてもシンプルな動きをします。NAPTの場合は、ポート番号も含めてNATテーブルに記録します。NAPTでは、NATテーブルに記録される情報が動的に変わるため、使用されなくなって一定時間が経過したら情報が削除されます。

図 2.2.53 NAT テーブルでマッピング情報を制御する

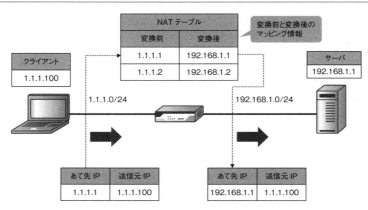

第 2 章 論理設計

　次に、プロキシARPです。プロキシは代理という意味です。NATで使用するIPアドレスは、ルータのインターフェースが持つIPアドレスとは異なるものです。したがって、**ルータはNATで使用するIPアドレスのARP Requestにも代理で応答する必要があります**。代理で応答して、NATで使用するIPアドレスのIPパケットを受け取ります。そして、NATテーブルの情報をもとに変換します。

図 2.2.54 NAT で使用する IP アドレスの ARP に代理で応答する

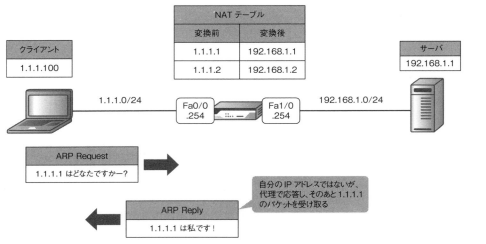

2.2.4 DHCPでIPアドレスを自動で設定する

さて、ここからはネットワーク層に関連するプロトコルをいくつか紹介します。まず、**DHCP (Dynamic Host Configuration Protocol)** です。DHCPはIPアドレスやデフォルトゲートウェイなど、ネットワークの設定をノードに配布するためのプロトコルです。アプリケーション層で動作するプロトコルなのですが、IPアドレスを設定するプロトコルということで、本書ではネットワーク層の技術として扱っています。DHCPを使用すると、IPアドレスの管理が楽になるだけでなく、不足しがちなIPアドレスを効率的に使い回すことができるようになります。

DHCPメッセージ部にいろいろな情報を詰め込む

DHCPは、UDPでカプセリングしたDHCPメッセージ部分に設定情報を詰め込みます。DHCPメッセージ部分は少々複雑ですが、この中で重要なのは「**割り当てクライアントIP**」「**DHCPサーバIP**」「**オプション**」の3つだけです。

「割り当てクライアントIP」には、実際にサーバから端末に配布され、設定されるIPアドレスが入ります。「DHCPサーバIP」にはDHCPサーバのIPアドレスが入ります*1。「オプション」には、メッセージタイプ(Discover/Offer/Request/Ack)やサブネットマスク、デフォルトゲートウェイ、DNSサーバのIPアドレスなど、ネットワークの設定に関するいろいろな情報が入ります。

＊1 DHCPリレーエージェント機能を使用している場合、DHCPサーバのIPアドレスは「0.0.0.0」になります。代わりに「Relay Agent IP Address」部分にDHCPリレーエージェントのIPアドレスが入ります。DHCPリレーエージェントについてはp.170で説明します。

図 2.2.55 DHCPのパケットフォーマット

イーサネットヘッダ	IPヘッダ	UDPヘッダ	DHCPメッセージ
14バイト	20バイト	8バイト	可変長

Op Code	HWアドレスタイプ	HWアドレス長	ホップ数	トランザクションID	経過時間	フラグ	現在のクライアントIP	割り当てクライアントIP	DHCPサーバIP	リレーエージェントIP	クライアントのMAC	サーバ名	起動ファイル名	オプション
8ビット	8ビット	8ビット	8ビット	32ビット	16ビット	16ビット	32ビット	32ビット	32ビット	32ビット	128ビット	512ビット	1024ビット	可変長

図 2.2.56 DHCP パケットを Wireshark で解析した画面

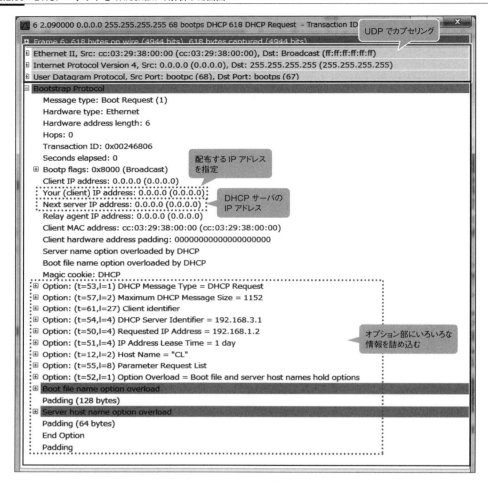

DHCP の動きはとてもシンプル

　DHCPの動きはシンプルで、とてもわかりやすいです。「IPアドレスくださーい」と大声（ブロードキャスト）でみんなに聞いて、DHCPサーバが「どうぞー」と返すようなイメージを想像してください。DHCPはIPアドレスが設定されていない状態で通信するので、**ブロードキャストを駆使して情報をやり取りします。**

❶ クライアントがDHCPサーバを探す「DHCP Discover」をブロードキャストで送信します。

❷ DHCP Discoverを受け取ったDHCPサーバは「DHCP Offer」をブロードキャストで返します[*1]。このDHCP Offerで、配布するIPアドレスを提案します。最近のDHCPサーバは、そ

のIPアドレスが他で使用されていないかを確認するために、Offerの前にICMPを送信したりします。この部分はDHCPサーバの仕様によります。

3 DHCP Offerを受け取ったDHCPクライアントは「DHCP Request」をブロードキャストで返して、「そのIPアドレスでお願いします」と伝えます。複数のDHCPサーバから複数のOfferを受け取った場合、最も早く受け取ったOfferに対して、Requestを返します。

4 DHCP Requestを受け取ったDHCPサーバは「DHCP Ack」をブロードキャストで返して、そのIPアドレスを渡します。

5 DHCP Ackを受け取ったDHCPクライアントは、DHCP Offerで渡されたIPアドレスを自分のIPアドレスとして設定し、そのIPアドレスで通信を始めます。なお、受け取ったIPアドレスにはリース時間が設定されています。リース時間が経過したら、「DHCP Release」を送信して、そのIPアドレスを解放し、DHCPサーバに返却します。

> **＊1** DHCP Offerは、DHCP Discoveryに含まれるbroadcast flagの値によって、ユニキャストにもなりえます。broadcast flagが"1"の場合は、DHCP Offerをブロードキャストで返します。一方、broadcast flagが"0"の場合は、ユニキャストで返します。broadcast flagの値は、OSやその設定によって異なりますが、本書は入門書ということで、そこまで難しくなりすぎないように、ブロードキャストだけを取り上げています。

図 2.2.57　DHCP はブロードキャストでやり取りする

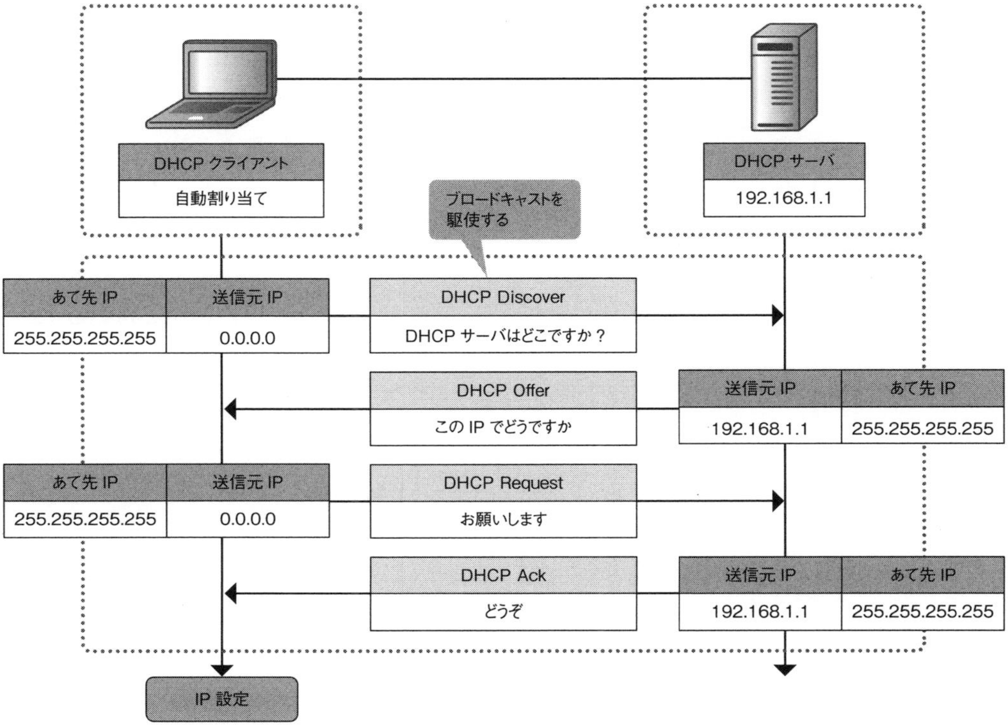

第 2 章 論理設計

DHCPパケットをリレーする

　DHCPはブロードキャストを駆使してやり取りを行います。したがって、クライアントとサーバは基本的に同じVLANにいる必要があります。しかし、たくさんのVLANがあるネットワーク環境で、VLANごとにDHCPサーバを用意するのは無理があります。そんなときに使用するのが「**DHCPリレーエージェント**」という機能です。**DHCPリレーエージェントは、ブロードキャストで受け取るDHCPパケットを、ユニキャストに変換してくれます。**ユニキャストになるので、たとえ異なるVLANにDHCPサーバがあったとしても、IPアドレスを配布できます。また、VLANがたくさんあったとしても、1台のDHCPサーバでIPアドレスを配布できます。

　DHCPリレーエージェントは、DHCPクライアントのいる1ホップ目、デフォルトゲートウェイとなるルータあるいはL3スイッチで有効にします。DHCPパケットを受け取ったルータ（L3スイッチ）は、その送信元IPアドレスを自身のIPアドレスに、あて先IPアドレスをDHCPサーバに変換し、ルーティングします。

図 2.2.58　DHCPリレーエージェントで異なるVLANにDHCPパケットを届ける

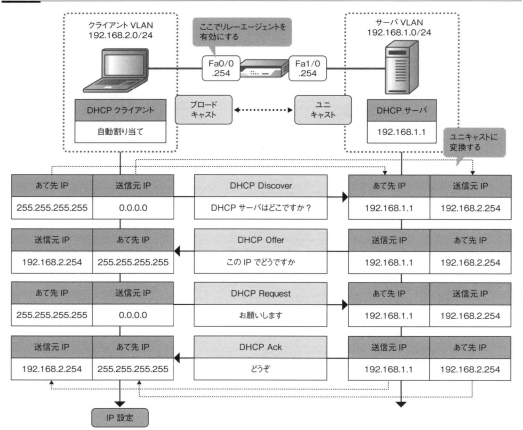

2.2.5 ICMP でトラブルシューティング

　ICMP（Internet Control Message Protocol）はネットワーク層の通信確認に使用するプロトコルです。IPレベルで障害が起きたり、パケットを届けられなかったりしたとき、それらを送信元に伝える仕組みを提供しています。インフラにたずさわっている人であれば、一度は「ping（ピング、ピン）」という言葉を聞いたことがあるでしょう。pingはICMPパケットを送信するために使用する、ネットワーク診断プログラムです。

ICMP のポイントは「タイプ」と「コード」

　ICMPはTCPでもUDPでもなく、ICMPとして存在します。IPヘッダにICMPデータをそのままくっつけたIPパケットです。フォーマットとしてはそこまで複雑ではありません。この中でも重要なのは「**タイプ**」と「**コード**」です。タイプはICMPパケットの種類を表しています。pingを送るとき（Request）、返すとき（Reply）、それぞれ別のパケットタイプになります。コードは、いくつかのタイプでもっと詳しい情報を送信元に提供するために使われます。たとえば、「Destination Unreachable」（タイプ3）を返すとき、あて先IPアドレスに到達できない原因を送信元にコードで提供します。

図 2.2.59　ICMP のパケットフォーマット

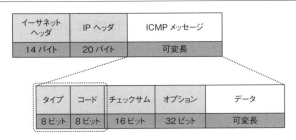

第 2 章　論理設計

図 2.2.60　ICMP パケットを Wireshark で解析した画面

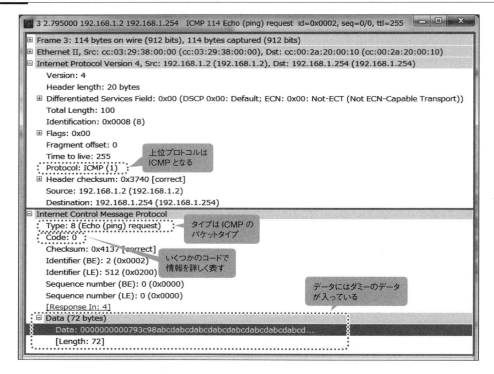

よく見るタイプとコードの組み合わせは 4 種類

　ICMPの制御を司っているのはタイプとコードです。この組み合わせで、IPレベルにおいてどんなことが起きているか、その概要を知ることができます。たくさんの組み合わせが存在しますが、それをすべて説明するのはあまり意味がありません。本書では、その中でも代表的な組み合わせを、いくつかの通信パターンをもとに説明します。

通信が成功したら、「Reply from あて先 IP アドレス」

　IPレベルの通信が成功したときの通信パターンを考えます。まず、送信元ノードがあて先ノードに対してICMPを送信します。このときのICMPタイプは「Echo Request」で、タイプ8/コード0です。どんなときも最初の送信は「Echo Request」です。通信が成功した場合、あて先ノードからタイプ0/コード0の「Echo Reply」が返ってきます。Echo Replyが返ってきたら、送信元ノード上に「Reply from（あて先IPアドレス）」と表示されます。

図 2.2.61　Echo Reply だったら通信成功

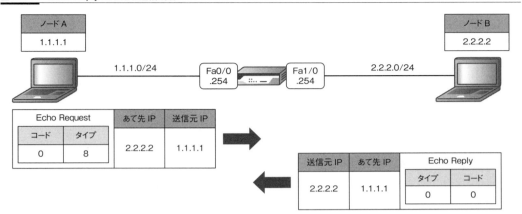

応答がないときは「Request Timeout」

続いて、通信が失敗したときの通信パターンを考えます。まず、送信元ノードがあて先ノードに対してEcho Requestを送信します。このEcho Requestがあて先まで届かなかったら、どうなるでしょう。Echo Replyしようがありません。何も返ってきません。この場合、送信元ノードはタイムアウト時間まで待って、端末上に「Request Timeout」と表示します。タイムアウト時間はOSごとに決まっていて、Windowsの場合は4秒です。Linuxの場合はタイムアウト時間自体が設定されていません。

図 2.2.62　応答がないと Request Timeout

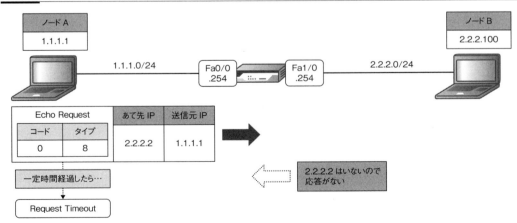

第 2 章　論理設計

あて先がないときは「Destination Unreachable」

「Destination Unreachable」はタイプ3のICMPパケットです。コードにはパケットが届かなかった原因を表した値が入ります。

Destination Unreachableも、通信が失敗したときの通信パターンで使用します。まず、送信元ノードがあて先ノードに対してEcho Requestを送信します。Echo Requestを受け取った途中のルータがあて先ノードに対するルートを持っていなかった場合、パケットを破棄します。その際、あて先IPアドレスに対するルートを持っていない旨を示すDestination Unreachable（タイプ3）/Host Unreachable（コード1）のICMPパケットを送り返します。

タイプ3のコード部分にはいろいろな値が入ります。送信元ノードはこの部分を見てパケットが届かなかった原因の概要を知ることができます。

図 2.2.63　Destination Unreachable（タイプ3）でルートがないことを伝える

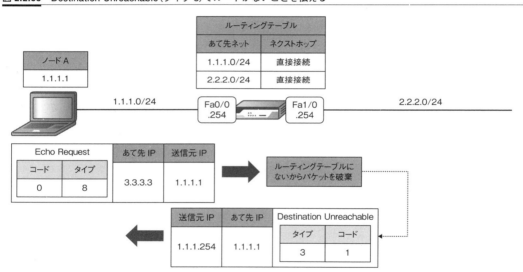

Redirect で別のゲートウェイを教える

「Redirect」はタイプ5のICMPパケットです。同一VLAN内にデフォルトゲートウェイ以外の別のゲートウェイ（出口）があるようなネットワーク構成の場合、そのIPアドレスをノードに教えるために使用します。

ノードは、異なるVLANにいるノードに対して通信するとき、とりあえずデフォルトゲートウェイに対してパケットを送信します。パケットを受け取ったデフォルトゲートウェイのルータは、ルーティングテーブルに従ってルーティングするわけですが、そのとき同じVLAN内に、より最適なルートを持つルータがある場合、Redirect（タイプ5）/Redirect Datagram for the

Network（コード0）のICMPパケットでノードに教えてあげます。Redirectを受け取ったノードは、そのIPアドレスに対してパケットを送信するようになり、最適なルートを取るようになります。

図2.2.64 Redirect（タイプ5）を使用して最適なゲートウェイを伝える

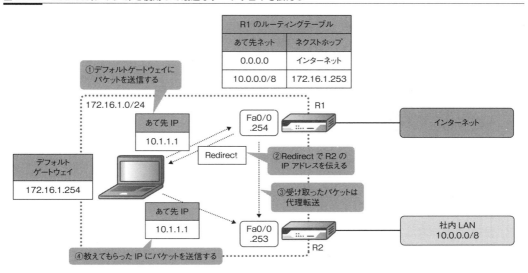

　同一VLAN内のルート情報を一元的に管理できて、とても便利なRedirectなのですが、すべての機器がRedirectを返すとは限りません。**ファイアウォールには、仕様上 Redirectを返さない機器もあります**。ルーティング設計するときは、そのような機器の仕様を踏まえたうえで設計していく必要があります。

とりあえずpingからトラブルシューティング

　トラブルシューティングにはいくつもの方法がありますが、本当に緊急を要するとき、まずはpingから始めることが多いでしょう。pingでネットワーク層レベルの疎通を確認して、うまくいったら、トランスポート層 → セッション層～アプリケーション層と上位に向かってトラブルシューティングしていきます。逆に、うまくいかなかったら、ネットワーク層 → データリンク層 → 物理層と下位に向かってトラブルシューティングしていきます。

第 2 章　論理設計

図 2.2.65　トラブルシューティングは ping から始めることが多い

L5 〜 L7	セッション層〜アプリケーション層	アプリケーションを使用した疎通確認
L4	トランスポート層	telnet による疎通確認 コネクションテーブルの確認 シーケンス番号の確認
L3	ネットワーク層	ルーティングテーブルの確認 ルーティングプロトコルの状態確認 NAT テーブルの確認
L2	データリンク層	ARP テーブルの確認 MAC アドレステーブルの確認
L1	物理層	インターフェースの状態確認 インターフェースのエラーカウント確認 ケーブルの状態確認

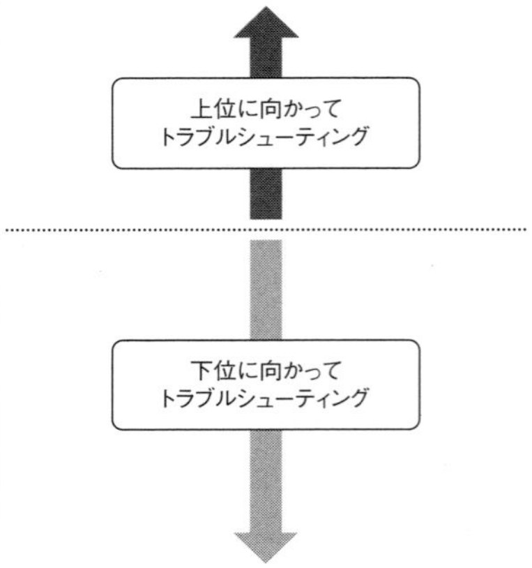

上位に向かって
トラブルシューティング

下位に向かって
トラブルシューティング

2.3 論理設計

さて、ここまでデータリンク層、ネットワーク層のいろいろな技術や仕様（プロトコル）について説明してきました。ここからは、これらの技術をサーバサイトでどうやって使用していくのか、また、サイトを設計・構築するときにどういうところに気を付けていけばよいのかなど、実用的な側面を説明していきます。

2.3.1 必要な VLAN を洗い出す

まずは「VLAN設計」です。**どこに、どのようにVLANを配置するか、その論理的な構成を設計します。**きれいで、かつ効率的なVLANの割り当て配置は、その後の管理性や拡張性に大きくかかわってきます。将来を見据えたVLAN設計をする必要があります。

必要な VLAN はいろいろな要素によって変わる

VLAN設計は、**必要なVLANを洗い出すところから始まります。**必要なVLANは、使用する機器やその機能、セキュリティ、運用管理等々、いろいろな要素によって変わってきます。それらの要素を多角的に見極めて、構成に必要なVLANを洗い出していきます。

機器や機能から洗い出す

機器や機能の面からVLAN割り当てを考えます。最もシンプルな構成をもとに、上位（ISP側）から見ていきましょう（図2.3.1）。

■ISP と L3 スイッチ（CE スイッチ）

インターネットに接続するL3スイッチやルータは、ISPの指定に応じてVLANを割り当てます。ISPと顧客の境界に設置するという意味から「CE（Customer Edge）スイッチ」といったり、「CE（Customer Edge）ルータ」といったりします。最近はISPからレンタルすることもあるようです。レンタルの場合、この部分のVLAN割り当てはISP次第です。こちらで決めることはできません。割り当て配置はいろいろなのですが、たいていの場合は、L3スイッチの外側にひとつずつ、L3スイッチ間にひとつ、内側にひとつ、VLANが割り当てられています（図2.3.1参照）。この中でサーバサイトを設計・構築するエンジニアが気にする必要があるのは、内側のVLANだけです。L3ス

第2章　論理設計

イッチの内側のVLANは、サーバサイトがISPと接続するためのVLANです*¹。

> ＊1　ここでは一般的なVLAN割り当て例を示しました。たいていの場合、サービス提供と同時にISPから構成例や設定例を提示されます。それに準じるようにしてください。

■L3スイッチ（CEスイッチ）とファイアウォール

　ファイアウォールの外側のVLANとL3スイッチを接続します。ファイアウォールでは外側と内側でVLANを分けることが一般的でしょう。もちろん設計次第で、同じVLANにできないことはありませんし、筆者自身そういう構成もいくつか見てきました。しかし、王道は「内側と外側でVLANを分ける」です。また、ISPより割り当てられるグローバルIPアドレス（割り当てIPアドレス）のVLANも別で必要です。割り当てIPアドレスはファイアウォール内部に持つような形で構成し、負荷分散装置内部に持つプライベートIPアドレスのVLANにNATします。サーバサイトにおけるNATは少しわかりづらいので、p.198で詳しく説明します。冗長構成の場合は、ファイアウォール間でVLANが必要な場合もあります。このVLANを使用して、機器の設定情報や状態情報を同期します。ここのVLAN構成は機器によって異なります。たとえば、シスコのASAシリーズやF5ネットワークスのBIG-IP AFMの場合、別VLANが必要です。フォーティネットのFortigateシリーズやジュニパーのSSGシリーズの場合、両機器を接続するポートをHAポートとして設定したり、HAゾーンとして設定したりするため、VLANを配置する必要はありません。設計のときに機器の仕様を確認しましょう。

■ファイアウォールと負荷分散装置

　ファイアウォールの内側のVLAN構成はいろいろです。ここでは負荷分散装置を接続する構成で考えます。負荷分散装置もファイアウォールと同じようなVLAN構成で考えてよいでしょう。王道は「外側と内側でVLANを分ける」です。また、割り当てIPアドレスをプライベートIPアドレスにNATするVLANも必要です。このVLANは負荷分散装置内部に持つような形になり、この中に負荷分散で使用する仮想サーバを作ります。仮想サーバのIPアドレスをVIP（Virtual IPアドレス）といいます。冗長構成の場合は、負荷分散装置間でVLANが必要になることがあります。このVLANを使用して、機器の設定情報や状態情報を同期します。必要に応じて追加してください。

■負荷分散装置

　最後に負荷分散装置の内側です。サーバに割り当てるVLANです。サーバのVLANを分けたい場合はL3スイッチを接続して、負荷分散装置と接続するVLANとサーバVLANを分割します。分けなくてよい場合はL2スイッチを接続します。

2.3 論理設計

図 2.3.1 機器と機能から必要な VLAN を洗い出す

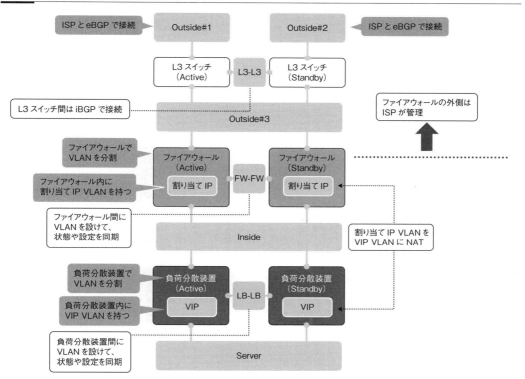

セキュリティから洗い出す

　セキュリティの側面からVLAN割り当てを考えます。最も一般的な構成が「Untrust」「DMZ（DeMilitarized Zone）」「Trust」という3つのゾーンで分けた構成です。**ゾーンは同じセキュリティレベルを持っているVLANの集まりです。**ファイアウォールを使用して、セキュリティレベルを分割しています（図2.3.2）。

　DMZは、Trustよりも少しセキュリティレベルを下げたゾーンです。インターネットに公開するサーバはこのDMZに配置し、サーバが乗っ取られたときの被害を最小限にします。セキュリティレベル的には「Untrust ＜ DMZ ＜ Trust」という感じです。なぜか「DMZはひとつ」という固定観念を持っている人が多いのですが、無理にひとつにする必要はありません。セキュリティレベルを微妙に変えて複数のDMZを作るのもよいでしょう。必要なゾーンを洗い出したあと、この中でVLANを割り当てていきます。

第 2 章　論理設計

図 2.3.2　セキュリティゾーンを分ける

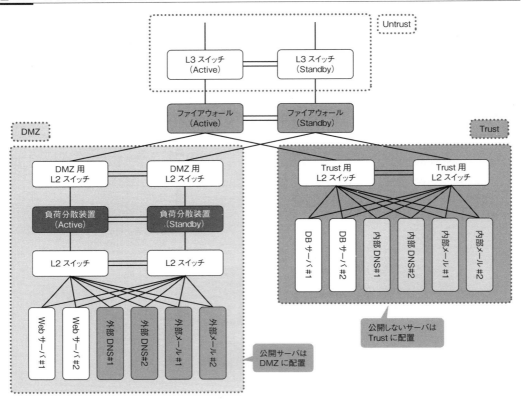

仮想化環境ではたくさんの NIC と VLAN が必要

　ここまで、できる限りシンプルに、そしてわかりやすくするために、ベアメタルサーバ（仮想化していないサーバ）のVLAN設計を説明してきました。ここからは、もう一歩踏み込んで、仮想化技術の概念をVLAN設計に取り込んでいきます。ヴイエムウェアのvSphereやマイクロソフトのHyper-V、オープンソースソフトウェアのKVMなど、今やオンプレミスのサーバサイトの構築において、仮想化を考えないケースはありません。それくらい仮想化技術は、サーバサイトに根づき、なくてはならないものになっています。仮想化特有の機能のいくつかはネットワークありきで動作するため、VLANを設計するときも、それらの機能を考慮しながら設計していく必要があります。中でも特に重要な機能が「ライブマイグレーション」です。ライブマイグレーションは、稼働中の仮想マシンを停止することなく、別の物理マシンへ移動する機能です。ライブマイグレーションは、ネットワークを使用して、仮想マシンのメモリ情報を別の物理マシンに一気に送り込むことによって、その機能を実現しています。そこで、メモリ転送に使用するNICやVLANは、サービスを提供するNICやVLANとは別に設けて、ライブマイグレーショントラフィックがサービストラフィックに与える影響を最小限にしたほうがよいでしょう。

2.3 論理設計

図 2.3.3 ライブマイグレーショントラフィックはバックエンドの VLAN に流す

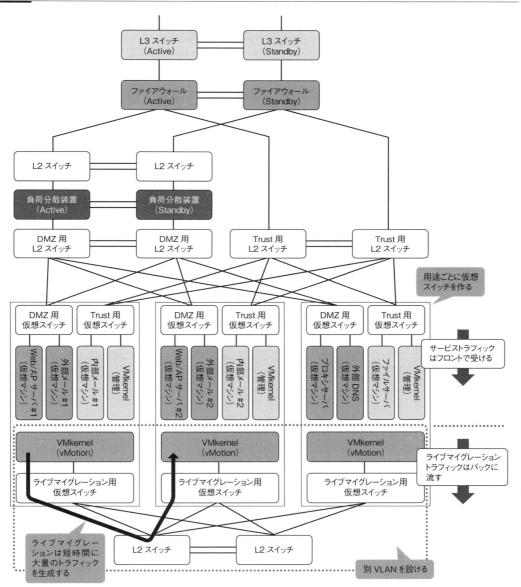

* 紙面の関係上、サーバは一部省略しています。

　また仮想化環境では、ひとつの物理マシンにLANやDMZなど、異なるゾーン、異なるVLANに所属している仮想マシンが乗っかります。そこで、トラフィックパターンや運用管理性を考慮しつつ、仮想スイッチや仮想マシンの配置を考えます。もちろん、ひとつの仮想スイッチにすべてのVLANの仮想マシンを接続することも可能です。しかし、それではどの仮想スイッチにどの仮想マ

第 2 章 論理設計

シンがつながっていて、どのNICにマッピングされているのか、どんどんわからなくなってきます。また、ひとつのVLANのバーストトラフィックがすべてのVLANに影響を及ぼしてしまいます。そこで、役割ごとに仮想スイッチを作り、運用管理性の向上を図ります。

　仮想化環境は手軽にサーバを増設できて、いろいろなVLANの仮想マシンが乗ってきがちです。将来にわたって拡張性をうまく確保できるように、**NICとVLANを少し多めに見積もっておいたほうがよいでしょう。**

バックアップVLANを別に設ける

　最近は取得したバックアップデータをネットワーク経由で転送することも多くなりました。たいていの場合、夜間バッチを使用して、夜間に転送することが多く、通常時間帯におけるサービスへの影響は少ないでしょう。しかし、短時間に大量のトラフィックを転送することには変わりありません。別VLAN、別NICで設計して、他への影響を最小限にしたほうが賢明でしょう。

　前項で取り上げたライブマイグレーションもバックアップも、短時間に大量のトラフィックを生成し、転送するという点で同じです。**バーストトラフィックは別VLAN、別NICに流し、サービストラフィックへの影響を最小限にするよう設計しましょう。**

図 2.3.4　バックアップトラフィックはバックエンドのVLANに流す

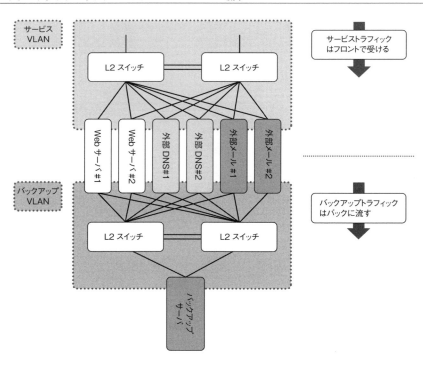

運用管理から洗い出す

大規模なネットワークになればなるほど、運用管理のためのVLANを別に設ける傾向にあります。
サービスと運用管理を完全に分離することで、管理を簡素化し、運用トラフィックがサービストラ
フィックに与える影響を最小限にします。SyslogやSNMP (Simple Network Management
Protocol)、NTP (Network Time Protocol) など、機器の障害や状態を監視するためのトラ
フィックはこのVLANを経由して転送します。Syslogはp.445、SNMPはp.439、NTPはp.430
でそれぞれ説明します。

最近の機器は、通常のサービスポートとは別に管理ポートを搭載していて、そのポートを運用管
理VLANとして設定します。管理ポートがない場合は、サービスポートのうち1ポートを運用管理
VLANとして設定し、管理ポートとします。

VLAN の数は大きく見積もる

部署が統合されたり、サーバが増設されたり、ユーザやサーバに割り当てるVLAN数は絶えず変
動するものです。今現在5個のVLANが必要だからといって、ずっと5個しか必要ないとは限りま
せん。**将来の拡張性を考慮して、設計段階で大きく、ゆとりを持って見積もりましょう。**

また、VLANのビット数に応じて、ゆとりの取り方を変えておくと集約しやすくなります。たと
えば、27ビットのVLANが5個必要な場合、「とりあえず1個くらい多く見積もっておくか」なんて
安易に考えるのはいただけません。ネットワークは論理の塊です。しっかりと論理を保てるように
しましょう。この場合、3個ゆとりを持っておけば、最終的に24ビットに集約でき、簡素化できま
す。

表 2.3.1 ゆとりを持って VLAN 数を考える

10 進数表記	255.255.255.0	255.255.255.128	255.255.255.192	255.255.255.224	用途
スラッシュ表記	/24	/25	/26	/27	
最大 IP 数	254 (=256-2)	126 (=128-2)	62 (=64-2)	30 (=32-2)	
割り当てネットワーク	192.168.1.0	192.168.1.0	192.168.1.0	192.168.1.0	ユーザ VLAN ①
				192.168.1.32	ユーザ VLAN ②
			192.168.1.64	192.168.1.64	ユーザ VLAN ③
				192.168.1.96	ユーザ VLAN ④
		192.168.1.128	192.168.1.128	192.168.1.128	ユーザ VLAN ⑤
				192.168.1.160	将来拡張予定
			192.168.1.192	192.168.1.192	将来拡張予定
				192.168.1.224	将来拡張予定

第 2 章　論理設計

VLAN ID を決める

　VLANを識別しているのはVLAN IDという数字です。スイッチ内部で設定されているVLAN IDをポートに割り当てることによってVLANを分けています。VLANは、タグVLANを使用しない限りひとつのスイッチでのみ有効なので、同じVLANなのにそれぞれのスイッチで異なるVLAN IDを設定しても通信できないことはありません。たとえば、「あっちのスイッチはVLAN2だけど、こっちのスイッチではVLAN1を使おう」なんてこともできてしまいます。しかし、これは運用管理する立場として、やりにくくて仕方ありません。わざわざ頭の中でマッピングする時間ももったいないです。**VLAN IDは全体として統一するべきです**。設計段階でVLAN IDのポリシーをしっかり決めておきましょう。

図 2.3.5　VLAN ID を合わせないとわかりづらい

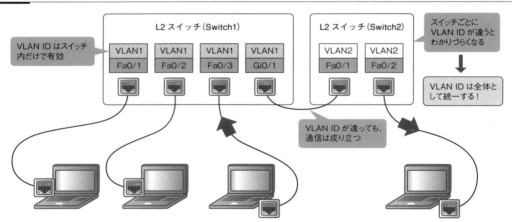

　タグVLANを使用する場合は、VLAN IDを絶対に合わせなければなりません。また、ネイティブVLANも合わせなければなりません。デフォルトのネイティブVLANはVLAN1なので、それをそのまま使用するのもありでしょう。しかし、デフォルト値を使用することは、そのままセキュリティリスクにつながります。VLANタグの仕様を利用した「VLAN ホッピング」[*1]という攻撃の対象になる可能性があります。デフォルトのVLAN1を使用せずに、変更しておくと、よりセキュアになるでしょう。

　*1　VLANタグを付加したパケットを送り、アクセス制御を越えて、DoS攻撃を仕掛ける攻撃のことです。

図 2.3.6　タグ VLAN を使用するときはネイティブ VLAN を合わせる

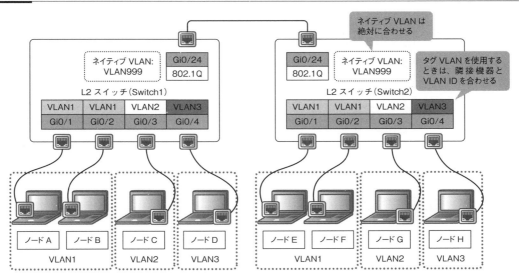

　VLANには名前を付けることもできます。誰が見てもわかるような名前を設定しておくことも運用管理に大きくかかわってきます。システム管理者が将来にわたって、ずっと居続ける保証はありません。真にきれいなネットワークとは、誰でもわかるネットワークに他なりません。どんな人が引き継いでもすぐに理解できるように、わかりやすいポリシーを決めていきます。

2.3.2　IPアドレスは増減を考えて割り当てる

　続いて「IPアドレス設計」です。配置したVLANにどんなネットワークアドレスを割り当てるかを設計します。きれいで、かつ効率的なIPアドレスの割り当て配置は、その後の管理性や拡張性に大きくかかわってきます。将来を見据えたIPアドレス設計をしていく必要があります。

IPアドレスの必要個数は多く見積もる

　IPアドレス設計は、**必要なIPアドレスの個数を洗い出すところから始まります**。必要なIPアドレスは、使用する機器や機能、サーバ台数、クライアント台数等々、いろいろな要素によって変わってきます。それらの要素を多角的に見極めて、構成に必要なIPアドレスを洗い出していきます。

ゆとりをもって見積もる

ファイアウォール間や負荷分散装置間など、IPアドレスが絶対に増減しないようなVLANであれば、そのままIPアドレス数を数えておけば問題ないでしょう。

しかし、変動しやすいユーザやサーバに割り当てるIPアドレスの必要個数は必ず大きく見積もってください。たとえば、「10個のIPアドレスが必要だから、28ビットで割り当て」なんて簡単に考えていたら、後々IPアドレスが必要になったとき、新しくVLANを割り当てなければいけなくなったりして、面倒なことになります。VLANを新たに増やすということは、ルートを新たに設定することと同義です。いろいろと大変です。**将来のIPアドレス数の増加を見極めて、可能な限り大きく見積もりましょう。**

図 2.3.7　必要 IP アドレス数は大きく見積もる

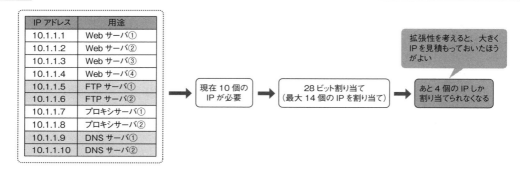

特殊用途の IP アドレスの見積もりを忘れない

サーバやネットワーク機器を冗長化する場合、たいてい物理IPアドレスとは別に**共有IPアドレスを必要とします**。アクティブ機器のIPアドレス、スタンバイ機器のIPアドレス、共有IPアドレスといった感じです[*1]。それらのIPアドレスを忘れないようにしましょう。また、ネットワーク機器の管理IPアドレスやサーバのリモート管理アダプタ（HPサーバのiLO、DellサーバのiDRAC、IBMサーバーのIMM）など、機器の運用管理に使用するIPアドレスも忘れがちです。ある程度設計が終わったあとに「実はこのIPアドレスも必要でした…」という話になると、とても面倒です。しっかりと考慮しておきましょう。

*1　共有IPアドレスを持たず、アクティブ機の物理IPアドレスをそのまま使用する機器もあります。これは選定した機器の仕様によります。設計時に確認してください。

図 2.3.8 特殊用途の IP アドレスは忘れがち

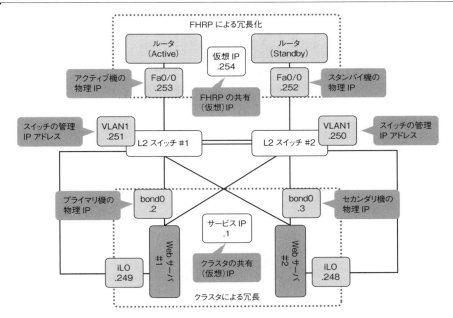

大きくとるか小さくとるか

　ネットワークを大きくとるか、小さくとるか。これは運用管理に大きくかかわってきます。

　以前は、IPアドレスの必要個数に応じてネットワークを小さくとることが推奨されていました。しかし、今は必ずしもそうとは限りません。実際に、LAN内に配置するユーザVLANを21ビットで区切り、数千のPC端末を1VLANで運用しているところもありました。もちろんそのような場合、同じVLANにいるPC端末すべてが不要なブロードキャストを受け取ってしまうことになります。しかし、最近のOSはそこまでブロードキャストを多用していないし、インターフェースのスループットも十分に速いので、ネットワークを大きくしても意外と運用できます。ネットワークを大きくすれば大きくするほど、VLANが少なくなって、設定も運用管理も楽になります。

　ネットワークを大きくとったときの懸念はブリッジングループです。ネットワークが大きくなればなるほど、ループの影響範囲が大きくなります。ブリッジングループが発生すると、そのVLANに所属するノードすべてが通信できなくなってしまいます。それどころか、ルーティングポイントによっては、全ノードが通信できなくなってしまいます。**STP (Spanning Tree Protocol) を使用して、ループを防止する設計も同時に行う必要があります。**ブリッジングループやSTPについてはp.366から詳しく説明します。

図 2.3.9　VLAN を大きくとるか、小さくとるか

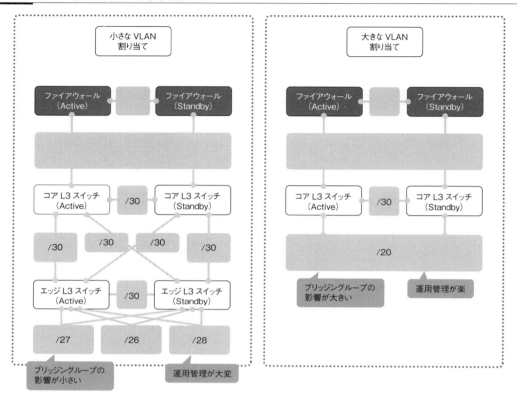

ネットワークのとり方でもうひとつ。IPアドレスの必要個数にかかわらず「/24」で統一するという設計手法もあります。24ビットだと何しろわかりやすくて、管理しやすいのです。どんな大きさにするのかは要件次第です。しっかり要件を見極めて、ネットワークのとり方を考えてください。

ネットワークを順序良く並べて集約しやすくする

効率的なサブネッティングは、ルートの集約につながり、ルートの簡素化にもつながります。順序良くネットワークを並べて、より集約しやすく、よりシンプルになるよう設計しましょう。「どこで、何ビットで集約する」と先に定義しておくと、その後の拡張性も高まります。

2.3 論理設計

図 2.3.10　ネットワークを順序良く並べる

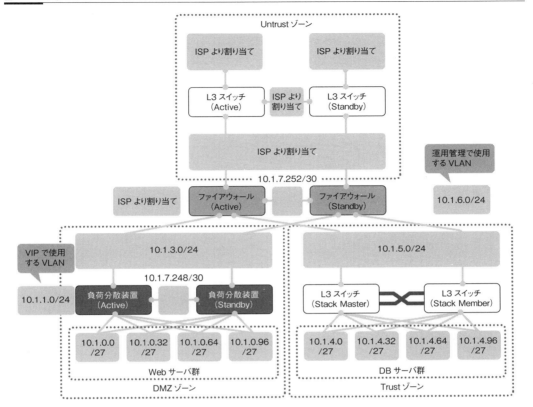

　筆者の場合、ネットワークを表2.3.2のような表にまとめて整理するようにしています。このような表にまとめておくと、集約もしやすく、管理もしやすくなります。表2.3.2の場合、サーバに割り当てるネットワークが、最終的に24ビットで集約できるようにネットワークを割り当てています。このIPアドレス設計をしているときはテトリスをしているみたいで、なんだか楽しいです。

第 2 章　論理設計

表 2.3.2　ネットワークを表で整理しておく

10進数表記	255.255.255.0	255.255.255.128	255.255.255.192	255.255.255.224	255.255.255.240	255.255.255.248	255.255.255.252	用途
スラッシュ表記	/24	/25	/26	/27	/28	/29	/30	
最大IP数	254 (=256−2)	126 (=128−2)	62 (=64−2)	30 (=32−2)	14 (=16−2)	6 (=8−2)	2 (=4−2)	
割り当てネットワーク	10.1.0.0	10.1.0.0	10.1.0.0	10.1.0.0				Web ①
				10.1.0.32				Web ②
			10.1.0.64	10.1.0.64				Web ③
				10.1.0.96				Web ④
		10.1.0.128	10.1.0.128	10.1.0.128				将来拡張予定
				10.1.0.160				将来拡張予定
			10.1.0.192	10.1.0.192				将来拡張予定
				10.1.0.224				将来拡張予定
	10.1.1.0							VIP
	10.1.2.0							VIP 将来拡張予定
	10.1.3.0							FW-LB 間
	10.1.4.0	10.1.4.0	10.1.4.0	10.1.4.0				DB ①
				10.1.4.32				DB ②
			10.1.4.64	10.1.4.64				DB ③
				10.1.4.96				DB ④
		10.1.4.128	10.1.4.128	10.1.4.128				将来拡張予定
				10.1.4.160				将来拡張予定
			10.1.4.192	10.1.4.192				将来拡張予定
				10.1.4.224				将来拡張予定
	10.1.5.0							FW-L3 間
	10.1.6.0							運用管理
	10.1.7.0	10.1.7.0						空き
		10.1.7.128	10.1.7.128					空き
			10.1.7.192	10.1.7.192				空き
				10.1.7.224	10.1.7.224			空き
					10.1.7.240	10.1.7.240		空き
						10.1.7.248	10.1.7.248	LB-LB 間
							10.1.7.252	FW-FW 間

どこからIPアドレスを割り当てるか、統一性を持たせる

割り当てたネットワークのどこからどのようにIPアドレスを使用していくか。これも統一性を持たせておきます。たとえば、「個数が変動しやすいサーバやユーザ端末は若番から使用し、変動しにくいネットワーク機器は老番から使用する」ような形でIPアドレスの割り当てに統一性を持たせておくと、その後の管理もしやすくなります。また、同じような構成を設計する場合も、金太郎飴みたいに同じポリシーを適用できて、楽できます。筆者の場合は、既存のポリシーがない限り、ポリシーはまったく同じにして、作業の効率化と作業ミスの軽減を図っています。

図 2.3.11 IPアドレスの割り当てに統一性を持たせる

2.3.3 ルーティングはシンプルに

「ルーティング設計」です。割り当てたネットワークアドレスをどこでどうルーティングするかを設計します。どこでどのようにルーティングするかは、その後の管理性や拡張性に大きくかかわってきます。将来を見据えたルーティング設計をしていく必要があります。

ルーティングの対象プロトコルを考える

ルーティングの対象プロトコルを定義します。以前はApple TalkやSNA（Systems Network Architecture）、FNA（Fujitsu Network Architecture）、IPX等々、たくさんのプロトコルが混

在していて、それらすべてをそれぞれルーティングする必要がありました。今はIPのみの環境がほとんどです。昔に比べて随分わかりやすくなりました。IPパケットのみをルーティング対象として定義することが多いでしょう。

ルーティングの方法を考える

ルーティングの方法は静的ルーティングと動的ルーティングしかありません。**どのルーティング方式を使うかを定義します**。

インターネット向けの通信はデフォルトルート

通信相手がインターネット上にいる場合、そのIPアドレスは不特定です。したがって、ファイアウォールや負荷分散装置など、**そのネットワークの中でインターネットに対する出口となる機器のIPアドレスをデフォルトゲートウェイとして設定します**。冗長化構成の場合は、その共有IPアドレスがデフォルトゲートウェイになります。

図 2.3.12 デフォルトゲートウェイを設定する

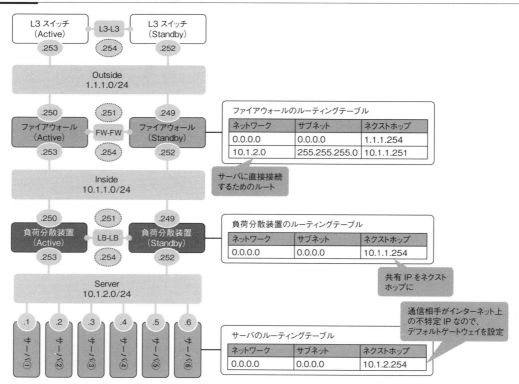

* 実際はConnected（直接接続）のネットワークもルーティングテーブルに載ります。ここではわかりやすくするために、設定するルート情報のみを図示しています。

2.3 論理設計

公開サーバのバックエンドにDBサーバやAPサーバを配置するVLANがある場合は、公開サーバにそのVLANに対する静的ルートを設定します。ごくたまに、バックエンドに対してもデフォルトゲートウェイを設定し、複数のデフォルトゲートウェイを持っているサーバを見かけることがあるのですが、これは間違いです。**サーバのデフォルトゲートウェイは絶対にひとつです**。特定VLANへのルートが別のネクストホップを持っている場合は、そのVLANあての静的ルートを別に設定してください。図2.3.13を例にとって説明しましょう。この構成では、Webサーバがフロントエンドとバックエンド、ふたつのVLANに所属しています。そこで、フロントエンドに所属するNICにフロントエンドのIPアドレス/サブネットマスクとデフォルトゲートウェイを設定し、バックエンドに所属するNICにバックエンドのIPアドレス/サブネットマスクだけを設定します。また、あわせてDBサーバ（10.1.3.0/24）向けの静的ルートを設定します。ちなみにWindows OSもLinux OSも「route add」コマンドで静的ルートを設定することができます。

図 **2.3.13** デフォルトゲートウェイはひとつ

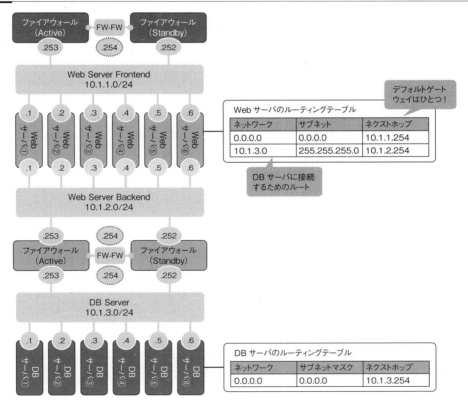

ISPとの接続点ではBGPが動いている

ISPの中ではBGPが動作し、大きなASが構成されています。インターネットに公開されるサーバサイトは、そのASにぶら下がるプライベートASとして構成されます。

図2.3.14 ISPとはBGPで接続する

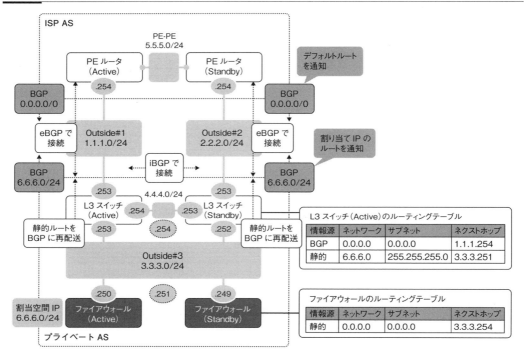

* FW-FW間のVLANはISP接続と関係ないため、図から省略しています。

システムの最上位にあるL3スイッチ（CEスイッチ）は、ISPのPE（Provider Edge）ルータとeBGPピアを、並列して配置されているもうひとつのL3スイッチとiBGPピアを張ることによって、インターネットからサーバサイトに割り当てられているグローバルIPアドレスに対するルートを確保します。また、あわせてBGPアトリビュートをコントロールすることによって、使用する回線を制御したり、冗長性を確保したりします[1]。

PEルータ目線で、もう少し具体的に説明しましょう。PEルータは、L3スイッチ（CEスイッチ）に対して、デフォルトルート（0.0.0.0/0）をBGPで渡します[2][3]。このとき、アトリビュートに差異を付ける（たとえば、スタンバイPEルータから送出されるルートにダミーのAS_PATHを追加する）ことによって、片方のPEルータのみにアウトバウンドパケットが流れるように制御します。また、PEルータは、L3スイッチから割り当てられたグローバルIPアドレス（ネットワークアドレス）をBGPで受け取ります。このとき、同じようにアトリビュートに差異を付ける（たとえば、スタンバイCEスイッチから受け取るルートにダミーのAS_PATHを追加する）ことによって、片

方のPEルータのみにインバウンドパケットが流れるように制御します。

* 1 　上位BGPの構成はISPやそのサービスによって変わります。本書ではひとつのISPにふたつの回線で接続し、回線冗長化を図っている構成を想定します。
* 2 　実際は静的ルートやIGPをBGPに再配送したり、特定ルートのみをBGPに載せたりして、ルートを確保しています。
* 3 　L3スイッチが受け取るルートはデフォルトルートだけです。したがって、インターネットフルルート（2019年現在、約75万ルート）をストレスなく処理できるような高価なL3スイッチを用意する必要はありません。

ルーティングプロトコルは統一する

　LAN内でルーティングプロトコルを動作させる場合は、ひとつのルーティングプロトコルで統一を図ったほうがよいでしょう。もちろん再配送を駆使して複数のルーティングプロトコルを動作させることも可能ですし、そうせざるを得ない状況があることも否定できません。しかし可能な限り、**ひとつのルーティングプロトコルで運用していくように移行していったほうが、後々の運用の助けになります**。

ルーティング方式はコアルーティングかエッジルーティングのどちらか

　LAN内でルーティングを設計する場合、ルーティング方式も重要な設計ポイントになります。ルーティング方式は、ルーティングポイント（パケットをルーティングさせるポイント）を、ネットワーク構成のどの階層まで落とし込むかによって、「**コアルーティング**」と「**エッジルーティング**」の2種類に大別できます。

　コアルーティングはネットワークの中心にあるコアスイッチで、すべてのルーテッドパケットをルーティングする方式です。コアスイッチにL3スイッチ、エッジスイッチにL2スイッチを配置します。ルーティングポイントがコアスイッチひとつなので、運用しやすく、トラブルシュートもしやすい方式です。しかし、ひとつのVLANでブリッジングループが発生した場合、その影響が配下

図 2.3.15　コアルーティングはコアスイッチだけでルーティング

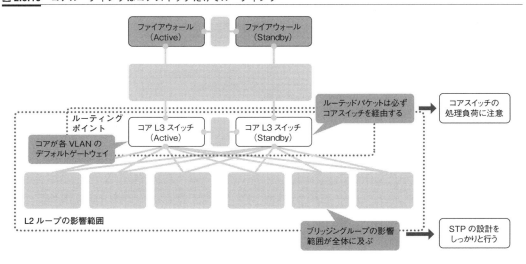

第 2 章　論理設計

にいる全VLANに波及してしまいます。そのため、ループ対策としてのSTP設計もしっかりと行う必要があります。また、すべてのルーテッドパケットがコアスイッチを経由するので、コアスイッチの処理負荷にも注意を払う必要があります。

　エッジルーティングはネットワークのエッジ（縁）にあるエッジスイッチでルーティングする方式です。コアスイッチ、エッジスイッチともにL3スイッチを配置します。コアスイッチとエッジスイッチの間はルーティングプロトコルでLAN内のルートを同期し、エッジスイッチでもルーティングします。同一エッジスイッチ配下にあるVLAN間のルーテッドパケットがエッジスイッチの処理で完結するため、負荷も分散されます。また、ブリッジングループの影響も一部で済みます。しかし、ルーティングを行うポイントが多く、構成的に少し複雑になるため、運用管理が難しくなるというデメリットも持ち合わせています。

図 2.3.16　エッジルーティングはエッジスイッチでもルーティングする

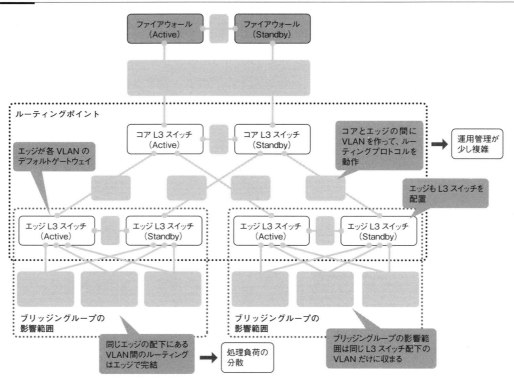

　以前は、「VLANを小さく作って、エッジルーティング」という形が好まれていました。しかし、ここ最近は、運用管理面のメリットを最大限に生かすことができる「**VLANを大きく作って、コアルーティング**」という形が主流になってきています。どちらのルーティング方式も一長一短で、どちらを採るかは要件次第です。要件をしっかりと見極め、設計するようにしましょう。

表 2.3.3　コアルーティングとエッジルーティングは一長一短

ルーティング方式	コアルーティング	エッジルーティング
ルーティングポイント	コアスイッチ	コアスイッチ 〜 エッジスイッチ
各 VLAN のデフォルトゲートウェイ	コアスイッチ	エッジスイッチ
論理構成	シンプル	少し複雑
運用管理	シンプル	少し複雑
ルーテッドパケットの処理負荷	コアスイッチに集中	エッジスイッチにも分散
L2 ループの範囲	大きい	小さい

ルーティングプロトコルの処理はルータ、L3 スイッチに任せる

　ファイアウォールや負荷分散装置、サーバでもルーティングプロトコルを動かすことができます。しかし、それを使用することは推奨しません。ごくたまに、どこからかマニュアルを引っ張り出してきて「機能があるなら使いたい」という強引な管理者もいるのですが、それは大きな間違いです。動いて当たり前、トラブったら大炎上のネットワークの世界において、「機能を持っている」ことと「機能を使用する」のはまったくの別問題です。特にルーティングプロトコルに関しては「餅は餅屋」です。今動いていても、将来にわたって安定的に動き続ける保証はありません。**ルーティングプロトコルは、L3スイッチやルータを用意して使用しましょう。**

図 2.3.17　ルーティングプロトコルを使用する場合は、L3 スイッチやルータを用意する

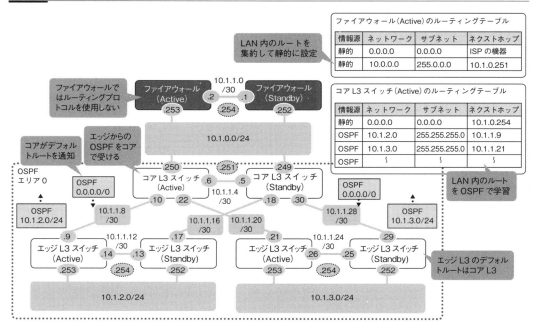

ルート集約でルートの数を減らす

　どこでどれだけ集約するか。これもしっかり決めておいたほうがよいでしょう。すべてのルートをただただ垂れ流しにしていても、ルート数がやみくもに増えてしまってわかりづらくなるだけです。結果的に、設定のミスにもつながっていくでしょう。ネットワークアドレスを順序良く割り当て、効率良くルート集約を図りましょう。

　図2.3.18では、各ゾーンのルートをファイアウォールで/27から/24に集約し、ルートのシンプル化を図っています。

図 2.3.18 集約してルートをシンプルにする

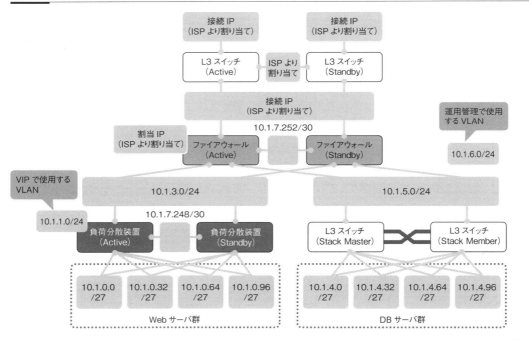

2.3.4 NAT はインバウンドとアウトバウンドで考える

　NATは慣れないと、なんだか難しく感じてしまって、ついつい敬遠しがちです。しかし、アドレスを変換する場所をしっかり定義したうえで、どこから、どこに、どうNATするかを考えればそこまで難しくはありません。本書では、**インバウンド**（インターネットからサーバサイトに入ってくる通信）と**アウトバウンド**（サーバサイトからインターネットに出ていく通信）を分けて考えます[*1]。

*1 負荷分散技術もアドレス変換を利用した技術のひとつなのですが、ここでまとめて説明するとわかりづらくなるため、第3章で詳しく説明します。

NATはシステムの境界で

　NATもルーティングと同様、できるだけシンプルに設計していきます。ひとつのシステムのいろんなところでアドレスを変換してしまうと、そのうちよくわからなくなってきます。可能な限り、複数回にわたるNATは避け、わかりやすく設計したほうがよいでしょう。

　NATはシステムの境界で行います。サーバサイトの場合、インターネットとの境界であるファイアウォールでNATをすることが多いでしょう。ファイアウォールでグローバルIPアドレスとプライベートIPアドレスを相互に変換します。

図2.3.19 NATはファイアウォールで行うことが多い

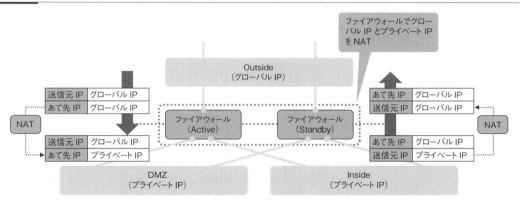

インバウンド通信でアドレス変換

　インバウンド（入ってくる）通信は、インターネット上のユーザから公開サーバに対する通信です。あて先IPアドレスを変換します。まずは、**インターネットに公開しなければならないサーバを洗い出し、そのIPアドレスをアドレス変換対象とします**。

　サーバサイトにおけるNATは少し特殊で、混乱しがちです。そこでいったん整理しましょう。

　ISPとグローバルIPアドレスを契約すると、「**接続IPアドレス空間**」と「**割り当てIPアドレス空間**」というふたつのグローバルIPアドレス空間を提示されます[*1]。接続IPアドレス空間はISPとの接続に使用する複数のVLANです。ファイアウォールのUntrustゾーンに設定します。それに対して、割り当てIPアドレス空間は、公開サーバやアウトバウンドのNAPTのIPアドレスに使用するVLANです。ファイアウォールの内部にだけ存在します。ISPでは割り当てIPアドレス空間に対するネクストホップをファイアウォールの接続IPアドレスに設定しています[*2]。そうすることで、割り当てIPアドレス空間あてのパケットを、プロキシARPではなくルーティングでファイアウォールの

中に送り込みます。ファイアウォールはそのパケットのあて先IPアドレスをNATテーブルと照合し、プライベートIPアドレスに変換、公開サーバにパケットを送り届けます。

* 1　接続IPアドレス空間を「区間IPアドレス空間」といったり、割り当てIPアドレス空間を「空間IPアドレス」といったり、ISPによって呼び方は異なります。最近は接続IPアドレス空間にプライベートIPアドレス空間を使用しているISPもあります。
* 2　冗長化している場合はネクストホップとして共有IPアドレスを設定します。

図 2.3.20　インバウンド通信は 1:1 NAT

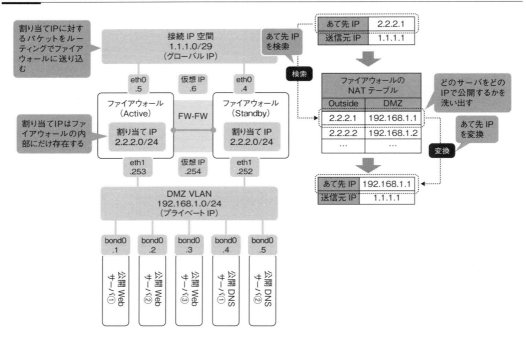

アウトバウンド通信でアドレス変換

アウトバウンド（出ていく）通信は、サーバやユーザからインターネットに対する通信です。送信元IPアドレスを変換します。インターネットに対する通信は、NAPTを使用して、複数のプライベートIPアドレスをひとつのグローバルIPアドレスに変換することが多いでしょう。**どのVLANからインターネットに出さないといけないかを洗い出し、そのネットワークアドレスを送信元IPアドレスの変換対象とします。**

なお、1:1 NATを定義している公開サーバのアウトバウンド通信は、ほとんどの場合インバウンドの定義を逆にして使用します。

2.3 論理設計

図 2.3.21　アウトバウンド通信は NAPT

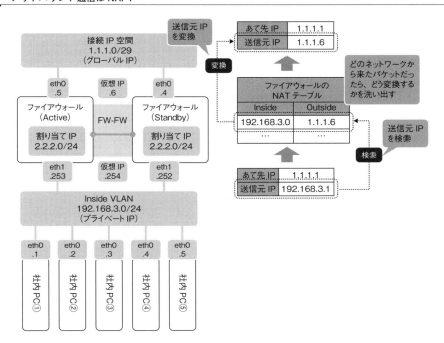

第3章

セキュリティ設計・負荷分散設計

本章の概要

　本章では、サーバサイトで使用するトランスポート層からアプリケーション層の技術や、それらを使用する際の設計ポイントについて説明します。

　現在使用されている、あるいは開発されているアプリケーションのほぼすべてがネットワークを利用するように作られており、トラフィックは現在も加速度的に増加し続けています。この激増するトラフィックをどこまで守りきるか、そしてどこまでさばききるか。これはサーバサイトにおいて、重要なポイントになります。あふれ出るトラフィック、そして複雑化するアプリケーションの要求に柔軟に対応できるように、技術や仕様をしっかり理解し、最適なセキュリティ環境、最適な負荷分散環境を設計していきましょう。

3.1 トランスポート層の技術

　トランスポート層は、ネットワーク層の上でアプリケーションデータを効率的に伝送する仕組みを提供しています。ネットワーク層はアプリケーションから渡されたデータを目的のノードに送り届けるところまでが仕事で、それ以上のことはしてくれません。どんなアプリケーションデータを送っているかも知りませんし、そのアプリケーションがどんな通信制御を要求しているかも気にしていません。トランスポート層は、そんなネットワーク層の不器用さをアプリケーションに近い側面からカバーしているレイヤです。ネットワークとアプリケーションの潤滑油になって、通信の柔軟性を確保しています。

3.1.1 アプリケーションを通信制御し、識別する

　トランスポート層は、アプリケーションデータの通信制御と識別を行うレイヤです。2.2節で説明したとおり、ネットワーク層はイーサネットネットワークをつなぎ合わせ、異なるイーサネットネットワークに存在する非隣接ノードとの接続性を確保するためにあるレイヤでした。トランスポート層は、ネットワーク層で確保した接続性の上で、アプリケーションの要求に応じた通信制御を行い、そのデータがどのアプリケーションのデータなのかを識別するために「**トランスポートヘッダ**」という制御情報を付加します。トランスポート層で使用するプロトコルには「**UDP (User Datagram Protocol)**」と「**TCP (Transmission Control Protocol)**」の2種類があります。UDPのトランスポートヘッダのことを「UDPヘッダ」、そのヘッダ処理によってできるデータのことを「**UDPデータグラム**」といいます。また、TCPのトランスポートヘッダのことを「TCPヘッダ」、そのヘッダ処理によってできるデータのことを「**TCPセグメント**」といいます。トランスポート層では、これらふたつに関するいろいろな方式が定義されています。

　トランスポート層はOSI参照モデルの下から4番目にあるレイヤです。送信するときは、セッション層から受け取ったアプリケーションデータにUDP/TCPヘッダを付加し、UDPデータグラム/TCPセグメントにして、ネットワーク層に渡します。また、受信するときは、ネットワーク層から受け取ったIPパケットに対して、送信するときとは逆の処理を施して、セッション層に渡します。では、それぞれの処理をもう少しブレイクダウンして説明しましょう。

　まず、送信するときです。セッション層から受け取ったアプリケーションデータには、ユーザの入力情報や画像など、アプリケーションに関する情報しか含まれていません。これでは、そのアプリケーションがどんな通信制御を必要しているのか、また、どんなサービスを使用したアプリケーションなのか、わかりようがありません。そこで、トランスポート層では、どんな通信制御を必要

としているのかを、「UDP」か「TCP」のどちらかのプロトコルで表し、UDPヘッダ、あるいはTCPヘッダを付加して、ネットワーク層に渡します。どのサービスを使用したアプリケーションであるかは、ヘッダ内に含まれている「**ポート番号**」という数字で表します。

続いて、受信するときです。ネットワーク層から受け取ったIPパケットのIPヘッダには、IPペイロードを構成しているプロトコルを表す「プロトコル番号」のフィールドがあります。トランスポート層は、このプロトコル番号を見て、そのデータがUDPデータグラムなのか、TCPセグメントなのかを判断します。そして、UDPヘッダ/TCPヘッダを取り除いて、アプリケーションデータにして、セッション層に渡します。ちょうど送信するときとは逆の処理です。

図 3.1.1　トランスポート層でトランスポートヘッダを付加する

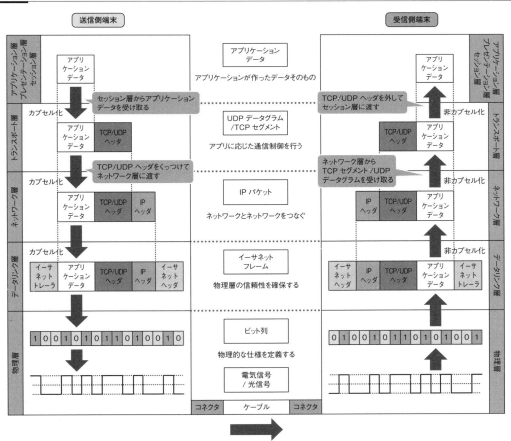

トランスポート層で使用するプロトコルは UDP と TCP のふたつ

トランスポート層はネットワークとアプリケーションの潤滑油になる役割を担っています。ひとくちにアプリケーションといっても、ネットワークに求めるものはさまざまです。トランスポート層は、その要求を「即時性（リアルタイム性）」と「信頼性」にざっくり分類し、それぞれ別のプロトコルを使用するようにしています。**即時性を求めるアプリケーションにはUDPを使用します。信頼性を求めるアプリケーションにはTCPを使用します。**どちらのプロトコルを使用するかはIPヘッダの中にあるプロトコル番号フィールドで定義されています。では、それぞれ詳しく説明しましょう。

表 3.1.1　UDP と TCP は信頼性で使い分けられる

項目	UDP	TCP
プロトコル番号	17	6
信頼性	低い	高い
処理負荷	小さい	大きい
即時性（リアルタイム性）	速い	遅い

UDP で早く送る

UDPは音声通話（VoIP、Voice over IP）や時刻同期、名前解決、DHCPなど、即時性を求めるアプリケーションで使用します。送ったら送りっぱなしなので信頼性はありませんが、余計な手順を省いているため、即時性が高まります。

図 3.1.2　UDP のパケットフォーマット

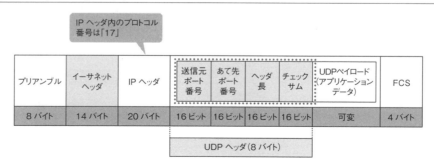

UDPは即時性を求めるために、パケットフォーマットもシンプルに構成されています。8バイト（64ビット）しかありません。クライアントはUDPでUDPデータグラムを作り、どんどん送るだけです。サーバのことは気にしません。データを受け取ったサーバは、UDPヘッダに含まれるヘッダ長とチェックサムを利用して、データが壊れていないかをチェックします。チェックに成功

したら、データを受け入れます。

図 3.1.3 UDP はどんどん送る

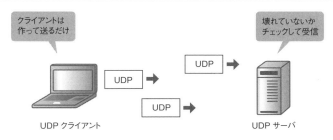

TCP でしっかり送る

　TCPはメールやファイル転送、Webブラウザなど、信頼性を求めるアプリケーションで使用します。データを送る前に仮想的な通信路を作り、その中でデータをやり取りします。この通信路のことを「**TCPコネクション**」といいます。TCPでデータをやり取りする方法は少々複雑なので、p.213からじっくり説明します。ざっくり言うと、データを送るたびに「送りますよー」「届きましたよー」と確認しながら、双方向に送り合う感じです。その都度確認しながら送り合うため、信頼性が高まります。グーグルが開発したQUIC (Quick UDP Internet Connections)の台頭によって、今後はどうなっていくかわかりませんが、少なくとも2019年現在、インターネットを流れているトラフィックの90％以上がTCPで構成されています。

図 3.1.4 TCP のパケットフォーマット

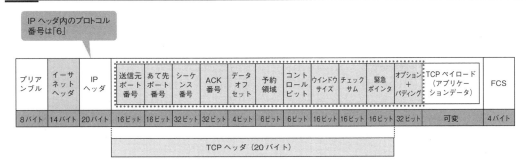

図 3.1.5　TCP ヘッダにはたくさんの情報が含まれている

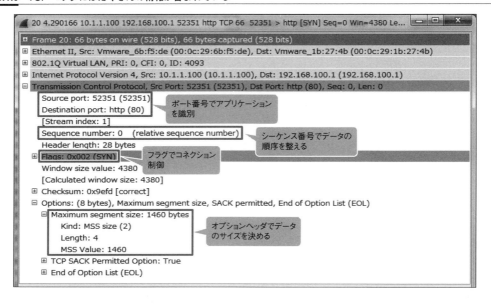

　TCPは信頼性を求めるため、パケットフォーマットも少々複雑です。ヘッダだけで20バイト（160ビット）もあります。たくさんのヘッダを使用して、どの「送りますよー」に対する「届きましたよー」なのかを確認したり、効率的にデータを送受信したりします。

図 3.1.6　TCP はしっかり送る

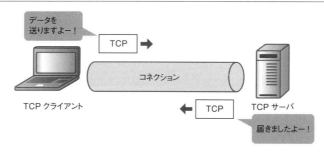

ポート番号でアプリケーションを識別する

　トランスポート層にはもうひとつ大きな役割があります。「**アプリケーション（サービス）の識別**」*1です。前述のとおり、ネットワーク層さえあれば、データはあて先ノードに届きます。しかし、データを受け取ったノードはそのデータをどう処理すればよいかわかりません。そこでトランスポート層を使用します。トランスポート層は、そのデータがどのアプリケーションのものなのかを「ポート番号」という形にして識別できるようにしています。ポート番号はアプリケーションと

紐づいていて、あて先ポート番号を見れば、どのアプリケーションのデータなのかがわかります。OSはその情報を見て、どのアプリケーションに渡すかを判断します。

* 1　実際はアプリケーションそのものの識別というより、アプリケーションを使用するサービスプロセスを識別しています。この章ではわかりやすくなるように「アプリケーション＝サービスプロセス」として定義しています。

図 3.1.7　あて先ポート番号を見て振り分ける

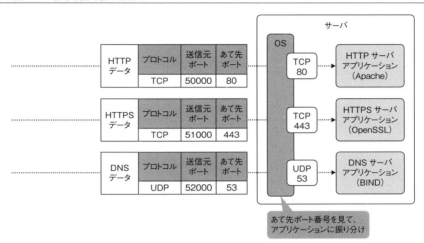

　ポート番号は「0 ～ 65535」（16ビット分）までの数字です。割り当て範囲と使用用途によって「**System Ports**」「**User Ports**」「**Dynamic and/or Private Ports**」の3種類に分類されています。それぞれをブレイクダウンして説明していきましょう。

表 3.1.2　ポート番号は3種類に分類される

ポート番号の範囲	種類	説明
0 ～ 1023	System Ports（Well-known Ports）	一般的なアプリケーションで使用
1024 ～ 49151	User Ports	メーカーの独自アプリケーションで使用
49152 ～ 65535	Dynamic and/or Private Ports	クライアント側でランダムに割り当てて使用

■ System Ports

　「0 ～ 1023」はSystem Portsです。一般的には「Well-known Ports」として知られています。System PortsはICANNの一部門であるIANA（Internet Assigned Numbers Authority）によって管理されており、一般的なサーバアプリケーションに紐づいています[*1]。たとえば、UDPの123番だったら、ntpdやxngpdなど時刻同期で使用する「NTP（Network Time Protocol）」のサーバアプリケーションに紐づいています。また、TCPの80番だったら、ApacheやIIS（Internet Information Services）、nginxなど、Webサーバで使用する「HTTP（Hyper Text Transport

第 3 章　セキュリティ設計・負荷分散設計

Protocol)」に紐づいています。代表的なSystem Portsは次の表のとおりです。

> ＊1　一部、IANAが管理するポート番号に登録されているけれど使用されていなかったり、登録されていないけれど使用されていたりするものもあります。User Portsも同様です。

表 3.1.3　System Ports は一般的なサーバアプリケーションで使用する

ポート番号	TCP	UDP
20	FTP（データ）	―
21	FTP（制御）	―
22	SSH	―
23	Telnet	―
25	SMTP	―
53	DNS（ゾーン転送、名前解決）	DNS（名前解決）
67	―	DHCP（サーバ）
68	―	DHCP（クライアント）
69	―	TFTP
80	HTTP	―
110	POP3	―
123	―	NTP
137	NetBIOS 名前サービス	NetBIOS 名前サービス
138	―	NetBIOS データグラムサービス
139	NetBIOS セッションサービス	―
161	―	SNMP Polling
162	―	SNMP Trap
443	HTTPS	HTTPS（QUIC）
445	ダイレクトホスティング	―
514	Syslog	Syslog
587	サブミッションポート	―

■ User Ports

　「1024 〜 49151」はUser Portsです。System Portsと同じようにIANAによって管理されており、メーカーが開発した独自のサーバアプリケーションに一意に紐づいています。たとえば、TCP/3389だったらMicrosoft Windowsのリモートデスクトップで使用します。TCP/3306だったらMySQLのデータベース接続で使用します。代表的なUser Portsは次の表のとおりです。

210

表 3.1.4　User Ports は独自アプリケーションで使用する

ポート番号	TCP	UDP
1433	Microsoft SQL Server	―
1521	Oracle Database	
1985	―	Cisco HSRP
3306	MySQL	―
3389	Microsoft Remote Desktop Service	Microsoft Remote Desktop Service
8080	Apache Tomcat	―
10050	Zabbix-Agent	―
10051	Zabbix-Trapper	―

■ Dynamic and/or Private Ports

「49152 〜 65535」はDynamic and/or Private Portsです。IANAによって管理されておらず、クライアントがセグメントを作るとき、送信元ポート番号としてランダムに割り当てます。送信元ポートに、この範囲のポート番号をランダムに割り当てることによって、どのアプリケーションプロセスに返せばよいかがわかります。ランダムに割り当てるポートの範囲はOSによって異なります。たとえばWindows OSだったら「49152 〜 65535」です。Linux OSだったらデフォルトで「32768 〜 61000」です。Linuxの使用するランダムポートの範囲は、IANAの指定しているDynamic and/or Private Portsの範囲から微妙に外れています。

図 3.1.8　送信元ポートはクライアントがランダムに割り当てる

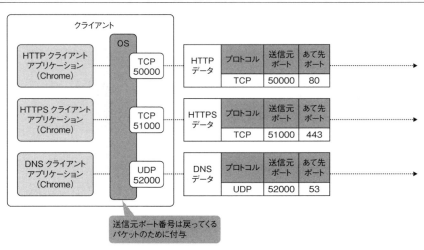

受信時および送信時におけるポート番号の関係をまとめて図式化すると、次のようになります。

図3.1.9　ポート番号がアプリケーションと結び付く

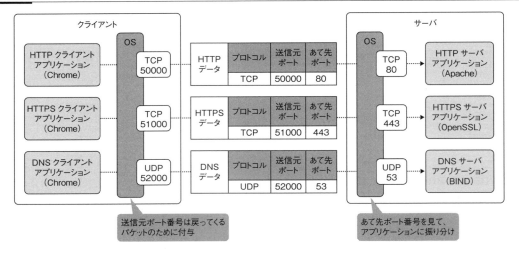

フラグでコネクションの状態を伝え合う

TCPはそのコネクションがどういう状態にあるのかを「コントロールビット」で制御しています。コントロールビットは6ビットのフラグで構成されていて[*1]、それぞれ1ビットずつ、表3.1.5のような意味を持っています。

これら6ビットをどのように使用するかは次項で詳しく説明します。

[*1] 直前にある予約領域フィールドの末尾2ビットを輻輳制御用のフラグとして使用し、「8ビットのフラグ」と表現する場合もあります。本書はRFC793に準拠しています。

表3.1.5　コントロールビットは6ビットのフラグで構成されている

ビット	フラグ名	短縮名	意味
1ビット目	URGENT	URG	緊急を表すフラグ
2ビット目	ACKNOWLEDGE	ACK	確認応答を表すフラグ
3ビット目	PUSH	PSH	アプリケーションにデータを渡すフラグ
4ビット目	RESET	RST	コネクションを強制切断するフラグ
5ビット目	SYNCHRONIZE	SYN	コネクションを開放するフラグ
6ビット目	FINISH	FIN	コネクションを終了するフラグ

TCPの動きは奥深い

TCPはコネクションの信頼性を確保するために、少し複雑な処理をしています。本書では、その処理を「接続開始時」「接続時」「接続終了時」という3フェーズに分けて説明します。

TCPの始まりは3ウェイハンドシェイク

まずは、接続開始フェーズについて説明しましょう。TCPコネクションは「**3ウェイハンドシェイク**」でコネクションをオープンするところから始まります。3ウェイハンドシェイクとは、TCPコネクションを確立する前のあいさつを表す処理手順のことです。クライアントとサーバは3ウェイハンドシェイクの中で、お互いがサポートしている機能を自己紹介し合って、「オープン」と呼ばれる下準備を行います。このオープンの処理において、TCPコネクションを作りに行く側(クライアント)の処理を「**アクティブオープン**」、TCPコネクションを受け付ける側(サーバ)の処理を「**パッシブオープン**」といいます。TCPコネクションのオープンにおけるポイントは「フラグ」「シーケンス番号」「オプションヘッダ」の3つです。それぞれ説明しましょう。

■ フラグ

3ウェイハンドシェイクのフラグは絶対に「SYN」→「SYN/ACK」→「ACK」という順番です。このやり取りをしたあとESTABLISHED状態となり、「TCPコネクション」という仮想的な通信路が出来上がります。先述のとおり、3ウェイハンドシェイクはあくまでTCPにおけるあいさつのようなものです。実際のアプリケーションデータはやり取りしません。

■ シーケンス番号

シーケンス番号はその名のとおり、データの「順序」を表す番号のことです。各ノードはこの番号を見て、データを順序良く並べます。

3ウェイハンドシェイクではアプリケーションデータの転送で使用する初期シーケンス番号を決めます。コネクションを開始するノードはシーケンス番号(x)をランダムに選択し、SYNを送信します。SYNを受け取った相手ノードは、同じようにシーケンス番号(y)をランダムに選択し、SYN/ACKを送信します。最後にシーケンス番号にx+1、ACK番号にy+1を入れて、ACKを送信します。x+1とy+1がそれぞれのノードにおける初期シーケンス番号になります。

3ウェイハンドシェイクのシーケンス番号とACK番号はあくまで初期シーケンス番号を決めるためにあります。アプリケーションデータをやり取りするときに使用するシーケンス番号とACK番号とは微妙に関係が異なります。

■ オプションヘッダ

オプションヘッダは、TCPに関連する各種拡張機能を通知し合うために使用されます。いくつかのオプションを「オプションリスト」として並べていく形で構成されています。代表的なオプショ

ンとしては、次の表のものがあります。

表 3.1.6　TCP の代表的なオプション

種別	オプション	RFC	意味
0	End Of Option List	RFC793	オプションリストの最後であることを表す
1	No-Operation（NOP）	RFC793	何もしない。オプションの区切り文字として使用する
2	Maximum Segment Size（MSS）	RFC793	アプリケーションデータの最大サイズを通知する
3	Window Scale	RFC1323	ウィンドウサイズの最大サイズ（65535 バイト）を拡張する
4	Selective ACK（SACK）Permitted	RFC2018	Selective ACK（選択的確認応答）に対応している
5	Selective ACK（SACK）	RFC2018	Selective ACK に対応しているときに、すでに受信したシーケンス番号を通知する
8	Timestamps	RFC1323	パケットの往復遅延時間(RTT)を計測するタイムスタンプに対応している

図 3.1.10　3 ウェイハンドシェイクは MSS をオプションヘッダに入れてやり取りする

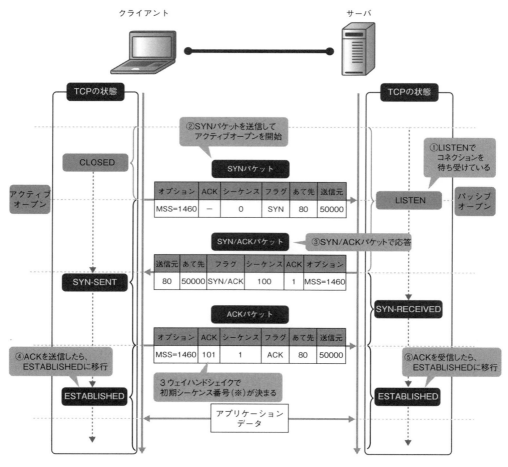

※ 初期シーケンス番号については次項で説明します。

中でも重要なオプションが「MSS（Maximum Segment Size）」です。アプリケーションデータは、大きいサイズのまま、どーんと送るわけではありません。ある程度のサイズに分割して送ります。その断片の最大サイズがMSSです。3ウェイハンドシェイクでは、MSSをオプションヘッダの中に入れて、自分が受信できるMSSを教え合います。

信頼性と速度を両立する

3ウェイハンドシェイクでコネクションができたら、その上でアプリケーションデータを送ります。TCPは、データの信頼性と速度を両立させるために、たくさんの転送制御を行っています。本書では、その中核を担っている「**確認応答**」「**再送制御**」「**フロー制御**」という3つを取り上げます。

■ 確認応答

TCPは「シーケンス番号」と「ACK番号」が協調的に動作することで信頼性を保っています。この協調的な動作の機能を「確認応答」といいます。

先述のとおり、シーケンス番号はTCPセグメントを正しい順序に並べるための番号です。送信側のノードは、アプリケーションから受け取ったデータの各バイトに対して、初期シーケンス番号（ISN、Initial Sequence Number）から順に、通し番号を付与します。受信側のノードは、受け取ったTCPセグメントのシーケンス番号を確認して、番号順に並べたうえでアプリケーションに渡します。

図 3.1.11 送信側のノードが通し番号（シーケンス番号）を付与する

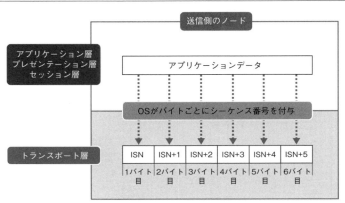

シーケンス番号は、TCPコネクションを3ウェイハンドシェイクでオープンするときに、ランダムな値が初期シーケンス番号としてセットされ、TCPセグメントを送信するたびに送信したバイト数の分だけ加算されていきます。そして、32ビット（$2^{32}=4G$バイト）を超えたら、再び「0」に戻ってカウントアップします。

第 3 章 セキュリティ設計・負荷分散設計

図 3.1.12 シーケンス番号は TCP セグメントを送信するたびに送信したバイト数の分だけ加算される

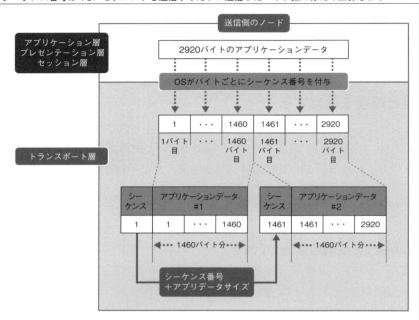

　ACK番号は「次はここからのデータをくださーい」と相手に伝えるために使用されるフィールドです。ACKビットが「1」になっているときだけ有効になるフィールドで、具体的には「受け取りきったデータのシーケンス番号（最後のバイトのシーケンス番号）＋1」、つまり「シーケンス番号＋アプリケーションデータの長さ（バイト数）」がセットされています。あまり深く考えずに、クライアントがサーバに対して、「次はこのシーケンス番号以降のデータをくださーい」と言っているようなイメージで捉えるとわかりやすいでしょう。

図3.1.13 ACK番号でどこまでデータを受信したかを確認する

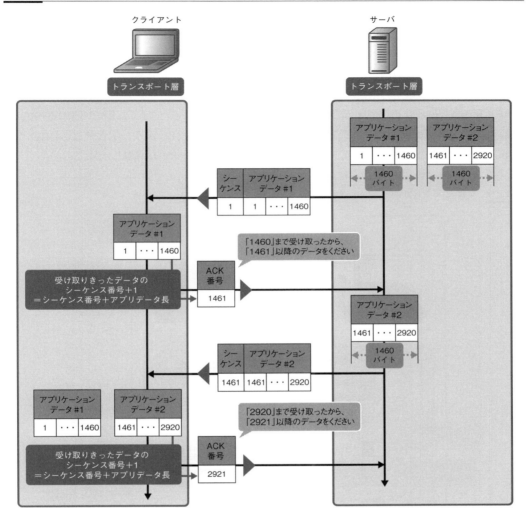

■ 再送制御

確認応答によって、データを順序良く並べることはできます。しかし、必ずしも順序良くデータを送受信できて、順序良く並べることができるとは限りません。何かの機器障害で意図せずパケットが消失することもあるでしょう。優先制御（QoS）で意図的に破棄されることもあるでしょう。そんなときに、**TCPには失われたデータをもう一度送り直したり、送ってもらうようにお願いしたりする機能があります**。それが「**再送制御**」です。

TCPはシーケンス番号とACK番号によってパケットロスを検知し、パケットの再送を行います。再送制御が発動するタイミングは、受信ノードがきっかけで行われる「Fast Retransmit（高速再

送)」と、送信ノードがきっかけで行われる「RTO（再送タイムアウト、Retransmission Time Out)」のふたつです。それぞれ説明しましょう。

まずは、Fast Retransmitです。受信ノードは、受け取ったTCPセグメントのシーケンス番号が飛び飛びになると、パケットロスが発生したと判断して、確認応答が同じACKパケットを連続して送出します。このACKパケットのことを「重複ACK (Duplicate ACK)」といいます。送信ノードは、一定回数以上の重複ACKを受け取ると、対象となるTCPセグメントを再送します。重複ACKをきっかけとする再送制御のことを「**Fast Retransmit**」といいます。Fast Retransmitが発動する重複ACKの閾値は、OSやそのバージョンによって異なります。たとえば、Linux OS (Ubuntu 16.04) は3個の重複ACKを受け取るとFast Retransmitが発動します。

図 3.1.14　重複 ACK からの Fast Retransmit

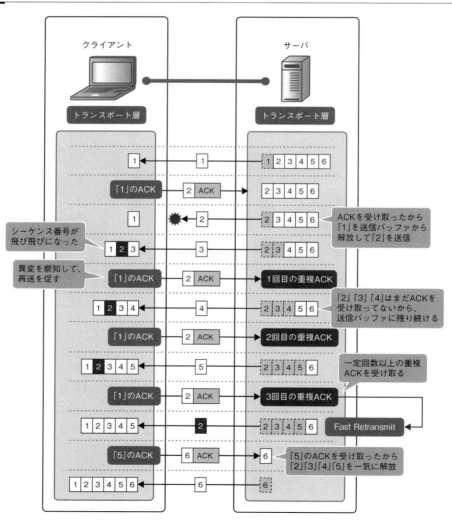

続いて、RTOです。送信ノードは、TCPセグメントを送信したあと、ACKパケットを待つまでの時間を「**再送タイマー (Retransmission Timer)**」として保持しています。この再送タイマーのリミットが「**RTO (Retransmission Timeout、再送タイムアウト)**」です。再送タイマーは短すぎず、長すぎないように、RTT (Round Trip Time、パケットの往復遅延時間) から数学的なロジックに基づいて算出されます。ざっくりいうと、RTTが短いほど再送タイマーも短くなります。また、再送タイマーはACKパケットを受け取るとリセットされます。たとえば、重複ACKの個数が少なくてFast Retransmitが発動しないときは、RTOに達してから、やっと対象となるTCPセグメントが再送されます。ちなみに、昼休みにインターネットをしていて一気に重くなったとき、たいていはこのRTO状態に陥っています。

図3.1.15 再送タイムアウト (RTO)

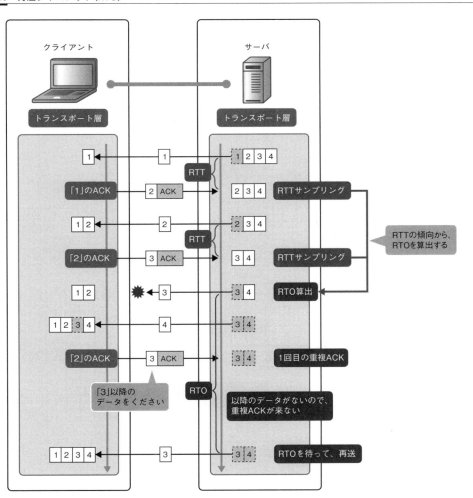

第 3 章　セキュリティ設計・負荷分散設計

■ フロー制御

　確認応答と再送制御は、通信の信頼性を高める機能です。通信において、信頼性はもちろん重要でしょう。しかし、速さも同じくらい重要です。そこで**TCPは、信頼性を保ちつつ転送効率を上げる「フロー制御」という機能も同時に実装しています。**

　フロー制御はコネクション上にたくさんのセグメントを送り出すための機能です。ひとつのTCPセグメントを受け取るたびに確認応答していると、どうしても転送効率が上がりません。フロー制御は複数のセグメントをまとめて受け取り、ひとつのACKで応答することで転送効率を高めています。フロー制御で重要な役割を果たしているヘッダが「**ウィンドウサイズ**」です。アプリケーションデータはいったん「受信バッファ」という箱に入れて、アプリケーションに渡されます。受信ノードは受信バッファの空き容量をウィンドウサイズとしてACKのたびに通知し、データが溢れてしまわないようにします。バッファの空き容量を知った送信ノードは、**ウィンドウサイズを超えないようにしつつ、可能な限りたくさんのTCPセグメントをまとめて送信するようにしています。**

図 3.1.16　フロー制御で転送効率を高める

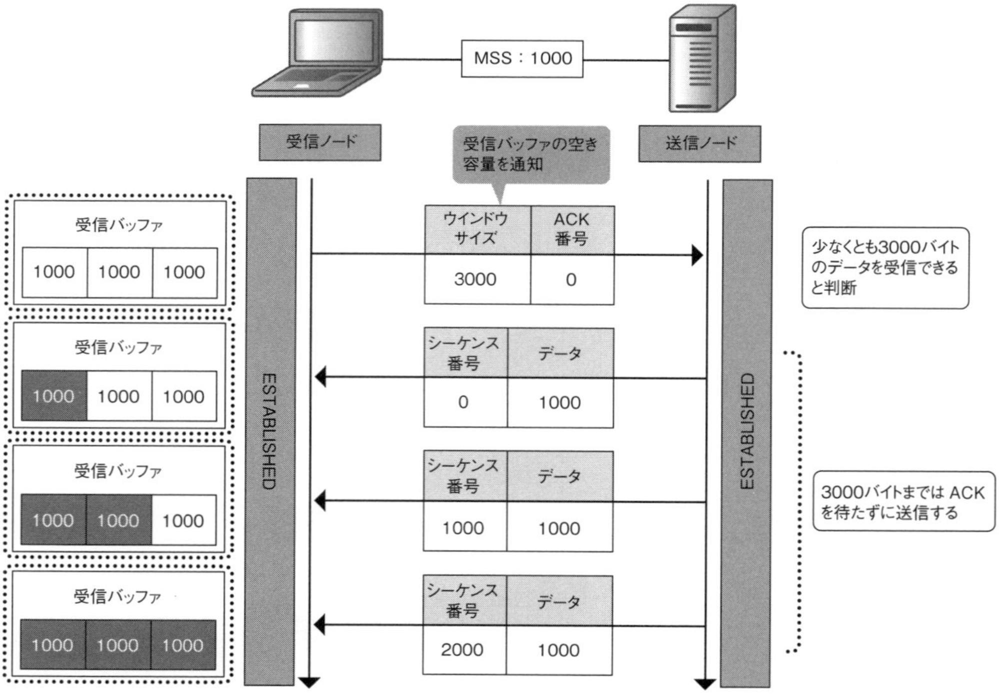

TCP コネクションは 4 ウェイハンドシェイクでしっかり終わらせる

アプリケーションデータのやり取りが終わると、TCPコネクションの終了処理に入ります。TCPコネクションをしっかり閉じきれなかった場合、不要なコネクションがノードに残り続けてしまい、リソースを圧迫しかねません。そこで、コネクションの終了処理は、オープンのときよりもしっかり、かつ慎重に進めるようにできています。

TCPコネクションは、3ウェイハンドシェイクに始まり、4ウェイハンドシェイクに終わります。「4ウェイハンドシェイク」とは、TCPコネクションを終了するための処理手順のことです。クライアントとサーバは、4ウェイハンドシェイクの中でFINパケット（FINフラグが「1」のTCPセグメント）を交換し合い、「クローズ」と呼ばれる後始末を行います。

p.213でも説明したとおり、TCPコネクションのオープンは必ずクライアントのSYNから始まります。それに対して、クローズはクライアント、サーバどちらのFINから始まるとは明確に定義されていません。クライアント、サーバの役割にかかわらず、アプリケーションからクローズの要求があれば、クローズ処理に入ります。先にFINを送出し、TCPコネクションを終わらせに行く側の処理のことを「アクティブクローズ」、それを受け付ける側の処理のことを「パッシブクローズ」といいます。クローズでのポイントは「FINフラグ」と「TIME-WAIT」のふたつです。それぞれ説明しましょう。

■FIN フラグ

TCPコネクションのクローズにはFINフラグを使用します。FINフラグは「もう送るデータはありませんよー」を表すフラグで、上位アプリケーションのクローズ要求によって付与されます。先述のとおり、FINはどちらのノードからとは決まっておらず、どちらからでも送出されるもので、「FIN/ACK」→「ACK」→「FIN/ACK」→「ACK」の順でやり取りします。イメージ的には、2ウェイハンドシェイクを2回実行しているような感じです。1回目の2ウェイハンドシェイクでアクティブクローズを行い、2回目の2ウェイハンドシェイクでパッシブクローズを行います。

■TIME-WAIT

コネクションを確立するときは、「SYN」→「SYN/ACK」→「ACK」したあと、すぐに開始していました。しかし、コネクションを閉じるときは、両方のノードですぐに閉じるわけではありません。**アクティブクローズのノードだけがTIME-WAIT時間分待ってから閉じるようになっています**。これはもしかしたら届くかもしれないパケットを待つ保険のようなものです。

TIME-WAIT時間は、RFC上では最大セグメント生存時間（MSL、Maximum Segment Lifetime）の2倍が推奨とされています。MSLは120秒なので、TIME-WAITは240秒が推奨ということになります。しかし、実環境では240秒だと少し長すぎて、ローカルポートの枯渇を招く可能性があるため、あえて短く設定したりすることもあります。ちなみにTIME-WAIT時間のデフォルト値はOSの種類やバージョンによって異なります。Windows Server 2012/2016の場合、120秒です。Linux OSの場合、60秒です。

第 3 章 セキュリティ設計・負荷分散設計

図 3.1.17 4ウェイハンドシェイクでコネクションを閉じる

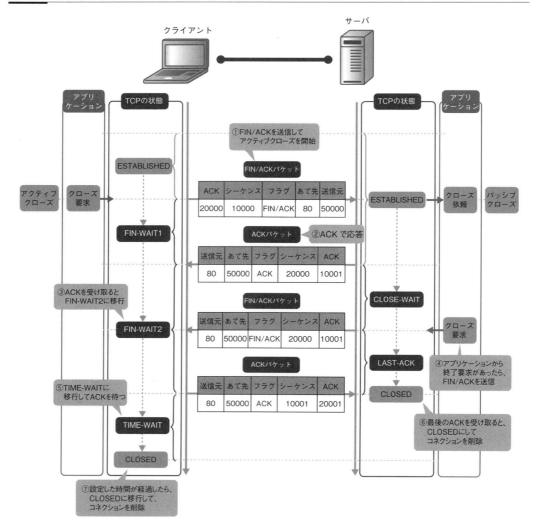

MTU と MSS の違いは対象レイヤ

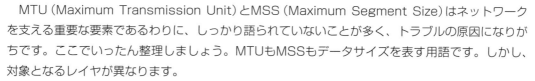

　MTU (Maximum Transmission Unit) とMSS (Maximum Segment Size) はネットワークを支える重要な要素であるわりに、しっかり語られていないことが多く、トラブルの原因になりがちです。ここでいったん整理しましょう。MTUもMSSもデータサイズを表す用語です。しかし、対象となるレイヤが異なります。

　MTUはネットワーク層におけるデータサイズを表しています。ネットワークを利用してアプリケーションデータを送信するとき、大きいまま、どーんと送信するわけではありません。細切れに

して、ちょこちょこ送信します。そのときのデータサイズがMTUです。MTUは転送媒体によって異なります。たとえば、イーサネット場合、デフォルトでMTU＝1500バイトです。

それに対して、**MSSはアプリケーションレベル（セッション層からアプリケーション層）のデータサイズを表しています**。MSSは設定したり、クライアントVPNソフトウェアなどを使用したりしない限り「MTU－40バイト（TCP/IPヘッダ）」です。たとえば、イーサネットの場合、MTU＝1500バイトなので、MSSは1460バイトとなります。

図3.1.18 MSSは「MTU－TCP/IPヘッダ（40バイト）」

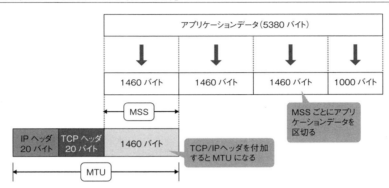

MTUやMSSは、小さなMTUを持つ経路がある環境でトラブルの原因になりがちです[*1]。ネットワークではMTU以上のパケットを送ることはできません。そこで、小さなMTUを持つ経路がある環境では、それに収まりきるように、ルータやファイアウォールでそれ相応の処理を施す必要があります。処理の方法はIPヘッダのフラグフィールド内にあるDF（Don't Fragment）ビットの値によって変わります。DF＝0とDF＝1のとき、それぞれ分けて説明しましょう。

*1　NTT東日本/西日本の提供する「Bフレッツ」や「フレッツADSL」を使用すると、PPPやISP間接続のオーバーヘッドによって、MTUが1454バイトになります。フレッツ部分のMTUがイーサネットのMTUに比べて小さくなってしまうため、この環境に該当します。

図3.1.19 MTU以上の大きさのパケットは送れない

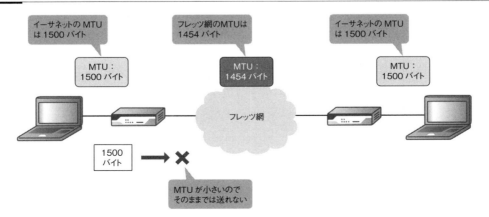

■ DF＝0（断片化可能）のパケットの場合はそのまま断片化する

　DF＝0はそのパケットを断片化できるということを表しています。断片化できるのであれば、断片化してしまえばよいのです。経路のどこかのMTUが小さかったとしても、特に問題はありません。断片化して送り出すだけです。唯一問題があるとしたら、断片化時の処理負荷でしょう。ただ、最近のルータやファイアウォールは十分すぎるくらいハイスペックなので、そこまで気にする必要はなくなってきました。

図 3.1.20　DF＝0の場合はそのまま断片化する

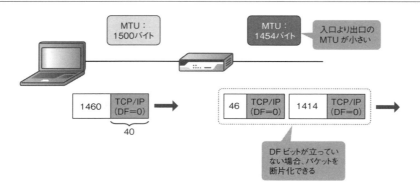

■ DF＝1（断片化不可）のパケットの場合は3つの方法のどれかで解決する

　DF＝1は「そのパケットは断片化できない」ということを表しています。断片化できないので、断片化しなくてもよいように、あるいは断片化できるように処理をしてあげる必要があります。この場合の処理方法は3つです。それぞれ説明しましょう。

■ICMPでMTUを教えてもらう

　ICMPは通信確認だけでなく、いろいろなところで縁の下の力持ち的に役に立っているプロトコルです。MTUについてもICMPを使用します。ここは順を追って説明したほうがわかりやすいかもしれません。以下のようなプロセスでMTUを調整します。

1. 送信元ノードはMTUを1500バイトにしてパケットを送信します。
2. ルータはそのパケットの入口と出口のMTUを比較します。この場合、出口のMTUが小さいため、その値をICMPで通知します。ちなみに、このとき使用するICMPのタイプは「3」(Destination Unreachable)、コードは「4」(Fragmentation needed)です。
3. ICMPを受け取った送信元ノードは、そのMTUでパケットを作り直し、再送します。

図 3.1.21　ICMP でネクストホップの MTU を教えてもらう

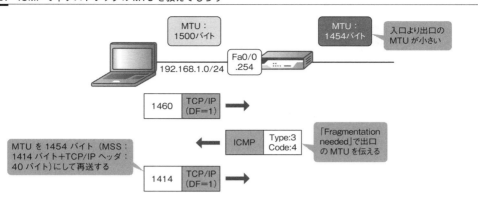

図 3.1.22　Fragmentation needed でネクストホップの MTU を通知

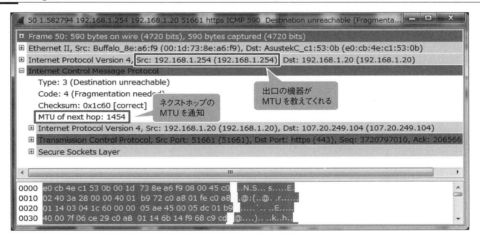

ICMPによる断片化対策はシンプルでわかりやすいのですが、経路のどこかでICMPを拒否している場合、想定どおり動作しません。注意が必要です。

■ DF ビットを書き換える

次に、DFビットを書き換える（クリアする）処理方法です。断片化できないのであれば、断片化できるようにしてしまえばよいのです。断片化の可否はDFビットが握っています。DFビットを「0」にクリアして、断片化できるようにします。そして、断片化して送信します。

第 3 章　セキュリティ設計・負荷分散設計

図 3.1.23　DF ビットをクリアして断片化する

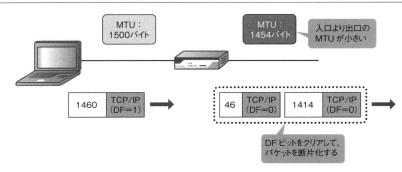

■ 3 ウェイハンドシェイクのときに MSS を小さくする

　最後にMSSを調整する方法です。この方法が最も一般的でしょう。MTU＝MSS＋40バイトなので、そもそもMTUを超えないようにMSSを小さくすれば断片化することはありません。MSSは3ウェイハンドシェイクのTCPオプションヘッダで決まります。3ウェイハンドシェイクのTCPオプションヘッダに含まれるMSS値を小さい値に書き換え、セグメントサイズが出口のインターフェースのMTUを超過しないようにします。

図 3.1.24　MSS を書き換える

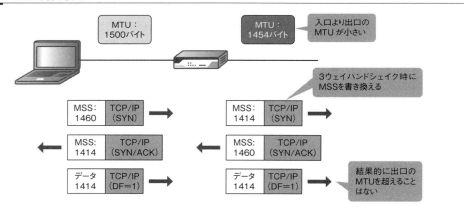

3.1.2 ファイアウォールでシステムを守る

トランスポート層で動作する機器の主役といえば、やはり「**ファイアウォール**」でしょう。ファイアウォールは、IPアドレスやプロトコル、ポート番号などを使用して、通信を制御する機器です。あらかじめ設定したルールに従って、「この通信は許可、この通信は拒否」といった感じで通信を選別して、いろいろな脅威からシステムを守ります。このファイアウォールの持つ通信制御機能のことを「**ステートフルインスペクション**」といいます。ステートフルインスペクションは、通信の許可/拒否を定義する「**フィルタリングルール**」と、通信を管理する「**コネクションテーブル**」を用いて、通信を制御しています。

フィルタリングルールで許可／拒否の動作を設定する

フィルタリングルールは、どんな通信を許可し、どんな通信を拒否するかを定義している設定です。メーカーによって「ポリシー」と言ったり、「ACL (Access Control List)」と言ったりしますが、基本的にすべて同じものと考えてよいでしょう。フィルタリングルールは「送信元IPアドレス」「あて先IPアドレス」「プロトコル」「送信元ポート番号」「あて先ポート番号」「通信制御（アクション）」などの設定項目で構成されています。たとえば、「192.168.1.0/24」という社内LANにいるPC端末からインターネットへのWebアクセスを許可したい場合、一般的に次の表なフィルタリングルールになります。

表 3.1.7 フィルタリングルールの例

送信元 IP アドレス	あて先 IP アドレス	プロトコル	送信元ポート番号	あて先ポート番号	アクション
192.168.1.0/24	ANY	TCP	ANY	80	許可
192.168.1.0/24	ANY	TCP	ANY	443	許可
192.168.1.0/24	ANY	UDP	ANY	443	許可
192.168.1.0/24	ANY	UDP	ANY	53	許可
192.168.1.0/24	ANY	TCP	ANY	53	許可

インターネットへのWebアクセスだからといって、単純にHTTP (TCPの80番) だけ許可しておけばよいわけではありません。HTTPをSSLで暗号化しているHTTPS (TCPの443番) や、YouTubeなどで使用されているQUIC、ドメイン名をIPアドレスに変換（名前解決）するときに使用するDNS (UDPとTCPの53番) も併せて許可しておく必要があります。

特定できない要素については「ANY」と設定します。たとえば、あて先IPアドレスはクライアントがアクセスするインターネット上のWebサーバのIPアドレスになるため、特定しようがありません。そこでANYと設定します。また、送信元ポート番号もOSが一定の範囲からランダムに割り当てるため、特定しようがありません。同じくANYと設定します。

コネクションテーブルでコネクションを管理する

ステートフルインスペクションは、前述のフィルタリングルールをコネクションの情報をもとに動的に書き換えることによって、セキュリティ強度を高めています。ファイアウォールは、自身を経由するコネクションの情報を「**コネクションテーブル**」と呼ばれるメモリ内のテーブル（表）で管理しています。

コネクションテーブルは「送信元IPアドレス」「あて先IPアドレス」「プロトコル」「送信元ポート番号」「あて先ポート番号」「コネクションの状態」「アイドルタイムアウト」など、いろいろな要素（列）から構成される複数のコネクションエントリ（行）から構成されています。このコネクションテーブルがステートフルインスペクションの要であり、ファイアウォールを理解するための重要なポイントです。

UDPの動作はシンプル

では、ステートフルインスペクションがどのようにコネクションテーブルを使い、どのようにフィルタリングルールを書き換えるのか、動作を見ていきましょう。ステートフルインスペクションは、行ったら行きっぱなしのUDPと、確認応答があるTCPで微妙に動作が異なります。そこで本書では、まずUDPにおける動作を説明し、次にTCPにおける動作を説明することにします。

まず、UDPにおけるステートフルインスペクションの動きを見ていきましょう。UDPは、コネクションの状態を気にする必要がないため、ステートフルインスペクションの動作もあっさりです。ここでは、以下のようなネットワーク環境で、クライアントがサーバに対していろいろなUDPアクセスを試みる前提で説明します。

図 3.1.25 ファイアウォールの通信制御を理解するためのネットワーク構成

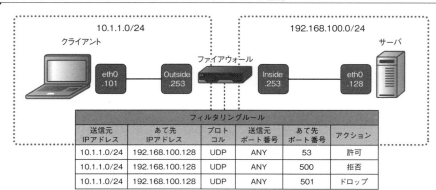

3.1 トランスポート層の技術

1 ファイアウォールは、クライアント側にあるOutsideインターフェースでUDPデータグラム を受け取り、フィルタリングルールと照合します。

図 3.1.26 フィルタリングルールと照合

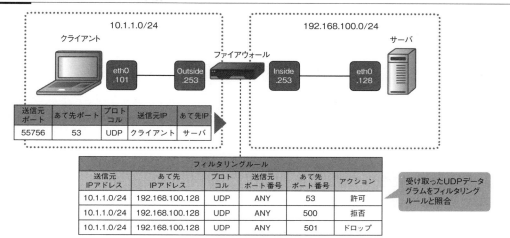

2 アクションが「許可（Accept、Permit）」のエントリにヒットした場合、コネクションテーブル にコネクションエントリを追加します。また、それと同時に、そのコネクションエントリに対応する戻り通信を許可するフィルタリングルールを動的に追加します。戻り通信用の許可ルールは、コネクションエントリにある送信元とあて先を反転したものです。フィルタリングエントリを追加したあと、サーバにUDPデータグラムを転送します。

アクションが「拒否（Reject）」のエントリにヒットした場合は、コネクションテーブルにコネクションエントリを追加せず、クライアントに対して「Destination Unrechable（タイプ3）」のICMPパケットを返します。

アクションが「ドロップ（Drop）」のエントリにヒットした場合は、コネクションテーブルにコネクションエントリを追加せず、何もしません。パケットを落とすだけです。

第 3 章　セキュリティ設計・負荷分散設計

図 3.1.27　許可の場合はコネクションエントリとフィルタリングルールを追加してからサーバに転送

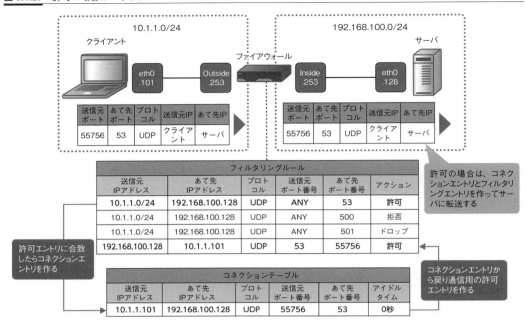

図 3.1.28　拒否の場合はクライアントに Destination Unreachable を返す

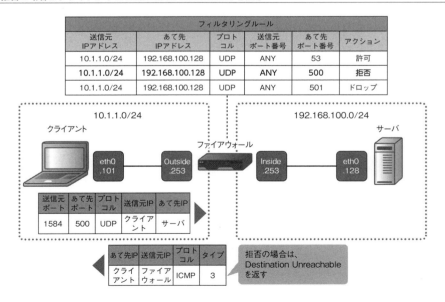

図 3.1.29　ドロップの場合、クライアントには何も返さない

フィルタリングルール					
送信元IPアドレス	あて先IPアドレス	プロトコル	送信元ポート番号	あて先ポート番号	アクション
10.1.1.0/24	192.168.100.128	UDP	ANY	53	許可
10.1.1.0/24	192.168.100.128	UDP	ANY	500	拒否
10.1.1.0/24	**192.168.100.128**	**UDP**	**ANY**	**501**	**ドロップ**

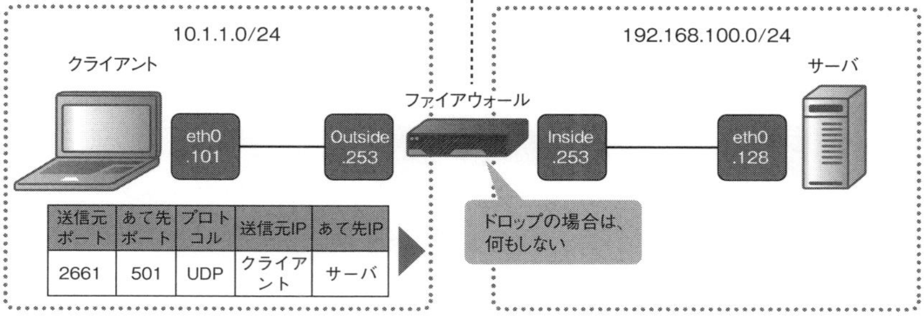

3 アクションが許可(Accept、Permit)のエントリにヒットした場合は、サーバからの戻り通信(Reply、Response)が発生します。サーバからの戻り通信は、送信元とあて先を反転した通信です。ファイアウォールは戻り通信を受け取ると、**2** で作ったフィルタリングエントリを使用して、許可制御を実行し、クライアントに転送します。併せて、コネクションエントリのアイドルタイム(無通信時間)を「0」にリセットします。

図 3.1.30　戻り通信を制御する

フィルタリングルール					
送信元IPアドレス	あて先IPアドレス	プロトコル	送信元ポート番号	あて先ポート番号	アクション
10.1.1.0/24	**192.168.100.128**	**UDP**	**ANY**	**53**	**許可**
10.1.1.0/24	192.168.100.128	UDP	ANY	500	拒否
10.1.1.0/24	192.168.100.128	UDP	ANY	501	ドロップ
192.168.100.128	**10.1.1.101**	**UDP**	**53**	**55756**	**許可**

2 で作ったフィルタリングエントリを使用して許可制御する

コネクションテーブル					
送信元IPアドレス	あて先IPアドレス	プロトコル	送信元ポート番号	あて先ポート番号	アイドルタイム
10.1.1.101	192.168.100.128	UDP	55756	53	0秒

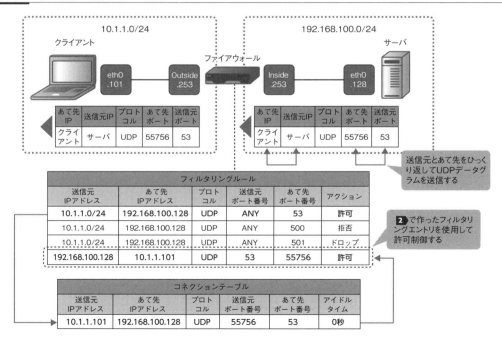

4 ファイアウォールは通信が終了したら、コネクションエントリのアイドルタイムをカウントアップします。アイドルタイムアウト（アイドルタイムの最大値）が経過すると、コネクションエントリとそれに関連するフィルタリングエントリを削除します。

図 3.1.31　アイドルタイムアウトが経過したら、エントリを削除する

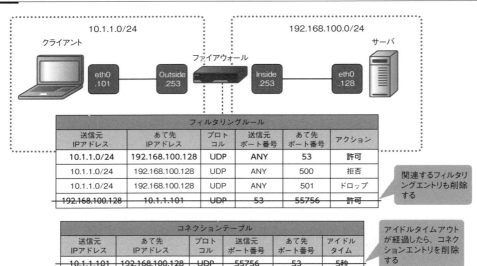

TCPはコネクションの状態を考慮する必要がある

続いて、TCPにおけるステートフルインスペクションの動作を見ていきましょう。TCPは、行ったら行きっぱなしのUDPと比べて、コネクションの状態を考慮しないといけない分、もう一歩進んだ理解が必要になります。ファイアウォールはTCPを処理するとき、コネクションテーブルにコネクションの状態を示す列を追加し、その情報も含めてコネクションエントリを制御するようになります。ここでは以下のようなネットワーク環境において、クライアントがいろいろなTCPアクセスを試みる前提で説明します。

図 3.1.32　ファイアウォールの通信制御を理解するためのネットワーク構成

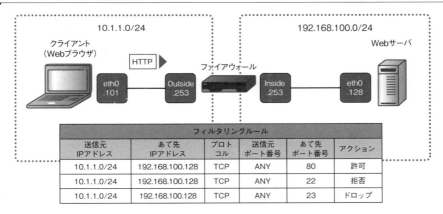

1 ファイアウォールは、クライアント側にあるOutsideインターフェースでSYNパケットを受け取り、フィルタリングルールと照合します。

図 3.1.33　フィルタリングルールと照合

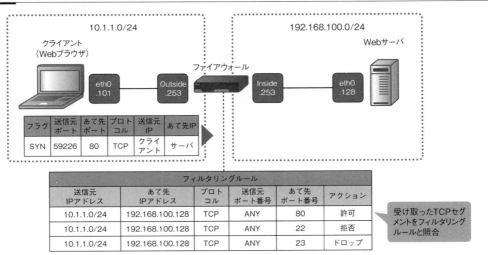

2 アクションが「許可（Accept、Permit）」のエントリにヒットした場合、コネクションテーブルにコネクションエントリを追加します。また、それと同時に、そのコネクションエントリに対応する戻り通信を許可するフィルタリングルールを動的に追加します。戻り通信用の許可ルールは、コネクションエントリにある送信元とあて先を反転したものです。フィルタリングエントリを追加したあと、サーバにTCPセグメントを転送します。

第3章 セキュリティ設計・負荷分散設計

アクションが「拒否（Reject）」のエントリにヒットした場合は、コネクションテーブルにコネクションエントリを追加せず、クライアントに対して、RSTパケット（フラグのRSTビットが「1」のTCPセグメント）を返します。

また、アクションが「ドロップ（Drop）」のエントリにヒットした場合は、UDPのときと同じく、コネクションテーブルにコネクションエントリを追加せず、クライアントに対しても何もしません。パケットを落とすだけです。

図3.1.34 通信を許可する場合はコネクションエントリを追加し、サーバに転送

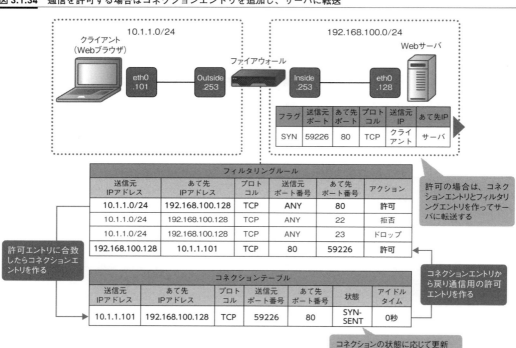

図 3.1.35 拒否の場合はクライアントに RST パケットを返す

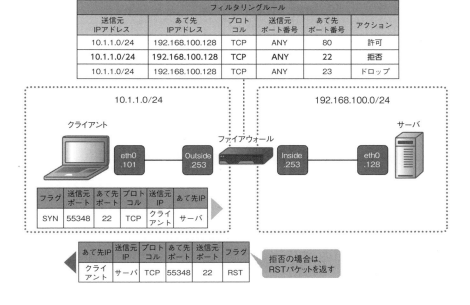

図 3.1.36 ドロップの場合、クライアントには何もしない

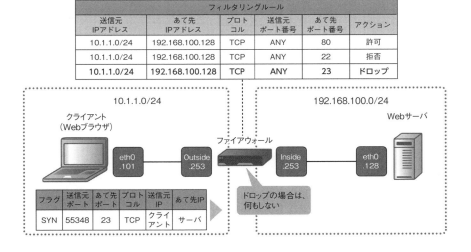

第3章 セキュリティ設計・負荷分散設計

3 許可(Accept、Permit)のエントリにヒットした場合、サーバからのSYN/ACKパケットが戻ってきます。この戻り通信は、送信元とあて先を反転した通信です。ファイアウォールは戻り通信を受け取ると、**2**で作ったフィルタリングルールを使用して、許可制御を実行し、クライアントに転送します。併せて、コネクションの状態に応じて、コネクションエントリの状態を「SYN-SENT」→「ESTABLISHED」と更新し、アイドルタイム(無通信時間)を「0秒」にリセットします。

図 3.1.37 戻り通信を制御する

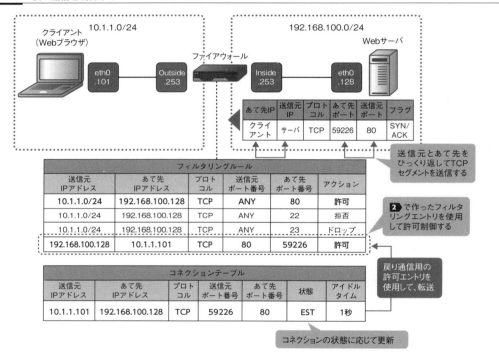

4 アプリケーションデータを送り終えたら、4ウェイハンドシェイクによるクローズ処理が実行されます。ファイアウォールはクライアントとWebサーバの間でやり取りされる「FIN/ACK」→「ACK」→「FIN/ACK」→「ACK」というパケットの流れを見て、コネクションエントリを削除します。また、それに合わせて戻り通信用のルールも削除します。

図 3.1.38　クローズ処理が実行されたら、エントリを削除する

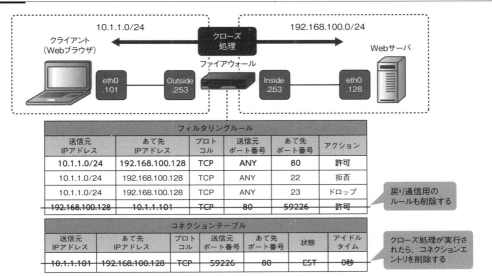

　ちなみに、アプリケーションがアプリケーションデータを送っている途中にノードがダウンしたり、途中の経路がダウンしたりして、うまくコネクションをクローズできなかった場合は、❹の処理ができず、不要なコネクションエントリと戻り通信用のフィルタリングエントリがファイアウォールのメモリ上に残り続けてしまいます。そこで、TCPにもアイドルタイムアウトが設けられていて、アイドルタイムがタイムアウトしたら、コネクションエントリと戻り通信用のフィルタリングエントリを削除し、メモリを解放します。

パケットフィルタリングとの違い

　ネットワーク機器が持つ通信制御機能は、ファイアウォールの持つ「ステートフルインスペクション」と、ルータ/L3スイッチの持つ「パケットフィルタリング」のふたつに大別できます。世間では同じに扱われがち、混同しがちですが、このふたつは似て非なるものです。ファイアウォールの通信制御を「完全に」ルータやL3スイッチに置き換えることは不可能です。このふたつの大きな違いは、**コネクションベース**か**パケットベース**かの違いです。

　ステートフルインスペクションは、前項で説明したとおり、通信をコネクションとして見て、柔軟な制御を行います。実際は、これ以外にもコネクションレベルの整合性も監視していて、不整合が発生したら遮断するといった処理も行っています。たとえば、SYNが来ていないのに、ACKが飛んでくるわけがありません。そのような通信的な不整合を監視して、ブロックします。

237

図 3.1.39 ファイアウォールはコネクションの整合性をチェックしている

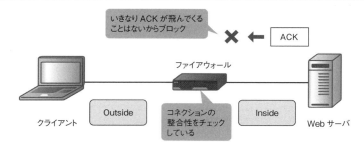

　パケットフィルタリングは、通信をパケットとして見ます。パケットを受け取ったら、毎回フィルタリングルールと照合し、許可/拒否をチェックします。ここまでは、ステートフルインスペクションと変わりません。重要なのは戻りの通信です。ステートフルインスペクションは、戻りの通信を動的に待ち受けてくれますが、パケットフィルタリングはそのように柔軟なことはしてくれません。**戻りの通信は戻りの通信で、別に許可してあげる必要があります。**

図 3.1.40 パケットフィルタリングでは戻り通信を別に許可しないといけない

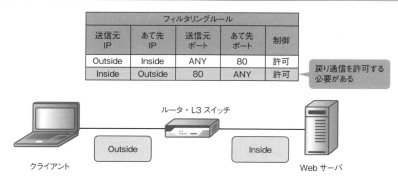

　クライアントからWebサーバに対するHTTP通信を許可する場合を例に挙げましょう。ステートフルインスペクションであれば、「クライアントからWebサーバに対してHTTPを許可する」というルールだけで、自動的に戻りの通信も許可してくれます。それに対して、パケットフィルタリングだと、クライアントからWebサーバに対するHTTPだけでなく、Webサーバからクライアントに対する通信も許可する必要があります。そして、この戻り通信用ルールが致命的な脆弱性を生み出します。Webサーバからクライアントに対する通信は、送信元ポートがTCP/80、あて先ポートはOSがランダムに選ぶTCP/1024〜65535です。**あて先ポート番号を幅広く許可しないといけません。**これはセキュリティ的に大きな問題です。サーバが乗っ取られたときに、やりたい放題できてしまいます。

図 3.1.41 戻り通信が脆弱性を生む

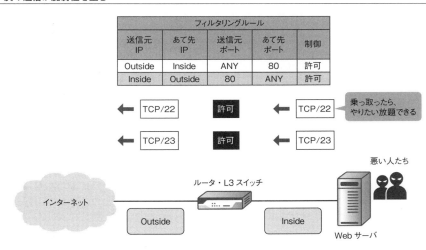

　また、機器によっては、ACKフラグやFINフラグが立っているパケットを戻り通信として許可する「Established」オプションもありますが、これもフラグさえ操作すれば、ルールをかいくぐることができるため、同じようにセキュリティ的に問題です。

図 3.1.42 Established オプションを使用しても、通信を制御しきれない。

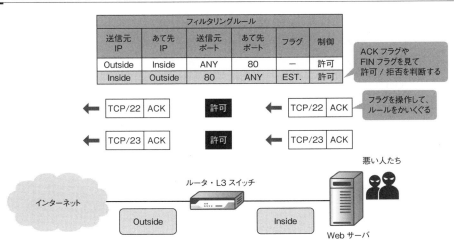

　もちろんコストや機器の問題で、どうしてもパケットフィルタリングをしないといけない場合もあるでしょう。その場合は、セキュリティ的な脆弱性をしっかり認識しておく必要があります。

セキュリティ要件に合わせてファイアウォールを選ぶ

　現在のファイアウォールは、大きく4種類に分類することができます。IPアドレスとポート番号で通信制御を行う従来の「**トラディショナルファイアウォール**（いわゆる、ファイアウォール）」、いろいろなセキュリティ機能を1台に詰め込んだ「**UTM (Unified Threat Management)**」、アプリケーションレベルで通信制御を行う「**次世代ファイアウォール**」、Webアプリケーションレベルで通信制御を行う「**WAF (Web Application Firewall)**」の4つです。ここでは、どんなときにどれを選定すべきか考慮しつつ、各ファイアウォールの機能について説明していきます。

必要最低限のセキュリティならトラディショナルファイアウォール

　トラディショナルファイアウォールは、これまで説明してきたステートフルインスペクションで動作するファイアウォールです。IPアドレスとポート番号の組み合わせで、必要最低限のセキュリティレベルを確保します。トラディショナルファイアウォールは、セキュリティ機能の王道として一時代を築きましたが、その役目を終え、UTMや次世代ファイアウォールに主役の座を譲った感があります。最近では、商用環境や本番環境で使用するファイアウォールの中で、トラディショナルファイアウォールとして市場に売り出されている製品はありません。以降で説明するUTMと次世代ファイアウォールは、トラディショナルファイアウォールをベースに、いろいろなセキュリティ機能を付加しています。

セキュリティの運用管理を楽にしたいならUTM

　UTMは、ざっくり言うと「何でもあり」の機器です。通信制御だけでなく、VPN (Virtual Private Network) も、IDS (Intrusion Detection System) /IPS (Intrusion Prevension System) も、アンチウイルスも、アンチスパムも、コンテンツフィルタリングもなんでもかんでもできてしまいます。これまで専用機器で行っていた各種防御機能を1台で賄うことができるので、機器コストや運用管理コストを大幅に縮小できます。UTMの元祖といえば、フォーティネットのFortigateシリーズです。これに追従する形で、デルのSonicWALLシリーズやジュニパーのSSGシリーズなど各社が参入してきました。

図 3.1.43 UTM でいろいろな機能をまとめる

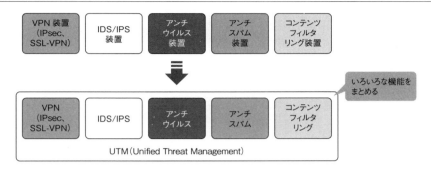

では、ここからはUTMでまとめているセキュリティ機能の概要を説明していきます。あくまで概要です。使用するプロトコルや機能の詳細はマニュアルなどで確認してください。

■ VPN

VPNはインターネット上に暗号化した仮想的な専用線を作り、いろいろな拠点、いろいろなユーザを接続する機能です。 VPNは「**拠点間VPN**」と「**リモートアクセスVPN**」のふたつに大別できます。

拠点間VPNは、いろいろな拠点を接続するために使用するVPNです。以前は拠点間を接続する場合、専用線を敷設して1対1に接続していました。この方法は確かにセキュアでわかりやすいです。しかし専用線は、距離に応じて料金が加算され、その料金もバカ高いという強烈なデメリットを抱えていました。そこで生まれたのが拠点間VPNです。インターネット上に仮想的な専用線を作って、あたかも専用線で接続しているかのように拠点間を接続します。専用線と同じように使用できるのにもかかわらず、インターネットの接続料金だけで済むため、劇的なコストダウンを図ることができます。

図 3.1.44 VPN で拠点間を接続する

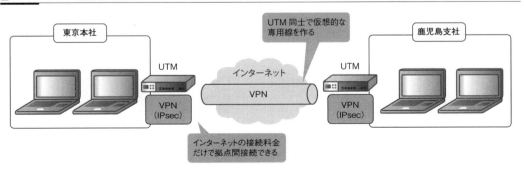

リモートアクセスVPNは、モバイルユーザのリモートアクセスで使用されています。時代は変

わり、仕事のあり方も変わりました。わざわざ遠い外出先からオフィスに戻って仕事することに意味があるでしょうか。ましてや効率的とも言えません。そんなときにリモートアクセスVPNを使用します。VPNソフトウェアを使用して会社のネットワークにVPN接続し、あたかも社内にいるかのように作業することができます。リモートアクセスVPNは「IPsec VPN」と「SSL-VPN」の2種類に大別されます。以前はIPsec VPNが主流でしたが、NAPT環境と相性が悪いこと、プロキシサーバを経由する環境では使用できないことなどから、徐々にSSL-VPNに置き換えられつつあります。

図 3.1.45 VPN で家やカフェから接続する

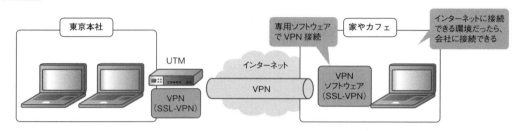

■IDS/IPS

IDS/IPSは、通信のふるまいを見て、侵入や攻撃を検知、あるいは防御する機能です。 IDSは検知のみ、IPSは検知したあと防御まで行います。

IDS/IPSは、怪しい通信のふるまいをシグネチャという形で保持しています。シグネチャは、ウイルス対策ソフトでいうパターンファイルのようなものです。自動で更新されるか、手動で更新します。実際の通信をシグネチャと照合し、侵入を検知・防御します。最近は攻撃がかなり複雑化していて、侵入かそうでないかを機械的に判断するのが難しくなっています。日本では、とりあえずIDSで検知だけして、状況を見つつIPSで止めることが多いようです。また、IDS/IPSは運用管理がポイントです。導入しただけで満足するのではなく、そのあともしっかりと環境に合わせて設定をカスタマイズしていくことが重要です。

図 3.1.46 IPS で攻撃をブロックする

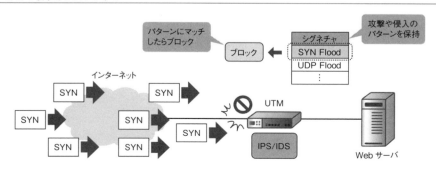

■ アンチウイルス

アンチウイルスはウイルス対策の機能です。アンチウイルスもIDS/IPSと同様に、シグネチャベースで動作します。受け取った通信をいったんUTM内部で展開し、シグネチャと照合します。シグネチャは自動で更新されるか、手動で更新します。

UTMを導入するとき管理者からよく聞かれるのが、「じゃあ、ウイルス対策ソフトはいらないの？」という質問です。答えは「ノー」です。そんなわけはありません。UTMが監視しているのはUTM自身を経由する通信だけです。たとえば、家や公衆無線LAN環境でウイルス感染したPCを社内LANに接続したら、UTMでは対応しきれません。セキュリティは多段防御が基本です。横着せずにしっかりと防御し、次々と迫りくる脅威に万全に対応していきましょう。

図3.1.47 シグネチャベースでウイルスをブロック

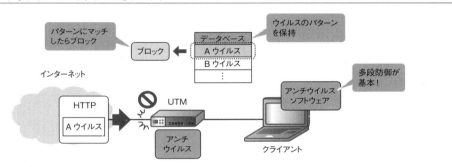

■ アンチスパム

アンチスパムは迷惑メール対策の機能です。アンチスパムはシグネチャとレピュテーションベースで動作します。シグネチャは、アンチウイルスやIDS/IPS同様に、パターンファイルのようなものです。メールによく含まれるURLや画像、用語など、各種要素をもとに迷惑メールを判断します。また、レピュテーションは、メールの送信元IPアドレスから迷惑メールを判断する技術です。迷惑メールを送信しているメールサーバの送信元IPアドレスをデータベースとして保持し、迷惑メールを判断します。

アンチスパムも運用が鍵を握っています。そのメールが万人に対して迷惑であるとは限りません。ある人にとっては必要かもしれませんし、ある人にとっては迷惑かもしれません。環境に合わせて調整していく必要があります。

図 3.1.48 アンチスパムはシグネチャやレピュテーションで迷惑メールを判断する

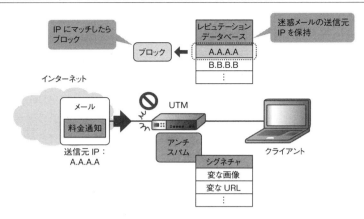

■ コンテンツフィルタリング

コンテンツフィルタリングは閲覧できるサイトを限定する機能です。UTMはいろいろなサイトのURLをカテゴリ別に分類して、データベースとして保持しています。たとえば、「違法性・犯罪性の高いサイト」「アダルトサイト」……みたいな感じです。UTMはユーザが閲覧しているURLを見て、データベースと照合し、閲覧の許可/拒否を判断します。

コンテンツフィルタリングも運用管理がポイントです。すべての企業において、そのサイトが不必要とは限りません。また、逆に必要とも限りません。導入後も環境に合わせてカスタマイズしていくことが重要です。

図 3.1.49 コンテンツフィルタリングで閲覧できるサイトを限定

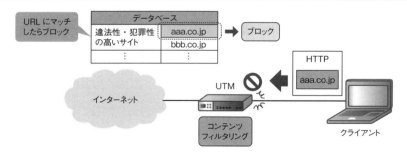

ユーザトラフィックをより細かく制御したいなら次世代ファイアウォール

次世代ファイアウォールは「**アプリケーション制御**」や「**見える化**」など、UTMより一歩くらい進んだ機能を搭載しているファイアウォールです。インターネットに対するユーザトラフィックをより細かく分類し、制御したいときに使用します。次世代ファイアウォールは、IPアドレスとポート番号に加えて、その通信のふるまいを見ることによって、アプリケーションを識別し、通信を制

御します。また、そのトラフィックをグラフや表にして統計的に管理し、見える化します。次世代ファイアウォールの元祖といえば、パロアルトネットワークスのPAシリーズです。最近はこれに追従する形で、他社も新製品を次世代ファイアウォールとしてリリースしています。

では、それぞれの機能について、もう少し具体的に説明しましょう。

■アプリケーション制御

次世代ファイアウォールは、**ポート番号をそのままアプリケーションとして識別するのではなく、複数の要素からアプリケーションを識別して、通信を制御します。**アプリケーションは複雑化の一途をたどっています。HTTPを例にとりましょう。HTTPは今やサイト閲覧の枠にとどまらず、ファイルの送受信やリアルタイムなメッセージ交換など、その上でいろいろな動作を実現させています。そこで、ただ単純にTCP/80をHTTPとして分類するだけでなく、URLやコンテンツ情報、拡張子など、いろいろな情報を見て、もっと深いところでアプリケーションを分類します。たとえば、これまでHTTPを許可すると、Facebookも見えるしTwitterも見えるといった具合に、なんでもできてしまいました。次世代ファイアウォールでは同じHTTP通信でも、Facebookは許可、Twitterは拒否、のような形にアプリケーションベースで制御を行うことができます。

図 3.1.50　次世代ファイアウォールでアプリケーションをより深く識別する

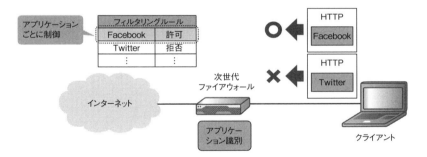

■見える化

次世代ファイアウォールのもうひとつの特徴が、通信の見える化です。どの人がどんなアプリケーションをどれだけ使用しているのか。これは管理者にとって重要な問題です。次世代ファイアウォールは識別した通信をグラフや表にして、わかりやすく表示してくれます。「それだけ？」、そう思う人もいるかもしれません。しかし、これはとても重要なことです。たくさんの統計情報を取得して、Excelで表を作って、まとめて……という管理作業は意外と面倒で、しかもできるグラフや表も正直中途半端です。このような日常的に発生しうる管理の手間を省くことができます。お金を払うだけの価値を提供してくれます。

さて、ここまで説明してきたUTMと次世代ファイアウォールですが、以前は、セキュリティ機

第3章　セキュリティ設計・負荷分散設計

能をまとめたファイアウォールのことを「UTM」、アプリケーション制御と見える化機能を持っているファイアウォールのことを「次世代ファイアウォール」と、完全に区分けがされていました。ところが、最近はUTMがアプリケーション識別と見える化機能を取り込み、次世代ファイアウォールとして売り出すようになったため、その境界が一気にあいまいになりました。これは単純に、UTMが言葉としてわかりづらく、次世代ファイアウォールのほうが言葉として時代を先取ってる感があるからでしょう。今となっては、これらの言葉の使い分けはマーケティング上だけの問題になりました。マーケティング的に操作された目先の言葉に踊らされず、どの機器がどんな機能を持っていて、自分たちがどの機能を使用する必要があるのか、しっかりと整理したうえで機器を選定していきましょう。

公開 Web サイトを守りたいなら WAF

　インターネットに公開しているWebサイトの防御に特化したファイアウォールが「**Webアプリケーションファイアウォール（WAF）**」です。トラディショナルファイアウォールの守備範囲は、ネットワーク層（IPアドレス）からトランスポート層（ポート番号）までです。そのため、たとえHTTPだけを許可して、攻撃に備えたとしても、Webサーバ上で動作しているWebサイトの脆弱性をピンポイントで攻撃されてしまったら、ひとたまりもありません。また、次世代ファイアウォールやUTMも、インターネットに対するトラフィック（アウトバウンドトラフィック）についてはアプリケーションレベルで制御できるものの、インターネットからのトラフィック（インバウンドトラフィック）についてはアプリケーションレベルで制御できません。WAFは、インバウンドのHTTPトラフィックをアプリケーションレベルで検査し、Webサイトに対する通信を制御します。WAFの有名どころといえば、F5ネットワークスのBIG-IP ASM、インパーバのSecureSphere WAFです。

表 3.1.8　WAF はインバウンドトラフィックをアプリケーションレベルで検査する

ファイアウォールの種類	送信元／あて先 IP アドレス（ネットワーク層）	送信元／あて先ポート番号（トランスポート層）	アプリケーション制御
トラディショナルファイアウォール	○	○	―
UTM	○	○	アウトバウンドトラフィックのみ
次世代ファイアウォール	○	○	アウトバウンドトラフィックのみ
Web アプリケーションファイアウォール（WAF）	―	―	インバウンドトラフィックのみ

　Webサイトに対する攻撃手法として代表的なものが、DBサーバとの連携に使用するSQL文を利用して攻撃を仕掛ける「**SQLインジェクション**」、Webブラウザの表示処理を使用して攻撃を仕

掛ける「XSS（クロスサイトスクリプティング）」、偽のWebサイトから意図しないHTTPリクエストを投げつける「CSRF（クロスサイトリクエストフォージェリ）」です。どの攻撃手法も重要な情報を抜き出したり、他人の情報を改ざんできたりと、いろいろなことができるようになってしまい、大きな経済的損失、信用失墜につながります。

表 3.1.9　Web サイトに対する代表的な攻撃手法

攻撃名	概要
SQL インジェクション	Web アプリケーションから DB サーバに対して接続する部分の脆弱性をつく攻撃。DB を改ざんしたり、不正に情報を入手したりすることができる
クロスサイトスクリプティング（XSS）	Web アプリケーションの不備をついて、攻撃者が生成した HTML タグや JavaScript を一般ユーザの Web ブラウザ上で表示・実行する攻撃。Web ブラウザに偽のクレジット番号入力画面を表示したり、一般ユーザとサーバとの間の接続を乗っ取ったりと、さまざまな攻撃を行うことができる
クロスサイトリクエストフォージェリ（CSRF）	あるサイトにログイン中のユーザに罠ページを表示させ、攻撃者が用意した Web アプリケーションへのリクエストをユーザに実行させる攻撃。SNS への意図しない書き込みや、ショッピングサイトでの買い物をさせられたりする

　WAFはこのような攻撃に対応するために、いろいろな攻撃手法のテンプレートをシグネチャとして保持しています。WAFはWebサイトに対するHTTPリクエストに含まれるデータ（HTTPヘッダやHTMLデータ）すべてを、シグネチャと突き合わせてチェックします。そして、シグネチャにヒットしたら、ログに出力したり、あるいは通信をドロップしたりします。シグネチャは指定した時刻に自動的に更新されるか、手動で更新されます。WAFを導入するときには、最初に通信をブロックせずに透過させて、実際にどんな通信が流れているかWAFに学習させます。一定期間、通信を学習させたら、その情報をもとに許可すべき通信、拒否すべき通信を設定します。

図 3.1.51　WAF で Web サイトに対する攻撃を防御する

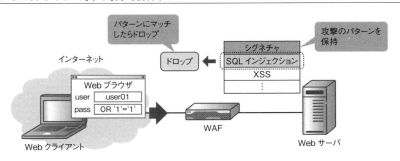

3.1.3 負荷分散装置でサーバの負荷を分散する

　トランスポート層で動作する機器をもうひとつ紹介します。「負荷分散装置」です。**負荷分散装置はネットワーク層（IPアドレス）やトランスポート層（ポート番号）の情報を利用して、複数のサーバにコネクションを割り振る機器です**。負荷分散装置上に設定した仮想的なサーバ「仮想サーバ」で受け取ったコネクションを、決められたルールをに従って「この通信はサーバ①に、この通信はサーバ②に」みたいな感じで割り振り、処理負荷を複数のサーバに分散します。負荷分散装置の王道といえば、F5ネットワークスのBIG-IP LTMでしょう。それに、シトリックスのNetScalerやA10ネットワークスのThunderが続きます。

サーバ負荷分散技術の基本はあて先NAT

　サーバ負荷分散技術の基本はあて先NATです。まずは、どのようにあて先NATしているかを説明していきましょう。

　あて先NATはコネクションテーブルの情報をもとに行われます。負荷分散装置で使用するコネクションテーブルは「送信元IPアドレス:ポート番号」「仮想IPアドレス（変換前IPアドレス）:ポート番号」「実IPアドレス（変換後IPアドレス）:ポート番号」「プロトコル」などの情報で構成されていて、どんな通信をどのサーバに負荷分散しているかを管理しています。ファイアウォールで使用するコネクションテーブルとは微妙に要素が異なります。

　では、コネクションテーブルを使用して、どのように負荷分散技術が働くかを説明していきます。まずはネットワーク環境と前提条件を整理します。クライアントが仮想サーバにHTTPアクセスし、3台のWebサーバに負荷分散するという、図3.1.52のような環境を想定します。

図 3.1.52 サーバ負荷分散技術を考える構成例

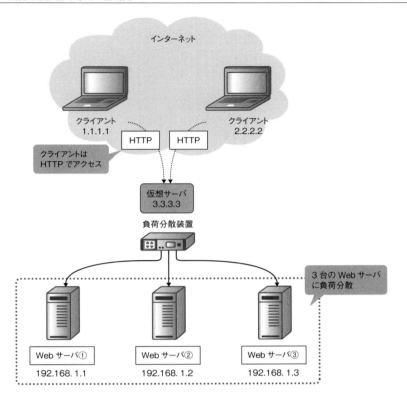

第3章 セキュリティ設計・負荷分散設計

1 負荷分散装置は仮想サーバでクライアントのコネクションを受け取ります。このときのあて先IPアドレスは仮想サーバのIPアドレス、仮想IPアドレスです。受け取ったコネクションはコネクションテーブルで管理されます。

図3.1.53　クライアントは仮想サーバにアクセスする

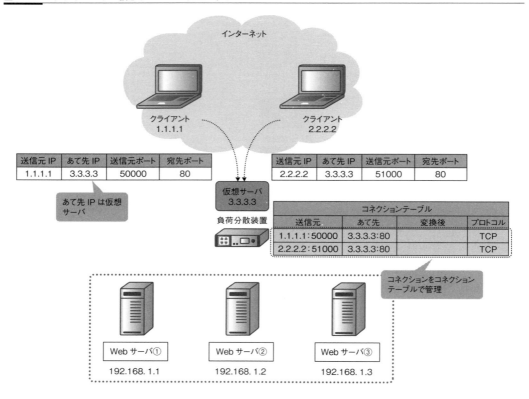

3.1 トランスポート層の技術

2 負荷分散装置は仮想IPアドレスになっているあて先IPアドレスを、それに関連付いている負荷分散対象サーバの実IPアドレスに変換します。変換する実IPアドレスをサーバの状態やコネクションの状態など、各種状態によって動的に変えるため、コネクションが分散することになります。変換した実IPアドレスもコネクションテーブルに載り、管理されます。

図 3.1.54　負荷分散装置があて先IPを変換する

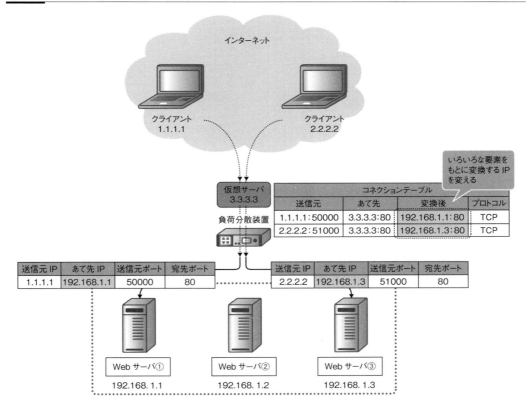

第 3 章　セキュリティ設計・負荷分散設計

3 戻りの通信です。コネクションを受け取ったサーバは、アプリケーション処理をしたあとに、デフォルトゲートウェイになっている負荷分散装置に返します。負荷分散装置は行きのあて先NATと逆の処理、つまり送信元IPアドレスをNATします。負荷分散装置は行きの通信をコネクションテーブル上でしっかり管理していて、その情報をもとにクライアントに返します。

図 3.1.55　負荷分散装置に返す

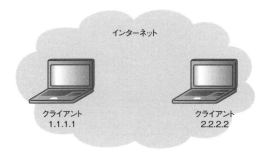
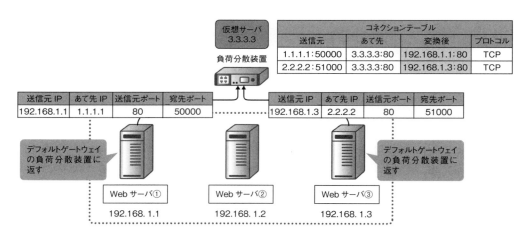

252

図 3.1.56　コネクションテーブルをもとに送信元 IP を変換する

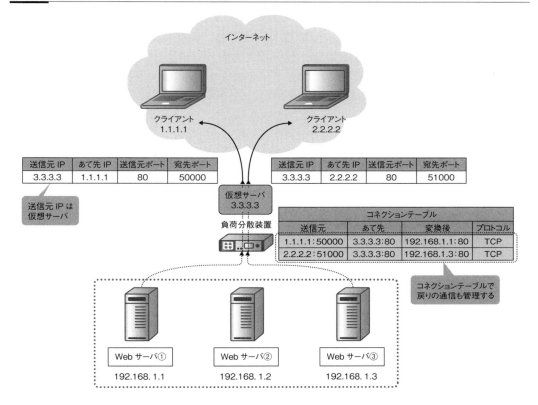

ヘルスチェックでサーバの状態を監視する

変換する実IPアドレスは「**ヘルスチェック**」と「**負荷分散方式**」というふたつの要素によって決まります。このふたつの機能をうまく利用しつつ、変換する実IPアドレスを決めます。それぞれ説明していきましょう。

3 種類のヘルスチェックでサーバを監視

ヘルスチェックは負荷分散対象のサーバの状態を監視する機能です。ダウンしているサーバにコネクションを割り振っても意味がありません。応答しないだけです。負荷分散装置は定期的にサーバが生きているかを監視パケットで監視し、ダウンと判断したら、そのサーバを負荷分散対象から切り離します。メーカーによって「ヘルスモニター」といったり、「プローブ」といったり、いろいろなのですが、すべて意味は同じです。ヘルスチェックは「**L3チェック**」「**L4チェック**」「**L7チェック**」の3種類に大別することができます。これらはチェック対象のレイヤが異なります。

■ L3チェック

L3チェックはICMPを使用してIPアドレスが生きているかをチェックします。たとえば、冗長化していないNICが壊れたり、ケーブルが抜けていたりしたら、ICMPは返ってきません。そんなときに負荷分散装置はサーバを負荷分散対象から切り離します。L3チェックが失敗すると、L4以上のすべてのサービスが提供できなくなります。したがって、L4チェックもL7チェックも失敗します。

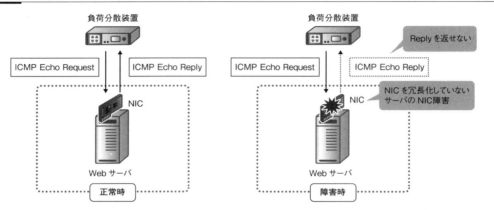

図 3.1.57　L3 チェックで IP アドレスをチェックする

■ L4チェック

L4チェックは3ウェイハンドシェイクを使用してポート番号が生きているかをチェックします。たとえば、Webサーバの場合、デフォルトでTCP/80を使用します。負荷分散装置はTCP/80に対して定期的に3ウェイハンドシェイクを実行し、応答を確認します。IISやApacheのプロセスがダウンしたら、TCP/80の応答はなくなります。そんなときに負荷分散装置はサーバを負荷分散対象から切り離します。アプリケーションはサーバプロセス上で動作します。したがって、L4チェックが失敗すると、L7チェックも失敗します。

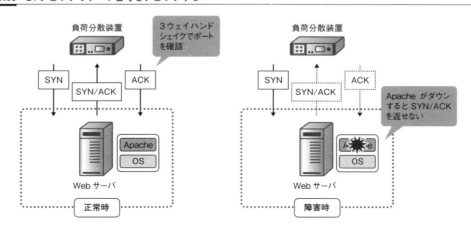

図 3.1.58　L4 チェックでポート番号をチェックする

■L7 チェック

L7チェックの「L7」はレイヤ7、つまりアプリケーション層のことを表しています。L7チェックでは、実際のアプリケーション通信を使用してアプリケーションが生きているかをチェックします。たとえば、Webアプリケーションの場合、Webアプリケーションの状態をステータスコードという形でレスポンスします。負荷分散装置はそのステータスコードを監視します。Webアプリケーションに不具合が発生したら、異常を示すステータスコードが返ってきます。そんなときに負荷分散装置はサーバを負荷分散対象から切り離します。

図 3.1.59　L7 チェックでアプリケーションをチェックする

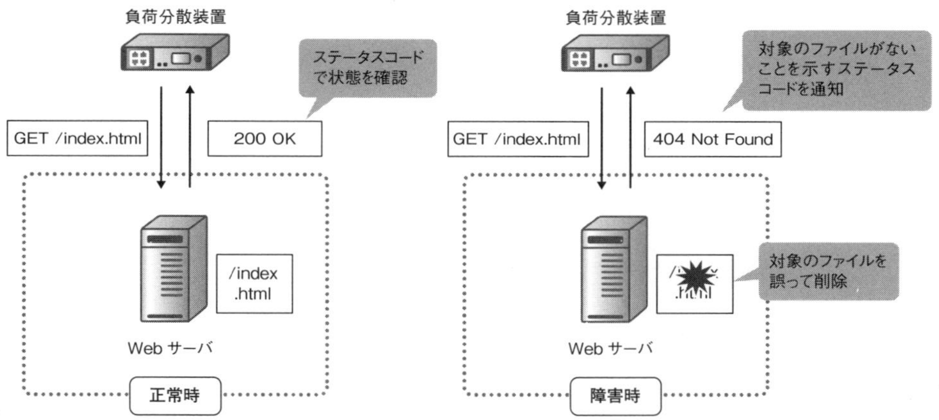

アプリケーションやサーバスペックに応じて負荷分散方式を変える

「どの情報を使って、どのサーバに割り振るか」、これが負荷分散方式です。**負荷分散方式によって、あて先NATで書き換えるあて先IPアドレスが変わります。**

負荷分散方式は大きく「静的」「動的」に大別することができます。静的な負荷分散方式はサーバの状況は関係なしに、あらかじめ定義された設定に基づいて割り振るサーバを決める方式です。動的な負荷分散方式は、サーバの状況に応じて割り振るサーバを決める方式です。それぞれ機器によってたくさんの種類がありますが、本書では代表的な負荷分散方式を静的、動的それぞれ2種類ずつ説明しましょう。

表 3.1.10　静的と動的の負荷分散がある

分類	負荷分散方式	説明
静的	ラウンドロビン	順番に割り振る
	重み付け・比率	重み付け・比率に応じて割り振る
動的	最少コネクション数	最もコネクション数の少ないサーバに割り振る
	最短応答時間	最も応答速度が速いサーバに割り振る

255

第3章　セキュリティ設計・負荷分散設計

■ラウンドロビン
「ラウンドロビン」は受け取ったリクエストを負荷分散対象のサーバに順番に割り振る**負荷分散方式**です。静的な負荷分散方式に分類されます。サーバ①→サーバ②→サーバ③みたいな感じでシンプルに割り振りを行うため、次のコネクションの予測がしやすく、管理がしやすい負荷分散方式です。同じスペックのサーバがずらりと並び、1回1回の処理が短いアプリケーションの負荷分散だとかなりの力を発揮してくれます。しかし、サーバスペックに違いがある環境だったり、パーシステンス（セッション維持機能）が必要な環境だったりしても、おかまいなしにコネクションを割り振ってしまい、効率の良い負荷分散ができません。注意が必要です。

図 3.1.60　ラウンドロビンは順番に割り振る

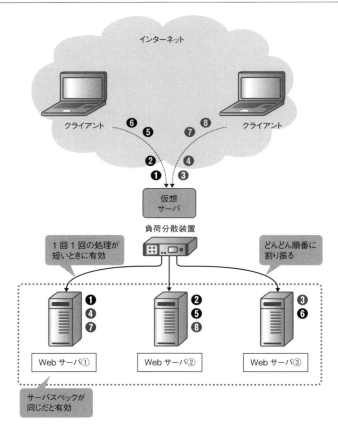

■重み付け・比率
「重み付け・比率」はあらかじめサーバごとに比率を設定しておき、その割合に応じてコネクションを割り振る**負荷分散方式**です。静的な負荷分散方式に分類されます。ラウンドロビンだと、低スペックなサーバにも関係なくコネクションが割り振られてしまいます。そこで、高スペックサーバ

には高い比率、低スペックサーバには低い比率を設定して、高スペックサーバに優先的にコネクションが割り当てられるようにします。重み付け・比率は、負荷分散対象のサーバのスペックに違いがある環境で力を発揮してくれます。

重み付け・比率は、各負荷分散方式のオプションとしての意味合いが強く、サーバのスペックに隔たりがある環境で、他の負荷分散方式と併せて使用することが多いでしょう。

図3.1.61 比率に応じて割り振る

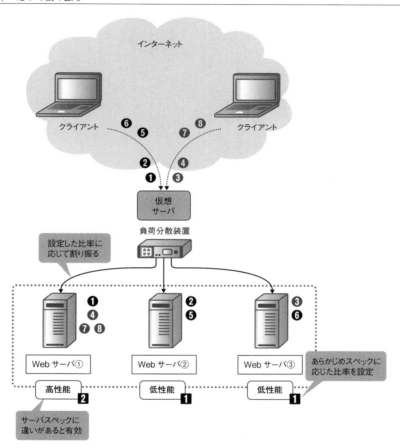

■最少コネクション数

「最少コネクション数」はコネクションが最も少ないサーバにコネクションを割り振る負荷分散方式です。動的な負荷分散方式に分類されます。負荷分散装置は負荷分散対象サーバに対するコネクション数を常にカウントしています。そして、コネクションを受け取ったときに最もコネクション数が少ない、つまり処理負荷が少ないサーバに対して割り振りを行います。

HTTP/1.1やFTPのようにコネクションを比較的長く使い続けるアプリケーションを負荷分散

第3章 セキュリティ設計・負荷分散設計

する環境や、一定時間同じサーバに転送し続けるパーシステンス（セッション維持機能）を使用する環境でとても有効です。

図3.1.62 同じコネクション数になるように割り振る

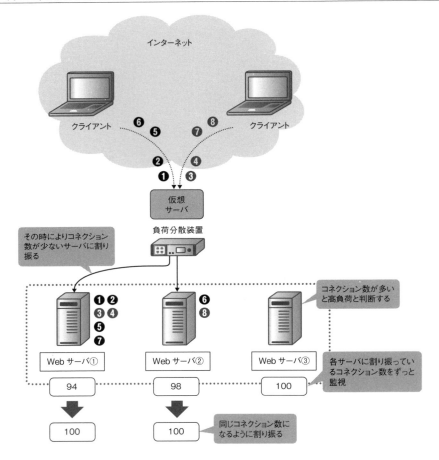

■ 最短応答時間

「最短応答時間」は、最も早く応答するサーバにコネクションを割り振る負荷分散方式です。動的な負荷分散方式に分類されます。どんなサーバでも、処理しきれなくなると反応が鈍くなってしまいます。最短応答時間はその原理を利用しています。負荷分散装置は、クライアントのリクエストとサーバのリプライをもとに応答時間を常にチェックしています。そして、コネクションを受け取ったときに最も早く応答するサーバに対して割り振りを行います。サーバの処理負荷に応じた負荷分散ができるため、スペックの異なるサーバに対して割り振りを行う環境で有効です。

図 3.1.63 より応答が早いサーバに割り振る

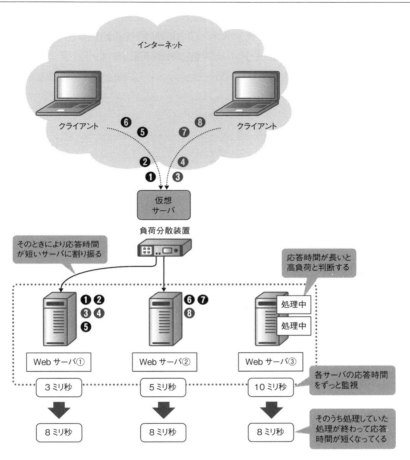

パーシステンスで同じサーバに割り振り続ける

　パーシステンスは、アプリケーションの同じセッションを同じサーバに割り振り続ける機能です。負荷分散技術なのに同じサーバに割り振り続けるなんて、ある種の矛盾を感じるかもしれませんが、大局的に見ると負荷分散していることになります。

　アプリケーションによっては、一連の処理を同じサーバで行わなければ、その処理の整合性がとれないものもあります。ショッピングサイトがよい例でしょう。ショッピングサイトは「カートに入れる」→「購入」という一連の処理を同じサーバで行う必要があります。サーバ①でカートに入れたのに、サーバ②で購入処理するなんてことはできません。サーバ①でカートに入れたら、サーバ①で購入処理もしなければなりません。そんなときにパーシステンスを使用します。「カートに入れる」→「購入」という一連の処理を同じサーバで行うことができるように、特定の情報をもとに同じサーバに割り振り続けます。

パーシステンスを支えているのが「**パーシステンステーブル**」です[*1]。パーシステンステーブルにコネクションにおける特定の情報と、割り振ったサーバを記録し、その後のコネクションを同じサーバに割り振り続けます。パーシステンステーブルに記録する情報は方式によっていろいろです。本書では一般的に使用されるパーシステンスを2種類説明します。

[*1] Cookieパーシステンス（Insertモード）についてはパーシステンステーブルで処理しない機器もあります。機器の仕様を確認してください。

図 3.1.64 パーシステンスで同じサーバに割り振り続ける

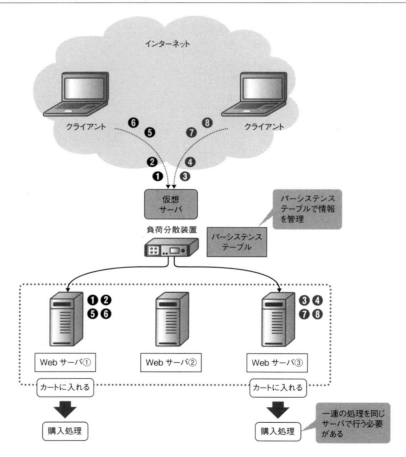

■ 送信元IPアドレスパーシステンス

「送信元IPアドレスパーシステンス」は文字どおり、送信元のIPアドレスをもとに同じサーバに割り振り続けるパーシステンスです。これはとてもわかりやすいでしょう。たとえば、1.1.1.1だったらサーバ①に割り振り続け、2.2.2.2だったらサーバ②に割り振り続けます。インターネットに公開する仮想サーバだと、コネクションの送信元IPアドレスは世界中のグローバルIPアドレスな

ので、大局的に見て負荷分散されることになります。割り振り続ける時間はアプリケーションのタイムアウト時間に合わせて設定します。アプリケーションのタイムアウト時間より少し長めに設定しておけば、処理の不整合が発生することはありません。

図3.1.65　送信元IPアドレスが同じだったら同じサーバへ

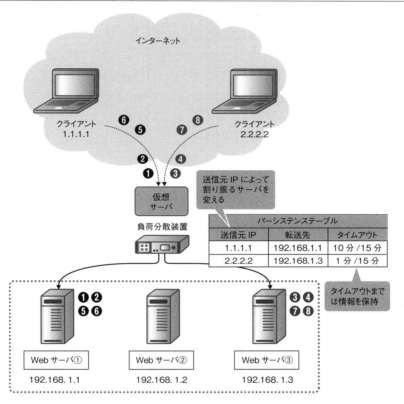

　送信元IPアドレスパーシステンスはわかりやすく、管理もしやすいパーシステンスです。しかし、同時に致命的な弱点も抱えています。**NAPT環境やプロキシ環境など、複数のクライアントが送信元IPアドレスを共有するような環境だと、うまく分散ができないのです**。たとえば、1000台のクライアントを配下に抱えるようなNAPT環境だと、1000台のクライアントすべてが1台のサーバに割り振られてしまいます。これでは負荷分散の意味をなしません。送信元IPアドレスパーシステンスは、環境を選ぶパーシステンスです。しっかりと接続環境を見極めて使用するようにしましょう。

第3章　セキュリティ設計・負荷分散設計

■ Cookie パーシステンス（Insert モード）

「Cookieパーシステンス（Insertモード）」はCookieの情報をもとに同じサーバに割り振り続けるパーシステンスです。HTTP、あるいはSSLオフロードを使用しているHTTPS環境でのみ有効です。

Cookieは、HTTPサーバとの通信で特定の情報をブラウザに保持させる仕組み、または保持したファイルのことです。FQDN（Fully Qualified Domain Name、完全修飾ドメイン名）ごとに管理されています。負荷分散装置は、**最初のHTTPレスポンスで割り振ったサーバの情報を詰め込んだCookieをクライアントに渡します**[*1]。以降のHTTPリクエストはCookieを持ちつつ行われるため、負荷分散装置はそのCookie情報を見て、同じサーバに割り振り続けます。

[*1] 実際はHTTPヘッダとして挿入します。

図 3.1.66 最初のリクエストはいつもどおり負荷分散される

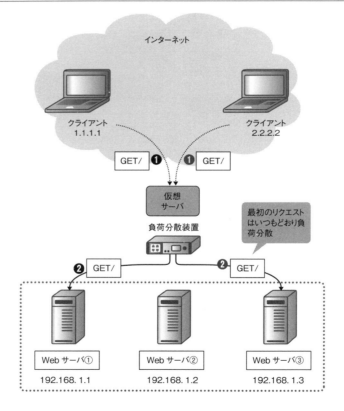

262

3.1 トランスポート層の技術

図 3.1.67　最初のレスポンスに Cookie を埋め込む

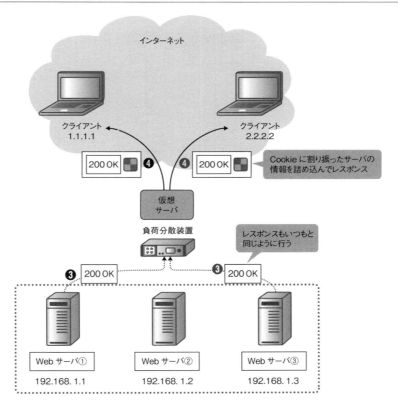

図 3.1.68　以降のリクエストは Cookie を持って行われる

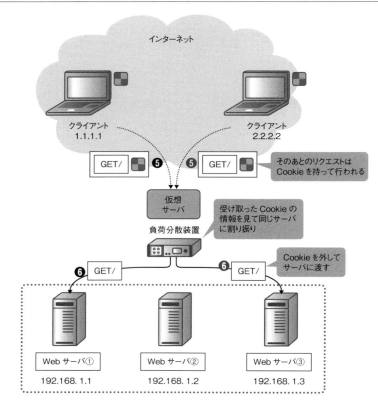

　Cookieパーシステンスは送信元IPアドレスパーシステンスと比べて、かなり柔軟なパーシステンスを提供してくれます。しかし、ブラウザのCookie受け入れが絶対条件で、かつCookie追加というアプリケーションレベルでの処理が必要になるため、その分の処理負荷がかかります。

　結局のところ、どのパーシステンスを使用しても、メリット・デメリットが発生します。アプリケーションの仕様やブラウザ環境、クライアントの接続環境など、多角的に環境を見極めて選択しましょう。

オプション機能を使いこなす

　最近の負荷分散装置は、その活躍の幅をアプリケーション層まで広げ、今や「アプリケーションデリバリコントローラ（ADC）」としての地位を確固たるものにしています。それを支えているのが負荷分散技術以外の膨大なオプション機能です。本書では、負荷分散装置の持つ豊富なオプション機能の中から「**SSLオフロード機能**」「**アプリケーションスイッチング機能**」「**コネクション集約機能**」を説明します。

SSL オフロード機能で SSL 処理を肩代わり

SSLオフロード機能は、これまでサーバで行っていたSSL (Secure Socket Layer) の処理を負荷分散装置で行う機能です。SSLは通信を暗号化/復号するための技術で、通信を改ざんや盗聴から守ります。

SSLは暗号化/復号をするために、たくさんの処理を行っていて[*1]、それがそのままサーバの負荷につながります。そこで、その処理を負荷分散装置が肩代わりします。クライアントはいつもどおりHTTPS (HTTP over SSL) でリクエストを行います[*2]。そのリクエストを受け取った負荷分散装置がフロントでSSL処理を行い、バックにいる負荷分散対象サーバにはHTTPとして渡します。サーバはSSL処理をしなくてよくなるため、処理負荷が劇的に軽減します。結果として、大局的な負荷分散を図ることができます。

[*1] SSLはp.280から詳しく説明します。
[*2] HTTPSはHTTPをSSLで暗号化したものです。

図 3.1.69 SSL オフロード機能で SSL 処理を肩代わり

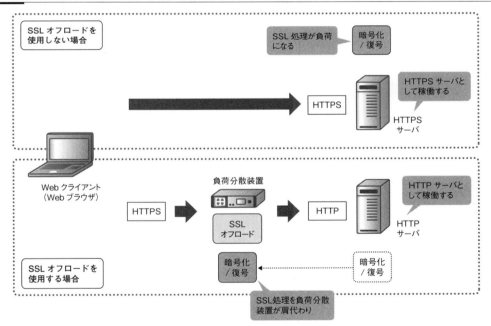

アプリケーションスイッチング機能でより深い負荷分散を実現する

これまで説明してきた負荷分散機能は、クライアントから受け取ったパケットを、ヘルスチェックと負荷分散方式によってサーバに割り振るだけの、とてもシンプルなものでした。アプリケーションスイッチング機能は、このシンプルな負荷分散機能に加えて、リクエストURI (p.277参照) やWebブラウザの種類など、アプリケーションデータに含まれるいろいろな情報をもとに、より

第3章 セキュリティ設計・負荷分散設計

きめ細かく、かつ幅広い負荷分散を行います。この機能を使用すると、たとえば画像ファイルだけを特定のサーバたちだけで負荷分散したり、スマホからのアクセスだったらスマホ用のWebサーバで負荷分散したり、いろいろなことができるようになります。アプリケーションスイッチング機能は、たとえばF5ネットワークスのBIG-IP LTMであれば「iRule」というスクリプトを使用することによって実装可能です。

図3.1.70 アプリケーションスイッチングはいろいろな負荷分散ができる

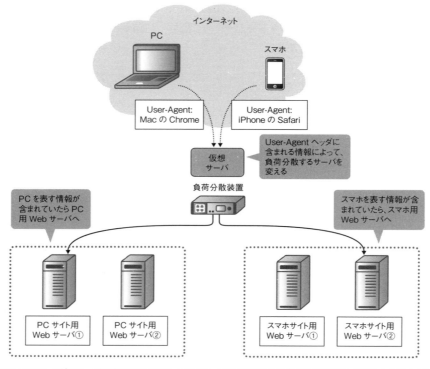

※ User-Agentヘッダはユーザ環境を表すHTTPヘッダです。実際は細かな文字列が入りますが、図はわかりやすくなるように簡単にしています。詳細はp.275で説明します。

コネクション集約機能でサーバの負荷を軽減する

コネクション集約機能は、負荷分散装置でコネクションを集約する機能です。コネクション処理の処理負荷は、単体では小さいものです。しかし、大規模サイトでは塵も積もれば山となるで、コネクション処理自体が負荷になります。そこで、負荷分散装置はフロントでクライアントコネクションを終端して処理します。また、負荷分散装置はサーバと別コネクションを張り続け、そのコネクションを使用してリクエストを渡します。サーバは負荷分散装置とだけコネクションを張っていればよいので、負荷が大きく軽減します。

3.1 トランスポート層の技術

図 3.1.71 コネクション集約機能でコネクション処理の負荷を軽減する

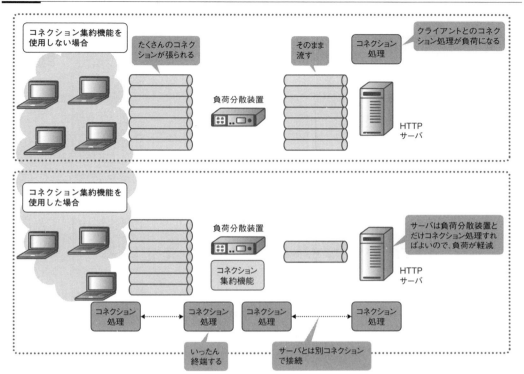

3.2 セッション層からアプリケーション層の技術

　さて、ここまで物理層からトランスポート層まで1レイヤずつ説明してきました。セッション層からアプリケーション層までは、アプリケーションが作り出すひとつのアプリケーションプロトコルとして一蓮托生に存在しています。本書では、一般的に使用することが多いアプリケーションプロトコルを、ネットワークの側面から説明していきます。なお、本節では運用管理で使用するプロトコルや冗長化で使用するプロトコルは除きます。これらについては第4章や第5章で詳しく説明します。

3.2.1　HTTP がインターネットを支えている

　アプリケーションプロトコルの中で最もなじみ深いものが「**HTTP（Hypertext Transfer Protocol）**」でしょう。このプロトコルなしにインターネットを語ることはできません。HTTPが現在のインターネットの爆発的普及を支えているといっても過言ではないでしょう。
　HTTPはもともとテキストデータを転送するためのプロトコルでした。しかし、今やその枠を飛び越え、ファイルの送受信やリアルタイムのメッセージ交換など、いろいろな用途で使用されています。

バージョンによって TCP コネクションの使い方が違う

　HTTPをネットワークの側面から見た場合、最も重要なポイントは「バージョン」です。
　HTTPは、1991年に登場して以来、「HTTP/0.9」→「HTTP/1.0」→「HTTP/1.1」→「HTTP/2」と3回のバージョンアップが行われています。どのバージョンで接続するかは、WebブラウザとWebサーバの設定次第です。お互いの設定や対応状況が異なる場合は、やりとりの中で適切なプロトコルバージョンを選択します。

3.2 セッション層からアプリケーション層の技術

図 3.2.1 HTTP バージョンの変遷

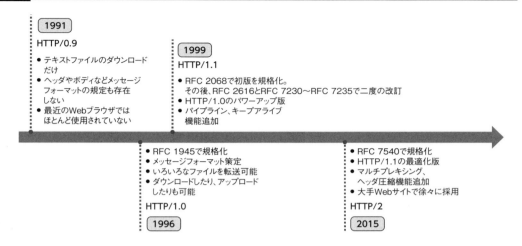

HTTP/0.9

　HTTP/0.9は、HTML（HyperText Markup Language）で記述されたテキストファイルをサーバからダウンロードするだけのシンプルなものです。今さら好き好んで使用する理由はありませんが、このシンプルさこそが、その後の爆発的な普及をもたらす要因になりました。

図 3.2.2 HTTP/0.9 はテキストファイルのダウンロードだけ

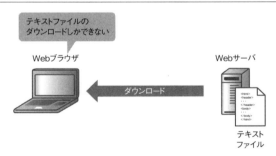

HTTP/1.0

　HTTP/1.0は、1996年にRFC 1945「Hypertext Transfer Protocol -- HTTP/1.0」で規格化されています。HTTP/1.0ではテキストファイル以外にもいろいろなファイルを扱えるようになり、そのうえアップロードや削除もできるようになっていて、プロトコルとしての幅が大きく広がっています。メッセージ（データ）のフォーマットや、リクエストとレスポンスの基本的な仕様もこの時点でほぼ確立していて、現在まで続くHTTPの礎になっています。

図 3.2.3 HTTP/1.0でアップロードや削除もできるようになった

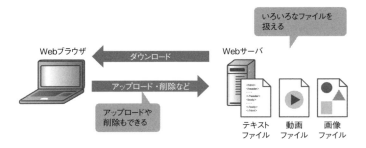

HTTP/1.1

　HTTP/1.1は、1997年にRFC 2068「Hypertext Transfer Protocol -- HTTP/1.1」で規格化され、1999年にRFC 2616「Hypertext Transfer Protocol -- HTTP/1.1」で更新されています。

　HTTP/1.1にはレスポンスを待たずに次のリクエストを送信できる「パイプライン」や、TCPコネクションを維持し続けたまま複数のリクエストを送信する「キープアライブ（持続的接続）」など、TCPレベルでのパフォーマンスを最適化するための機能が追加されています。ChromeやFirefox、Internet ExplorerなどのWebブラウザも、ApacheやIIS、nginxなどのWebサーバも、HTTP/1.1をデフォルト値として採用しており、2019年現在の標準バージョンになっています。

図 3.2.4 HTTP/1.1 では TCP レベルでのパフォーマンス最適化が図られている

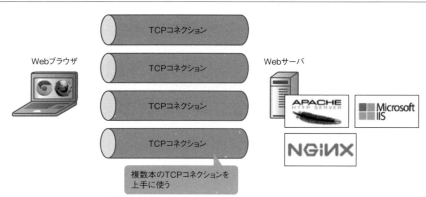

HTTP/2

　HTTP/2は、2015年にRFC 7540「Hypertext Transfer Protocol Version 2 (HTTP/2)」で規格化されています。HTTP/2には、1本のTCPコネクションでリクエストとレスポンスを並列に処理する「マルチプレキシング」や、次のリクエストが来る前に必要なコンテンツをレスポン

する「サーバプッシュ」など、TCPだけでなくアプリケーションレベルにおいてもパフォーマンスを向上させるための機能が追加されています。

HTTP/2の歴史はまだ浅いものの、Yahoo!やGoogle、TwitterやFacebookなど、大規模Webサイトではすでに採用されています。Webブラウザさえ対応していれば、気づかないうちにHTTP/2で接続しているはずです。

図3.2.5 HTTP/2はアプリケーションレベルでもパフォーマンス向上を図る

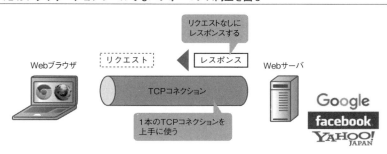

ソフトウェアのHTTP/2への対応状況は、Webブラウザ（クライアントソフトウェア）もサーバソフトウェアもバージョンによって、対応していたり、していなかったりします。2019年5月現在の対応状況については、次の表を参照してください。

表3.2.1 HTTP/2の対応状況（2019年6月現在）

クライアントサイド	
Webブラウザ	バージョン
Chrome	40〜
Firefox	35〜（デフォルトで有効になったバージョン）
Internet Explorer	11〜（Windows 10必須）
Safari	9〜

サーバサイド	
Webサーバソフトウェア	バージョン
Apache	2.4.17〜
IIS	Windows 10、Windows Server 2016
nginx	1.9.5〜
BIG-IP	11.6〜

なお、ChromeやFirefox、Internet Explorerなど、主要なWebブラウザでHTTP/2を使用する場合、暗号化通信（HTTPS通信）が必須です。非暗号化通信でHTTP/2を使用することはできません。HTTP/2サーバを構築するときに、暗号化通信に必要なデジタル証明書の取得が必要になったり、新しく設定が必要になったりするので注意してください。

最近は、Webサーバのフロントにある負荷分散装置がHTTP/2処理とSSL処理をオフロード（肩代わり）する機能を持っていたりもします。どうしてもサーバの設定を変えたくなかったり、新たにHTTP/2サーバを構築したくなかったりするときは、選択肢のひとつとして考えてもよいでしょう。

図 3.2.6　負荷分散装置で HTTP/2 と SSL の処理を肩代わり

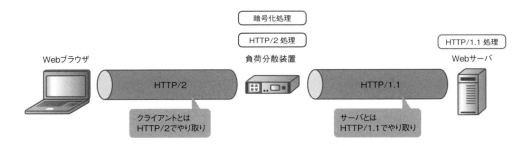

　ちなみに、Webサイトに対してHTTP/2で接続しているかどうかは、ChromeやFirefoxであれば、拡張機能（アドオン）の「HTTP/2 and SPDY indicator」をインストールするとアドレスバーで確認できるようになります。

図 3.2.7　拡張機能で HTTP/2 接続を確認できる（Firefox の場合）

HTTP はリクエストとレスポンスで成り立っている

　HTTPはクライアント（Webブラウザ）の「**HTTPリクエスト**」とサーバの「**HTTPレスポンス**」で成り立つクライアント・サーバ型のプロトコルです。クライアントはサーバに対して「○○ファイルをくださーい」や「○○ファイルを送りまーす」など、自分のやりたいことをHTTPリクエストとして伝えます。サーバは、その処理結果をHTTPレスポンスとして返します。

図 3.2.8　HTTP はクライアント・サーバ型のプロトコル

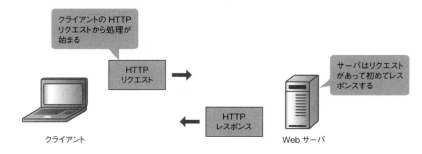

HTTP メッセージは 3 つの要素でできている

　HTTPは、バージョンアップに伴っていろいろな機能が追加されているものの、メッセージフォーマット自体はHTTP/1.0からそれほど大きく変わっていません。シンプルそのもののフォーマットが、現在進行形で進められているHTTPの進化をもたらしているといっても過言ではありません。

　HTTPでやり取りする情報のことを「**HTTPメッセージ**」といいます。HTTPメッセージには、Webブラウザがサーバに処理をお願いする「**リクエストメッセージ**」と、サーバがWebブラウザに対して処理結果を返す「**レスポンスメッセージ**」の2種類があります。どちらのメッセージもHTTPメッセージの種類を表す「**スタートライン**」、制御情報が複数行にわたって記述されている「**メッセージヘッダ**」、アプリケーションデータの本文（HTTPペイロード）を表す「**メッセージボディ**」の3つで構成されていて、メッセージヘッダとメッセージボディは境界線を示す空行の改行コード（\r\n）でくっついています。

図 3.2.9　HTTP メッセージはメッセージヘッダとメッセージボディでできている

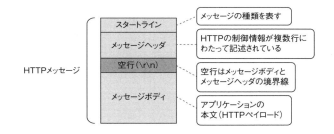

図 3.2.10　HTTP メッセージを Wireshark で解析した画面

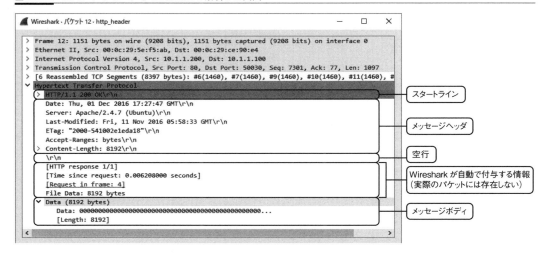

第3章　セキュリティ設計・負荷分散設計

このうちネットワークにとって重要なのはメッセージヘッダです。メッセージヘッダにはHTTPのやり取りに関連する制御情報がHTTPヘッダとして複数行にわたって記述されています。クライアントとサーバそれぞれで、この情報を見て、圧縮したり、持続的接続をしたり、ファイルの種類を判別したりといった制御を行います。本書では、一般的によく見るHTTPヘッダをいくつか紹介します。

■ Connection ヘッダ、Keep-Alive ヘッダ

「Connectionヘッダ」と「Keep-Aliveヘッダ」は、どちらもキープアライブ（持続的接続）を制御するヘッダです。Webブラウザは、Connectionヘッダに「keep-alive」をセットして、「キープアライブをサポートしているよー」とWebサーバへ伝えます。それに対して、Webサーバも同じように、Connectionヘッダに「keep-alive」をセットしてレスポンスします。また、併せてKeep-Aliveヘッダを使用して、次のリクエストがこないときにタイムアウトする時間（timeoutディレクティブ）や、そのTCPコネクションにおける残りリクエスト数（maxディレクティブ）など、キープアライブに関する情報を加えます。ちなみに、Connectionヘッダに「close」がセットされたら、TCPコネクションをクローズします。

負荷分散装置は、このふたつのヘッダを利用して、コネクション集約を実行しています。

図 3.2.11　Connection ヘッダで持続的接続を管理する

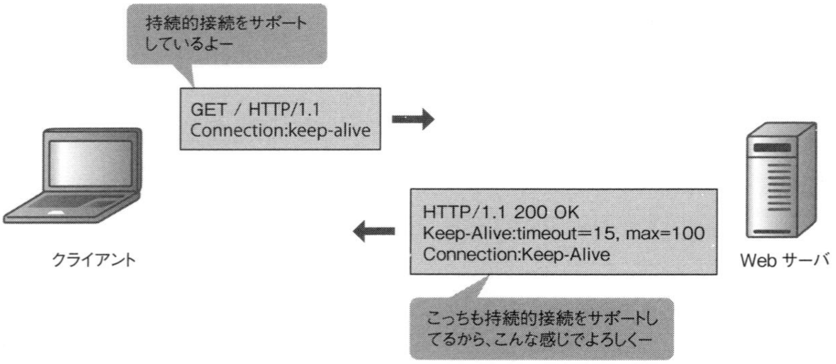

■ Accept-Encoding ヘッダ、Content-Encoding ヘッダ

「Accept-Encodingヘッダ」と「Content-Encodingヘッダ」はHTTP圧縮を管理しているHTTPヘッダです。WebブラウザはAccept-Encodingヘッダで「こんな圧縮だったらサポートできるよー」と伝えます。それに対して、サーバはメッセージボディを圧縮するとContent-Encodingヘッダで「○○方式で圧縮したよー」と返します。

負荷分散装置はこのふたつのヘッダと、ファイルの種類を示す「Content-typeヘッダ」を利用して、効率的なHTTP圧縮を行っています。

274

図 3.2.12 Accept-Encoding ヘッダと Content-Encoding ヘッダで HTTP 圧縮を管理する

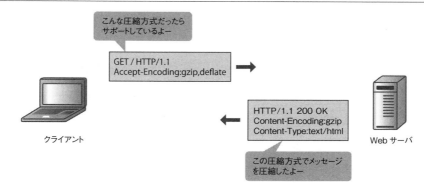

■ User-Agent ヘッダ

「User-Agentヘッダ」は、WebブラウザやOSなど、ユーザの環境を表すヘッダです。ユーザがどのWebブラウザのどのバージョンを使用し、どのOSのどのバージョンを使用しているのか。これはWebサイトの管理者にとって、アクセス解析するうえで必要不可欠な情報です。この情報をもとに、Webサイトのコンテンツをユーザのアクセス環境に合わせてデザインし直したり、内容を最適化したりします。

図 3.2.13 User-Agent ヘッダは Web ブラウザや OS など、ユーザの環境を表わす

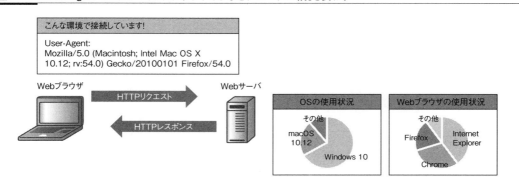

User-Agentヘッダの内容には統一されたフォーマットがなく、Webブラウザごとに異なっています。特にここ最近は、Microsoft Edgeなのに「Chrome」や「Safari」の文字列が入っていたり、Chromeなのに「Safari」の文字列が入っていたりと、やりたい放題です。したがって、どのOSのどのブラウザを表しているのかは、ヘッダ全体を見て判断する必要があるでしょう。たとえばWindows 10のFirefoxの場合、次の文字列要素で構成されています。

図 3.2.14 User-Agent ヘッダのフォーマット（Windows 10 の Firefox の場合）

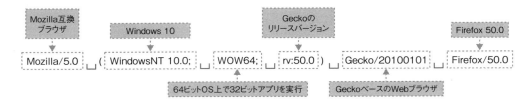

　さて、ユーザのアクセス環境を簡単に把握できて、便利なUser-Agentヘッダですが、すべてのデータをそのまま鵜呑みにするのは危険です。User-AgentヘッダはFiddlerなどのツールや「User-Agent Switcher」などのWebブラウザの拡張機能（アドオン）で簡単に改変可能です。あくまで参考程度で考えておくのが賢明でしょう。

■ **Cookie ヘッダ**

　Cookieは、HTTPサーバとの通信で特定の情報をブラウザに保持させる仕組み、または保持したファイルのことです。CookieはWebブラウザ上でFQDN（Fully Qualified Domain Name、完全修飾ドメイン名）ごとに管理されています。ショッピングサイトやSNSサイトで、ユーザ名とパスワードを入力していないのに、なぜかログインしていることはありませんか。これはCookieのおかげです。クライアントがユーザ名とパスワードでログインに成功すると、サーバはセッションIDを発行し、Set-Cookieヘッダでレスポンスします。その後のリクエストは、Cookieヘッダにセッション ID を入れて行われるため、自動的にログインが実行されます。

図 3.2.15 サーバがセッション ID を発行して、Cookie で渡す

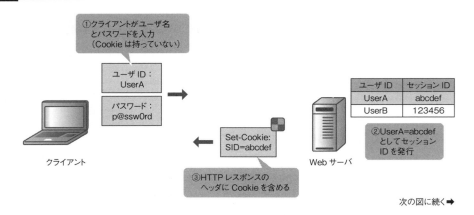

3.2 セッション層からアプリケーション層の技術

図 3.2.16　Cookie ヘッダにセッション ID を入れてリクエスト

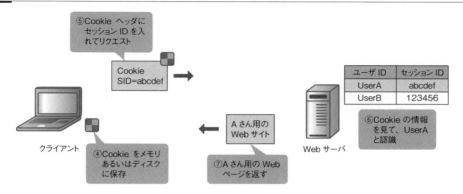

　負荷分散装置のCookieパーシステンス（Insertモード）はこのCookieの仕組みを応用したものです。負荷分散装置は初回のレスポンスで割り振ったサーバの情報を含むCookieをSet-Cookieヘッダで渡します。以降のリクエストはCookieヘッダが入った状態で行われるので、同じサーバに割り振り続けることができます。

■ いくつかのメソッドで HTTP リクエストする

　クライアントは、リクエストメッセージのスタートラインに記述する「リクエストライン」でHTTPリクエストの内容を伝えます。

　リクエストラインは、リクエストの種類を表す「メソッド」、リソースの識別子を表す「リクエストURI（Uniform Resource Identifier）」、HTTPのバージョンを表す「HTTPバージョン」の3つで構成されています。Webブラウザは任意のHTTPバージョンで、リクエストURIで示されているWebサーバ上のリソース（ファイル）に対してメソッドを使用して、処理を要求します。

図 3.2.17　リクエストライン

図 3.2.18 リクエストラインで HTTP リクエストの内容を伝える

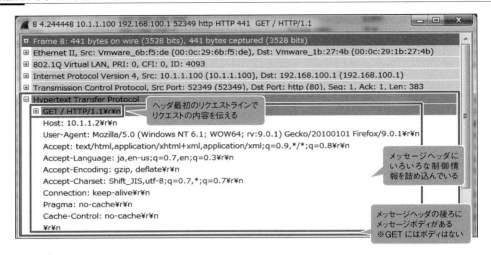

この中でも特に重要な要素が「メソッド」です。リクエストラインで使用するメソッドは数種類しかなく、とてもシンプルです。次の表に一般的によく使用するメソッドを列挙しておきます。参考にしてください。

表 3.2.2 メソッドはリクエストの種類を表す

メソッド	内容	対応バージョン
OPTIONS	サーバがサポートするメソッドやオプションを調べる	HTTP/1.1 〜
GET	サーバからデータを取得する	HTTP/0.9 〜
HEAD	メッセージヘッダのみを取得する	HTTP/1.0 〜
POST	サーバへデータを転送する	HTTP/1.0 〜
PUT	サーバへローカルにあるファイルを転送する	HTTP/1.1 〜
DELETE	ファイルを削除する	HTTP/1.1 〜
TRACE	サーバへの経路を確認する	HTTP/1.1 〜
CONNECT	プロキシサーバにトンネリングを要求する	HTTP/1.1 〜

ステータスコードで状態を伝える

HTTPリクエストを受け取ったサーバは、レスポンスメッセージのスタートラインに記述する「ステータスライン」で処理結果を返します。ステータスラインは、HTTPのバージョンを表す「HTTPバージョン」、処理結果の概要を3桁の数字で表す「ステータスコード」、その理由を表す「リーズンフレーズ」で構成されています。

図 3.2.19　ステータスライン

　この中でも特に重要な要素がステータスコードです。**ステータスコードは処理結果を表す3桁の番号です**。それぞれに意味があって、たとえば、Webサーバが正常に動作している場合、「200 OK」が返ってきます。また、コンテンツ自体が存在しなかった場合、「404 Not Found」が返ってきます。

図 3.2.20　ステータスラインで処理結果を返す

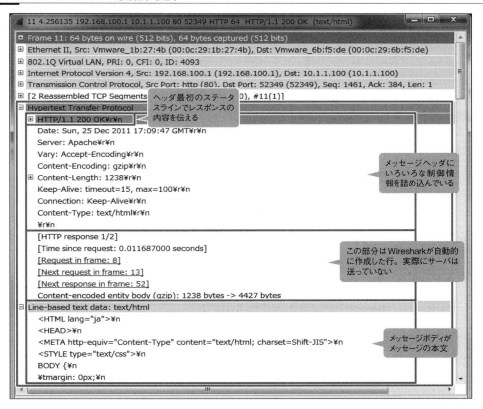

第 3 章　セキュリティ設計・負荷分散設計

表 3.2.3　ステータスコードとリーズンフレーズでサーバの状態を伝える

クラス		ステータスコード	リーズンフレーズ	説明
1xx	Informational	100	Continue	クライアントはリクエストを継続できる
		101	Switching Protocols	Upgrade ヘッダを使用して、プロトコル、あるいはバージョンを変更する
2xx	Success	200	OK	正常に処理が完了した
3xx	Redirection	301	Moved Permanently	Location ヘッダを使用して、別の URI にリダイレクト（転送）する。恒久対応
		302	Found	Location ヘッダを使用して、別の URI にリダイレクト（転送）する。暫定対応
		304	Not Modified	リソースが更新されていない
4xx	Client Error	400	Bad Request	リクエストの構文に誤りがある
		401	Unauthorized	認証に失敗した
		403	Forbidden	そのリソースに対してアクセスが拒否された
		404	Not Found	そのリソースが存在しない
		406	Not Acceptable	対応している種類のファイルがない
		412	Precondition Failed	前提条件を満たしていない
5xx	Server Error	503	Service Unavailable	Web サーバアプリケーションに障害発生
		504	Gateway Timeout	Web サーバから応答がない

3.2.2　SSL/TLS でデータを守る

　SSL（Secure Socket Layer）/TLS（Transport Layer Security）は、アプリケーションデータを暗号化するプロトコルです。今や日常生活の一部になったインターネットですが、いつどんなときも見えない脅威と隣り合わせにいることを忘れてはいけません。世界中のありとあらゆる人たち、モノたちが論理的にひとつにつながっているインターネットでは、いつ誰がデータをのぞき見したり、書き換えたりするかわかりません。SSL/TLS[1]は、データを暗号化したり、通信相手を認証したりすることによって、大切なデータを守ります。

　＊1　TLSはSSLをバージョンアップしたものです。ここからは文章の読みやすさのために、「SSL/TLS」を表すところを「SSL」と記載しますが、同時に「TLS」も含まれると考えてください。

280

3.2 セッション層からアプリケーション層の技術

図 3.2.21　ネットワーク上でいろいろな情報がやり取りされている

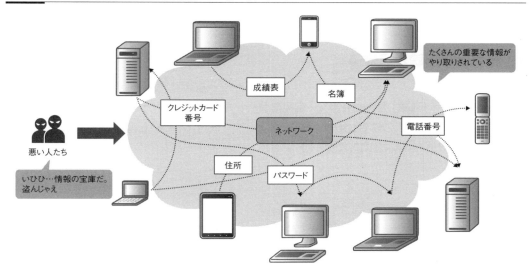

　ネットサーフィンをしていて、Webブラウザ上のURLが「https://～」となって、錠前マークが表示されることはありませんか。これはSSLで通信が暗号化されていて、データが守られていることを表しています。HTTPSは「HTTP over SSL」の略で、HTTPをSSLで暗号化したものです。

図 3.2.22　Web ブラウザの表示で HTTP が暗号化されているかがわかる

　ちなみに、GoogleやYahoo!など一般的によく知られている大規模Webサイトは、HTTPでアクセスしても、HTTPSサイトに強制的にリダイレクト（転送）されるようになっています。今や、インターネットを流れるトラフィックの70～80%はHTTPSになり、時代は徐々に、すべてのトラフィックがSSLで暗号化される「**常時SSL化時代**」へと移行しつつあります。

「盗聴」「改ざん」「なりすまし」の脅威から守る

　インターネットはすぐに必要な情報を手に入れることができたり、すぐに商品を購入できたりする、とても便利な世界です。しかし、同時に脅威だらけの世界でもあります。SSLはそんな脅威

の中でも「盗聴」「改ざん」「なりすまし」という3つの脅威からデータを守る技術を組み合わせてできています。それぞれの脅威にどんな技術で対抗しているのか、説明しましょう。

暗号化で盗聴から守る

　暗号化は、決められたルールに基づいてデータを変換する技術です。暗号化によって、第三者がデータを盗み見る「盗聴」を防止します。重要なデータがそのままの状態で流れていたら、つい見たくなってしまうのが人の性でしょう。SSLはデータを暗号化することによって、たとえ盗聴されても内容がわからないようにします。

図 3.2.23　暗号化で盗聴から守る

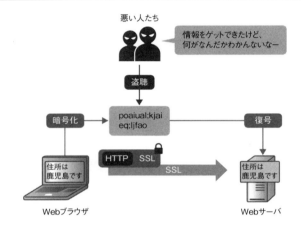

ハッシュ化で改ざんから守る

　ハッシュ化は、アプリケーションデータから、決められた計算（ハッシュ関数）に基づいて固定長のデータ（ハッシュ値）を取り出す技術です。アプリケーションデータが変わると、ハッシュ値も変わります。この仕組みを利用して、第三者がデータを書き換える「改ざん」を検知できます。SSLはデータが改ざんされていないかどうかを確認するために、ハッシュ値をデータとあわせて送信します。それを受け取った端末は、データから計算したハッシュ値と、添付されているハッシュ値を比較して、改ざんされていないか確認します。同じデータに対して同じ計算をするので、同じハッシュ値だったらデータが改ざんされていないことになります。

図 3.2.24　ハッシュ化で改ざんから守る

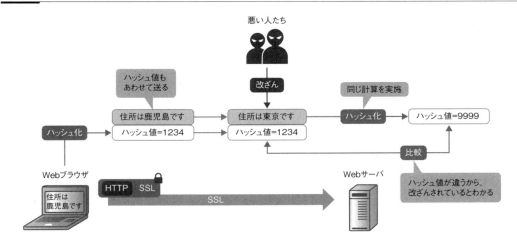

デジタル証明書でなりすましから守る

デジタル証明書は、その端末が本物であることを証明するファイルのことです。デジタル証明書をもとに、通信相手が本物かどうかを確認することによって、「なりすまし」を防止できます。SSLでは、データを送信するのに先立って「あなたの情報をください」とお願いして、送られてきたデジタル証明書をもとに正しい相手か確認します。

ちなみに、デジタル証明書が本物かどうかは、「**認証局 (CA、Certificate Authority)**」と呼ばれる信頼されている機関の「**デジタル署名**」によって判断します。デジタル署名は、お墨付きのようなイメージです。デジタル証明書は、シマンテックやセコムトラストなどの認証局からデジタル署名というお墨付きをもらって初めて、世の中的に本物と認められます。

図 3.2.25　デジタル証明書でなりすましから守る

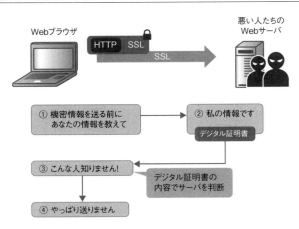

SSL はいろいろなアプリケーションプロトコルを暗号化できる

　SSLはHTTP専用の暗号化プロトコルと勘違いされがちですが、必ずしもそういうわけではありません。たまたまHTTPSが世の中に最も多く出回っているから、そう感じられるだけです。SSLはトランスポート層で動作し、アプリケーションプロトコルとは独立して動作します。TCPを利用するので、TCPの上、アプリケーションの下、イメージ的には4.5層で動作します。SSLはTCPアプリケーションプロトコルを暗号化対象としています。したがって、たとえば、ファイル転送で使用するFTPや、メールで使用するSMTPもSSLで暗号化することができます。その場合、「FTP over SSL（FTPS）」や「SMTP over SSL（SMTPS）」といった具合に「○○ over SSL」と呼ばれます。

図 3.2.26　SSL でいろんな TCP アプリケーションを暗号化できる

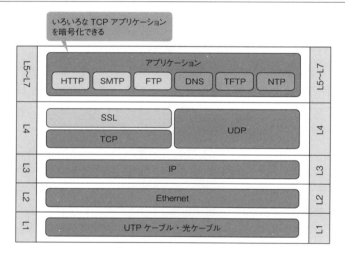

SSL はハイブリッド暗号化方式で暗号化する

　暗号化技術は「暗号化」と「復号」の関係で成り立っています。
　送信者は送りたい平文と暗号化するための鍵「**暗号鍵**」を、数学的な計算手順「**暗号化アルゴリズム**」に入れて施錠して、暗号文に変換します（暗号化）。それに対して、受信者は受け取った暗号文と復号するための鍵「復号鍵」を、数学的な計算手順「復号アルゴリズム」に入れて開錠し、元の平文を取り出します（復号）。ネットワークにおける暗号化技術は、この暗号鍵と復号鍵の使い方によって「**共通鍵暗号化方式**」と「**公開鍵暗号化方式**」の2種類に大別されています。では、それぞれ説明していきましょう。

図 3.2.27　暗号化技術は暗号化と復号の関係で成り立っている

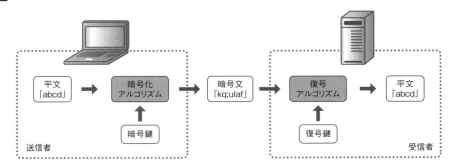

共通鍵暗号化方式で高速に処理する

　共通鍵暗号化方式は、暗号鍵と復号鍵に同じ鍵を使用する暗号化方式です。同じ鍵を対称的に使用することから「対称鍵暗号化方式」とも呼ばれています。送信者と受信者は前もって同じ鍵を共有していて、暗号鍵で暗号化し、暗号鍵とまったく同じ復号鍵で復号します。「3DES (Triple Data Encryption Standard)」、「AES (Advanced Encryption Standard)」「Camellia」がこの暗号化方式に該当します。

　共通鍵暗号化方式のメリットは、なんといってもその処理速度でしょう。仕組みが単純明快なので、暗号化処理も復号処理も高速です。デメリットは鍵配送の問題でしょう。共通鍵暗号化方式は暗号鍵と復号鍵が同じものなので、その鍵を入手されてしまったら、その時点でアウトです。**両者で共有する鍵をどうやって相手に渡すか、この方法を別に考える必要があります。**

図 3.2.28　共通鍵暗号化方式は暗号鍵と復号鍵が同じ

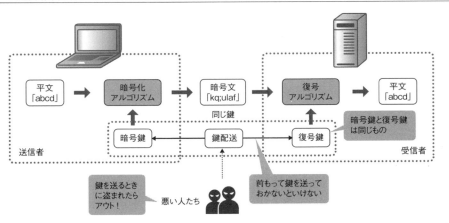

公開鍵暗号化方式で鍵配送問題に対応する

公開鍵暗号化方式は、暗号鍵と復号鍵に異なる鍵を使用する暗号化方式です。異なる鍵を非対称的に使用することから「非対称鍵暗号化方式」とも呼ばれています。「RSA」や「DH/DHE(ディフィー・ヘルマン鍵共有)」、「ECDH/ECDHE(楕円曲線ディフィーヘルマン鍵共有)」がこの暗号化方式に該当します。

公開鍵暗号化方式を支えているのが「**公開鍵**」と「**秘密鍵**」です。その名のとおり、公開鍵はみんなに公開してよい鍵で、秘密鍵はみんなには秘密にしておかないといけない鍵です。このふたつは「**鍵ペア**」と呼ばれ、ペアで存在しています。鍵ペアは数学的な関係から成り立っていて、片方の鍵からもう片方の鍵を算出できないようにできています。また、片方の鍵で暗号化した暗号文は、もう片方の鍵でなければ復号できないようにできています。

では、この鍵ペアを使用して、公開鍵暗号化方式がどのように働くか、順を追って説明します。

1 受信者は公開鍵と秘密鍵(鍵ペア)を作ります。

2 受信者は公開鍵をみんなに公開・配布し、秘密鍵だけを保管します。

3 送信者は公開鍵を暗号鍵として暗号化して、送信します。

4 受信者は秘密鍵を復号鍵として復号します。

図 3.2.29　公開鍵暗号化方式は公開鍵と秘密鍵を使用する

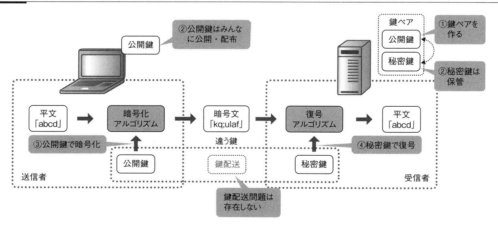

公開鍵暗号化方式のメリットは鍵配送でしょう。暗号化に使用する公開鍵はみんなに公開している鍵です。公開鍵は秘密鍵がない限り機能しないし、公開鍵から秘密鍵が算出できないようにできています。したがって、鍵配送うんぬんを気にする必要はありません。一方、デメリットはその処理速度でしょう。公開鍵暗号化方式は処理が複雑なので、その分暗号化処理と復号処理に時間がかかります。

ハイブリッド暗号化方式でいいとこ取り

　公開鍵暗号化方式と共通鍵暗号化方式はメリットとデメリットがちょうど逆の関係で成り立っています。そこに注目してできた暗号化方式が「**ハイブリッド暗号化方式**」です。SSLはこのハイブリッド暗号化方式を採用しています。ハイブリッド暗号化方式は、共通鍵暗号化方式のメリットである高速処理と、公開鍵暗号化方式のメリットである鍵配送問題の解決、この両方をいいとこ取りした暗号化方式です。

表3.2.4　メリットとデメリットが逆になっている

暗号化方式	共通鍵暗号化方式	公開鍵暗号化方式
代表的な暗号化の種類	3DES、AES、Camellia	RSA、DH/DHE、ECDH/ECDHE
鍵の管理	通信相手ごとに管理	公開鍵と秘密鍵を管理
処理速度	速い	遅い
処理負荷	軽い	重い
鍵配送問題	あり	なし

　メッセージは共通鍵暗号化方式で暗号化します。共通鍵暗号化方式を使用することで処理の高速化を図っています。また、共通鍵暗号化方式で使用する鍵は公開鍵暗号化方式で暗号化します。公開鍵暗号化方式を使用することで、鍵配送問題を解決しています。

　では、実際の流れを見てみましょう。**1**から**4**が公開鍵暗号化方式、**5**から**6**が共通鍵暗号化方式です。

1　受信者は公開鍵と秘密鍵を作ります。

2　受信者は公開鍵をみんなに公開・配布し、秘密鍵だけを保管します。

3　送信者は共通鍵(共通鍵暗号化方式で使用する鍵)を公開鍵で暗号化して送ります。

4　受信者は秘密鍵で復号して、共通鍵を取り出します。この時点でメッセージの暗号化・復号で使用する鍵が両者で共有されます。

5　送信者は共通鍵でメッセージを暗号化して送ります。

6　受信者は共通鍵でメッセージを復号します。

図 3.2.30　ハイブリッド暗号化方式はいいとこ取り

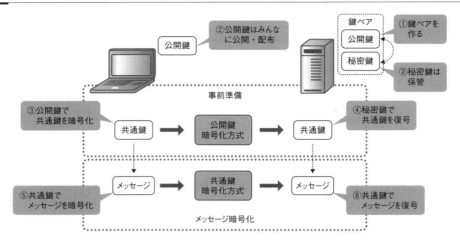

ハッシュ値を比較する

　ハッシュ化は、アプリケーションデータをハッシュドポテトのように細切れにして、同じサイズのデータにまとめる技術です。メッセージを要約しているようなイメージから「メッセージダイジェスト」と言ったり、メッセージの指紋を採っているようなイメージから「フィンガープリント」と言ったりもします。

ハッシュ値を比較したほうが効率的

　あるデータとあるデータがまったく同じであるか、改ざんされていないか（完全性、正真性）を確認したいとき、データそのものをツールで比較するのが最も簡単で手っ取り早い方法でしょう。この方法はデータのサイズが小さいときは、かなり有効です。しかし、サイズが大きくなると、そういうわけにはいきません。比較しようにも時間がかかりますし、処理負荷もかかります。そこで、データをハッシュ化して、比較しやすくします。
　ハッシュ化は「**一方向ハッシュ関数**」という特殊な計算を利用して、データをめった切りにして、同じサイズの「**ハッシュ値**」にギュッとまとめます。一方向ハッシュ関数とハッシュ値は、具体的には以下のような性質を持ちます。

■データが異なると、ハッシュ値も異なる
　一方向ハッシュ関数といっても、結局のところ計算以外の何物でもありません。1に5を掛けると5にしかならないのと同じように、データが1ビットでも違うとハッシュ値はまったく異なるものになります。この性質を利用して、データの改ざんを検知することができます。

図 3.2.31　1ビット違うだけでまったく違うハッシュ値になる

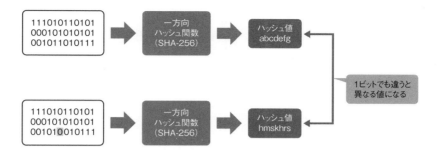

■データが同じだと、ハッシュ値も同じ

　ざっくり言ってしまうと、前項の逆です。「そりゃあ、そうだろ…」と思う人もいるかもしれませんが、もし一方向ハッシュ関数の計算式の中に日付や時刻のような変動要素が含まれていたなら、データが同じでも値が変わる可能性は十二分にあります。一方向ハッシュ関数には上記のような変動要素が含まれていないため、データが同じだとハッシュ値も必ず同じものになります。この性質を利用して、いつでもデータを比較することができます。

図 3.2.32　データが同じだとハッシュ値も同じ

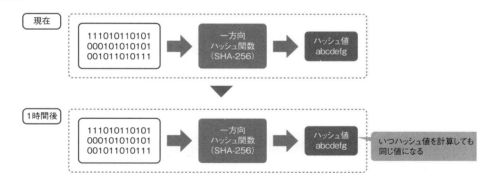

■ハッシュ値から元データには戻せない

　ハッシュ値はあくまでデータの要約です。本の要約だけを読んでも、本文すべてを理解できないのと同じように、ハッシュ値から元データを復元することはできません。元データ→ハッシュ値の一方通行です。したがって、たとえ誰かにハッシュ値を盗まれたとしても、セキュリティ的な問題になることはありません。

図3.2.33　ハッシュ関数の処理は一方通行

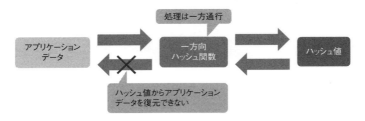

■ データのサイズが異なっても、ハッシュ値のサイズは固定

　一方向ハッシュ関数によって算出されるハッシュ値の長さは、データが1ビットであろうと、1メガであろうと、1ギガであろうと同じです。たとえば、最近よく使用されるSHA-256で算出されるハッシュ値の長さは、元データのサイズにかかわらず、絶対に256ビットです。この性質を利用すると、決められた範囲だけを比較すればよくなるので、処理を高速化できます。また、比較処理にかかる負荷を抑えることもできます。

図3.2.34　ハッシュ値のサイズは同じになる

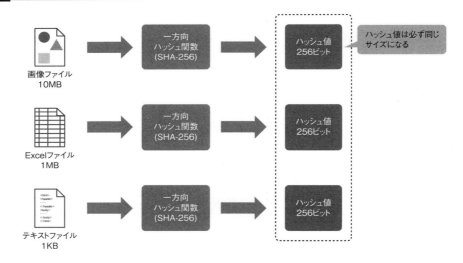

　SSLでは、このハッシュ化を「アプリケーションデータの検証」と「デジタル証明書の検証」に使用しています。それぞれの場合について説明します。

▌アプリケーションデータの検証

　これはハッシュ化の最もオーソドックスな使い方でしょう。送信者はアプリケーションデータとハッシュ値を送ります。受信者はアプリケーションデータからハッシュ値を計算し、送られてきた

ハッシュ値と自分が計算したハッシュ値を比較します。その結果、一致したら改ざんされていない、一致しなかったら改ざんされていると判断します。

SSLではこれに加えてもうひとつ、「**メッセージ認証コード（MAC、Message Authentication Code）**」という、セキュリティ的な要素を加えています。メッセージ認証コードは、アプリケーションデータと共通鍵（MAC鍵）をまぜこぜにして、ハッシュ値（MAC値）を計算する技術です。一方向ハッシュ関数に共通鍵の要素が加わるため、改ざんの検知だけでなく、相手を認証することもできます。

図 3.2.35 メッセージ認証コード

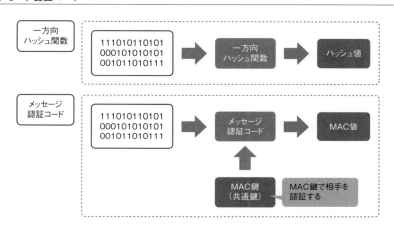

図 3.2.36 メッセージ認証でアプリケーションデータを検証する

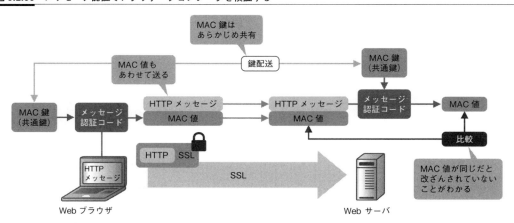

なお、共通鍵を使用するということは、同時に鍵配送問題が存在することを忘れてはいけません。SSLでは、メッセージ認証で使用する共通鍵は、公開鍵暗号化方式で交換した共通鍵の素から生成します。

デジタル証明書の検証

SSLでは、デジタル証明書の検証にもハッシュ化を使用しています。どんなに暗号化したとしても、データを送る相手がまったく知らない人だったら元も子もありません。SSLではデジタル証明書を使用して、自分が自分であること、相手が相手であることを証明しています。

さて、ここで重要なのが、たとえ「私はAですよー！」と声高らかに叫んでも、それには信頼性はないということです。本当にAさんかどうか、そんなことはわかりません。もしかしたらBさんが「私がAですよー」と叫んでいるかもしれません。そこで、SSLの世界では第三者認証という仕組みを採用しています。世の中的に信頼されている第三者「**認証局 (CA)**」に、「AさんがAさんであること」をデジタル署名という形で認めてもらいます。そして、そのデジタル署名にハッシュ化を使用します。

図 3.2.37　認証局が第三者認証する

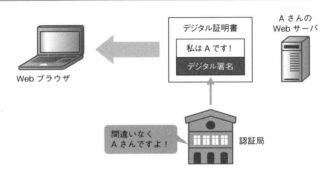

デジタル証明書は、「署名前証明書」「デジタル署名のアルゴリズム」「デジタル署名」で構成されています[*1]。署名前証明書は、サーバやサーバの所有者の情報です。サーバのURLを表す「コモンネーム (Common Name)」や証明書の有効期限、公開鍵もこの中に含まれます。デジタル署名のアルゴリズムには、デジタル署名で使用するハッシュ関数の名称が含まれます。デジタル署名は、署名前証明書を、デジタル署名のアルゴリズムで指定されたハッシュ関数でハッシュ化し、認証局の秘密鍵で暗号化したものです。

[*1] デジタル署名のアルゴリズムは、署名前証明書の一部として存在しています。本書ではわかりやすくなるように、別に構成されているものとして説明しています。

図 3.2.38　デジタル証明書の構成要素

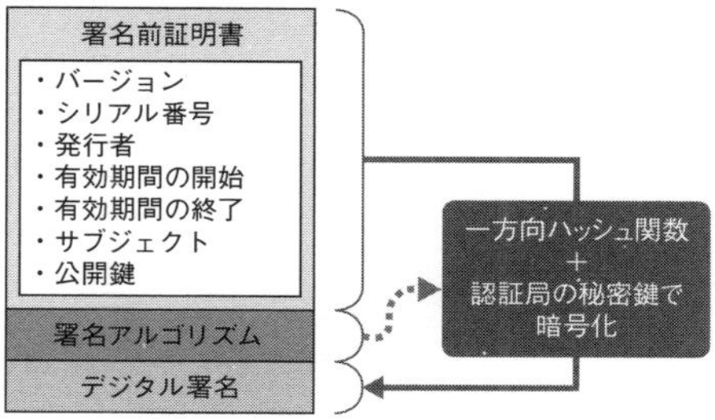

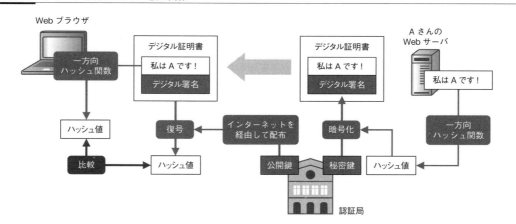

　デジタル証明書を受け取った受信者は、デジタル署名を認証局の公開鍵（CA証明書）で復号し、署名前証明書のハッシュ値と比較、検証します。一致していれば、証明書が改ざんされていない、つまりそのサーバが本物であることがわかります。逆に、一致していなければ、そのサーバが偽物であると判断し、その旨を示す警告メッセージを返します。

図 3.2.39　デジタル署名とハッシュ値の関係

SSLで使用する技術のまとめ

　さて、ここまでSSLで使用する暗号化方式やハッシュ化方式について説明してきました。あまりにいろいろな技術が詰まりすぎていて、すでにおなかいっぱいでしょう。そこで、これまでに出てきた技術を次の表に整理しておきます。

表3.2.5　SSLで使用する技術のまとめ

フェーズ	技術	役割	最近使用されている種類
事前準備	公開鍵暗号化方式	共通鍵の素を配送する	RSA、DH/DHE、ECDH/ECDHE
	デジタル署名	第三者から認証してもらう	RSA、DSA、ECDSA、DSS
暗号化 データ通信	共通鍵暗号化方式	アプリケーションデータを暗号化する	3DES、AES、AES-GCM、Camellia
	メッセージ認証コード	アプリケーションデータに共通鍵をくっつけて、ハッシュ化する	SHA-256、SHA-384

SSLはたくさんの処理を行っている

SSLはたくさんの技術を組み合わせた総合的な暗号化プロトコルです。たくさんの技術を組み合わせ、そしてつなぎ合わせるために、接続するまでにたくさんの処理を行っています。本書ではSSLサーバをインターネットに公開する前提で、ワンステップずつ整理しましょう。

サーバ証明書を用意して、インストールする

SSLサーバを公開したいとき、SSLサービスを起動したサーバを用意して「はい、公開！」というわけにはいきません。SSLサーバとして公開するには、証明書を用意したり、認証局に申請したりと、まずは準備をしなければなりません。公開するための準備は大きく分けて4ステップです。

1 SSLサーバ[*1]で秘密鍵を作ります。秘密鍵はみんなに知られてはいけない鍵です。なくさないように、どこかに保管しておきます。

　*1　負荷分散装置でSSLオフロードするときは、負荷分散装置で鍵ペアを作ります。

2 **1**で作った秘密鍵をもとに「CSR（Certificate Signing Request）」を作って、認証局に送ります。CSRはサーバ証明書を取得するために認証局に提出するランダムな文字列のことです。CSRは署名前証明書の情報で構成されていて、作成するときにそれぞれ入力します。CSRを作るために必要な情報は「**ディスティングウィッシュネーム**」と呼ばれていて、表3.2.6のような項目があります。

表3.2.6　ディスティングウィッシュネームを入力してCSRを作る

項目	内容	例
コモンネーム	WebサーバのURL（FQDN）	www.local.com
組織名	サイトを運営する組織の正式英語名称	Local Japan K.K
部門名	サイトを運営する部門、部署名	Information Security Section
市町村名	サイトを運営する組織の所在地	Kirishima
都道府県名	サイトを運営する組織の所在地	Kagoshima
国別コード	国コード	JP

3.2 セッション層からアプリケーション層の技術

申請に必要な項目や求められる公開鍵長は、申請する認証局によって異なります。Webサイトなどでしっかり確認しましょう。

3 審査は、いろいろな与信データや第三者機関のデータベースに記載されている電話番号への電話など、認証局の中で決められている各種プロセスに基づいて行われます。審査にパスしたら、CSRをハッシュ化、認証局の秘密鍵で暗号化して、デジタル署名としてくっつけます。そして、認証局はサーバ証明書を発行し、要求元に送ります。サーバ証明書もランダムな文字列です。

4 認証局から受け取ったサーバ証明書をSSLサーバにインストールします。使用する認証局によっては、中間証明書も一緒にインストールする必要があります。中間証明書は、中間認証局が発行している証明書です。認証局は、たくさんの証明書を管理するために、ルート認証局を頂点とした階層構造になっています。中間認証局は、認証局(ルート認証局)の認証を受けて稼働している下位認証局です。

図 3.2.40　証明書をインストールすると準備完了

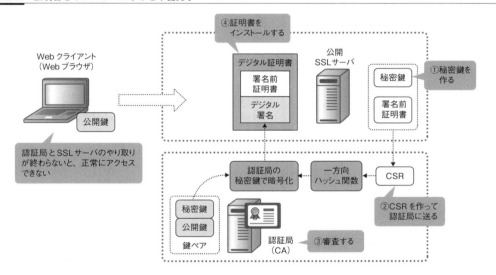

たくさんの処理をしたあとに暗号化できるようになっている

証明書のインストールが終わると、いよいよクライアントからの接続を受け付けることができます。SSLは、いきなりメッセージを暗号化して送りつけるわけではありません。SSLはメッセージを暗号化する前に、暗号化で使用する情報を決めるための処理「**SSLハンドシェイク**」というフェーズを設けています。ここでいうハンドシェイクは、TCPの3ウェイハンドシェイク(SYN→SYN/ACK→ACK)とは別物です。**SSLは、TCPの3ウェイハンドシェイクが終わったあとに、SSLハンドシェイクを行い、そこで決めた情報をもとにメッセージを暗号化します。** SSLハンドシェイクは「アルゴリズムの提示」「通信相手の証明」「共通鍵の交換」「最終確認」という4ステップで構成されています。

図 3.2.41 SSL ハンドシェイクで共通鍵を交換する

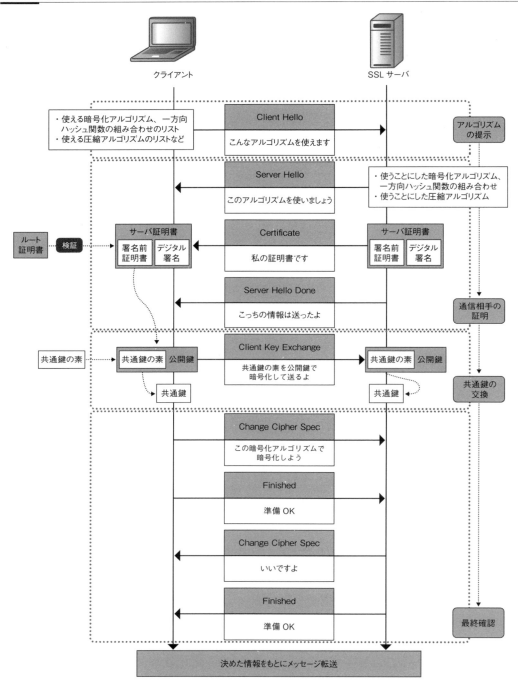

では、SSLハンドシェイクのやり取りを順を追って説明しましょう。

1 サポートしているアルゴリズムの提示

このステップではクライアントが使用できる暗号化方式や一方向ハッシュ関数のリストを提示します。一概に「暗号化する」「ハッシュ化する」といっても、たくさんの技術（アルゴリズム）があります。そこで、「Client Hello」でどんな暗号化アルゴリズムや一方向ハッシュ関数を使用できるかを提示します。この組み合わせのことを**暗号スイート(Cipher Suite)**といいます。どの暗号スイートをClient Helloのリストとして提示するかは、OSやWebブラウザのバージョン、設定によっても異なります。

また、このステップでは、他にもSSLのバージョンやセッションID、共通鍵作成に使用するclient random等々、サーバと合わせておかないといけない、それ以外のパラメータも送ります。

図3.2.42　自分が使用できるパラメータを提示する

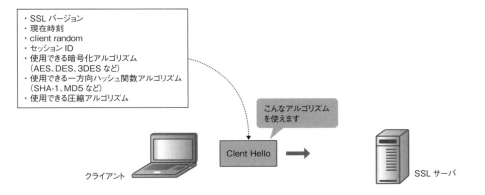

図 3.2.43 Client Hello で自分がサポートしているアルゴリズムのリストを提示する

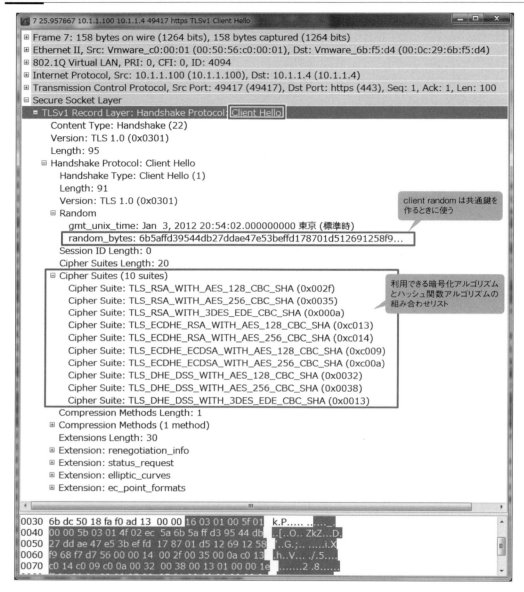

2 通信相手の証明

このステップでは、本物のサーバと通信しているかをサーバ証明書で確認します。このステップは「Server Hello」「Certificate」「Sever Hello Done」という３つのプロセスでできています。

まず、サーバは、Client Helloで受け取った暗号スイートのリストと、自分の持っている暗号スイートのリストを照合し、マッチした暗号スイートの中で最も優先度の高い（リストの最上位にある）暗号スイートを選択します。また、他にもSSLバージョンやセッションID、共通鍵作成に使用するserver randomなど、クライアントと合わせておかないといけない、それ以外のパラメータも含めて「Server Hello」として返します。次に「Certificate」で自分自身のサーバ証明書を送り、「自分が自分であること」をアピールします。最後に「Server Hello Done」で「私の情報は全部送り終わりました」ということを通知します。クライアントは受け取ったサーバ証明書を検証（ルート証明書で復号→ハッシュ値を比較）し、正しいサーバであることをチェックします。

図 3.2.44　証明書で相手をチェックする

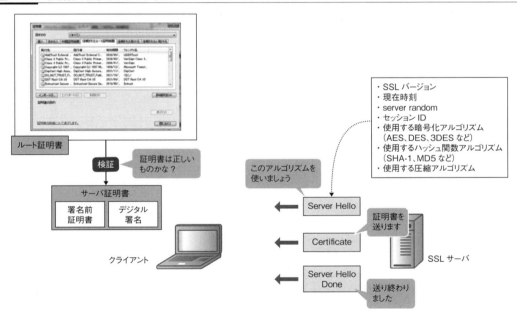

第 3 章 セキュリティ設計・負荷分散設計

図 3.2.45 3つのプロセスで自分が自分であることを伝える

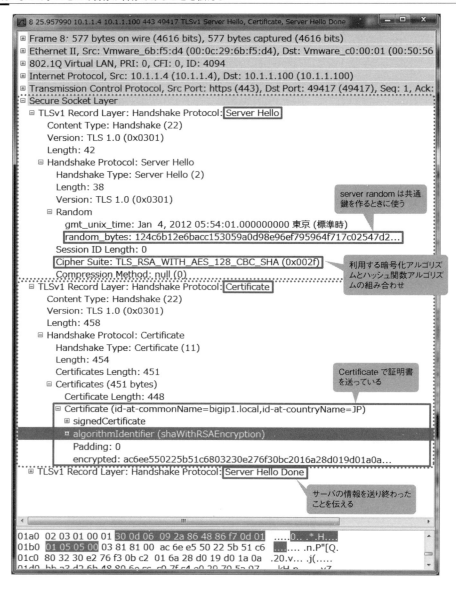

3.2 セッション層からアプリケーション層の技術

3 共通鍵の交換

このステップでは、アプリケーションデータの暗号化とハッシュ化に使用する共通鍵の素を交換します。Webブラウザは、通信相手が本物のサーバであることを確認すると、「プリマスターシークレット」という共通鍵の素を作り、「Client Key Exchange」としてサーバに送ります。これは共通鍵そのものではなく、あくまで共通鍵を作るための素材です。

WebブラウザとHTTPSサーバは、プリマスターシークレットとClient Helloで得た「client random」、Server Helloで得た「server random」をまぜこぜにして、「マスターシークレット」を作り出します。

client randomとserver randomは❶と❷でやり取りしているので、お互いで共通のものを持っています。そこで、プリマスターシークレットを送りさえすれば、同じマスターシークレットを作り出すことができます。このマスターシークレットから、アプリケーションデータの暗号化に使用する共通鍵「セッション鍵」と、ハッシュ化に使用する共通鍵「MAC鍵」を作ります。

図 3.2.46 共通鍵の素を暗号化して送る

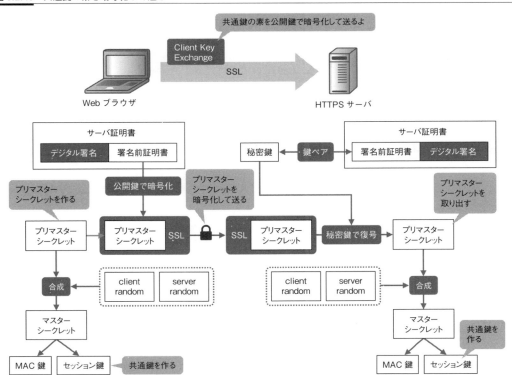

第 3 章 セキュリティ設計・負荷分散設計

図 3.2.47 Client Key Exchange で共通鍵の素を送る

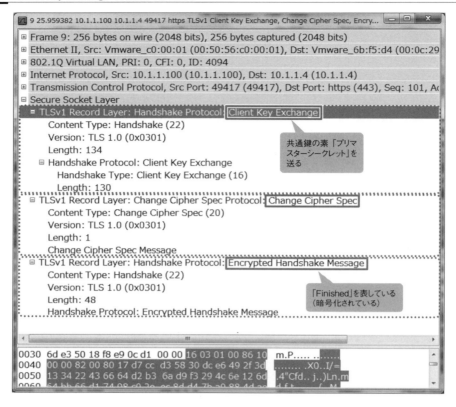

4 最終確認作業

このステップは、最後の確認作業です。お互いに「Change Cipher Spec」と「Finished」をやり取りして、メッセージ暗号化に使用する暗号化アルゴリズムを宣言します。このやり取りが終了すると、やっと暗号化したメッセージ転送に移行します。

図 3.2.48 最後にお互いで確認する

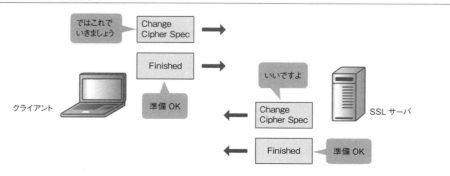

図 3.2.49　終わったらメッセージの暗号化に移る

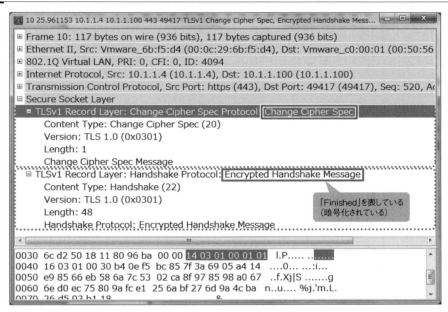

暗号化通信

　SSLハンドシェイクが終わったら、いよいよアプリケーションデータの暗号化通信の開始です。アプリケーションデータをMAC鍵でハッシュ化したあと、セッション鍵で暗号化して、転送します。

図 3.2.50　アプリケーションデータをハッシュ化＋暗号化して送る

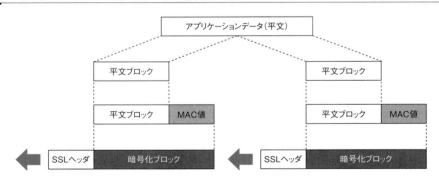

第 3 章　セキュリティ設計・負荷分散設計

図 3.2.51　アプリケーションデータ

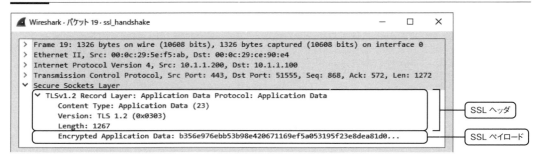

SSL セッションの再利用

　SSLハンドシェイクは、デジタル証明書を送ったり共通鍵の素を送ったりと、処理にやたら時間がかかります。そこで、SSLには、最初のSSLハンドシェイクで生成したセッション情報を

図 3.2.52　SSL セッション再利用

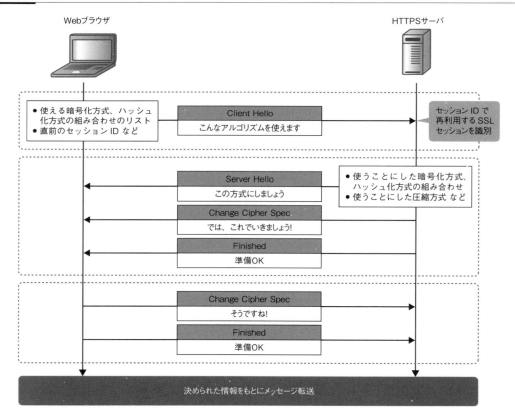

キャッシュし、2回目以降に使い回す「**SSLセッション再利用**」という機能が用意されています。SSLセッション再利用を使用すると、CertificateやClient Key Exchangeなど、共通鍵を生成するために必要な処理が省略されるため、SSLハンドシェイクにかかる時間を大幅に削減できます。また、それにかかる処理負荷もあわせて軽減できます。

SSL セッションのクローズ

　最後に、SSLハンドシェイクでオープンしたSSLセッションをクローズします。クローズするときは、Webブラウザかサーバかを問わず、クローズしたい側から「close_notify」が送出されます。その後、TCPの4ウェイハンドシェイクが走り、TCPコネクションもクローズされます。

図 3.2.53 close_notify で SSL セッションをクローズする

図 3.2.54 close_notify

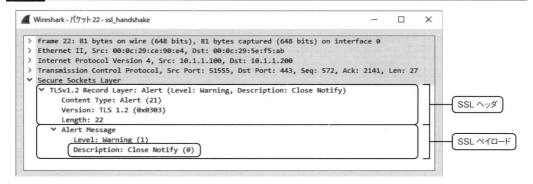

クライアント証明書でクライアントを認証する

　SSL通信では「**サーバ認証**」と「**クライアント認証**」という、ふたつの認証の仕組みが用意されています。サーバ認証はサーバ証明書を使用してサーバを認証します。クライアント認証はクライアント証明書を使用してクライアントを認証します。

　クライアントを認証するという点に絞って考えます。クライアントを認証する方法は「パスワード認証」と「クライアント認証」のふたつが一般的です。パスワード認証は、SNSサイトやオンラ

305

インショッピングサイトでも使用されていて、なじみ深いものでしょう。ユーザIDとパスワードを入力すると、そのユーザに応じたページが表示されます。ユーザIDとパスワードを入力する認証は、確かにわかりやすく、ネットさえつながればどこでも使用できて便利なことこの上なしです。しかし、もしもユーザIDとパスワードが流出してしまったら、誰もがそのユーザになりすますことができてしまうという脆弱性も同時に抱えています。

　このような脆弱性に対応するために、クライアント認証があります。**クライアント認証は、クライアントにインストールした「クライアント証明書」をもとに正しいユーザであるか判断し、認証します**。ユーザIDとパスワードの代わりを証明書がしてくれます。SSLサーバは、SSLの接続処理の中で、クライアントに対してクライアント証明書を要求します。それに対して、クライアントは自分自身を表すクライアント証明書を送り返します。サーバはその証明書の情報をもとにクライアントを認証し、接続を許可します。お互いで証明書を送り合って双方向に認証し合い、安全性を高めています。

図 3.2.55　クライアントを認証する仕組みは2種類

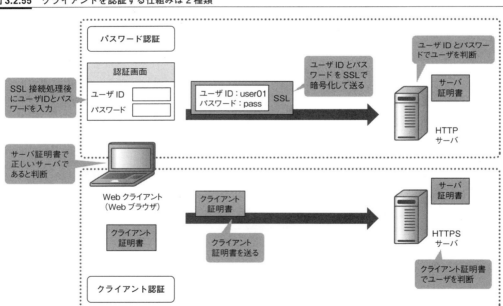

クライアント認証の接続処理はサーバ認証＋αで構成されている

　クライアント認証のSSLハンドシェイクは、これまで説明してきたサーバ認証のハンドシェイクに、クライアント証明書を要求したり、クライアントを認証したりするプロセスが加わっています。

3.2 セッション層からアプリケーション層の技術

図 3.2.56 クライアントを認証するやり取りが加わる

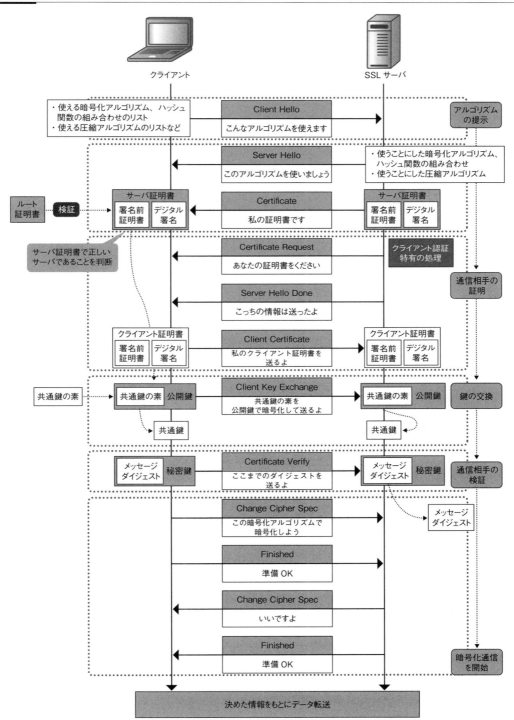

1 クライアント証明書を要求

まず、サーバ証明書を送る「Certificate」までのやり取りはサーバ認証と変わりません。サーバは、サーバ証明書を送ったあとに、「Certificate Request」でクライアント証明書を要求し、「Server Hello Done」で情報を送り終わったことを通知します。

図 3.2.57　クライアント証明書を要求

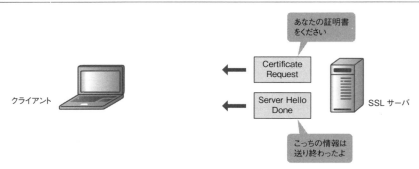

2 クライアント証明書の送付

それに対してクライアントは「Client Certificate」で、自分にインストールされているクライアント証明書を送ります。もしも、サーバの要求に適合したクライアント証明書を持っていなかったら、「no_certificate」を返して、サーバはコネクションを切断します。また、適合するクライアント証明書が複数あった場合は、ブラウザ上でどのクライアント証明書を送るか選択してから送ります。

図 3.2.58　クライアント証明書を送る

3 通信相手の検証

次にクライアントは「Client Key Exchange」でプリマスターシークレットを送ります。ここは通常の処理と変わりません。そのあと「Certificate Verify」で、これまでのやり取り（Client HelloからClient Key Exchangeまで）のメッセージダイジェストを計算して、秘密鍵で暗号

化して送ります。サーバは送られてきたCertificate VerifyをClient Certificateで受け取ったクライアント証明書に含まれる公開鍵で復号し、自分自身でも計算したメッセージダイジェストと比較して、改ざんされていないか確認します。このあとの処理は通常の処理と変わりません。ここまでで決めた情報をもとにメッセージを暗号化し、やり取りします。

図 3.2.59 ここまでのダイジェストを比較する

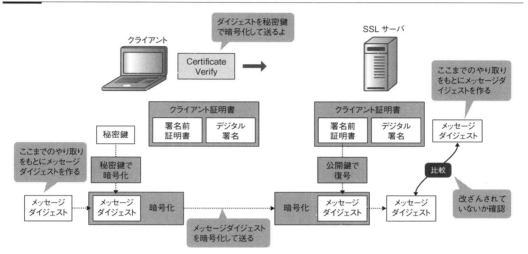

3.2.3 FTPでファイル転送

FTP（File Transfer Protocol）は、その名のとおり、ファイル転送用のアプリケーションプロトコルです。暗号化機能を備えていないためセキュアとはいえないですが、意外とまだまだ現役で活躍しています。

図 3.2.60 FTPは暗号化機能を備えていない

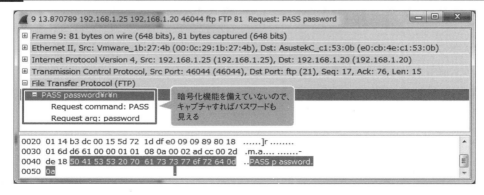

FTPは「**コントロールコネクション**」と「**データコネクション**」というふたつのコネクションを組み合わせて使用しています。コントロールコネクションはアプリケーション制御に使用するコネクションです。このコネクションを使用して、コマンドを送信したり、その結果を返したりします。データコネクションは実際のデータの転送に使用するコネクションです。コントロールコネクション上で送られたコマンドごとにデータコネクションを作り、その上でデータを送受信します。

図 3.2.61　FTPはふたつのコネクションを組み合わせて使用する

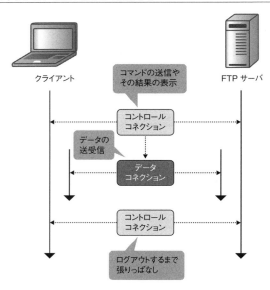

FTPを語るうえで欠かせない要素が転送モードの概念です。FTPには「**アクティブモード**」と「**パッシブモード**」というふたつの転送モードがあって、データコネクションの作り方が微妙に異なります。本書ではデータコネクションの「使用ポート番号」と「接続要求（SYN）の方向」に注目しながら説明していきます。

アクティブモードで特定ポートを使う

FTPのアクティブモードは**コントロールコネクションにTCP/21、データコネクションにTCP/20を使用する転送モード**です。多くのFTPクライアントソフトがこの転送モードをデフォルトの動作としていて、コマンドプロンプトで使用するWindows OS標準のFTPクライアント機能に至っては、このモードしかありません。

アクティブモードはデータコネクションの接続要求（SYN）がサーバから行われる、特殊な転送モードです。ほとんどのクライアントーサーバ型プロトコルは、クライアントから接続要求が行われ、それに対してサーバが応答するという手順を踏みます。しかし、アクティブモードのデータコ

ネクションは、その方向が逆になります。サーバが接続要求を行い、クライアントが応答します。では、クライアントがFTPサーバからファイルを取得する（RETR）[*1]ことを想定して、実際の接続ステップを見ていきましょう。

[*1] RETRはHTTPのGETのようなものです。ファイルをダウンロードするときに使用します。

図 3.2.62　アクティブモードはサーバ側からデータコネクションを作る

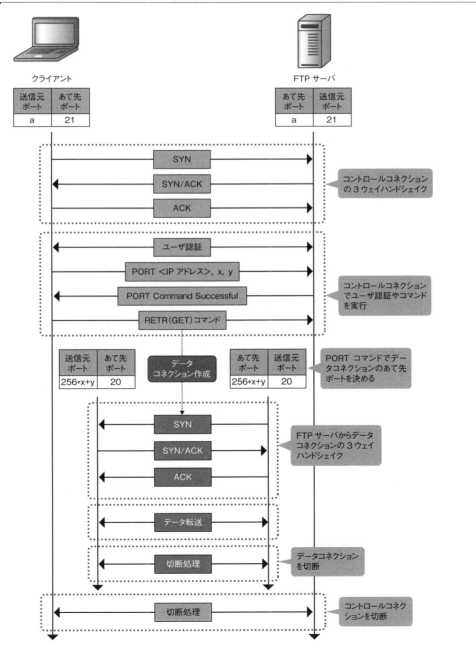

第 3 章 セキュリティ設計・負荷分散設計

1 クライアントからサーバに対してTCP/21で接続要求が行われ、3ウェイハンドシェイクが完了します。ここではまだコントロールコネクションしかできていません。

2 コントロールコネクション上でユーザ名やパスワードのやり取りをしたあと、PORTコマンドを使用して、データコネクションで使用するポート番号の素になる値を作ります。この値はクライアントからサーバに対して「PORT <IPアドレス>, x, y」という形で送られます。ここで、重要なのはIPアドレスではなく、「x」と「y」の値です。「256*x+y」がデータコネクションのあて先ポート番号になります。**4**で使用します。

ここは念のため例を示しましょう。たとえば、次の図のような場合、PORTコマンドでx=150、y=218の値を送っています。したがって、あとで作るデータコネクションのあて先ポート番号は256*150+218=38618になります。

図 3.2.63 PORT コマンドを使用して、データコネクションのポート番号の素を作る

* 画面中のActive portの値はWiresharkが自動で算出した値です。サーバには送っていません。

3 サーバは「PORT Command Successful」を返して、ポート番号が確定したことを通知します。

4 ポート番号が決まったら、クライアントはコントロールコネクションを使用して、RETR(GET)コマンドを送信します。

5 RETRコマンドを受け取ったサーバは、送信元ポート番号にTCP/20、あて先ポート番号にPORTコマンドから算出した値(256*x+y)を入れて、接続要求します。この接続要求がポイントです。サーバから接続要求をしています。TCP/20の3ウェイハンドシェイクが終わったあと、アプリケーションデータが送信されます。

6 アプリケーションデータの送信が完了すると、TCPの切断処理をして、データコネクションを閉じます。まだコントロールコネクションは張りっぱなしです。

7 最後にログアウトとともにTCP/21を切断処理して、コントロールコネクションを閉じます。これですべての処理が終了です。

パッシブモードで使用ポートを変える

　FTPのパッシブモードはコントロールコネクションにTCP/21、データコネクションに不特定ポートを使用する転送モードです。最近は多少なりともセキュリティを考慮して、こちらのモードを使用することが多くなってきました。

　パッシブモードは、クライアントから「パッシブモードを使うよー（PASVコマンド）」と宣言すると使用できます。データコネクションの接続要求（SYN）は、ほとんどのクライアント-サーバ型プロトコルと同じように、クライアントから行われます。パッシブモードで重要なポイントはポート番号です。アクティブモードは必ずTCP/20を使用するのに対して、パッシブモードは不特定にポートを選択して使用します。では、クライアントがFTPサーバからファイルを取得する（RETR）ことを想定して、実際の接続ステップを見ていきましょう。

1 クライアントからサーバに対してTCP/21で接続要求が行われ、3ウェイハンドシェイクが完了します。ここではまだコントロールコネクションしかできていません。

2 コントロールコネクション上でユーザ名やパスワードのやり取りをしたあと、クライアントは「PASV」コマンドで、パッシブモードを使用したいことをリクエストします。

　それに対して、サーバは「Entering Passive mode」を返します。そして同時に、データコネクションで使用するポート番号の素になる値を送ります。この値は「Entering passive mode <IPアドレス>, x, y」という形で送られます。ここでも重要なのはIPアドレスではなく、「x」と「y」の値です。「256*x+y」がデータコネクションのあて先ポート番号になります。**3** で使用します。

　このステップはわかりやすい例で示しましょう。たとえば、次の図のような場合、Entering passive modeコマンドでx=212、y=174の値を送っています。したがって、あとで作るデータコネクションのあて先ポート番号は256*212+174=54446になります。

図 3.2.64　Entering passive mode コマンドを使用して、データコネクションのポート番号の素を送る

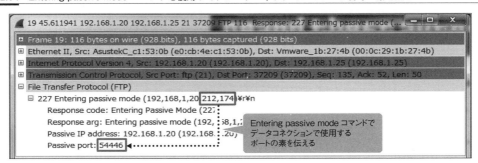

*　Passive portの値はWiresharkが自動で算出した値です。クライアントには送っていません。

第 3 章　セキュリティ設計・負荷分散設計

図 3.2.65　パッシブモードはクライアントからデータコネクションを作る

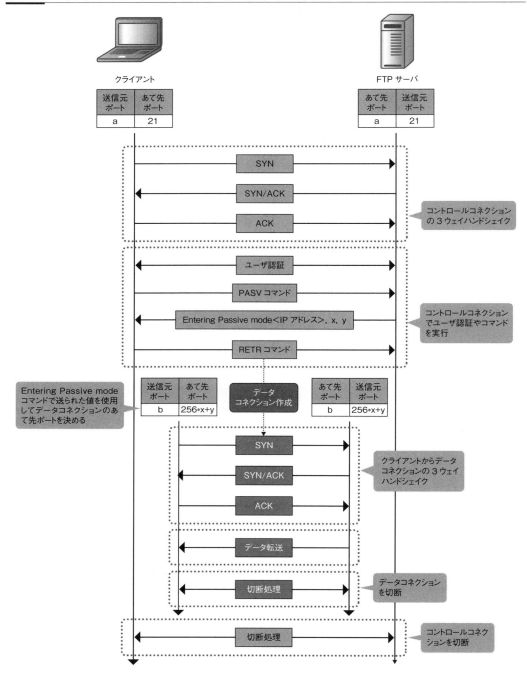

3. クライアントはコントロールコネクションを使用して、RETRコマンドを送信します。そして、先ほどEntering passive modeコマンドで送られた値から算出したポート番号をあて先ポート番号に入れて、接続要求を行い、データコネクションを作ります。ちなみに、このときの送信元ポート番号はランダムです。その3ウェイハンドシェイクが終わったあと、データコネクションができて、その上でアプリケーションデータが送信されます。

4. アプリケーションデータの送信が完了すると、TCPの切断処理をして、データコネクションを閉じます。まだコントロールコネクションは張りっぱなしです。

5. 最後にログアウトとともにTCP/21を切断処理して、コントロールコネクションを閉じます。これですべての処理が終了です。

FTPはFTPとして認識させる

FTPは複数のポート番号をごちゃ混ぜに組み合わせて使用する、少し特殊なアプリケーションプロトコルです。したがって、ファイアウォールや負荷分散装置で、単純なTCP/21、TCP/20のTCPコネクションとして処理してしまうと、処理に不整合が発生する可能性があります。**FTPはFTPとしてアプリケーションレベルで処理しなければなりません。**

図 3.2.66 FTP を TCP として許可すると不整合が発生する可能性がある

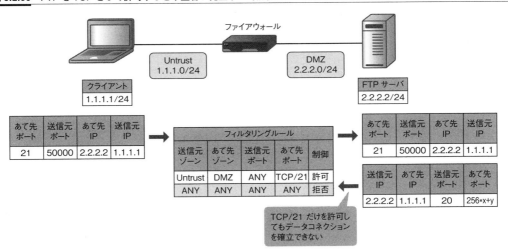

「FTPはFTPとしてアプリケーションレベルで処理する」、言葉ではなんだか難しそうですが、そこまで難しいことをしているわけではありません。ここでいうアプリケーションレベルとはFTPコマンドと考えてください。ファイアウォールや負荷分散装置は、PORTコマンドやPASVコマンド、Entering passive modeコマンドでやり取りされているポート番号の情報を監視し、

次に処理する必要があるデータコネクションを動的に待ち受けます。データコネクションのSYNが送られたら、待ち受けたポートを使用して処理します。

図 3.2.67 FTP は FTP として処理させる（図はファイアウォールの例）

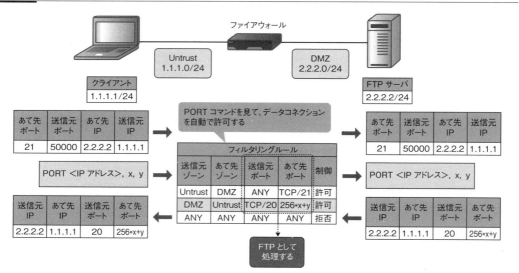

「FTPをFTPとして処理する」機能としてもうひとつ。**コントロールコネクションを保持する機能もあります**。データコネクションを使用してデータ転送するとき、コントロールコネクションは使用されません。大きなデータを転送していると、使用されていないコントロールコネクションがコネクションアイドルタイムアウトで切断される可能性が出てきます。そこで、データ転送中はコントロールコネクションをタイムアウトしないように処理します。

図 3.2.68　コントロールコネクションをタイムアウトしないようにする

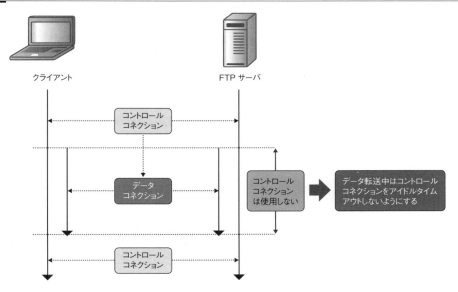

さて、実際にファイアウォールや負荷分散装置で設定するときですが、ほとんどの機器でFTPを認識するための定義情報（プロファイル）が用意されています。また、機器によっては、TCP/21のコネクションを受け取ったら、そのままFTPとして認識するようになっているものもあります。それらを適用すれば、自ずとコマンドレベルまで見て、処理をしてくれます。

ALGプロトコルはALGプロトコルとして認識させる

ここまで、FTPの一筋縄ではいかない処理について説明してきましたが、必ずしもFTPだけがこのような処理を必要とするわけではありません。FTPと同じように、アプリケーションレベルのデータの内容まで見て処理する必要があるプロトコルの総称を「**ALGプロトコル**」といいます。ALGプロトコルの「ALG」とは、Application Layer Gatewayの略で、アプリケーションレベルのデータの内容まで見る機能そのもののことです。

ALGプロトコルを使用する場合も、ALGプロトコルとして認識させるための設定情報（プロファイル）やそれ専用の設定が必要です。FTPくらい王道のプロトコルだったら間違いなく対応していますが、マイナーなプロトコルだと対応してないことも十分にありえますので、機器の対応状況を確認するようにしてください。

代表的なALGプロトコルは次の表のとおりです。

317

第 3 章　セキュリティ設計・負荷分散設計

表 3.2.7　代表的な ALG プロトコル

ALG プロトコル	最初のポート番号	用途とプチ情報
SIP（Session Initiation Protocol）	TCP/5060、UDP/5060	IP 電話の呼制御を行うプロトコル。あくまで呼制御のみを行い、電話の音声は RTP（Real-time Transport Protocol）など、別のプロトコルを使用して転送する
TFTP（Trivial File Transfer Protocol）	UDP/69	UDP でファイル転送を行うプロトコル。シスコ機器の OS をアップロードしたりするときに、よく使用する
RTSP（Real Time Streaming Protocol）	TCP/554	音声や動画をストリーミングするときに使用するプロトコル。古いプロトコルなので、最近はあまり使用されていない
PPTP（Point-to-Point Tunneling Protocol）	TCP/1723	リモートアクセス VPN で使用するプロトコル。データ転送は「GRE（Generic Routing Encapsulation）」という別プロトコルを使用して行う。データが暗号化されていないため、最近は IPsec に置き換えられ気味。macOS での対応も打ち切られた

3.2.4　DNS で名前解決

　DNS（Domain Name System）は名前解決に使用するプロトコルです。インターネットはIPアドレスを住所として使用しています。しかし、Webサイトを見るのに、IPアドレスのような数字の羅列をいちいち覚えていられるでしょうか。無理です。そこで生まれたのがDNSによる名前解決です。それぞれのIPアドレスに「**ドメイン名**」という名前を付けて、わかりやすくしました。DNSの仕組みやサーバの設定方法については専門書に譲るとして、本書ではネットワークの側面からDNSを見ていきます。

　DNSはその使用用途に応じて、UDP、TCPどちらも使用します。どちらもコネクションとしてはとても素直で、ひねくれていません。では、それぞれどのような用途に使用するのか説明していきましょう。

名前解決は UDP で行う

　名前解決はWebやメールなど、アプリケーション通信に先立って行われることが多いため、**何をおいてもスピード優先です**。そこで、即時性の高いUDPを使用します[*1]。たとえば、ブラウザを使用してWebサイトを見るとき、いきなりHTTPでそのWebサイトにアクセスしているわけではありません。また、メールを送るとき、いきなりメールサーバにメールを送っているわけではありません。以下のような名前解決のステップを踏んでいます。

*1　レスポンスサイズが大きいときやUDPでの名前解決に失敗したときなど、名前解決にTCPを使用する場合があります。本書は入門書ということで、名前解決にはUDPを使用するとしています。

3.2 セッション層からアプリケーション層の技術

図 3.2.69　名前解決は UDP で即時性を求める

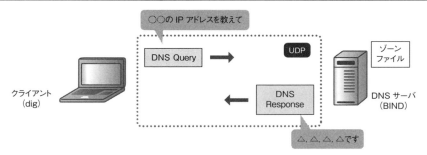

1 対象となるドメイン名をUDPのDNSを使用して、DNSサーバに問い合わせます。この問い合わせのことを「**DNSクエリ**」といいます。

図 3.2.70　UDP で名前解決を要求している

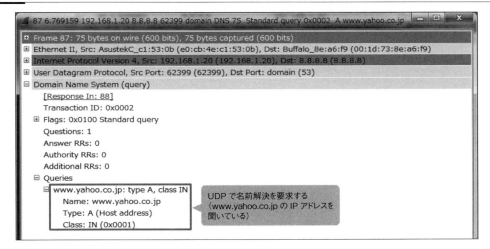

2 DNSサーバはIPアドレスやドメイン名の情報を「**ゾーンファイル**」というファイルで保持していて、その中から該当するIPアドレスを返します。

図 3.2.71 UDP で IP アドレスを返す

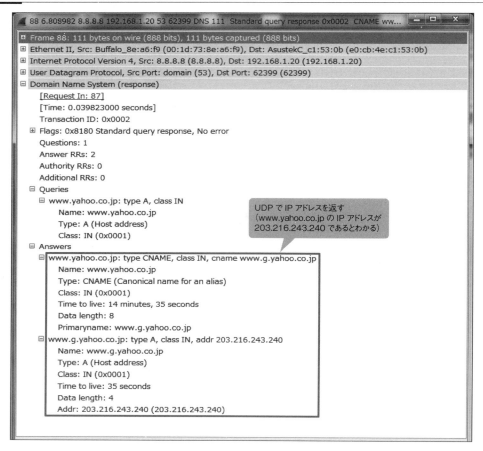

3 クライアントはそのIPアドレスに対してHTTPでアクセスしたり、メールを送信したりします。

ゾーン転送は TCP で行う

　DNSはいろいろなアプリケーションを縁の下の力持ち的に支えている、重要なアプリケーションプロトコルです。この処理でつまずいてしまうと、本来行いたいアプリケーション通信のフェーズに移行できません。そこで、たいていの場合、DNSサーバは冗長化を図って、名前解決サービス提供の安定性を保ちます。DNSサーバの冗長化で使用する機能が「ゾーン転送」です。DNSサー

バはIPアドレスやドメイン名の情報を「**ゾーンファイル**」というファイルで保持しています。ゾーン転送はこのファイルを同期する機能です。ゾーン転送を使用してマスターサーバとスレーブサーバでゾーンファイルを同期し、サービスの冗長性を保ちます。マスターサーバがダウンすると、スレーブサーバのゾーンファイルを使用して応答を返すようになります。**ゾーン転送には即時性は必要ありません。何をおいても信頼性重視です。そこでTCPを使用します。**具体的なステップは以下の図のとおりです。なお、ここではDNSサーバのデファクトスタンダードであるBINDの挙動を例にとります。

図3.2.72　ゾーン転送はTCPで行う

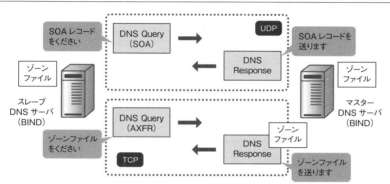

1️⃣　スレーブサーバはゾーンファイルの有効期限が切れたり、notifyメッセージを受け取ったりすると、マスターサーバにUDP/53でSOAレコードを要求します。SOAレコードはDNSサーバの管理的な情報が含まれているレコードです。

図3.2.73　最初にUDPでSOAレコードを要求する

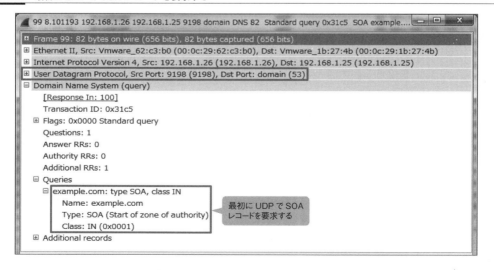

第3章 セキュリティ設計・負荷分散設計

2 マスターサーバはゾーンファイル内にあるSOAレコードをUDP/53で返します。

図 3.2.74 UDP で SOA レコードを返す

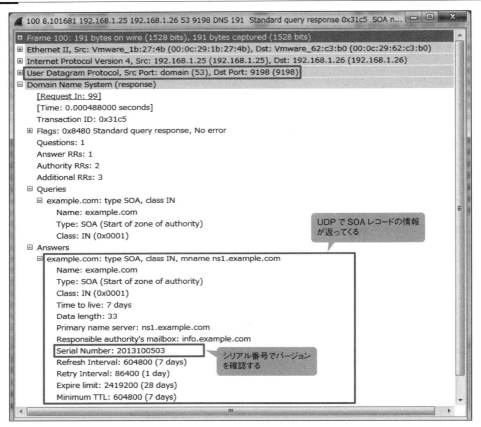

3 スレーブサーバは受け取ったSOAレコードの中にあるシリアルを確認します。シリアルはゾーンファイルのバージョン番号のようなものです。そして、自分が保持しているゾーンファイルよりも新しいゾーンファイルであると確認できたら、今度はTCP/53でゾーン転送をリクエストします。

図 3.2.75　ゾーン転送を要求する

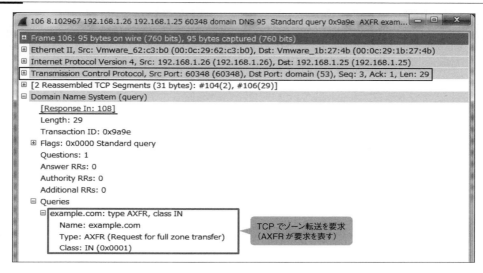

4 マスターサーバはTCP/53でゾーン情報を返します。これでゾーン転送完了です。

図 3.2.76　TCPでゾーン情報を返す

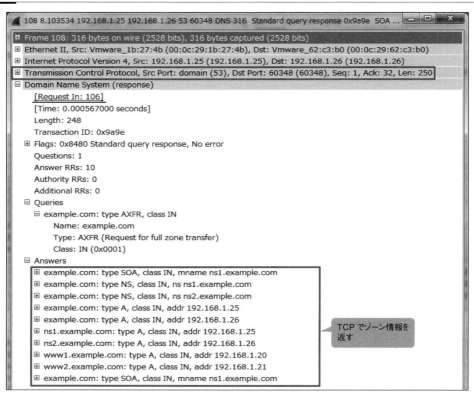

3.3 セキュリティ設計・負荷分散設計

さて、ここまでトランスポート層からアプリケーション層までのいろいろな技術や仕様（プロトコル）について説明してきました。ここからはこれらの技術をサーバサイトでどうやって使用していくのか、また、サイトを設計・構築するときに、どういうところに気を付けていけばよいのかなど、実用的な側面を説明していきます。

3.3.1 セキュリティ設計

まずは「セキュリティ設計」です。どのようにセキュリティゾーンを配置するか、そして、どのようにセキュリティを確保していくかを設計していきます。ユーザやシステム管理者が求めるセキュリティは絶えず変化するものです。いつなんどき、どんなリクエストが来ても柔軟に対応できるよう、わかりやすくシンプルなセキュリティポリシーを策定していきましょう。

必要な通信を整理する

セキュリティ設計において最も重要なポイントは、通信要件の洗い出しです。ここでいう通信要件とは、「**どこから（送信元）、どこへ（あて先）、どんな通信（プロトコル）があるか**」ということを表しています。この要件を洗い出し、ファイアウォールのセキュリティポリシーに落とし込みを図っていきます。通信要件はサイトによってさまざまです。通信要件が少ないようであれば、表3.3.1のような形で管理していくとわかりやすくなります。

3.3 セキュリティ設計・負荷分散設計

表 3.3.1　通信要件は表で整理しておくとわかりやすくなる

<table>
<tr><td rowspan="3" colspan="2">項目</td><td colspan="5">あて先</td></tr>
<tr><td rowspan="2">インターネット</td><td rowspan="2">公開サーバ
・公開 Web サーバ
・外部 DNS サーバ
・外部メールサーバ
・外部プロキシサーバ
・NTP サーバ</td><td rowspan="2">社内サーバ VLAN
・社内 Web サーバ
・AD サーバ
・内部プロキシサーバ
・内部メールサーバ</td><td rowspan="2">社内ユーザ
VLAN ①</td><td rowspan="2">社内ユーザ
VLAN ②</td></tr>
<tr></tr>
<tr><td rowspan="5">送信元</td><td>インターネット</td><td>—</td><td>HTTP（TCP/80）
HTTPS（TCP/443）
DNS（UDP/53）
SMTP（TCP/25）</td><td>×</td><td>×</td><td>×</td></tr>
<tr><td>公開サーバ
VLAN</td><td>HTTP（TCP/80）
HTTPS（TCP/443）
DNS（UDP/53）
SMTP（TCP/25）
NTP（UDP/123）</td><td>—</td><td>SMTP（TCP/25）</td><td>×</td><td>×</td></tr>
<tr><td>社内サーバ
VLAN</td><td>×</td><td>Proxy（TCP/8080）
DNS（UDP/53）
SMTP（TCP/25）
NTP（UDP/123）</td><td>—</td><td>×</td><td>×</td></tr>
<tr><td>社内ユーザ
VLAN ①</td><td>×</td><td>×</td><td>Proxy（TCP/8080）
SMTP（TCP/25）
POP（TCP/110）
AD 関連(TCP/UDP)</td><td>—</td><td>ANY</td></tr>
<tr><td>社内ユーザ
VLAN ②</td><td>×</td><td>×</td><td>Proxy（TCP/8080）
SMTP（TCP/25）
POP（TCP/110）
AD 関連(TCP/UDP)</td><td>ANY</td><td>—</td></tr>
</table>

＊　紙面の都合上、表の内容を簡略化しています。

セキュリティゾーンを定義する

　「セキュリティゾーン」は、同じセキュリティレベルになっているVLANのグループのことを表しています。実際は、その中でも微妙に異なるセキュリティポリシーを適用していくことになるので、まったく同じというわけではありませんが、ざっくりした大枠みたいな感じで考えておくとわかりやすいでしょう。洗い出した通信要件からセキュリティレベルの傾向を洗い出し、ゾーンを定義していきます。設計のときにしっかりゾーンを定義しておくと、細かな設定変更の量が劇的に減り、運用が楽になります。最も一般的なゾーン構成は「Untrustゾーン」「DMZゾーン」「Trustゾーン」という3つのゾーン構成でしょう。それぞれのゾーンについて説明していきます。

■ Untrust ゾーン

　Untrustゾーンは、ファイアウォールの外側に配置する、信頼できないゾーンです。セキュリティレベルが最も低く、いろいろなサーバを配置するには適しませんし、配置してはいけません。インターネットへの公開サーバを設置するサイトであれば、Untrustゾーンはインターネットと同義と

考えてよいでしょう。ファイアウォールはUntrustゾーンからの脅威に備えることになります。

■ DMZ ゾーン

DMZゾーンは、UntrustゾーンとTrustゾーンの緩衝材の役割を果たすゾーンです。 セキュリティレベルは、Untrustゾーンより高く、Trustゾーンより低い、ちょうど中間に位置します。DMZゾーンには、公開Webサーバや外部DNSサーバ、プロキシサーバなど、Untrustゾーンと直接的にやり取りする公開サーバを配置します。公開サーバは、不特定多数のユーザがアクセスする、セキュリティ的に危ういサーバです。いろいろな攻撃によって乗っ取られないとも限りません。そのときの影響を最小限にするために、Trustゾーンとの通信を制御します。

■ Trust ゾーン

Trustゾーンは、ファイアウォールの内側に配置する、信頼できるゾーンです。 セキュリティレベルが最も高く、なんとしてでも死守しなければならないゾーンです。非公開サーバや社内ユーザはこのゾーンに配置します。

図 3.3.1　セキュリティゾーンを定義

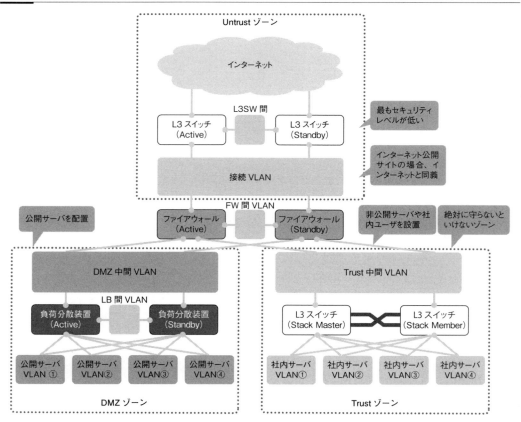

通信に必要なものをグループ化して整理する

必要な通信を洗い出したら、**その要素（IPアドレス、ネットワーク、プロトコルなど）をオブジェクトとして抽出し、グループ化します**。一見意味のない設計に見えるかもしれませんが、この設計が後々の運用管理に役立っていきます。

オブジェクトとして抽出し、グループ化する？　言葉だけだとわかりづらいかもしれません。一般的なネットワーク設計にありがちな例を挙げましょう。たとえば、Trustゾーンに5つの社内ユーザVLANがあって、インターネット（Untrustゾーン）に対する通信をすべて許可したいという要件があるとします。この場合、5つの社内ユーザVLANをネットワークオブジェクトとして定義し、5つのアクセス制御ポリシーを作るというのがすぐに考えつく方法でしょう。しかし、この方法はユーザVLANが増えるたびにアクセス制御ポリシーが増えていってしまい、運用管理面において非効率です。そこで、最初に5つの社内ユーザVLANをひとつのグループと定義し、ユーザVLANグループからインターネットに対する通信を許可します。そうすると、たとえユーザVLANが増えても、新ネットワークオブジェクトをグループに追加するだけで、アクセス制御ポリシーは増加しません。**アクセス制御ポリシーは少なければ少ないほどわかりやすいものです**。グループをうまく使用して、効率的な運用管理を心掛けましょう。

図 3.3.2　グループ化を図ってルールを簡素化する

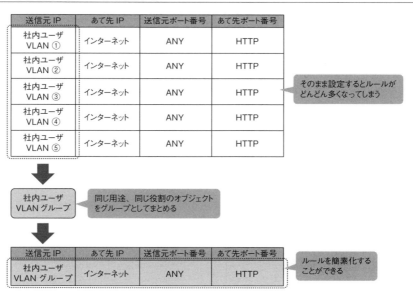

グループ化についてもうひとつ。意外と重要なのが、設定で使用するオブジェクト名とグループ名の命名規則です。誰が見てもわかるような命名規則をあらかじめ設計しておくと、後々の管理の助けになりますし、後継者に引き継ぎもしやすくなります。

ファイアウォールポリシーを適用する

通信要件やグループを整理したあとは、**どの通信をどれだけ許可/拒否していくかを設計して**いきます。必要最低限の通信のみ許可すると、もちろんセキュアにはなります。しかし、同時に管理が大変にもなります。セキュリティレベルと運用管理工数はほぼ比例関係にあります。セキュリティレベルを上げれば上げるほど、運用管理工数もかかります。バランスのよいポリシー適用を心掛けましょう。

セキュリティレベルの低いゾーンから高いゾーンに対する通信(Untrustゾーン→DMZゾーン、DMZゾーン→Trustゾーン)は必要最低限の通信のみ許可、その逆の通信は少しゆとりをもって許可するようなケースが多いでしょう。

図 3.3.3　セキュリティの低いゾーンから高いゾーンへの通信は必要最低限の通信のみ許可

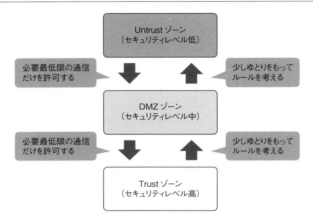

どちらのブロック動作を使用するか考える

p.227から説明したとおり、ファイアウォールのブロック動作には「拒否(Reject)」と「ドロップ(Drop)」の2種類があります。サーバサイトではどっちを使うことが多いか…、ズバリ「ドロップ」です。

なんらかのDoS攻撃があった場合を例に考えてみましょう。拒否に設定すると、その攻撃に対してもRSTやUnreachableを返すことになるため、攻撃者に「何かがいること」を伝えることになり、攻撃を助長してしまう可能性があります。また、RSTやUnrechableの送信処理自体が負荷になってしまい、死守すべきサービストラフィックの処理に影響が出る可能性があります。それに対して、ドロップに設定すると、攻撃者にはその存在を知らせることもなく、送信処理の負荷もかかりません。

もちろん設計はお客さんの要件ありきなので、必ずしもドロップにしないといけないわけではありません。設計するときは、基本的にドロップ、必要に応じて拒否、のスタンスで進めていったほうがよいでしょう。

3.3 セキュリティ設計・負荷分散設計

図 3.3.4 拒否（Reject）とドロップ（Drop）ではドロップが基本

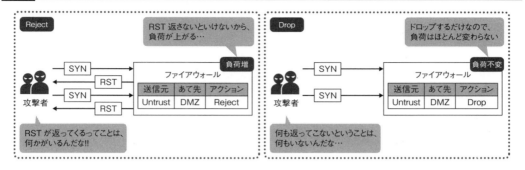

必要最低限のファイアウォールログを取得する

「**ファイアウォールログ**」とは、通信を許可したり、ブロックしたりしたときに送信されるログです。ファイアウォールログを確認することによって、どんな通信が来ているかを把握できたり、どのIPアドレスから攻撃が来ているかを確認できたりします。ファイアウォールログは取りすぎてもダメ、取らなさすぎてもダメ、ほどほどが一番です。以前、許可・拒否すべてのファイアウォールログを取る！と息巻いた結果、ログの送信処理に負荷がかかりすぎてサービストラフィックに影響が出たという、困ったお客さんもいました。こういうお客さんに限って、「なんであらかじめ負荷がかかることを言っておかないんだ！」と逆ギレをしてきます（当然伝えています…）。実際のところ、取れるだけログを取っても、多すぎて結局全部は見れないなんてことも往々にしてあります。そんなことにならないよう、**必要最低限のログを取得するように心がけましょう**。サーバサイトでは、インバウンドの拒否ポリシーのログのみを取得することが多いようですが、やはり設計はお客さんの要件ありきです。お客さんの要件を確認し、必要に応じて、許可ログも取得しましょう。

図 3.3.5 ログの取得では負荷のかかりすぎや取りすぎに注意

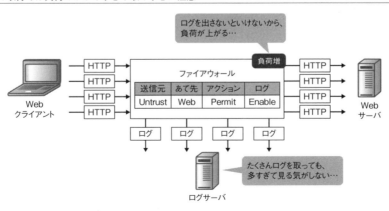

ファイアウォールログに関して、もうひとつ。ログのフォーマットも重要な設計要素です。機器によっては、どんな情報をログに含めることができるかを設定できます。当然ながら、たくさんの要素を詰め込めば詰め込むほど、いろいろな情報を得ることができます。しかし、その分機器の処理負荷になります。**何よりも重要なのはサービストラフィックであり、ログではありません。ログを取得すること自体がサービスに影響してしまったら元も子もありません。**必要最低限の要素のみを取得するようにし、可能な限り機器の負荷を下げましょう。

タイムアウト値を定義する

タイムアウト値は機器のリソースに直接かかわる大きな問題です。あまりに長すぎると、コネクションエントリがコネクションテーブル上に残り続けてしまい、塵も積もれば山となって、リソースを圧迫します。また、あまりに短すぎると、応答が返ってくる前にコネクションエントリがなくなってしまって、通信できません。たとえば、ほとんどのケースにおいて1秒以内でリプライが返ってくるDNSのアイドルタイムアウト値を10分間にしてしまうと、残りの9分59秒間、コネクションエントリが不要なリソースとして残り続けてしまい、メモリリソースがもったいないだけです。逆に、必要最低限の1秒に設定してしまうと、ゆとりがなさ過ぎて、返ってくるかもしれないはずのリプライを受け取れない可能性があります。結局のところ、ほどほどが一番です。**長すぎるのもダメですが、短すぎるのもいただけません。少しゆとりを持って値を決めておきましょう。**

図 3.3.6 タイムアウト値は短すぎず長すぎないようにする

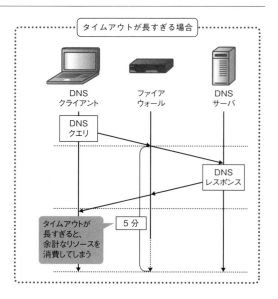

さて、タイムアウト値の設定ですが、プロトコルごとに設定できたり、ポート番号ごとに設定できたり、メーカーによっていろいろです。設計するときには、あらかじめどんな設定ができるか確

認し、そこから逆算して設計したほうがよいでしょう。機器によっては、アイドルタイムアウトだけでなく、TCPのクローズ処理のFIN_WAIT1、FIN_WAIT2、TIME_WAITまで細かく設定できたりもします。どこまで細かく設定するかは、お客さんの要件次第です。必要に応じて設計するようにしましょう。

多段防御でよりセキュアに

最近のファイアウォールはいろいろな機能を追加していて、マニュアルだけ見ているとほとんど万能に思えてきます。しかし、ファイアウォールが監視しているのは、あくまでファイアウォールを経由する通信だけです。ファイアウォールだけですべての機能を完結させるのは無理があります。**専用アプライアンスや専用ソフトウェアを併用して、多段的にシステムを守っていきます**。多段防御はセキュリティの基本です。横着せずに、しっかりと守りましょう。

使用する機能を精査する

先述のとおり、最近のファイアウォールはUTMや次世代ファイアウォールという形で進化し、いろいろな機能を搭載しています。しかし、これは同時にもろ刃の剣でもあります。いろいろな機能を詰め込んだため、その分のパフォーマンス低下が激しいのです。すべての機能を有効にすると、通信制御だけを行った場合と比較して、スループットが10分の1まで低下してしまうものもあったりします。また、機器によって得手不得手があります。**すべての機能をUTMや次世代ファイアウォールに任せるのではなく、どの機能を任せるべきかを見極め、専用アプライアンスや専用ソフトウェアとのハイブリッド化を推し進めるべきでしょう**。

もうひとつ。**実績も重要な選定要素のひとつです**。新しく追加された機能に飛びついて、バグに引っかかって止まる。そんなこともないとは限りません。現実に運用するシステムにおいて最も重要なポイントは安定性です。下手に新しい機能を使用して、人柱になってしまわないように、実績を考慮した機能選定を行いましょう。

図 3.3.7 機能のハイブリッド化を図る

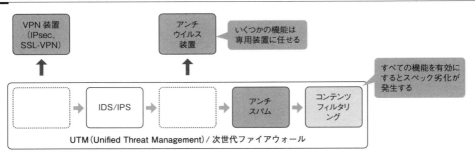

第 3 章　セキュリティ設計・負荷分散設計

起動サービスは必要最低限に

　ネットワーク機器は、デフォルトでたくさんのサービスが起動していて、それがそのまま脆弱性につながる可能性を秘めています。たとえば、シスコのスイッチやルータであれば、デフォルトでHTTPサービスやTelnetサービスなど、管理に使用するいくつかのサービスが起動します。したがって、HTTPアクセスもできてしまいますし、Telnetアクセスもできてしまいます。そして、それがそのまま脆弱性につながります。必要最低限のサービスのみ起動するようにして、脅威に備えましょう。もちろん管理上止められないサービスもあります。そのような場合は、**アクセスできるネットワークを制限して、脅威の影響を最小限にします**。

図 3.3.8　起動サービスは最低限にする

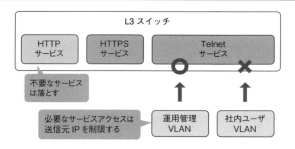

3.3.2　負荷分散設計

　次に「負荷分散設計」です。どのように、そしてどのレベルでアプリケーショントラフィックを負荷分散していくかを設計していきます。最近開発されているアプリケーションのほとんどがネットワークを利用するように作られており、ネットワークトラフィックは加速度的に増加を続けています。また、同時に多様化の一途をたどっています。あふれ出るトラフィックをどうさばいていくか。これはシステムにとって、とても重要な問題です。

効率的に負荷を分散する

　負荷分散設計において最も重要なポイントは、アプリケーションレベルの通信要件の洗い出しです。セキュリティ設計で洗い出した「どこから、どこへ、どんな通信があるか」を、アプリケーションレベルに推し進めます。

負荷分散が必要な通信を整理する

すべての通信に負荷分散が必要なわけではありません。まず、**洗い出した通信の中から負荷分散が必要な通信を抽出します**。たとえば、インターネットに公開するWebサイトだと、DMZゾーンに配置した公開サーバに対する通信の負荷分散が多いでしょう。インターネット上にいる不特定多数のユーザのトラフィックを負荷分散装置で振り分けます。

アプリケーションレベルの通信パターンを整理する

最近の負荷分散装置は、アプリケーションデリバリコントローラとして、アプリケーションレベルの制御もかなり柔軟にできるようになってきていて、アプリケーション開発者の要求にも柔軟に対応できるようになってきています。その要求をひとつひとつ整理していきます。

ここで最も重要なポイントは、パーシステンスの要不要を判断することです。負荷分散装置は複数のサーバにコネクションを散らすことで、負荷分散を成立させています。その分散処理がアプリケーションの不整合を生み出すことも十分に考えられます。パーシステンスが必要かどうかをしっかり確認してください。パーシステンスが必要と判断した場合、次は適用するパーシステンスの種類とタイムアウト値を決めていきます。

■ パーシステンスの種類

一般的に使用するパーシステンスの種類はp.260、p.262で説明した「送信元IPアドレスパーシステンス」「Cookieパーシステンス(Insertモード)」でしょう。送信元IPアドレスはネットワーク層レベルでの処理になるため、そこまでアプリケーションを考慮する必要はありません。Cookieパーシステンスを使用するときは、HTTPヘッダの挿入というアプリケーションレベルでの処理が必要になります。この処理がアプリケーションに影響しないか、導入時にしっかり試験をするようにしてください。

■ タイムアウト値

パーシステンスのタイムアウト値は、アプリケーションのタイムアウト値よりも気持ち長いくらいがよいでしょう。短すぎると、アプリケーションがタイムアウトしていないのに違うサーバに割り振られてしまい、不整合が発生してしまいます。逆に長すぎると、意味もなくレコードを保持してしまい、同じサーバに接続し続けてしまうことになります。こちらも導入時にしっかりタイムアウト時の動作を確認してください。導入時にただ単純に「負荷分散されたねー」「パーシステンスされたねー」くらいしか試験しないと、あとで痛い目を見ることになります。

図 3.3.9　パーシステンスのタイムアウト値はアプリケーションのタイムアウト値に合わせる

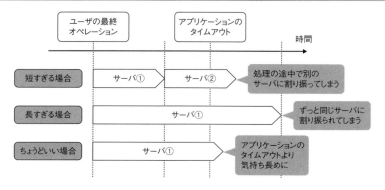

どのレベルまでヘルスチェックをするか考える

　最近のサーバ負荷分散環境では、**障害の切り分けを容易にするために、レイヤの異なる2種類のヘルスチェックをかけることが多いでしょう**。たとえばHTTPサーバの場合、L3チェックでIPアドレスの正常性をチェックしつつ、L4チェックかL7チェックで、サービスあるいはアプリケーションの正常性をチェックします。

図 3.3.10　異なるレイヤの2種類のヘルスチェックを実施

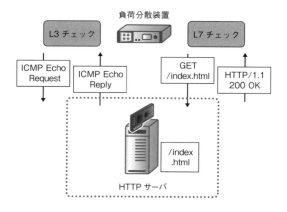

　ここで注意が必要なのは、ヘルスチェックとサーバ負荷のバランスです。ここでは「間隔」「レイヤ」という、ふたつの側面から考えます。

■ ヘルスチェックの間隔

　ヘルスチェックの間隔を短くすればするほど、障害を検知するまでの時間が早くなります。しかし、その分サーバの負荷になります。**サービスに影響しないようなヘルスチェック間隔を設計しましょう**。

図 3.3.11 ヘルスチェックの間隔は短くしすぎない

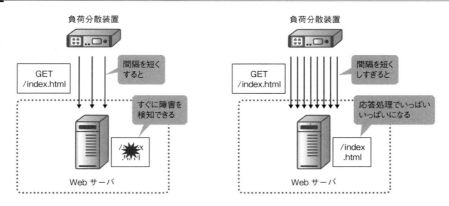

■ ヘルスチェックのレイヤ

　L3チェックは単なるICMPのやり取りなので、サーバの負荷として考える必要はありません。問題はもうひとつのヘルスチェックです。L7チェックをすると、アプリケーションレベルの障害まで検知できるようになりますが、その分サーバの負荷になります。わかりやすい例がHTTPSのヘルスチェックです。負荷のかかるSSLハンドシェイクの処理をひたすら繰り返すので、負荷になる可能性大です。L7チェックが負荷になるようだったら、L4レベルにチェックレイヤを下げて、サービスへの影響を最小限にしたほうがよいでしょう。

図 3.3.12 負荷がかからないヘルスチェックを選ぶ

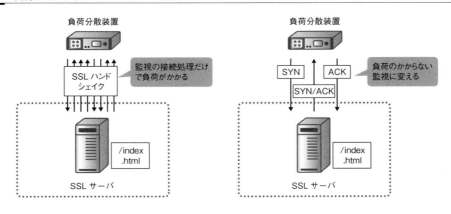

サーバのスペックや通信パターンから負荷分散方式を決める

　負荷分散方式も重要な設計要素のひとつです。負荷分散方式はそれぞれメリット・デメリットがあります。また、サーバの環境によっても、最適な負荷分散方式は変わります。しっかりとした見極めが必要です。機器によって、たくさんの負荷分散方式が用意されていますが、一般的に使用することが多い方式は「**ラウンドロビン**」「**重み付け・比率**」「**最少コネクション数**」でしょう。それぞれのメリット・デメリットを次の表にまとめておきます。参考にしてください。

表3.3.2　メリット・デメリットを理解して負荷分散方式を選ぶ

項目	メリット	デメリット
ラウンドロビン （順番に割り振り）	・動作がわかりやすい ・リクエストごとの処理時間が同じだと力を発揮する	・負荷分散対象サーバのスペックに隔たりがある場合でも関係なく割り振ってしまう（低スペックのサーバの負荷が上がってしまう。重み付け・比率との併用が必要） ・パーシステンスが必要なアプリケーションだと均等に負荷分散されない ・1リクエストあたりの処理時間が異なると、均等に負荷分散されない
重み付け・比率 （重みに応じて割り振り）	・負荷分散対象サーバのスペックに応じた割り振りができる	・1リクエストあたりの処理時間が異なると、均等に負荷分散されない
最少コネクション数 （コネクション数に応じて割り振り）	・負荷分散対象サーバスペックに応じた割り振りができる ・パーシステンスが必要なアプリケーションでも均等に負荷分散できる ・1リクエストあたりの処理時間が異なっていても、均等に負荷分散される	・アプリケーションの動作をしっかり理解していないと、負荷分散の動作がわかりづらい

オプション機能をどこまで使用するのか

　負荷分散装置は「SSLオフロード機能」や「アプリケーションスイッチング機能」「コネクション集約機能」など、たくさんのオプション機能を備えていて、その機能をどこまで使用するかも大きな設計要素になりえます。

証明書を用意する

　SSLオフロード機能は、オプション機能の中でも最もよく使用する機能でしょう。**SSLオフロード機能を使用するときは、秘密鍵とデジタル証明書（公開鍵）は負荷分散装置が持つことになります。**

　新規のサイトの場合、CSRは負荷分散装置で作り、認証局に提出してください。そして、デジタル署名が付与されたデジタル証明書をインストールしてください。CSRを作成するときは、鍵長に注意してください。以前は1024ビットが主流でしたが、最近は安全上の理由から2048ビットが基本です。要求される鍵長は認証局によって違います。認証局にしっかりと確認してくださ

い。2048ビット鍵を使用する場合、負荷分散装置で処理できるTPS（1秒あたりに処理できるSSLハンドシェイク数）が約5分の1になります。スペックにも注意してください。

既存でSSLサーバがある場合は、SSLサーバにインストールされている秘密鍵と証明書を、そのまま負荷分散装置に移行してください。

図 3.3.13 鍵ペアは負荷分散装置が持つ

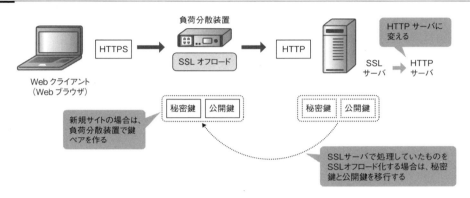

また、SSLを使用するときは、サーバ側でどんな暗号スイートのリストを設定するかも、重要な設計要素になります。複雑な暗号スイートをばかりでリストを作ると、セキュリティ強度は高まります。しかし、複雑な暗号スイートであればあるほど、機器の負荷になりやすく、また、古いWebブラウザだと対応すらしていなかったりもします。結局のところ、大事なのはバランスです。もちろんセキュリティを保てないのは論外ですが、セキュリティ強度だけを追い求めて、ただやみくもにガチガチに設定しても、つながらなくては意味がありません。**Webブラウザの対応状況や、機器のスペックを踏まえて、暗号スイートを選択・配列し、バランスのよいリストを作ってください。**

■ アプリケーションスイッチングはアプリありき

アプリケーションスイッチングは、設計をアプリケーションの領域にまで拡張することになるため、アプリケーションエンジニアとの折衝が必要不可欠です。まずは、アプリケーションエンジニアがどのような負荷分散を望んでいるのかをヒヤリングし、その要件がそもそも実現可能なのかを確認してください。実現可能と判断した場合、要件の詳細化を図り、条件を絞ってください。**アプリケーションスイッチングは、できることの幅が広い分だけ、要件が発散することが多く、条件を絞っておかないと、雪だるま式に工数が膨れ上がってきます。**また、細かな動作検証が必要にもなります。結果として赤字になってしまわないよう、石橋を叩きながら進めるようにしましょう。

第3章　セキュリティ設計・負荷分散設計

■ コネクション集約機能を使用するときはしっかり試験する

　コネクション集約機能は、サーバのTCP処理負荷を劇的に減らしてくれる、素晴らしい機能です。ただ、クライアントから来たアプリケーショントラフィックを、負荷分散装置内でいったん展開してサーバに渡すという、少し複雑なアプリケーション処理をします。そのため、**複数のユーザからほぼ同時にアプリケーショントラフィックが来たとき、ヘッダを削除したり、IPアドレスを変えたりして、アプリケーション的におかしな挙動を起こすことがあります。しっかりと検証したうえで導入しましょう。**

第4章

高可用性設計

本章の概要

　本章では、サーバサイトの可用性を高めるために必要な冗長化技術や、その技術を使用する際の設計ポイント、各構成パターンにおける通信フローについて説明します。

　「可用性」とはシステムの壊れにくさを表しています。そして、「冗長化」は高可用性を保つためにシステムの予備を用意して多重化を図ることを表しています。今やすべてのミッションクリティカルシステムがネットワークに乗っているといっても過言ではありません。そんな環境では、1分1秒のシステムダウンが命取りになります。信頼関係を築くには時間がかかるのに、崩れるのは一瞬です。せっかく作った信頼関係を崩してしまわないように、たくさんの冗長化技術をうまく設計して、高可用性を図りましょう。

4.1 冗長化技術

　冗長化技術は、物理層からアプリケーション層に至るまで多種多様なものがあります。サーバシステムではそのすべてのレイヤで、そしてすべてのポイントで、くまなく冗長化を図る必要があります。本書ではその中でもネットワークに関連する冗長化技術と設計の際に気を付けるポイントを、レイヤごとにピックアップして説明します。

4.1.1 物理層の冗長化技術

　物理層の冗長化技術は、複数の物理要素をひとつの論理要素にまとめる形で実現しています。「複数の物理要素をひとつの論理要素にまとめる」、言葉にするとなんだか難しそうですが、それほど難しく考えることはありません。物理的にたくさんあっても、ひとつとして扱えばよいだけです。
　本書では「リンク」「NIC」「機器」という3つの物理要素＋αについて説明していきます。

複数の物理リンクをひとつの論理リンクにまとめる

　複数の物理リンクをひとつの論理リンクにまとめる技術を「**リンクアグリゲーション**」といいます。シスコ用語では「イーサチャネル」、ヒューレット・パッカードやF5ネットワークスの用語では「トランク」といったりしますが、同じと考えてよいです。リンクアグリゲーションは、リンクの帯域拡張と冗長化を同時に実現する技術として一般的に使用されています。

図4.1.1　複数の物理リンクを1本の論理リンクにまとめる

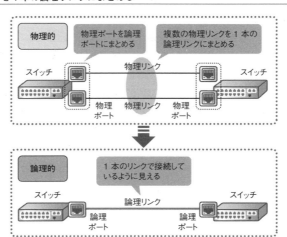

リンクアグリゲーションは、スイッチの物理ポートのいくつかを論理ポートとしてグループ化し、別のスイッチの論理ポートと接続することで論理リンクを作ります。通常時は複数の物理リンクがあたかも1リンクのように動作し、物理リンク数分の帯域を確保することができます。また、リンク障害時は、障害リンクを切り離し、冗長化を図ります。障害で発生するダウンタイムは、pingレベルで1秒程度です。したがって、アプリケーションレベルの通信にはほとんど影響がありません。

図 4.1.2 リンクアグリゲーションで帯域拡張と冗長化の両方を実現する

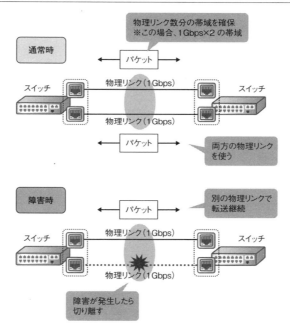

モードは大きく分けて3つ

リンクアグリゲーションは構成方法によって「**静的**」「**PAgP (Port Aggregation Protocol)**」「**LACP (Link Aggregation Control Protocol)**」という3つのモードに大別されていて、それぞれに互換性はありません。設計するときは、どのモードを使用するかを選定しなければなりません。

■静的

静的は、その物理リンクを無条件にリンクアグリゲーションのグループに所属させて、論理リンクを構成するモードです。必要以上にプロトコルを使用することもありません。最も単純でわかりやすいでしょう。静的に設定する場合は、必ず両機器とも静的に設定しないといけません。

図 4.1.3　静的を使用するときは両機器とも静的に設定する

■ PAgP

　PAgPはリンクアグリゲーションを自動構成するためのプロトコルの名前です。シスコ独自のプロトコルで、シスコ機器オンリーの環境であれば推奨です。PAgPで相手にお伺いを立てたあとに、論理リンクを構成します。

　PAgPには「Desirable」「Auto」という2種類のモードが存在します。イメージ的には「Desirable」が肉食系で、「Auto」が草食系です。Desirableは自分でPAgPを送信して、積極的に論理リンクを作ろうとします。それに対して、Autoは自分ではPAgPは送信しませんが、PAgPを受け取ったら論理リンクを作ります。

　一般的なネットワーク設計では、設定を統一するために、どちらもDesirableにすることが多いでしょう。

図 4.1.4　PAgP を使用するときは Desirable に設定する

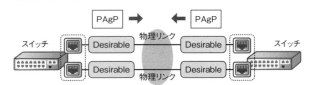

■ LACP

　LACPもリンクアグリゲーションを自動構成するためのプロトコルの名前です。こちらはIEEE802.3adで規格化されていて、いろいろなベンダが混在したネットワーク環境で使用します。LACPで相手にお伺いを立てたあとに、論理リンクを構成します。

　LACPには「Active」「Passive」という2種類のモードが存在します。これらはそのままPAgPの「Desirable」と「Auto」に当てはまります。「Active」がPAgPのDesirableで、「Passive」がPAgPのAutoです。Activeは自分でLACPを送信して、積極的に論理リンクを作ろうとします。それに対して、Passiveは自分ではLACPを送信しませんが、LACPを受け取ったら論理リンクを作ります。

　一般的なネットワーク設計では、設定を統一するために、どちらもActiveにすることが多いでしょう。

図 4.1.5 LACP を使用するときは Active に設定する

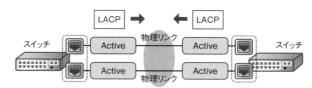

　さて、以上の3つのモードのうち使用することが多いのは、筆者の経験則で言えば、LACP Activeでしょう。LACPは、RFCで定義された標準プロトコルなので、異なるベンダーの機器同士であっても問題なくつながります。とはいえ、これはあくまで筆者の経験則であって、必ずしもすべての環境にマッチするわけではありません。**設計するときに重要なことは、どの方法を選択するかということよりも、対向の機器と合わせた設定にする、これだけです。**

■ 重要なのは負荷分散方式

　リンクアグリゲーションにおける帯域拡張の原理は、複数の物理リンクへの負荷分散です。実際にフレームを転送するときは、それぞれの物理リンクに対して負荷分散をかけ、広い意味での帯域拡張を図っています。ここで重要なポイントは、そのときに使用する負荷分散方式です。誤った負荷分散アルゴリズムを選んでしまうと、使用する物理リンクに偏りが出てしまうことになります。

図 4.1.6 負荷分散をかけて広い意味での帯域拡張を図る

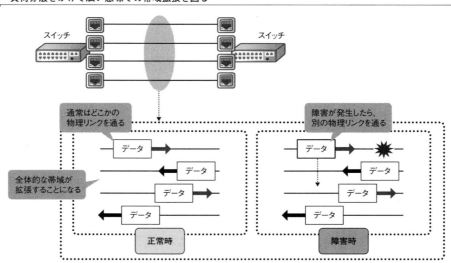

　具体的な例を挙げましょう。シスコのCatalyst 2960/3850シリーズは、デフォルトの負荷分散方式に送信元MACアドレスを使用します。しかし、送信元MACアドレスをもとに負荷分散を

第 4 章　高可用性設計

すると、異なるVLANからの通信の通信量がひとつの物理リンクに偏ってしまいます。なぜなら、異なるVLANからの通信の送信元MACアドレスは、必ずデフォルトゲートウェイのMACアドレスになるからです。これではひとつの物理リンクしか使用しないことになり、通信効率が落ちてしまいます。

　負荷分散方式は、使用される物理リンクが均等になりやすいものを選択します。具体的には、より上位層の要素を、よりたくさん取り入れている負荷分散方式を選択します。たとえば、Catalyst 3850シリーズの場合、表4.1.1のような負荷分散方式に対応しています。この中で最も均等になりやすい負荷分散方式は、トランスポート層とネットワーク層の要素を組み合わせた「送信元IPアドレス+あて先IPアドレス+送信元ポート番号+あて先ポート番号」です。設計するときは、可能な限りこの方式を選んでください。

表 4.1.1　Catalyst 3850 シリーズが対応している負荷分散方式

レイヤ	設定	負荷分散のキーとなる情報
レイヤ2 （データリンク層）	src-mac	送信元 MAC アドレス（デフォルト）
	dst-mac	あて先 MAC アドレス
	src-dst-mac	送信元 MAC アドレス＋あて先 MAC アドレス
レイヤ3 （ネットワーク層）	src-ip	送信元 IP アドレス
	dst-ip	あて先 IP アドレス
	src-dst-ip	送信元 IP アドレス＋あて先 IP アドレス
	l3-proto	L3 プロトコル
レイヤ4 （トランスポート層）	src-port	送信元ポート番号
	dst-port	あて先ポート番号
	src-dst-port	送信元ポート番号＋あて先ポート番号
混合	src-mixed-ip-port	送信元 IP アドレス＋送信元ポート番号
	dst-mixed-ip-port	あて先 IP アドレス＋あて先ポート番号
	src-dst-mixed-ip-port	送信元 IP アドレス＋あて先 IP アドレス＋送信元ポート番号＋あて先ポート番号（推奨）

　ちなみに、負荷分散方式は、必ずしも対向の機器と同じにしないといけないわけではありません。互いに違っていても、まったく問題ありません。それに、行きのパケットと戻りのパケットが別の物理リンクを使用しても、通信的にまったく問題ありません。設計するときに重要なのは、**それぞれでより均等になりやすい負荷分散方式を選ぶ**、これだけです。

4.1 冗長化技術

図 4.1.7 送信元 MAC アドレスで負荷分散すると偏りが発生する

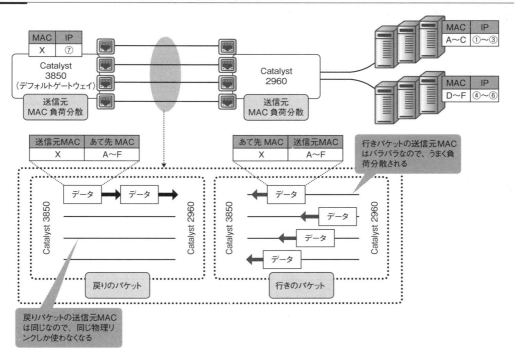

図 4.1.8 負荷分散方式を変えて、うまく帯域拡張を図る

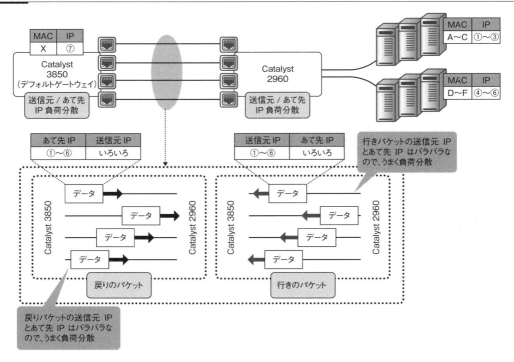

345

複数の物理 NIC をひとつの論理 NIC にまとめる

複数の物理NICをひとつの論理NICにまとめる技術を、「**チーミング**」といいます。Linuxでは「ボンディング」といったりしますが、同じと考えてよいです。チーミングはNICの帯域拡張や冗長化を実現する技術として一般的に使用されています。チーミングはサーバのNICの設定なので、一見ネットワークとは関係なさそうな感じがします。しかし、ネットワークの冗長化と密接に関連していて、知っておいて損はありません。本書では一般的に使用することが多いチーミングの方式を、物理環境、仮想化環境に分けて説明します。

図 4.1.9　複数の物理 NIC をひとつの論理 NIC にまとめる

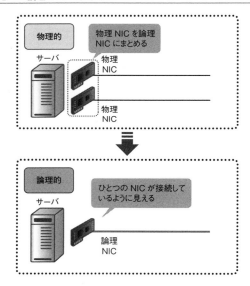

物理環境のチーミング方式は 3 種類押さえる

物理環境におけるチーミングは、OSの標準機能で設定します。チーミングを設定すると、ひとつの論理NICが新しくできて、その論理NICに設定を施していきます。また、そのときに、チーミングの方式も含めて設定していきます。

物理環境で使用できるチーミングの方式はOSごとにたくさん用意されていますが、その中でも一般的に使用することが多いのは「**フォールトトレランス**」「**ロードバランシング**」「**リンクアグリゲーション**」の3種類です。

表4.1.2　3種類のチーミング方式

方式	説明	Windows Server	Linux OS
フォールトトレランス	アクティブ/スタンバイに構成する	スイッチに依存しない ― スタンバイアダプタ	active-backup
ロードバランシング	アクティブ/アクティブに構成する	スイッチに依存しない ― 動的/アドレスのハッシュ スイッチに依存しない ― アドレスのハッシュ	balance-tlb balance-alb
リンクアグリゲーション	リンクアグリゲーションを構成する	静的チーミング LACP	balance-rr balance-xor 802.3ad

■フォールトトレランス

　フォールトトレランスは物理NICを冗長化するモードです。通常時はアクティブ/スタンバイで動作し、片方のNIC（アクティブNIC）のみを使用します。アクティブNICに障害が発生したら、スタンバイNICにフェールオーバを実行します。フォールトトレランスは通常時にアクティブNICだけを使用するため、ふたつの物理NICの通信量には完全な隔たりが生じます。アクティブNICの処理がいっぱいいっぱいになってしまったら、それ以上の通信には対応しきれません。ただ、トラブルシューティングがしやすく、運用管理もしやすいので、管理者に好まれやすい方式です。

図4.1.10　フォールトトレランスはアクティブ/スタンバイ構成

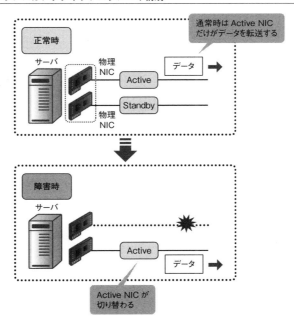

第4章 高可用性設計

■ロードバランシング

　ロードバランシングは物理NICを冗長化しつつ、帯域拡張も図っているモードです。通常時はアクティブ/アクティブで動作し[*1]、両方のNICを使用します。片方のNICに障害が発生したら、もう片方のNICで通信を行います。ロードバランシングは通常時に両方の物理NICを使用するため、フォールトトレランスに比べて通信が効率的です。しかし、仕様上、同じスイッチに接続することが前提となっていて、そのスイッチに障害が発生したら通信できなくなります[*2]。

[*1] 実際はすべての通信をアクティブ/アクティブに処理しているわけではありません。使用するモードによって、アクティブ/アクティブとして扱う通信が異なります。それぞれのマニュアルを確認してください。
[*2] StackWiseテクノロジーやVSSを使用して、論理的に2台以上のスイッチを1台のスイッチとして構成し、接続する物理スイッチを分けてあげる必要があります。StackWiseテクノロジーとVSSについては、p.355から説明します。

図4.1.11　ロードバランシングはアクティブ/アクティブ構成

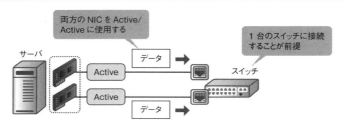

■リンクアグリゲーション

　リンクアグリゲーションは、前項で説明した物理リンクのリンクアグリゲーションのNICバージョンです。帯域を拡張しつつ、物理NICの冗長性を確保します。通常時は一定の方式に基づいて、通信する物理NICを選び、帯域を拡張します。また、グループを構成するNICのどれかに障害が発生したら、すぐに別のNICに切り替え、通信を確保します。リンクアグリゲーションは、通常時にすべての物理NICを使用するため、通信が効率的です。しかし、接続するスイッチに障害が発生したら通信できなくなります[*1]。また、スイッチ側でもリンクアグリゲーションの設定が必要になるため、サーバ担当者とネットワーク担当者の間で、プロトコルや負荷分散方式などについて、しっかりとした話し合いが必要です。

[*1] StackWiseテクノロジーやVSSを使用して、論理的に2台以上のスイッチを1台のスイッチとして構成し、接続する物理スイッチを分けてあげる必要があります。

図4.1.12　リンクアグリゲーションはスイッチにも設定が必要

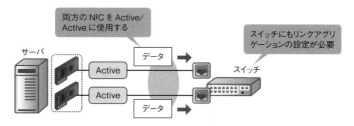

さて、以上の3つの負荷分散方式のうち、サーバサイトにおいてどの方式を使うことが多いかといえば、ズバリ「フォールトトレランス」です。理由は、動作が単純でわかりやすく、管理しやすいからです。もちろん、これはあくまで筆者の経験則です。基本設計はお客さんの要件ありきです。たとえば、NICの持っている帯域をフルに活用したいのであれば、フォールトトレランスは適していません。まずは、お客さんにメリット・デメリットを説明したうえで、要件を確認し、最適な方式を選択してください。

仮想化環境のチーミングは仮想スイッチで行う

仮想化環境におけるチーミングは、仮想化ソフトウェアのハイパーバイザ上の仮想スイッチで行います。仮想マシンは仮想スイッチ経由で、物理環境に接続します。仮想スイッチに物理NICを関連付け、その物理NICでチーミングを構成します。仮想化環境のチーミングのポイントは「障害検知」と「負荷分散方式」です。

■ 障害検知

障害検知は、なんの情報をもって障害として検知するかを表しています。たとえば、ヴイエムウェアのvSphereの場合、「リンク状態検知」「ビーコン検知」のふたつが用意されています。このふたつの違いはレイヤです。

リンク状態検知は、リンクのアップダウンを障害として物理層レベルで検知します。また、ビーコン検知は特殊なフレームを送信して、その損失を確認し、データリンク層レベルで検知します。推奨はリンク状態検知です。ビーコン検知の場合、そのビーコンフレームが他の機器で不正フレームとして検知されたり、また、そもそもうまく障害を検知できないことがあったりします。注意してください。

図 4.1.13 リンク状態で障害を検知する

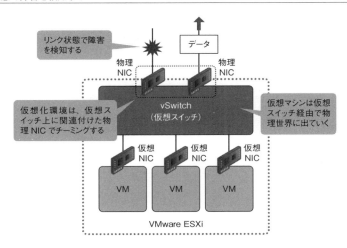

■ 負荷分散方式

　仮想化環境のチーミングも、通信を複数の物理NICに分散することで、帯域拡張と冗長性を実現しています。**どの物理NICを使用するか**、これを決めるのが負荷分散方式です。たとえば、VMwareの場合「明示的なフェールオーバ」「ポートID」「発信元MACハッシュ」「IPハッシュ」の4つが用意されています。この中でも一般的に使用されている負荷分散方式が「明示的なフェールオーバ」と「ポートID」です。

　「明示的なフェールオーバ」は、いわゆるアクティブ/スタンバイ構成です。通常時は片方のアクティブNICのみを使用します。アクティブNICに障害が発生したら、スタンバイNICにフェールオーバを実行します。

　「ポートID」はポートごとに使用するNICを切り替える負荷分散方式です。ここでいうポートはTCPやUDPのポート番号ではありません。仮想マシンが接続する仮想スイッチの仮想的なポートを表しています。この仮想ポート番号（ポートID）ごとに使用する物理NICを選択し、広い意味での負荷分散を図ります。

図 4.1.14　仮想ポートのポート ID で使用する物理 NIC を選ぶ

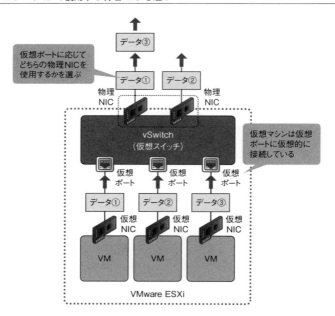

異なる種類の物理NICでチーミングする

チーミングする場合は、構成する物理NICの配置にも気を配りましょう。サーバで使用する物理NICは、マザーボード上に付属している「オンボードNIC」と、拡張スロット（PCI Expressスロット）に増設した「拡張NIC」の2種類に大別できます。この2種類を可能な限り混在させてチーミングを組み、より冗長性の向上を図ります。たとえば、クアッドポート（4ポート）の拡張NICだけでチーミングをしてしまったら、拡張スロットが壊れたときに通信できなくなります。オンボードNICと組み合わせてチーミングをすることで、物理構成要素の障害の影響を最小限にしましょう。

図 4.1.15　異なる種類の NIC でチーミングする

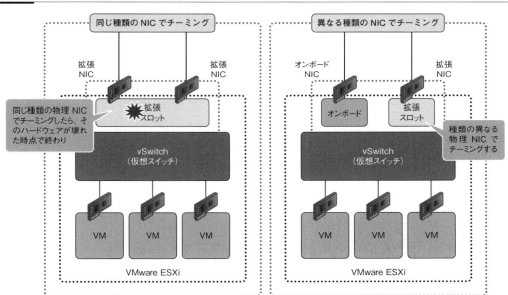

接続先を必ず分ける

チーミングをする場合、物理NICの接続先にも気を配る必要があります。同じ物理スイッチに接続した場合、そのスイッチが壊れてしまったら元も子もありません。片方はひとつ目の物理スイッチ、もう片方はふたつ目の物理スイッチという形で接続先を分岐し、物理スイッチの障害に対する可用性を確保します。

第 4 章 高可用性設計

図 4.1.16 接続する物理スイッチを分ける

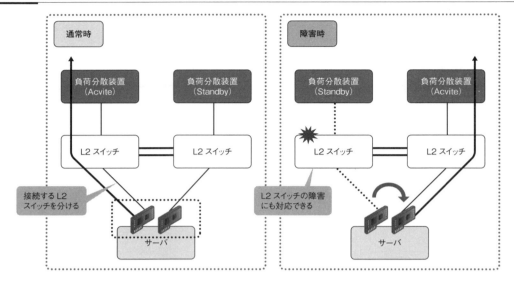

ブレードサーバで物理構成を簡素化する

　ブレードサーバは「**ブレード**」と呼ばれる細いサーバを「**エンクロージャ**」と呼ばれるケースに挿入して使用します[*1]。ブレードサーバは、サーバが多くなると煩雑になりがちなケーブリングを簡素化できたり、ラック集約率を高めることができたりと、物理的な運用管理をシンプルにできるため、サーバサイトで一般的に使用されています。

　*1　呼び名はメーカーによって異なります。本書では一般的な呼び名を用いて説明しています。

図 4.1.17 ブレードサーバは内部で自動結線される

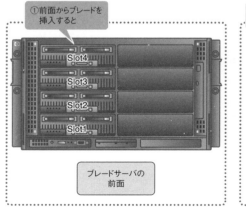 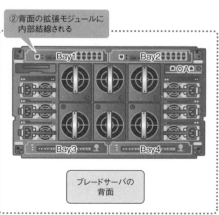

4.1 冗長化技術

最近は、ニュータニックスのNXシリーズやHPEのSimplivityシリーズなどのハイパーコンバージドインフラ（HCI、Hyper Converged Infrastructure）に押され気味の感がありますが、HCIのネットワーク設計はシンプルそのもので、ブレードサーバのネットワーク設計の仮想化部分を理解してさえいれば、すぐに理解できるはずです。そこで本書では、あえて流行のHCIではなく、定番のブレードサーバを取り上げます。

ブレードはエンクロージャ前面から挿入すると、背面の拡張モジュールに自動で内部結線され、その接続構成は見えません。ブレードサーバが出始めのころ、「本当につながってるの？」と疑ってしまいがちでしたが、しっかり中でつながっています。

拡張モジュールにはいろいろな種類があって、その種類によってネットワーク構成も変わるし、担当エンジニアも変わります。本書ではネットワークエンジニアの担当範囲になり、一般的にも使用することが多い「スイッチモジュール」を取り上げます。

■ スイッチモジュール

スイッチモジュールは、エンクロージャにスイッチが埋まっている感じをイメージしてください。ブレードはエンクロージャに挿し込まれると、自動的に内部で結線されます。**結線位置はブレードの挿入位置（スロット）と、ブレードに搭載するメザニンカード[*2]によって決まります**。たとえば、スロット1に接続したら各スイッチモジュールの1番ポート、スロット2に接続したら2番ポートに結線されるといった感じです。本来外に出ているケーブルが全部内部で結線されることになるので、サーバとのケーブリングが不要です。外に出ている外部ポートを使用して、外のスイッチと接続します。ケーブリングが必要なのは、この部分だけです。

[*2] ブレードのマザーボードに挿して使用する拡張カードのことです。

図4.1.18 接続ポートはブレードを挿入するスロットによって決まる

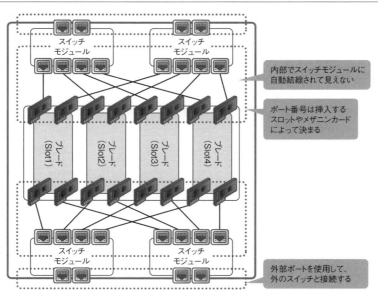

第4章 高可用性設計

　スイッチモジュールを使用するときに気を付けなければならないのは、管理モジュールとの関係性です。ブレードサーバは全体の管理を「管理モジュール」というモジュールで行います。レノボのFlex Systemの場合は「CMM（シャーシ・マネジメント・モジュール）」、HPEのBladeSystemの場合は「OA (Onboard Administrator)」と呼ばれています。スイッチモジュールもその管理対象になっていて、デフォルトでIPアドレスやホスト名は管理モジュールから設定することになります。スイッチに対する管理アクセスも管理モジュール経由になり、仕様上、サーバと別VLANにしないといけないといった制約もあったりします。しっかりマニュアルを確認してください。もちろん、設定次第で管理モジュールの管理対象から外すことも可能です。ネットワークエンジニアだけで構築作業を完結したいときは、管理対象から外すように設定してください。

複数の機器をひとつの論理機器にまとめる

　複数の機器をひとつの論理機器にまとめる技術のことを「スタック技術」といいます。スタック技術は冗長化だけでなく、転送能力拡張、ループフリー化、構成のシンプル化など、従来のネットワークが抱えていた課題を一気に解決できる技術として、今や高可用性設計には欠かせないものになっています。

　スタック技術にはいくつかあって、機器によって使用できる技術が異なります。本書ではシスコのCatalyst 3750/3850シリーズやCatalyst 9300シリーズで使用できる「**StackWiseテクノロジー**[*1]」と、Catalyst 6500/6800シリーズやCatalyst 4500-Xシリーズで使用できる「**VSS (Virtual Switching System)**」の設計ポイントを説明します。

　＊1　ここではStackWise Plus、StackWise-480も「StackWiseテクノロジー」として、まとめて説明しています。

表4.1.3　スイッチをまとめる技術

メーカー	機種	まとめる技術
シスコ	Catalyst 3750/3850/9300 シリーズ	StackWise テクノロジー
	Catalyst 4500-X/6500/6800 シリーズ	VSS（Virtual Switching System）
	Nexus シリーズ	vPC（virtual Port Channel）
HPE	OfficeConnect 1950 スイッチシリーズ 5510/5130/5980/5950/5940/5900/5700 シリーズ	IRF（Intelligent Resilient Framework）
	Aruba 5400R/2930F スイッチシリーズ	VSF（Virtual Switching Framework）
	Aruba 3810/2930M スイッチシリーズ	スタッキング機能
ジュニパー	EX シリーズ	VC（Virtual Chassis）
アライドテレシス	SBx8100/SBx908 シリーズ x930/x900/x610/x600/x510/x510DP/x510L/SH510/x310 シリーズ	VCS（Virtual Chassis Stack）

354

StackWise テクノロジー

　StackWiseテクノロジーはCatalyst 3750/3850シリーズやCatalyst 9300シリーズで使用できる冗長化技術です。**特別なスタックケーブルで最大9台（Catalyst 3750/3850の場合）、あるいは最大8台（Catalyst 9300の場合）のスイッチを接続し、ひとつの大きな論理的なスイッチとして統合します**。物理的には複数台のスイッチですが、論理的に見ると、あたかも1台のスイッチであるかのように動作します。IPアドレスや各種設定情報など、システム管理者が管理すべきポイントもひとつです。

図4.1.19　複数の物理スイッチを1台の論理スイッチにまとめる

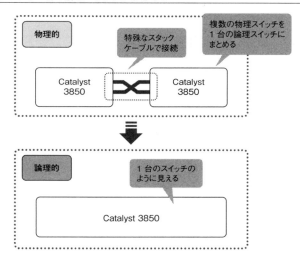

■ マスタスイッチの選出

　スタックを構成するスイッチは、全体を制御する1台の「**マスタスイッチ**」とそれ以外の「**メンバスイッチ**」で構成されています。マスタスイッチは、ユニキャスト・マルチキャストルーティング処理や各メンバに対する設定情報や転送情報（FIBテーブル[*1]）のコピーなど、スタック内で最も重要な役割を持つスイッチです。StackWiseテクノロジーは、複雑な処理（ルーティングプロトコルの処理など）をマスタスイッチで集中処理し、かつ、簡単な処理（転送処理など）を各メンバスイッチで分散処理し、処理のハイブリッド化を図っています。

　マスタスイッチはいくつかの条件に基づいて選出されます。ただ、通常はプライオリティ値を設定して、必ず特定のスイッチがマスタに選出されるようにします。プライオリティ値のデフォルトは1、最大は15で、最も高いプライオリティ値を持つスイッチがマスタになります。**マスタと、その次にマスタにしたいマスタ候補くらいまでプライオリティ値を設定しておくと、障害時に対応しやすいでしょう**。

[*1]　FIB（Forwarding Information Base）テーブルは、ルーティングテーブルからパケット転送に必要な情報だけを抽出したテーブルのことです。

第 4 章 高可用性設計

図 4.1.20 マスタスイッチが全体を制御している

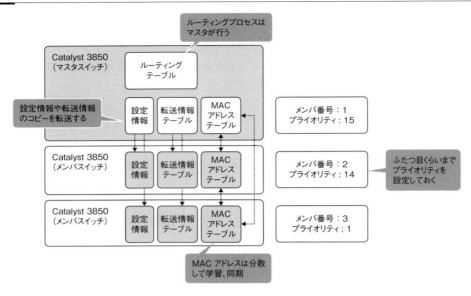

　マスタスイッチについてもうひとつ。高プライオリティ値を持った元マスタスイッチが障害から復帰しても、自動でマスタスイッチに昇格はしません。元マスタスイッチをマスタスイッチに戻したい場合は、その時点のマスタスイッチを再起動するなどして、選出プロセスを再実施します。

■ MACアドレス

　StackWiseテクノロジーを使用するときは、MACアドレスにも注意が必要です。スタック構成を組む場合、スタックのMACアドレス（スタックMACアドレス）はデフォルトでマスタスイッチのMACアドレスになります。もちろん通常時はこれでも問題ありません。問題はマスタスイッチがダウンしたときです。マスタスイッチがダウンすると、MACアドレスの切り替わりが発生してしまい、特定の環境（LACPとSTPを併用した環境）で通信断が発生してしまいます。そこで、どんな環境でもとりあえず「**stack-mac persist timer 0**」コマンドを入力しておきましょう。このコマンドを入力しておくと、マスタスイッチがダウンしても、そのMACアドレスをそのまま引き継いでくれるため、余計な通信断が発生しなくなります。

図 4.1.21 stack-mac persist 0 でマスタスイッチの MAC を引き継ぐ

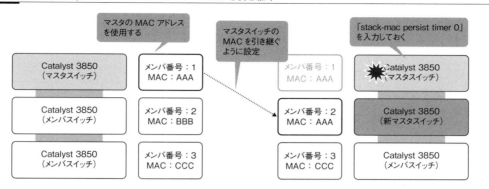

■ スタックケーブルの接続

StackWiseテクノロジーは、各スイッチの背面にあるスタックポートを特別なスタックケーブルで接続することで、その機能を実現しています。ここで最も重要なポイントは、その接続構成です。**スタックケーブルは仕様上、絶対にリング状に構成しなければなりません**。たとえば3台でスタックを構成する場合、次の図のような形でリング状にします。

図 4.1.22 スタックケーブルはリング状に構成する

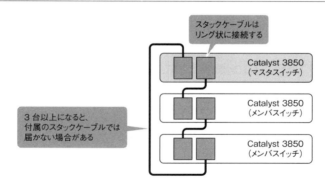

スタックケーブルは物理的な取り回しにも注意が必要です。あまりに台数を積み重ねてしまうと、付属のスタックケーブルでは物理的に短すぎて届かなくなります。3台より多くなるようであれば、長いスタックケーブルを別途購入したほうがよいでしょう。また、ラックまたぎにも注意が必要です。スタックケーブルは取り回しがしづらく、ラックをまたぐような配置はお勧めできません。可能な限り同一ラック内に収めるように配置しましょう。

VSS

VSSは、Catalyst 6500/6800シリーズやCatalyst 4500-Xシリーズで使用できる冗長化

技術です。**複数の10G、あるいは40Gリンクで2台のスイッチを接続し、ひとつの論理的なスイッチとして統合します**。物理的には2台のスイッチですが、ネットワーク上から見るとあたかも1台のスイッチであるかのように動作します。設定もひとつですし、管理ポイントもひとつです。

図 4.1.23 2台の物理スイッチを1台の論理スイッチにまとめる

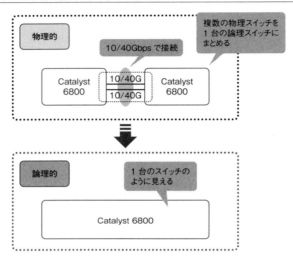

■ 仮想ドメイン ID

　仮想ドメインIDはVSSペアを論理的に管理するIDです。VSSを構成する物理スイッチ間で同じドメインIDを設定し、VSSドメインを作ります。仮想ドメインIDはPAgPやLACPの制御パケットなどで使用されており、ネットワーク内で一意に設計する必要があります。**VSSペア同士を接続するときは、ドメインIDが重複しないように注意してください**。

図 4.1.24 ドメイン ID を一意にする

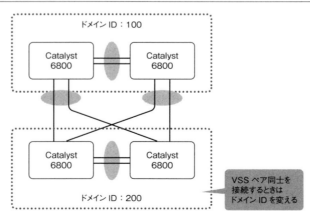

4.1 冗長化技術

■ VSL（Virtual Switch Link）

VSSによる冗長化技術の鍵を握っているのが、両スイッチを接続するVSL（Virtual Switch Link）です。一般的に10Gか40Gのリンクをリンクアグリゲーションで束ねて接続します。VSLはVSSを構成するために必要な制御情報や同期情報を交換するだけでなく、障害時のデータ転送経路にもなる重要なリンクです。

ここでのポイントは、リンクアグリゲーションを構成する物理リンクの配置です。**1リンクをスーパバイザエンジン、もう1リンクを他のラインカードで取るようにして、ラインカードの障害に備えます**。

図 4.1.25 物理リンクの配置に注意する

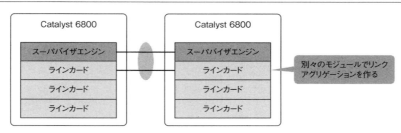

■ 転送処理はアクティブ / アクティブに

VSSは処理に応じて役割を変えることによって、冗長性と転送能力拡張の両立を実現しています。

ルーティングプロトコル制御や管理制御など、ソフトウェアで行う比較的複雑な処理は、アクティブ/スタンバイで構成します。基本的にアクティブスイッチが処理を行い、スタンバイスイッチに同期します。また、アクティブスイッチに障害が発生したときに、スタンバイスイッチが昇格して、即座に処理を開始し、冗長性を確保します。

パケット転送など、ハードウェアで行う単純な処理は、アクティブ/アクティブに構成します。各物理スイッチがそれぞれ分散して処理を行い、転送能力を最大限確保しています。どちらかの物理スイッチがダウンしてしまった場合は、もう片方の物理スイッチが処理を引き継ぎます。

図 4.1.26 冗長性と転送拡張を確保する

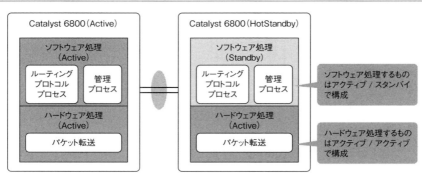

Active/Active にならないようにする

先述のとおり、VSSはコントロールプレーンをアクティブ/ホットスタンバイ、データプレーンをアクティブ/アクティブに構成することにより、処理のハイブリッド化を図っています。VSLはその役割制御を担う最も重要なリンクです。VSLがダウンしてしまうと、VSSを構成するスイッチのコントロールプレーンが両方ともアクティブの「デュアルアクティブ状態」になり、通信が不安定になります。VSSはそのような状態を回避するために、次表の3つのプロトコルをサポートしています。

表 4.1.4　デュアルアクティブ状態を検知するプロトコル

検知プロトコル	特徴
ePAgP	PAgP を TLV で拡張したパワーアップバージョン。 通常時はアクティブスイッチだけが ePAgP を送信し、隣接スイッチがそれを転送する。 デュアルアクティブ状態時は両方から ePAgP が飛んでくることになるため、それをもとにデュアルアクティブ状態を検知する。 隣接機器も ePAgP で LAG を構成する必要があるため、隣接機器を含めたサポートが必要。
VSLP Fast Hello	Fast Hello 専用のピアツーピアリンクを用意する必要がある。 スイッチ ID やプライオリティ、ピアの状態などを含む、特別な Hello メッセージを用いてデュアルアクティブ状態を検知する。
BFD	BFD 専用のピアツーピアリンクを用意する必要がある。 BFD 専用の VLAN を用意する必要がある。 デュアルアクティブ状態になったときだけ動作する。 デュアルアクティブ状態になったら、BFD セッションがオープンし、旧アクティブスイッチが Recovery モードになる。 ePAgP や Fast Hello と比較して検知速度が遅い。

この中で最もよく使用されるプロトコルが「VSLP Fast Hello」です。VSLP Fast Helloは、スイッチIDやプライオリティ、ピアの状態を特別なHelloメッセージを用いて交換し合い、デュアルアクティブ状態を検知します。VSLP Fast Helloは、VSLとは別に直接接続したピアツーピアリンクが必要で、そのための物理リンクを用意する必要があります。

図 4.1.27　Fast Hello リンクを別で設ける

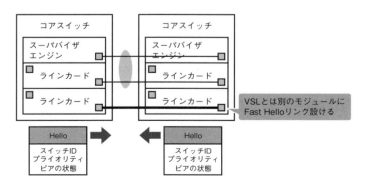

4.1 冗長化技術

■ MACアドレス

どの冗長化構成においても、MACアドレスには気を配る必要があります。VSSはデフォルトで、各物理スイッチが持つMACアドレスを使用します。この場合、たとえば両方の物理スイッチが再起動して、アクティブスイッチが切り替わってしまうと、隣接機器のARPが切り替わるまで通信ができません。これは致命的です。そんなことになってしまわないように、**VSSを構成するときは仮想MACアドレスを使用するように設定してください**。仮想MACアドレスを使用すれば、VSSのIPアドレスもMACアドレスも変わることはないので、隣接機器のARPは関係なくなります。可能な限り、余計な状態変化は起こさないようにしましょう。

リンクアグリゲーションを構成する物理リンクの配置に注意する

複数の機器をひとつの論理機器にまとめるタイプの冗長化技術は、リンクアグリゲーションとセットで設計することがほとんどです。そのときに注意が必要なポイントは、リンクアグリゲーションを構成する物理リンクの配置です。必ず、別々の物理スイッチからリンクを取るようにしてください。たとえばVSSで構成する場合、すべての物理リンクを同じ物理スイッチから取っても意味がありません。その物理スイッチがダウンした時点でアウトです。それぞれの物理スイッチから物理リンクを取って、物理スイッチの障害に備えましょう。

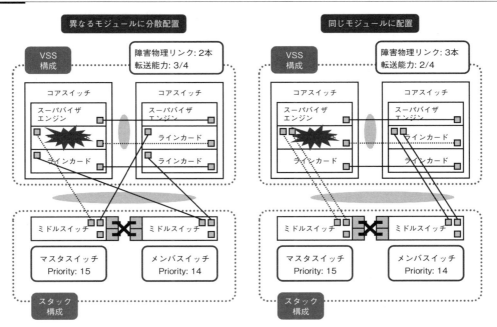

図 4.1.28 物理リンクの配置に注意する

Catalyst 6500シリーズのようなシャーシ型スイッチの場合は、同一物理スイッチ内における

361

第 4 章　高可用性設計

物理リンクの配置にも注意が必要です。同じラインカードからすべての物理リンクを取ると、そのラインカードがダウンしたらアウトです。**別々のラインカードから物理リンクを取って、ラインカードの障害に備えましょう。**

▌StackWise テクノロジーや VSS のメリット

StackWiseテクノロジーやVSSが高可用性設計の主役に躍り出た理由は、冗長化以外のところにもあります。これまで高可用性設計といえばSTP(Spanning-Tree Protocol)が定番でした[*1]。しかし、STPはその冗長性とともに、いくつかのジレンマを抱えていて、それがエンジニアを悩ませる原因にもなっていました。StackWiseテクノロジーやVSSはこのジレンマを一気に解消してくれる技術として、今やネットワークになくてはならないものになりました。

本書では「**転送能力拡張**」「**構成のシンプル化**」「**運用管理の容易性**」という3つのメリットを、STPを使用した場合と比較しつつ説明していきます。

　*1　STPについてはp.365から詳しく説明します。

■転送能力拡張

STPは、物理的にループ構成になっているトポロジのどこかのポートをブロックし、論理的なツリー構成を作るプロトコルです。どこかのポートをブロックして、データ転送には使えなくしてしまうため、本来スイッチが持っている転送能力をフルで発揮することはできません。一方、**StackWiseテクノロジーやVSSを使用したネットワーク構成にブロッキングポートは存在しません**。すべてのポートをフルに使用できます。

図 4.1.29　物理リンクをフルに使用できる

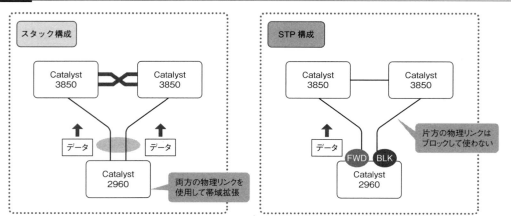

■構成のシンプル化

STPはスイッチをループ状に接続するため、ネットワークが大きくなればなるほど、構成がぐちゃぐちゃしてきがちです。また、ブロッキングポートの位置も意識する必要があって、どんどん

わかりづらくなります。StackWiseテクノロジーやVSSを使用すると、**複数の物理スイッチが論理的に1台として動作し、論理的に1本で接続することになります。構成のシンプル化を図れます**。

図 4.1.30　構成がわかりやすい

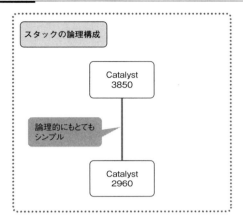
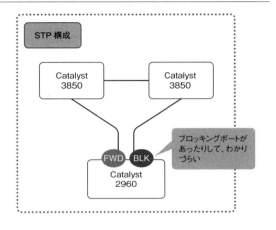

■ **運用管理の容易性**

　ネットワーク管理者にとって、管理ポイントの増加は負荷以外の何物でもありません。STPを使用すると、それぞれのスイッチが独立して動作するため、物理スイッチ台数＝管理ポイント数になります。たとえば、4台の物理スイッチを増設すると、管理ポイントが4つ増えます。それに対して、**StackWiseテクノロジーやVSSを使用すると、スタックグループ、あるいはVSSドメインで管理ポイントがひとつです**。たとえ4台の物理スイッチをスタックして増設したとしても論理的には1台なので、管理ポイントはひとつ増えるだけです。STPを使用したときと比較して、管理が楽になります。

図 4.1.31　管理ポイントが少なくて済む

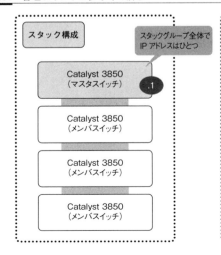
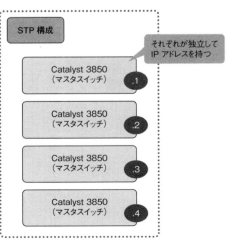

アップリンクがダウンしたら、ダウンリンクもダウンさせる

物理層の冗長化技術でもうひとつ、少し性質が異なる技術を説明します。「**トランクフェールオーバ**」です。「リンクステートトラック」や「UFD (Uplink Failure Detection)」など、メーカーによって呼び名が異なりますが、技術的にはすべて同じです。**トランクフェールオーバは、アップリンク（上位スイッチに対するリンク）がダウンしたら、ダウンリンク（サーバに対するリンク）をシャットダウンする技術**です。

チーミングは万能ではない

ネットワークはたくさんの機器の親和性で成り立っています。隣接機器の接続構成を踏まえつつ、設計していかなければなりません。トランクフェールオーバは、チーミングだけでは対応しきれない特定の環境において、抜群の力を発揮してくれます。

次の図のような構成を例として考えてみましょう。よくある一般的な構成だと思います。このような構成の場合、スイッチのアップリンクがダウンすると、上位に対する経路がなくなって通信ができなくなります。NICをチーミングしてはいますが、この場合はサーバに直接的に関係するリンクダウンではないので、フェールオーバはかかりません。同じ物理NICを使い続けようとします。

図 4.1.32 チーミングではアップリンクの障害を検知できない

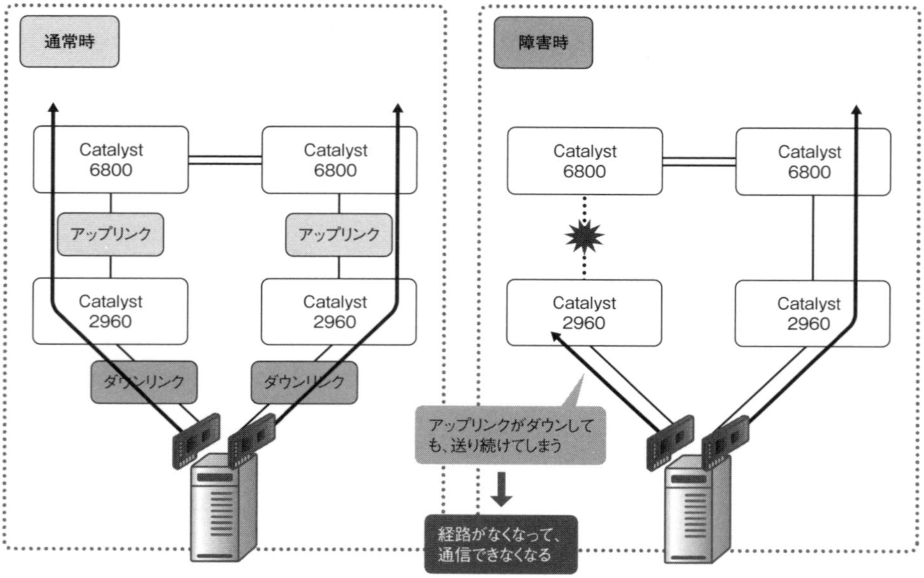

トランクフェールオーバでチーミングのフェールオーバを誘発

そこで、トランクフェールオーバを使用します。**トランクフェールオーバは、アップリンクの物理的なリンク状態を監視し、その状態に応じてダウンリンクを制御します。**「アップリンクがダウンしたら、ダウンリンクをシャットダウンする」、トランクフェールオーバの動きはとてもシンプルです。

では、先ほどの構成でトランクフェールオーバを使用してみましょう。アップリンクがダウンすると同時にトランクフェールオーバが発動して、ダウンリンクも強制的にシャットダウンがかかります。この強制リンクダウンによって、チーミングのフェールオーバがかかり、結果的に上位に対する経路を確保することができます。

図 4.1.33 トランクフェールオーバで強制的に経路を確保する

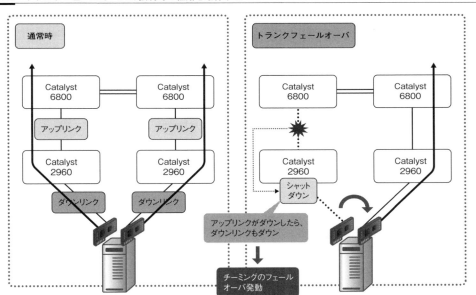

4.1.2 データリンク層の冗長化技術

データリンク層の冗長化技術は、STP (Spanning-Tree Protocol) さえ押さえておけば大丈夫でしょう。実際のところ、冗長化技術としてのSTPはもはや過去のものになりつつあります。しかし、長らくネットワークの高可用性を支えてきた関係上、まだまだ生き残り続ける可能性大です。理解しておいて損はありません。

第 4 章　高可用性設計

STPのポイントはルートブリッジとブロッキングポート

　STPは、物理的にループ構成になっているトポロジのどこかのポートをブロックし、論理的なツリー構成を作るプロトコルです。経路冗長化やブリッジングループの防止のために使用されます。STPは、隣接スイッチ間で「**BPDU（Bridge Protocol Data Unit）**」という特別なマネージメントフレームをやり取りし合って、「**ルートブリッジ**」と「**ブロッキングポート**」を決定します。STPのポイントは、このルートブリッジとブロッキングポートです。

図 4.1.34　BPDUでルートブリッジとブロッキングポートを決める

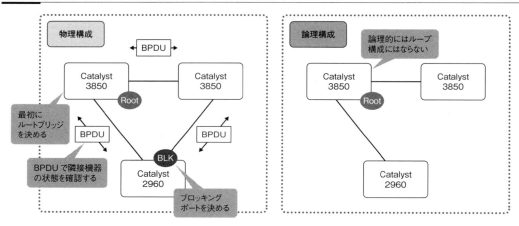

図 4.1.35　BPDUをやり取りしてルートブリッジとブロッキングポートを決める

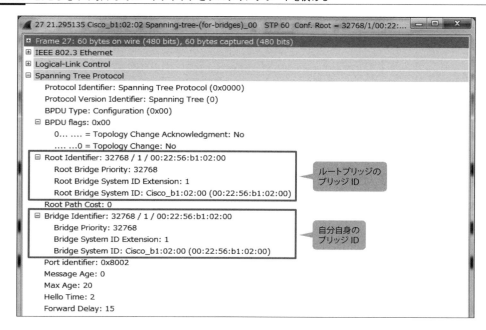

ルートブリッジはブリッジプライオリティで決める

ルートブリッジはSTPによってできる論理的なツリー構成の根っこ（ルート）にあたるスイッチです。STPはルートブリッジなしには語れません。ルートブリッジは、ブリッジプライオリティとMACアドレスで構成された「**ブリッジID**」によって決まります。

図 4.1.36　ブリッジ ID でルートブリッジが決まる

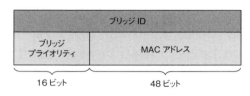

STPを有効にしたスイッチが接続されると、BPDUを交換して、ブリッジIDを比較します。比較するときは、ブリッジプライオリティとMACアドレスをまとめて一気に比較するわけではありません。ひとつひとつ順序を踏みます。まず、ブリッジプライオリティを比較します。最も小さいブリッジプライオリティを持つスイッチがルートブリッジ、2番目に小さいブリッジプライオリティを持つスイッチがセカンダリルートブリッジになります。セカンダリルートブリッジは、ルートブリッジがダウンしてしまったときにルートブリッジになる、ルートブリッジの保険のようなものです。ブリッジプライオリティが同じ場合は、次にMACアドレスを比較します。最も小さいMACアドレスを持つスイッチがルートブリッジになります。

図 4.1.37　プライオリティでルートブリッジを決める

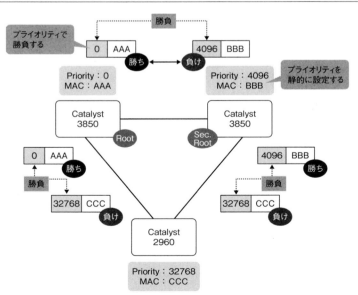

第4章 高可用性設計

　実際のネットワーク環境では、ブリッジプライオリティを静的に設定して、ブリッジプライオリティで決着をつけてしまいます。MACアドレスでルートブリッジを決めるようなことはしません。ルートブリッジとセカンダリルートブリッジに対して、より低いブリッジプライオリティを設定してください。

ブロッキングポートはパスコストで決める

　ループ構成をツリー構成にするために重要な役割を果たしているポートがブロッキングポートです。**ルートブリッジから論理的に最も遠いポートがブロッキングポートになります。**ルートブリッジからの距離を求めるときに使用する値が「パスコスト」です。パスコストはリンクの帯域幅によって値が次の表のように決められています。

表 4.1.5　帯域幅によってパスコストが決められている

帯域幅	パスコスト
10Mbps	100
100Mbps	19
1000Mbps（1Gbps）	4
10Gbps	2
25/40/100Gbps	1

　BPDUに含まれるパスコストをもとにルートブリッジまでの距離を算出し、最も大きい値になったポートが最終的にブロッキングポートになります。ルートブリッジまでの距離が同じだった場合は、今度はブリッジIDを比較して、大きいほうがブロッキングポートになります。ブロッキングポートは通常時はデータ転送を行いません。完全にトポロジから除外されます。

図 4.1.38　ブロッキングポートを決める

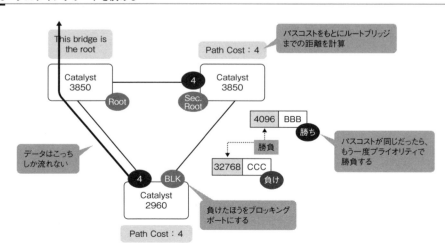

4.1 冗長化技術

■論理リンクのパスコストを固定する

スイッチ間をリンクアグリゲーションで接続する場合は、論理リンクのパスコストに注意してください。たとえば、Catalystスイッチのギガポートでリンクアグリゲーションを構成した場合、論理リンクのパスコストが「4」から「3」に変更されます。この状態で論理リンクを構成する物理リンクがダウンすると、パスコストが「4」に戻り、STPの再計算が実行されてしまいます。この再計算によって、ブロッキングポートが変わってしまう可能性もあります。

余計な再計算が実行されてしまわないように、論理リンクのパスコストは、論理リンクに静的に設定してください。たとえば、Catalystスイッチの場合、リンクアグリゲーションの設定によってできた論理ポート「Port-Channelインターフェース」にパスコストを設定してください。細かいことですが、これはとても重要です。

図 4.1.39　論理リンクに対してパスコストを設定する

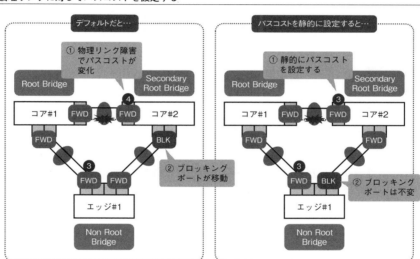

VLANごとに負荷分散する

BPDUはVLANごとに生成される管理フレームです。したがって、ルートブリッジもブロッキングポートもVLANごとに決まってきます。STPはこの仕様を処理と帯域の負荷分散に利用しています。

■処理の負荷分散

VLANがたくさんあるような環境で、1台のスイッチにルートブリッジを任せるのは効率的とはいえません。ルートブリッジはSTPのすべてを握っている、親分的なスイッチです。全VLANのSTP処理を任せてしまうと、処理が集中しすぎてしまいます。**VLANごとにルートブリッジを変えて、処理の負荷分散を図りましょう**。

369

第4章　高可用性設計

図 4.1.40　VLAN ごとにルートブリッジを変えて負荷を分散する

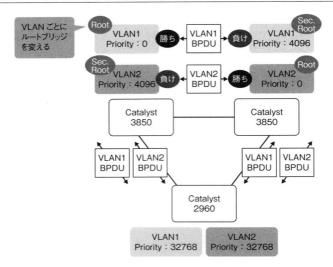

■帯域の負荷分散

　先述のとおり、ルートブリッジによってブロッキングポートも決まります。したがって、1台のスイッチにルートブリッジを任せてしまうと、全VLANのブロッキングポートが同じところになってしまいます。これでは特定のリンクにトラフィックが集中しすぎてしまいます。そこで、VLANごとにルートブリッジを変えて、VLANごとにブロッキングポートを変えます。**ルートブリッジを変えたVLANのトラフィックが別リンクを使用することになるため、帯域の負荷分散を図ることができます。**

図 4.1.41　VLAN ごとに経路を変えて、帯域負荷分散

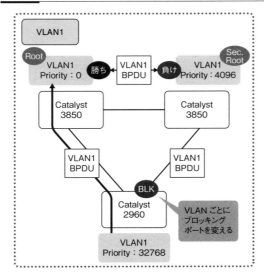 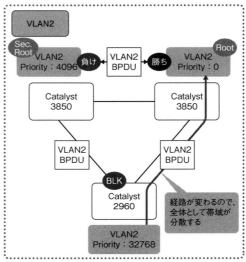

370

ブロッキングポートの位置はここ！

サーバサイトでSTPを使用して経路冗長化を図る場合、標準的な物理構成とそれに応じた設計は、ほぼ決まっています。標準的な物理構成は、「トライアングル構成」か「スクエア構成」のどちらかです。それぞれどこにブロッキングポートを作ればよいか説明していきます。

■ トライアングル構成

トライアングル構成は、ルートブリッジ、セカンダリルートブリッジ、非ルートブリッジの3つで三角形を作る構成です。最もわかりやすく、最も一般的な構成でしょう。トライアングル構成は、非ルートブリッジのセカンダリルートブリッジ側ポートをブロックします。

トライアングル構成は、どのスイッチもルートパスコスト（ルートブリッジまでのパスコストの合計）が同じです。したがって、ブリッジプライオリティでルートブリッジとセカンダリルートブリッジを決めさえれば、自動的に意図したポートがブロックされます。**ポイントはルートブリッジとセカンダリルートブリッジの位置だけです。**

図 4.1.42 トライアングル構成では、ルートブリッジとセカンダリルートブリッジを決めるだけ

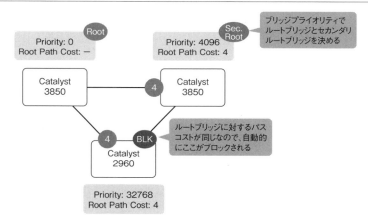

■ スクエア構成

スクエア構成は、ルートブリッジ、セカンダリルートブリッジ、そして2台の非ルートブリッジで四角形を作る構成です。この構成もごくたまに見かけます。スクエア構成は、異なる非ルートブリッジに接続する機器間の通信が上位を経由しないようにするため、ルートブリッジの対角にある非ルートブリッジのセカンダリルートブリッジ側ポートをブロックします。

スクエア構成では、ルートブリッジと、その対角にあるスイッチの経路が2経路あり、そのルートパスコストが同じです。そこで、セカンダリルートブリッジ側のポートがブロッキングポートになるように、パスコストを操作します。やり方は、セカンダリルートブリッジを経由するパスのどこかでパスコストを加算するか、並列する非ルートブリッジを経由するパスのどこかでパスコスト

を減算するか、どちらかです。**スクエア構成では、ルートブリッジとセカンダリルートブリッジの位置だけでなく、パスコストにも注意を払いましょう。**

図 4.1.43　スクエア構成では、パスコストを操作する

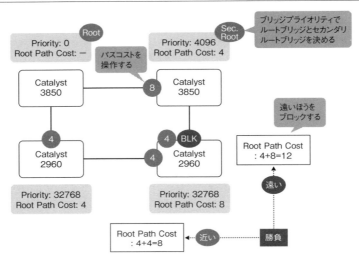

3 種類の STP

STPは「PVST (Per VLAN Spanning-Tree)」「RSTP (Rapid Spanning-Tree)」「MST (Multiple Spanning-Tree)」の3種類に分類することができます。最初にPVSTがあって、そのあとPVSTの欠点を補う形でRSTPとMSTが生まれました。それぞれ動作は異なりますが、設計するときのポイントは「**収束時間**」だけです。収束時間はポート状態の切り替わりが始まってから落ち着くまでの時間のことです。

表 4.1.6　STP は PVST、RSTP、MST の 3 種類

STP の種類	PVST	RSTP	MST
規格	シスコ独自	IEEE802.1w	IEEE802.1s
収束時間	遅い	速い	速い
収束方式	タイマーベース	イベントベース	イベントベース
BPDU の単位	VLAN 単位	VLAN 単位	MST リージョン単位
ルートブリッジの単位	VLAN 単位	VLAN 単位	インスタンス単位
ブロッキングポートの単位	VLAN 単位	VLAN 単位	インスタンス単位
負荷分散の単位	VLAN 単位	VLAN 単位	インスタンス単位

基本は PVST

PVSTはSTPの基本です。基本の動きはこれまで説明してきたとおりです。最初にBPDUを交換して、ルートブリッジを決めます。次にブロッキングポートを決めます。そして、それらの処理が落ち着いたら、BPDUでお互いの状態を定期的に監視します。BPDUが一定時間来なくなったり、ルートブリッジからトポロジ変更を表すBPDU (TCN BPDU) を受け取ったりしたら、障害と判断して、いくつかの再計算を実施したあとにブロッキングポートを解放します。

PVSTは初期のSTP環境を支える重要なプロトコルでした。しかし、「収束時間が長い」という致命的な弱点を抱えていました。PVSTは「Helloタイマー（2秒）」「最大エージタイマー（20秒）」「転送遅延タイマー（15秒）」という3つのタイマーをベースに処理をしており、それがそのまま収束時間の長さにつながっています。

図4.1.44 PVSTはタイマーベースで収束する

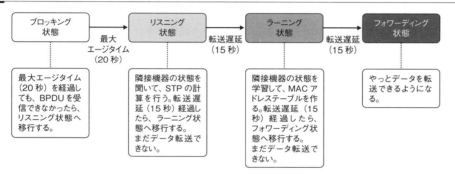

○○を待って、○○を待って、という感じに処理していれば、収束に時間がかかるのは必然でしょう。PVSTは、どのポートもブロッキング→リスニング→ラーニング→フォワーディングという計算を行うため、ブロッキングポートを解放するまで50秒程度（20秒＋15秒×2）かかります。50秒……、これはミッションクリティカルな環境において、長すぎる値でしょう。そこで、その弱点を補うべくRSTPとMSTが生まれました。

RSTPで高速化

PVSTの収束時間の遅さを補うべく生まれたプロトコルがRSTPです。IEEE802.1wで規格化されています。RSTPはBPDUを用いて「**プロポーザル**」と「**アグリーメント**」というハンドシェイク処理を行うことで、お互いの状態を即座に把握します。

第 4 章　高可用性設計

図 4.1.45　プロポーザルとアグリーメントでお互いの状態を把握する

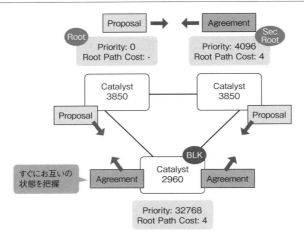

　RSTPでは障害時の処理も高速化を図るために改良されています。ブロッキングポートを持つスイッチの直接的なリンク障害については、即座にブロッキングポートを解放します。また、ブロッキングポートを持たないスイッチのリンク障害については、障害が起きたスイッチがTC（Topology Change）ビットをセットしたBPDUをフラッディングして、トポロジ変更を一斉通知します。そして、プロポーザルとアグリーメントで再度ハンドシェイクしたあと、やはり即座にブロッキングポートを解放します。RSTPはPVSTのように決められたタイマーごとにいちいち処理を待つようなことはしません。「○○したら○○する」という、**イベントベースの処理なので、収束時間も1秒程度です**。よほどセンシティブなアプリケーションでない限り、通信断には気づかないでしょう。

図 4.1.46　RSTP はすぐに切り替わる

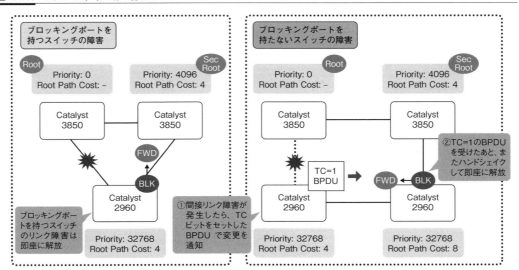

MSTで高速化＋効率化

RSTPと同じく、PVSTの収束時間の遅さを補うべく生まれたプロトコルがMSTです。IEEE802.1sで規格化されています。基本的な動きはRSTPと変わりません。プロポーザルとアグリーメントで状態を把握し、イベントベースの処理を行うことで収束時間の短縮を図っています。それと合わせて、MSTは「インスタンス」という新たな概念を組み込むことで、処理の効率化を図っています。インスタンスは、ざっくり言うと、複数のVLANのグループのようなものです。PVSTやRSTPはVLANベースで動作するプロトコルでした。これだと、VLANがたくさんあるような環境ではVLANごとに設定が必要ですし、VLANごとに管理が必要です。MSTはMSTリージョン[*1]ごとにBPDUを作り、インスタンスベースで動作します。**インスタンスごとに処理し、インスタンスごとに管理することで、処理、運用を含めた全体的な効率化を図ります。**

*1 MSTリージョンは、同じMSTの設定を持ち、相互に接続されたスイッチの集合のことです。

図4.1.47 MSTはインスタンスベースで処理が行われる

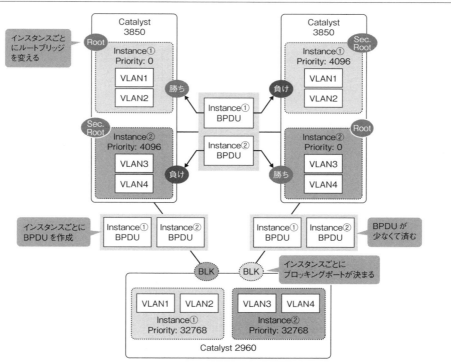

いくつかのオプションを併用する

STPはそれ単体で使用するということはありません。いろいろなオプションが用意されていて、それらをネットワーク環境に合わせて使用します。本書では、最近のネットワーク環境で一般的に

使用することが多い「PortFast」「BPDUガード」を取り上げます。

PortFast

STPを有効にすると、どのポートもブロッキング→リスニング→ラーニング→フォワーディングという計算を行います。その計算によって、実際にパケットを転送できるようになるまで50秒くらいかかります。しかし、この計算はサーバやPCを接続するようなループの可能性が少ないポートでは必要ありません。そこでSTPには、接続したらすぐにフォワーディング状態に移行するように「PortFast」という機能が用意されています。**PortFastを利用すると、すぐにフォワーディング状態に遷移するため、接続したと同時にパケットを転送できるようになります。**

図 4.1.48　端末やサーバを接続するポートは PortFast を有効にする

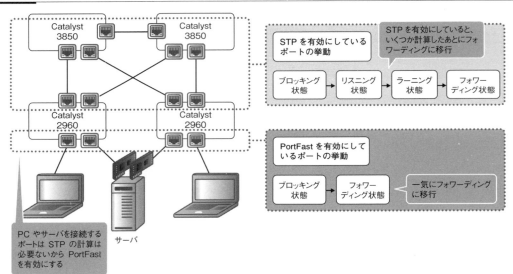

サーバのマニュアルを読んでいると、たまに「STPを無効にしてください」的なことを簡単に書いていることがあります。しかし、STPで冗長化を図っている環境でSTPを無効にするなんて不可能です。これはつまり「接続するポートにPortFastを設定してください」ということと同義と考えてください。

BPDU ガード

BPDUガードは、**PortFastを設定しているポートでBPDUを受け取ったときに、そのポートを強制的にダウンする機能です**。PortFastは、ループが発生する可能性がないと思われる、PCやサーバを接続するポートで有効にします。しかし、必ずしもループが発生しないとは限りません。たとえば、本来PCを接続するポートであるはずなのに、ユーザが勝手にハブを接続してしまってルー

プしてしまった、なんていう話を運用しているとたまに耳にします。そこで、そのような状態を回避するために、BPDUガードを有効にします。

図 4.1.49 BPDU を受け取ったらシャットダウン

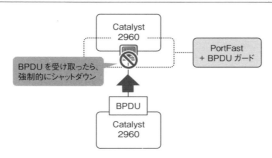

BPDU でブリッジングループを止める

　STPは今や冗長化技術としての役割を終えたプロトコルです。かといって、なくなるわけではありません。STPは「**ブリッジングループの防止**」という別の役割でネットワークに生き残り続けることになるでしょう。

ブリッジングループは致命的

　まずは、ブリッジング (L2) ループについて説明しましょう。ブリッジングループは、イーサネットフレームが経路上をぐるぐる回る現象です。物理的、あるいは論理的なループ構成が原因で発生します。スイッチはブロードキャストをフラッディングするようにできています。したがって、ループするような経路があると、ブロードキャストがぐるっと一周し、またフラッディングするという動作を延々繰り返します。この動作によって、最終的に通信不能の状態に陥ります。

図 4.1.50 ブロードキャストがぐるぐる回る

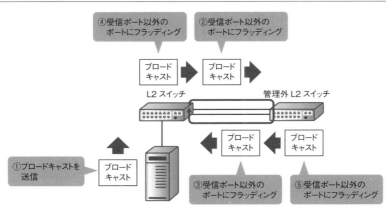

第4章　高可用性設計

　以前、筆者が担当していたお客さんが、得体の知れないハブをループ接続してブリッジングループさせてしまったとき、「ハブ室の中に雷が走った」とおっしゃっていました。心に残る名言です。おそらく、すさまじい数のブロードキャストによって、すべてのスイッチのポートLEDが瞬いたのでしょう。まさしく雷です。そのときは棟コアスイッチでセンタールーティングしていたので、棟全体7000ポートが一斉に通信できなくなりました。嗚呼、恐ろしや、恐ろしや……。ブリッジングループは絶対に起こしてはいけません。特に、最近は運用管理を重視して「センタールーティングでVLANを大きく」という設計が流行っていて、その影響範囲が凄まじいです。そのために万全の対策を練っていきましょう。

BPDU ガードでループを止める

　ブリッジングループは、TTL（Time To Live）の概念がないイーサネットを使用している限り、避けては通れない大きな問題です。スポーツ選手のケガと一緒で、うまく予防し、付き合っていかなければなりません。その予防策のひとつが「**BPDUガード**」です。ブリッジングループは、ネットワーク管理者の管理内で発生することはめったにありません。たいていの場合、サーバやユーザのポートなど、管理者の管理外で発生します。空いているポートがあると、埋めたくなるのが人の性なのでしょう。

　そこで、サーバやユーザ端末を接続するポートはPortFastを設定し、併せてBPDUガードも設定します。BPDUガードは、PortFastを設定しているポートでBPDUを受け取ったときに、その

図 4.1.51　BPDU ガードでループを止める

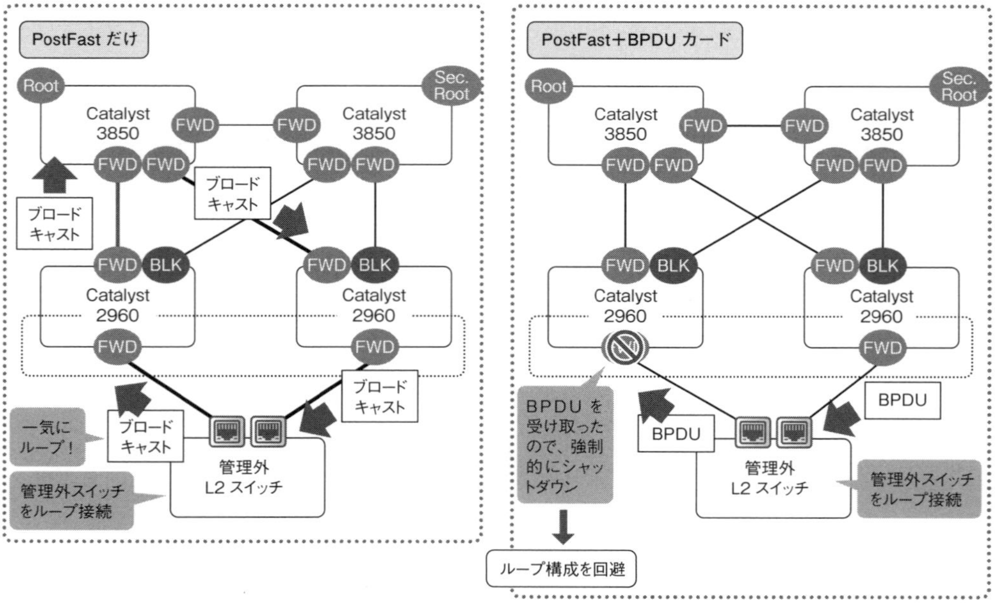

ポートを強制的にダウンする機能です。ループしていると、意図しないBPDUがPortFastを設定したポートに飛んできます。それをBPDUガードで捕捉し、シャットダウンします。シャットダウンすれば、ループは発生しません。

先述のとおり、冗長化技術としてのSTPは今やStackWiseテクノロジーやVSSに置き換えられるようになっていて、その役割を終えつつあります。そして、ブリッジングループの防止という別の役割で残り続けています。

ただ、BPDUガードも万能というわけではありません。たとえば、BPDUを破棄してしまうようなスイッチを勝手にループ接続してしまったらアウトです。一気にループします。使用しないポートはシャットダウンしておいたり、その他いろいろな機能を利用したりして、予防線を張るようにしましょう。BPDUガードの他には、次の表のようなL2ループ防止機能があります。参考にしてください。

表 4.1.7　L2 ループ防止機能

L2 ループ防止機能	各機能の概要
ストームコントロール	インターフェース上を流れるパケットの量がしきい値を超えたら、超えた分のパケットを破棄する。
UDLD（単一方向リンク検出）	リンクアップ / リンクダウンを判別する L2 プロトコル。フレームを送信できるが受信できないという「単一方向リンク障害」を検出すると、ポートを即座にシャットダウンする。
ループガード	STP で冗長化している構成において、ブロッキングポートで BPDU を受信できなくなったときに、フォワーディング状態にするのではなく、不整合ブロッキング状態へ移行する。

4.1.3　ネットワーク層の冗長化技術

ネットワーク層の冗長化技術は「FHRP (First Hop Redundancy Protocol)」と「ルーティングプロトコル」を押さえておけば大丈夫でしょう。サーバサイトではこのふたつが協調的に動作し、冗長性を確保しています。では、それぞれ説明していきましょう。

FHRP

FHRPはサーバやPCのファーストホップ、つまりデフォルトゲートウェイを冗長化するときに使用するプロトコルです。かなり古くから使用されていて、冗長化の基本です。実際のところ、LANにおけるFHRPは、StackWiseテクノロジーやVSSに置き換えられつつありますが、まだまだ現役です。また、ファイアウォールや負荷分散装置の冗長化技術の根幹もこの技術を使用しているため、押さえておいたほうがよいでしょう。

第 4 章　高可用性設計

■ よく使用する種類はふたつ

　FHRPは複数のデフォルトゲートウェイを、ひとつの仮想的なデフォルトゲートウェイのように動作させることで冗長化を図ります。両機器が共有するIPアドレスを仮想IPアドレスとして設定し、それをデフォルトゲートウェイにします。

　ルータやL3スイッチで使用できるFHRPは「**HSRP (Hot Standby Router Protocol)**」「**VRRP (Virtual Router Redundancy Protocol)**」「GLBP (Gateway Load Balancing Protocol)」の3種類です。その中で一般的に使用するプロトコルはHSRPかVRRPのどちらかです。少なくとも筆者は、現場でGLBPを使用していることを見たことがありません。そこで、本書ではHSRPとVRRPのみを取り上げます。

表 4.1.8　FHRP は、HSRP と VRRP を押さえる

FHRP の種類	HSRP	VRRP
グループ名	HSRP グループ	VRRP グループ
最大グループ数	255	255
グループを構成するルータ	アクティブルータ スタンバイルータ	マスタルータ バックアップルータ
Hello パケットで使用するマルチキャストアドレス	224.0.0.2	224.0.0.18
Hello インターバル(Hello を送信する間隔)	3 秒	1 秒
Hold タイム(障害と判断するまでの時間)	10 秒	3 秒
仮想 IP アドレス	実 IP とは別で設定	実 IP と同じ IP を設定可能
仮想 MAC アドレス	00-00-0C-07-AC-XX (XX はグループ ID)	00-00-5E-00-01-XX (XX はバーチャルルータ ID)
Preempt 機能(自動フェールバック)	デフォルト無効	デフォルト有効
認証	可能	可能

■ HSRP

　HSRPはシスコ独自のFHRPで、シスコオンリーの環境であれば、ほぼこのプロトコルを使用すると考えて間違いありません。

　HSRPはHelloパケットに含まれるグループIDでお互いを認識し合います。また、プライオリティ(優先度)を比較して、プライオリティが大きいルータをアクティブルータ、それ以外をスタンバイルータにします。**アクティブルータにしたい機器には、スタンバイルータよりも大きなプライオリティをあらかじめ設定しておきます。**

　Helloパケットの実体はUDPのマルチキャストです、送信元IPアドレスに各ルータの実IPアドレス、あて先IPアドレスに「224.0.0.2」、送信元/あて先ポート番号にUDP/1985を使用し、HSRPを構成するために必要な情報をカプセリングしています。

図 4.1.52　Hello パケットのグループ ID でお互いに認識する

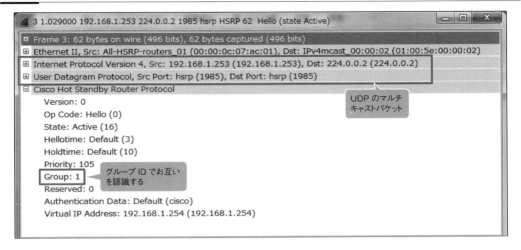

通常はアクティブルータだけがユーザのトラフィックを受け取り、ルーティングテーブルの情報に基づきパケット転送を行います。3秒間隔でHelloパケットを送り合い、10秒間Helloパケットを受け取れなくなったり、プライオリティが小さいHelloパケットを受け取ったりしたら、スタンバイルータが処理を引き継ぎます。動きとしてはとてもシンプルです。

図 4.1.53　Hello パケットで相手の状態を把握する

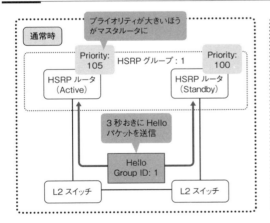
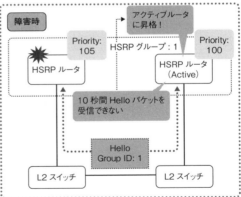

■ VRRP

VRRPはRFCで標準化されているFHRPで、いろいろなベンダーが混在しているような環境で一般的に使用します。動きはHSRPとほとんど同じと考えてよいでしょう。微妙に名前や仕様が異なるので、その部分だけを押さえておけば特に問題ありません。

VRRPはAdvertisementパケットに含まれるバーチャルルータIDでお互いを認識し合います。

381

第4章 高可用性設計

また、プライオリティを比較して、プライオリティが大きいルータをマスタルータ、それ以外をバックアップルータにします。**マスタルータにしたい機器には、バックアップルータよりも大きなプライオリティをあらかじめ設定しておきます。**

　Advertisementパケットの実体はマルチキャストです。送信元IPアドレスに各ルータの実IPアドレス、あて先IPアドレスに「224.0.0.18」を使用し、VRRPを構成するために必要な情報をカプセリングしています。

図 4.1.54 Advertisement パケットのバーチャルルータ ID でお互いを認識する

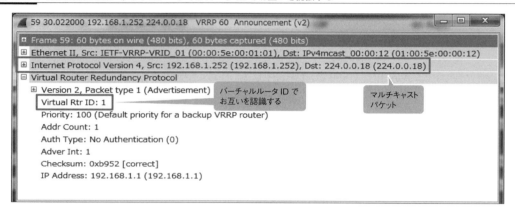

通常はマスタルータだけがユーザのトラフィックを受け取り、ルーティングテーブルに基づきパケット転送を行います。1秒間隔でAdvertisementパケットを送り合い、3秒間Advertisementパケットを受け取れなくなったり、プライオリティが小さいAdvertisementパケットを受け取ったりしたら、バックアップルータが処理を引き継ぎます。HSRPと同様、動きとしてはとてもシンプルです。

図 4.1.55 Advertisement パケットで状態を把握する

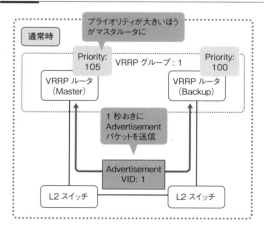 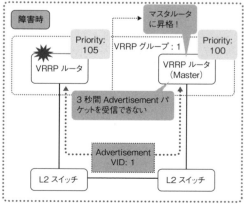

Hello パケットをもとにフェールオーバをかける

FHRPはスタンバイルータが「**ホールドタイム分Helloパケットを受け取れない**」か「**プライオリティが小さいHelloパケットを受け取った**」ときに、フェールオーバを実行します。それぞれの状況を整理します。

■ ホールドタイムの超過

スタンバイルータがHelloパケットを受け取れなくなる状況は、イメージしやすいかもしれません。アクティブルータが壊れてしまったり、Helloパケットを送信するインターフェースがダウンしてしまったりしたら、Helloパケットを送信できなくなります。そうなると、スタンバイルータはHelloパケットを受け取れなくなるため、フェールオーバが発生します。

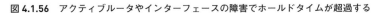
図 4.1.56　アクティブルータやインターフェースの障害でホールドタイムが超過する

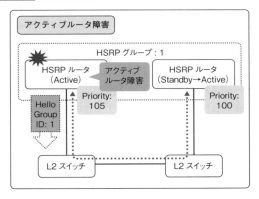
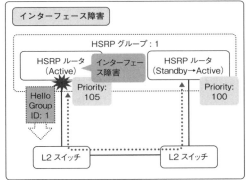

■ プライオリティの小さい Hello を受信

アクティブルータとスタンバイルータは、Helloパケットに含まれるプライオリティによって決まります。FHRPは特定のオブジェクトの状態（インターフェースや疎通など）を監視し、障害が発生したらプライオリティを下げる「トラッキング」という機能を備えています。監視しているオブジェクトに障害が発生したら、プライオリティを下げたHelloパケットを送信して、フェールオーバを促します。

次の図のような構成を例に挙げましょう、この場合、WANインターフェースに障害が発生しても、FHRPにフェールオーバが発生せず、通信経路に不整合が発生してしまいます。

383

第 4 章　高可用性設計

図 4.1.57　トラッキングしないと通信経路の整合性がとれない

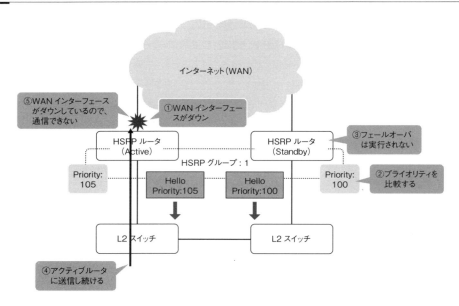

そこで、トラッキングを使用します。**WANインターフェースの状態を監視して、障害が発生したら、プライオリティを下げたHelloパケットを送信します。**そのHelloパケットを受け取ったスタンバイルータはアクティブルータに昇格します。

図 4.1.58　トラッキングで強制的にフェールオーバを実行する

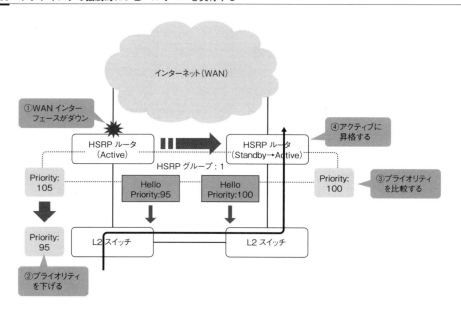

FHRP の動作プロセス

では、ここからはFHRPがどのようにアクティブ/スタンバイ構成を作っているのか、説明していきます。この部分はFHRPの根本原理であり、HSRPもVRRPも動きとしては大きな違いはありません。また、ファイアウォールや負荷分散装置の冗長化も同じ仕組みを採っています。しっかり押さえておきましょう。

FHRPを支えている根本技術はARPです。**ARPをうまく制御することで、トラフィックをアクティブルータ（マスタルータ）に寄せるようにしています。**FHRPを構成する場合、アクティブ/スタンバイそれぞれが別々の物理MAC/IPアドレスを持ち、また両方が共通の仮想MAC/IPアドレスを持ちます。サーバやPCのデフォルトゲートウェイは、この仮想MAC/IPアドレスを設定します。

■ 通常時の動作プロセス

まず、通常時の動作プロセスを整理します。通常時は以下のように動作します。

1 デフォルトゲートウェイのIPアドレス、つまり仮想IPアドレスに対するARP Requestに対して、アクティブルータが応答します。リプライするMACアドレスは仮想MACアドレスです。仮想MACアドレスはFHRPによって異なります。HSRPの場合は「00-00-0C-07-AC-XX（XXはグループID）」、VRRPの場合は「00-00-5E-00-01-XX（XXはバーチャルルータID）」です。

2 クライアントのARPエントリには仮想MACアドレスと仮想IPアドレスが載ります。

3 アクティブルータに対してパケットを転送します。

4 アクティブルータは自身の持つルーティングテーブルの情報をもとに、パケットを転送します。

第4章 高可用性設計

図 4.1.59 通常時はアクティブ機だけが仮想 IP の ARP に応答する

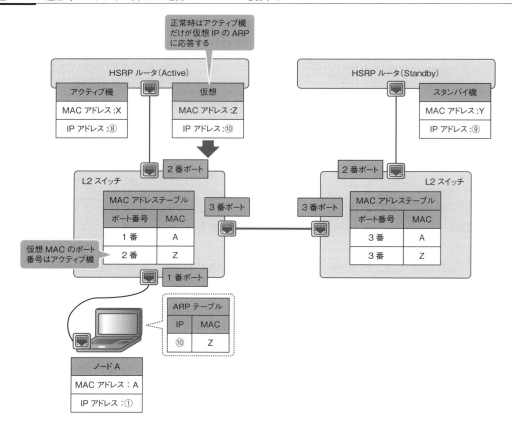

■ 障害時の動作プロセス

次にフェールオーバが発生したときを考えます。フェールオーバ時は以下のように動作します。

1 アクティブルータに障害が発生します。

2 スタンバイルータはHelloパケットを受信できなくなったり、プライオリティの低いHelloパケットを受け取ったりして、アクティブルータに昇格します。そして、そのタイミングでそれをアピールするGARPを送出します。

3 GARPがL2スイッチのMACアドレステーブルを一気に更新し、仮想IPアドレスに対する経路を新アクティブルータに向けます。その際、クライアントのARPエントリに更新はありません。仮想IPアドレスのMACアドレスは仮想MACアドレスのままです。

4 新アクティブルータに対してパケットを転送します。

5 新アクティブルータは自身の持つルーティングテーブルの情報をもとにパケットを転送します。

4.1 冗長化技術

図 4.1.60　フェールオーバとともに新アクティブ機が GARP を送出する

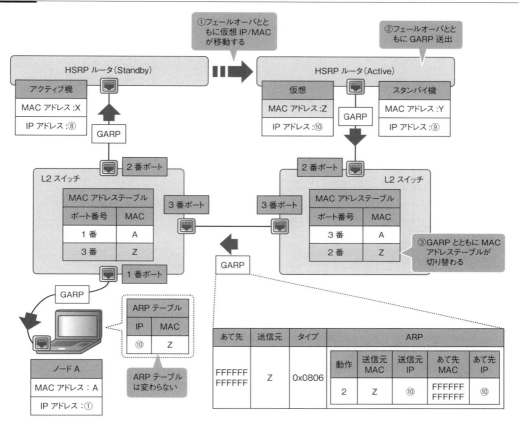

■ ID の重複に気を付ける

　FHRPを使用するときに最も気を付けなければならないポイントは「IDの重複」です。FHRPは、Helloパケットに含まれるグループID[*1]だけで、グループを構成するルータを識別しています。したがって、本来FHRPグループを構成するはずではないルータと同じIDを使用してしまうと、正常に動作しなくなります。

　FHRPを構成する機器を接続するときは、「**上位の機器でFHRPを使用しているか**」、使用しているのであれば「**どのFHRPを使用しているのか**」、そして、同じFHRPを使用しているのであれば「**どのIDを使用しているのか**」をしっかり確認するようにしましょう。データセンター施設を上位機器として使用する場合、IDを指定されたりもします。その場合は、指定されたIDを使用してください。

　[*1]　VRRPの場合は、Advertisementパケットに含まれるバーチャルルータIDになります。

ルートブリッジとアクティブルータの位置を合わせる

データリンク層はSTPで冗長化し、ネットワーク層はFHRPで冗長化する。この構成は一昔前の鉄板構成でした。最近はこれらの冗長化技術ペアをStackWiseテクノロジーやVSSに置き換えることが多くなってきたため、これから先、新規でこの構成で冗長を組むことはないかもしれません。しかし、今後も残り続けることになるため、押さえておいたほうがよいでしょう。

STP+FHRPで冗長化するときは、ルートブリッジとアクティブルータの位置を必ず合わせるようにしてください。たとえば、ルートブリッジをスタンバイルータにすると、余計な経路を通って上位に抜けることになります。余計な経路通過はそのまま遅延につながり、とても非効率です。また、運用的にもわかりづらいものになるでしょう。**STPのルートブリッジとFHRPのアクティブルータの位置を合わせる、これは絶対です。**

図4.1.61　ルートブリッジとアクティブルータの位置は合わせる

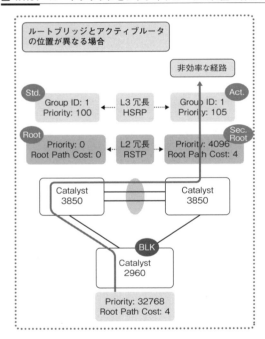
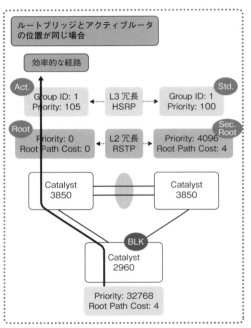

複数のIDを使いこなしてアクティブ/アクティブ構成に

FHRPはグループごとにアクティブ/スタンバイ構成を採ります。1グループあたり、1仮想IPアドレスなので、1仮想IPアドレスごとにアクティブ/スタンバイ構成を採っていると考えてよいでしょう。FHRPはこの仕組みを応用して、アクティブ/アクティブ構成を採ることも可能です。**仮想IPアドレスごとにアクティブの配置を切り替え、全体的に見るとアクティブ/アクティブにする**

のです。この場合、もちろん配下にいるクライアントのデフォルトゲートウェイは、うまくばらつかせるように設定しないと、アクティブ/アクティブとして動作しません。

図 4.1.62　仮想 IP ごとにアクティブを変える

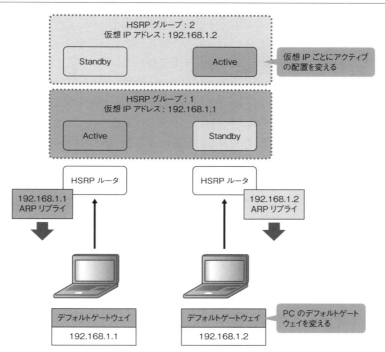

　ここ最近のトラフィック激増により、アクティブ/アクティブ構成やn+1構成が復権しつつあります。スタンバイ機はほとんど休んでいるだけだし、トラフィックをさばけるのであればさばかせたほうが効率的……、管理者の思いとしてはきっとそんなところでしょう。しかし、FHRPをベースにしていたアクティブ/アクティブ構成は、そのメリットと裏腹にトラブルシュートや運用管理がしにくいというデメリットを持ち合わせていることも認識しておかなければなりません。それ相応のスキルを持ち、しっかり管理できていて、しかも運用しきれる自信があるなら使用するのもありでしょう。しかし、何かが起きるたびにエンジニアに泣きつくような感じであれば、使用をやめておいたほうがよいでしょう。

ルーティングプロトコルで上位に対するルートを確保する

　ルーティングプロトコルは、ルート情報の学習だけでなく、冗長化の役割も担っています。ルータやL3スイッチは、いったん別のテーブルで保持し、メトリックの小さい最適ルートだけをルーティングテーブルに載せます。ルート情報の学習が落ち着いたあとは、BFD（後述）やHelloパケット、KEEPALIVEメッセージを使用して、お互いの状態を把握し合います。障害が発生すると、それらのパケットを使用して障害を検知し、迂回ルートを確保します。

　より早く障害を検知し、より早く迂回を確保したい。これは、すべてのシステム管理者が持つ理想でしょう。しかし、悲しいことに、ルーティングプロトコルが標準で持つ生死監視パケットの間隔は、そこまで短くすることができず、多少なりとも通信に影響が出てしまうことは避けられない現実です。その理想と現実の隙間を埋めるプロトコルが「**BFD (Bidirectional Forwarding Detection)**」です。

　BFDは、隣接機器の生死状態を監視し、障害を検知するためだけに使用されるプロトコルで、いろいろなルーティングプロトコルと連携して動作します。ルーティングプロトコルの生死監視パケット間隔は、どんなに短く設定できたとしても秒単位が限度です。また、CPUでソフトウェア処理されるため、短くしすぎるとCPUに負荷がかかります。BFDを使用すると、ミリ秒単位で生死監視パケットを送信できるようになり、障害を検知するまでの時間が大幅に減少します。また、動作がシンプルなのでハードウェアで処理でき、それほど負荷がかかりません。では、具体的な動作について説明しましょう。ここでは、BGPとBFDが連携して動作する場合を例にとって説明します。

■通常時の流れ

1. BGPメッセージを使用して、BGPピアが張られます。
2. BGPがBFDセッションを張るように要求します。
3. お互いでBFDパケットを送信し合い、BFDネイバーが張られます。
4. 設定した送信間隔でBFDパケットが送信されます。

図 4.1.63　BGP と BFD の連携（通常時）

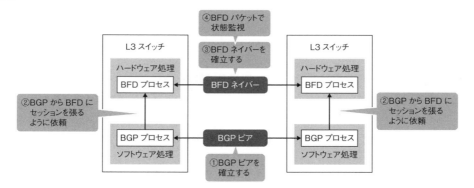

■ 障害時の流れ

1. BFD パケットが届かなくなったので、障害を検知します。
2. BFD ネイバーを落とします。
3. BFD ネイバーが落ちたことを、BGP に通知します。
4. BGP ピアを落とし、迂回経路へパケットを流します。

図 4.1.64　BGP と BFD の連携（障害時）

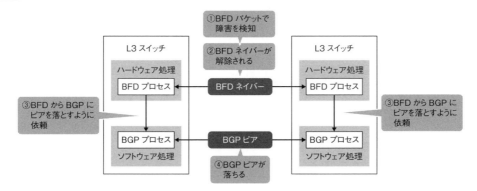

ISPに対するルートはBFDで障害を検知し、BGPで冗長化を図る

サーバサイトはBGPを使用してISPに対するルートの冗長性を確保しています。BGPでピアを張り、ルートを学習したあと、BFDを使用して、お互いの状態をミリ秒単位で定期的に監視します。

BFDの送信間隔やホールドタイム（障害として扱う連続パケットロスの回数）は、ISPから推奨値を提示されます。その設定に従ってください。なお、Inside（サーバ側）はFHRPを使用してアクティブ/スタンバイに構成されています。**そのため、直配下の機器（図4.1.65の場合はファイアウォール）のデフォルトゲートウェイはFHRPの仮想IPアドレスに設定してください**。

図4.1.65　BFDで経路を監視

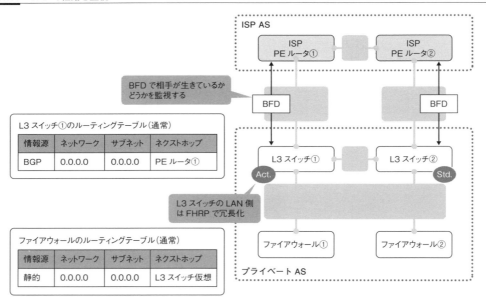

ホールドタイム時間分BFDパケットを受信できなくなったら、障害と判断して、ISPに対する別ルートを確保します。ISPの回線は、たくさんの経路を伝ってその場所に開通しています。BGPはBFDで障害を判断するので、L3スイッチとPEルータまでの経路のどこかが切れたとしても障害検知可能です。なお、ISPの経路が切り替わっても、FHRPのフェールオーバは発生しません。あくまで上位のルート情報のみが切り替わります。

図 4.1.66 BFD で障害を検知する

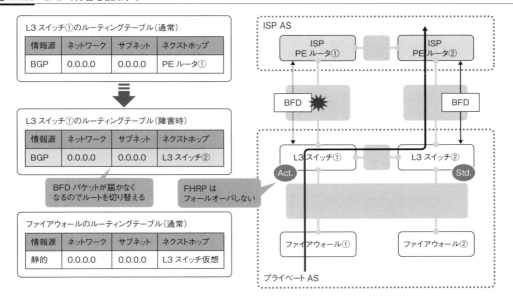

LAN 内のルートは IGP で冗長化を図る

　LAN内のルートは、OSPFやEIGRPなどのIGPで冗長化を図ります。少し前のネットワーク設計のトレンドは「VLANを小さくして、ルーティングポイントをたくさん作る」だったので、IGPによる冗長化は基本でした。**OSPFもEIGRPもイコールコストマルチパス（メトリックが同じルートをすべて使う）**なので、帯域増強と冗長性を両方同時に実現できます。

図 4.1.67 IGP を使用して冗長化を図る

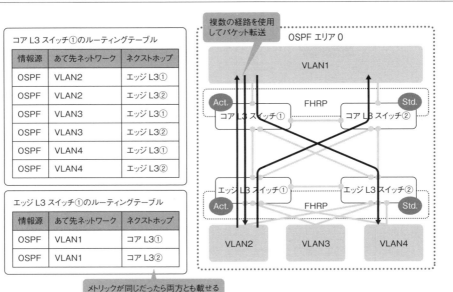

4.1.4 トランスポート層からアプリケーション層の冗長化技術

　ファイアウォールや負荷分散装置で使用されているトランスポート層からアプリケーション層の冗長化技術は、ネットワーク層の冗長化技術であるFHRPに「同期技術」を加え、パワーアップさせる形で実現しています。根本的な動きは変わりませんが、それぞれどんな情報をどのように同期しているかが微妙に異なっています。それぞれ説明していきましょう。

ファイアウォールの冗長化技術

　ファイアウォールは、FHRPに設定情報やコネクション情報など、いくつかの同期技術を加えて、より高いレイヤでの冗長化を実現しています。まずはこのふたつの同期技術について、FHRPと比較しつつ説明します。

設定情報を同期する

　FHRPはアクティブルータとスタンバイルータの設定情報が独立していて、同期はしていませんでした。したがって、アクティブルータを設定変更したら、スタンバイルータも設定変更しないと、設定の整合性を保つことができませんでした。一方、ファイアウォールの冗長化技術は、アクティブ機からスタンバイ機に対して設定情報の同期を図り、運用の簡素化を図っています。

図4.1.68　設定情報が同期される

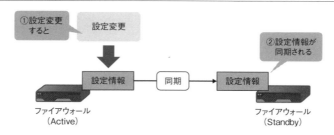

コネクション情報を同期する

　FHRPはHello（Advertisement）パケットで相手の状態は把握していたものの、コネクション情報の同期まではしていませんでした。そもそもパケットレベルの経路変更はコネクションやアプリケーションの動作にはあまり関係がないため、そこまでする必要がなかったということもあります。ファイアウォールはTCPコネクション情報をもとにフィルタリングルールを作っているため、そうはいきません。コネクションが切れて、また作り直すようなことになると、アプリケーション接続ができなくなってしまい、それこそ一大事です。**ファイアウォールでは、TCPコネクションの**

情報を同期し、スタンバイ機にフィルタリングルールを作っておくことで、TCPレベルでのダウンタイム軽減を図っています。

図4.1.69　コネクション情報を同期する

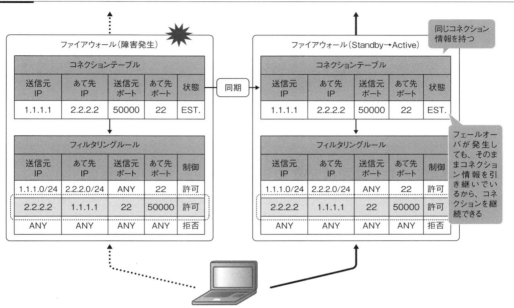

同期用リンクを別に設ける

　ファイアウォールの冗長化技術は、同期用リンクと同期用VLANを別に設けることが鉄則です。同期用のパケットの量は、HelloパケットやAdvertisementパケットほど甘っちょろいものではありません。リアルタイムに情報を同期するため、ポートLEDを見ていると、ループしているのではないかと思うほど猛烈にやり取りされます。**したがって、可能な限りサービストラフィックとの共存は避け、別リンク、別VLANで設計したほうが賢明でしょう。**

　同期用リンクはファイアウォールの冗長化技術の根本を支える最も重要なリンクです。このリンクがダウンしてしまうのは、かなり致命的です。そこで、たいていの場合、リンクアグリゲーションで束ね、一次障害に備えます。機器によっては、プライマリリンクがダウンしたときの保険として、セカンダリリンク、セカンダリVLANを設定することもできます。その場合は、必ずTrust側（LAN側）を定義するようにしてください。筆者は以前、間違ってUntrust側をセカンダリリンクとして定義しているネットワーク環境を見たことがあったのですが、これではプライマリリンクがダウンしたら管理情報がダダ漏れ状態です。ありえません。セカンダリリンクは絶対にTrust VLANを定義してください。

第 4 章　高可用性設計

図 4.1.70　同期用リンクは別に設ける

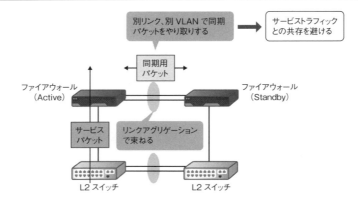

仮想 MAC アドレスを設定する

　機器によっては、両機器で共有する仮想MAC/IPアドレスに各機器が持つ実MAC/IPアドレスをそのまま使用するものもあります。たとえば、シスコのASAシリーズは最初にプライマリ機として定義した機器の実MAC/IPアドレスをデフォルトの仮想MAC/IPアドレスとして使用します。この場合、プライマリ機を交換すると仮想MACアドレスの変更が発生してしまい、通信断が発生します。また、F5ネットワークスのBIG-IPシリーズは、デフォルトで両機器で共有する仮想MACアドレスを持たず、仮想IPアドレスのMACアドレスとしてアクティブ機の実MACアドレスを使用します。この場合、フェールオーバが発生したとき、すべての隣接機器のARPエントリをGARPで切り替える必要があり、周辺の状態変化が少し大きくなってしまいます。

図 4.1.71　アクティブ機の MAC アドレスを使用するものもある

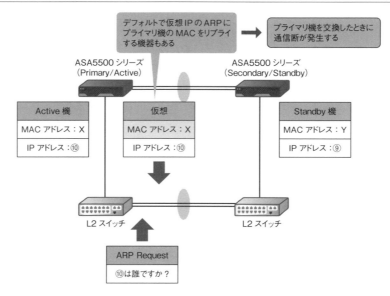

これはどの機器の冗長化においても然りなのですが、仮想MACアドレスが設定できるのであれば設定しておいたほうがよいでしょう。そうすれば、隣接機器の状態変化を最小限に抑えることができます。

ファイアウォールの冗長化技術の動作プロセス

　基本的な動作プロセスはFHRPとほとんど変わりがないことを認識しておいてください。FHRPとしての基本動作にコネクションを同期する処理が加わっているだけです。では、動作プロセスを整理していきましょう。

■ 通常時の動作プロセス

　まず、通常時の動作プロセスを整理します。通常時は以下のように動作します。

1 デフォルトゲートウェイのIPアドレス、つまり仮想IPアドレスやNATアドレスに対するARP Requestに対して、アクティブ機が応答します。リプライするMACアドレスは仮想MACアドレスです。

2 クライアントのARPエントリには仮想MACアドレスと仮想IPアドレスが載ります。

3 クライアントはアクティブ機経由でTCPコネクションを作ります。具体的には3ウェイハンドシェイクをアクティブ機経由で行います。

4 アクティブ機はTCPコネクションの情報をもとにフィルタリングルールを作ります。また、そのコネクション情報をスタンバイ機にも同期します。スタンバイ機もそのコネクション情報をもとにフィルタリングルールを作成します。

第 4 章　高可用性設計

図 4.1.72　基本的な動作は FHRP と変わらない

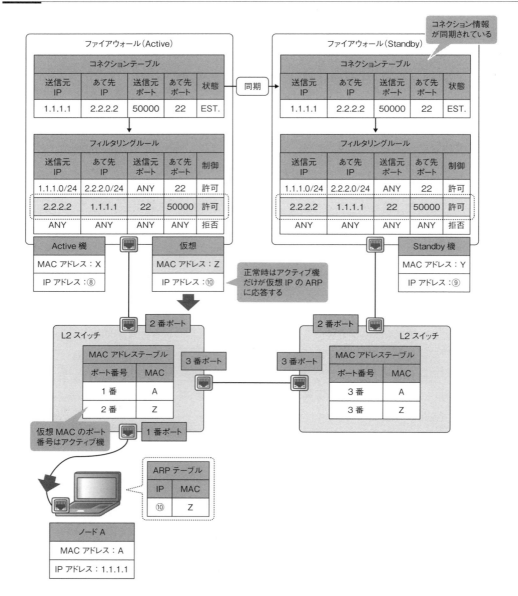

■ 障害時の動作プロセス

次にフェールオーバが発生したときを考えます。フェールオーバ時は以下のように動作します。

1 アクティブ機に障害が発生します。

2 スタンバイ機は同期パケットで障害を検知してアクティブ機に昇格します。そして、そのタイ

4.1 冗長化技術

ミングでそれをアピールするGARPを送出します。

3 GARPがL2スイッチのMACアドレステーブルを一気に更新し、仮想IPアドレスに対する経路を新アクティブ機に向けます。その際、クライアントのARPエントリに更新はありません。仮想IPアドレスのMACアドレスは仮想MACアドレスのままです。

4 新アクティブ機経由でコネクションを作ります。

5 新アクティブ機にも同期済みのコネクション情報があるので、そのままコネクションを維持することができます。

図 4.1.73 同期したコネクション情報を用いてダウンタイム軽減を図る

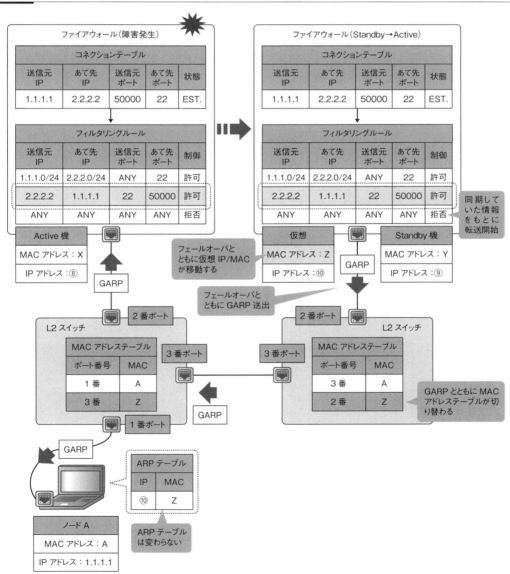

399

第4章　高可用性設計

負荷分散装置の冗長化技術

　負荷分散装置は、ファイアウォールの冗長化技術＋同期技術の上に、さらにアプリケーションレベルの同期技術を加えて、より高いレイヤにおける冗長化を実現しています。基本的な設計ポイントや冗長動作はファイアウォールとほとんど変わりません。異なるのは同期の範囲だけです。ここではポイントだけに絞って説明します。

パーシステンス情報を同期する

　負荷分散装置の冗長化のポイントはパーシステンステーブルの同期です。パーシステンスはアプリケーションの同期を保つために必要な機能です。フェールオーバしたときにパーシステンステーブルが同期されていないと、違うサーバに割り振りされてしまってアプリケーションの動作の整合性が保てなくなってしまいます。常時パーシステンス情報を同期して同じサーバに割り振り、アプリケーションとしての整合性を保てるようにします。

図 4.1.74　パーシステンス情報を同期する

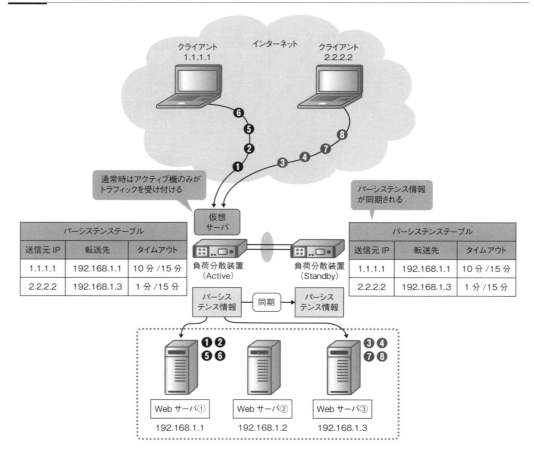

400

4.1 冗長化技術

図 4.1.75 パーシステンス情報を引き継ぐ

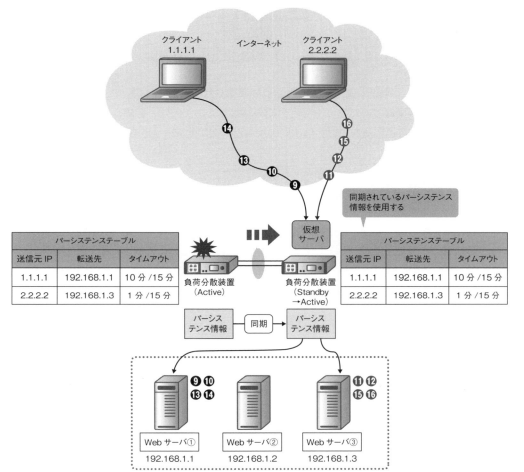

4.2 高可用性設計

　さて、ここまで冗長化構成に使用するいろいろな技術や設計時のポイントを説明してきました。ここからはこれらの技術をサーバサイトでどう組み合わせていくのか、また、サイトを設計・構築するときにどういうところに気を付ければよいのかなど、実用的な側面を説明していきます。

4.2.1　高可用性設計

　高可用性設計のポイントは並列配置です。同じ種類の機器を並列配置し、それらをL2スイッチでつなぎ合わせるような形で構成していきます。冗長化を図るための構成は、第1章で説明したとおり、「**インライン構成**」「**ワンアーム構成**」のどちらかしかありません。それぞれの構成パターンでどのような冗長化技術をどのように駆使しているか説明していきます。

インライン構成

　まずは、インライン構成です。インライン構成は、それぞれの役割がしっかり分担されていて、構成としてシンプルです。通信している経路もわかりやすく、トラブルシュートもしやすいことから管理者にも好まれています。では、ここからは物理設計で説明した構成例をもとに説明していきます。

インライン構成パターン1

　まず、インライン構成パターン1について説明します。**インライン構成パターン1は最もシンプルで、わかりやすいネットワーク構成にしています（図4.2.1）**。この構成を基本として、いろいろな冗長化技術を組み合わせていく感じにしていけば、よりわかりやすくなるでしょう。では、ISP側から順に各構成要素を見ていきましょう。

402

4.2 高可用性設計

図4.2.1 インライン構成パターン1で使用している冗長化技術

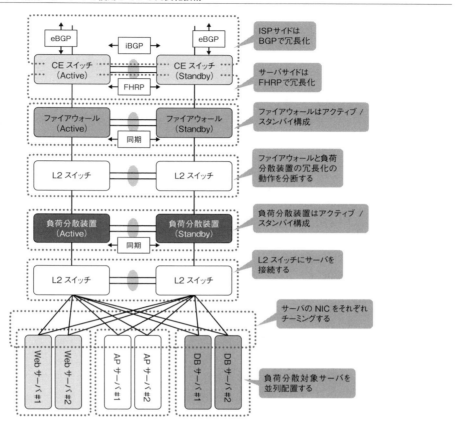

■ CE スイッチ

　CE（Customer Edge）スイッチは、インターネット側とLAN側で別々の冗長化技術を使用します。インターネット側はBGPで冗長化を図り、BFDで障害検知します。PE（Provider Edge）スイッチとeBGPピアを、CEスイッチ間はiBGPピアを張り、迂回ルートを作ります。LAN側はFHRPでアクティブ/スタンバイに構成します。アウトバウンド通信（サーバ→インターネット）については、通常はアクティブCEスイッチだけがパケットを受け取り、BGPで学習したルートをもとにパケット転送を行います。インバウンド通信（インターネット→サーバ）は、ISP側でBGPアトリビュートを操作し、アクティブCEスイッチのみにパケットが飛んでくるように制御しています。

　実際のところ、この部分はISPがレンタル機器を貸し出すことも多く、もしかしたら自分たちで設定することはないかもしれません。しかし、動きを知っておくことはとても重要ですし、面白いものです。

第 4 章　高可用性設計

■ ファイアウォール

ファイアウォールも同様にアクティブ/スタンバイに構成します。同期用リンク、同期用VLAN
を設けて、そこで設定情報や状態情報の同期パケットをやり取りし、サービストラフィックへの影
響を最小限にします。

■ L2 スイッチ（ファイアウォール－負荷分散装置間）

このL2スイッチは一見必要なさそうな感じがして、よく「いらないでしょ」とシステム管理者が
言ってきます。しかし、このL2スイッチはファイアウォールと負荷分散装置、それぞれの冗長化
の動作を分断するために重要な役割を果たしています。このL2スイッチがないと、片方のフェー
ルオーバに、もう片方のフェールオーバが引きずられるようなことが発生してしまいます。不要な
サービス断を回避するためにも、このL2スイッチは絶対に必要です。

■ 負荷分散装置

負荷分散装置の設計はほぼファイアウォールと同じと考えてよいでしょう。アクティブ/スタン
バイに構成します。同期用リンク、同期用VLANを設けて、そこで設定情報や状態情報の同期パ
ケットをやり取りし、サービストラフィックへの影響を最小限にします。

■ L2 スイッチ（負荷分散装置－サーバ間）

負荷分散装置にサーバを直接接続するという構成はほとんどありません。そもそも負荷分散装置
自体にそんなにたくさんの物理ポートが搭載されていません。L2スイッチを経由してサーバを接
続します。L2スイッチは、L2スイッチ自体の障害を考慮して、スクエア状に接続します。

■ サーバ

サーバのNICはチーミングで冗長化を図ります。冗長化方式はいろいろありますが、やはりアク
ティブ/スタンバイで構成するフォールトトレランスがわかりやすく、使われがちな傾向にありま
す。接続するスイッチは、スイッチの障害を考慮して、必ず別々のスイッチにします。フォールト
トレランスの場合、もちろんトラフィックがアクティブNICに偏ることになるのですが、トラ
フィックの増加には、負荷分散対象サーバを増やすスケールアウトで対応することが多いでしょ
う。スケールアウトは同時に冗長効果も生み出します。負荷分散対象のサーバを並列に配置し、ヘ
ルスチェックを実施することで、サーバおよびサービスの冗長化を図ります。

4.2 高可用性設計

■ インライン構成パターン2

インライン構成パターン2は、パターン1の構成に「ブレードサーバ」「仮想化」「StackWiseテクノロジー、VSS」「セキュリティゾーンの分割」という4つのエッセンスを加えています（図4.2.2）。Untrustゾーンは構成パターン1と同じです。構成パターン1との変更点だけピックアップして説明します。

■ L2スイッチ（DMZ）

DMZゾーンのL2スイッチはStackWiseテクノロジーを使用して、冗長化とシンプル化の両立を図っています。物理的には2台ですが、論理的には1台です。ファイアウォールと負荷分散装置に対する接続は、それぞれ別の物理スイッチから取って、物理スイッチの障害に備えます。

■ スイッチモジュール

スイッチモジュールもL2スイッチ（DMZ）と同様、スタック技術で冗長化を図っています。負荷分散装置に対する接続は、別々の物理スイッチから取って、物理スイッチの障害に備えます。Trust用L3スイッチに対する接続は、リンクアグリゲーションを構成し、別々の物理スイッチから物理リンクを取ります。スイッチモジュールは用途ごと（DMZ、Trust、仮想化トラフィック用）で分けて、それぞれのトラフィックがそれぞれのトラフィックに影響しないようにしています。

■ ブレードと仮想化

ブレードは用途ごとに分けられた2台ずつ、計8台のスイッチモジュールに対して自動で物理結線されます。接続したNICを使用して仮想スイッチをチーミングします。チーミングの負荷分散方式はポートIDか明示的なフェールオーバ、障害検知はリンク状態検知が多いでしょう。仮想化すると簡単にサーバがポンポン作れるようになって、サーバが多くなりがちです。うまく負荷分散してトラフィックを散らしてください。また、仮想マシンの配置にも注意を払ってください。同じ役割の仮想マシンを、同じ物理マシンに配置してしまうと、その物理マシンがダウンしてしまった時点でサービス断が発生します。同じ役割の仮想マシンは、異なる物理マシンに散らして配置してください。

■ L3スイッチ（Trust）

TrustゾーンのL3スイッチはVSSで構成しています。StackWiseテクノロジー同様、物理的には2台ですが論理的には1台です。ファイアウォールに対する接続は、別の物理スイッチで接続します。また、スイッチモジュールに対する接続はリンクアグリゲーションでリンク冗長化および帯域拡張を図ります。それぞれ別の物理スイッチ同士を接続して、スイッチ障害に備えます。

第 4 章　高可用性設計

図 4.2.2　インライン構成パターン 2 で使用している冗長化技術

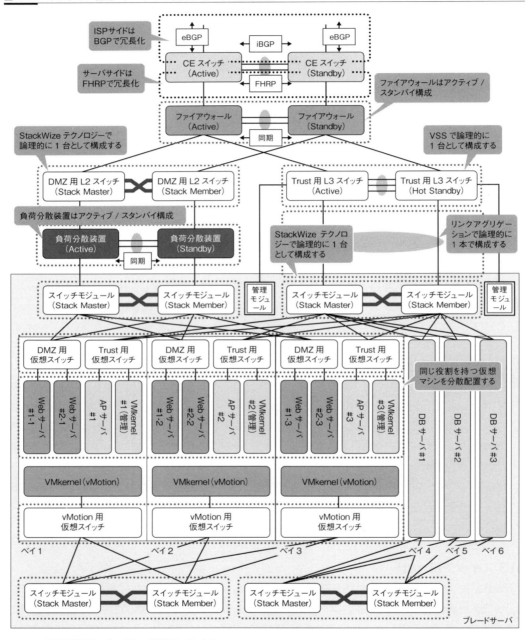

＊　紙面の関係上、サーバを一部省略しています。

ワンアーム構成

次に、ワンアーム構成です。ワンアーム構成は、コアスイッチとなるL3スイッチがいろいろな役割を兼務していて、構成的には少しわかりづらいものになります。しかし、論理構成の柔軟性や拡張性も高く、大規模な環境で好まれる構成です。**ワンアーム構成は、物理構成と論理構成をしっかり分け、整理して考えていくとわかりやすくなります。**

ワンアーム構成パターン1

ワンアーム構成パターン1は、ワンアーム構成の中ではわかりやすいネットワーク構成にしています（図4.2.3）。ワンアーム構成もこの構成を基本として、いろいろな冗長化技術を組み合わせていく感じにしていけば、よりわかりやすくなるでしょう。では、ISP側から順に各構成要素を見ていきましょう。

図 4.2.3 ワンアーム構成パターン1で使用している冗長化技術

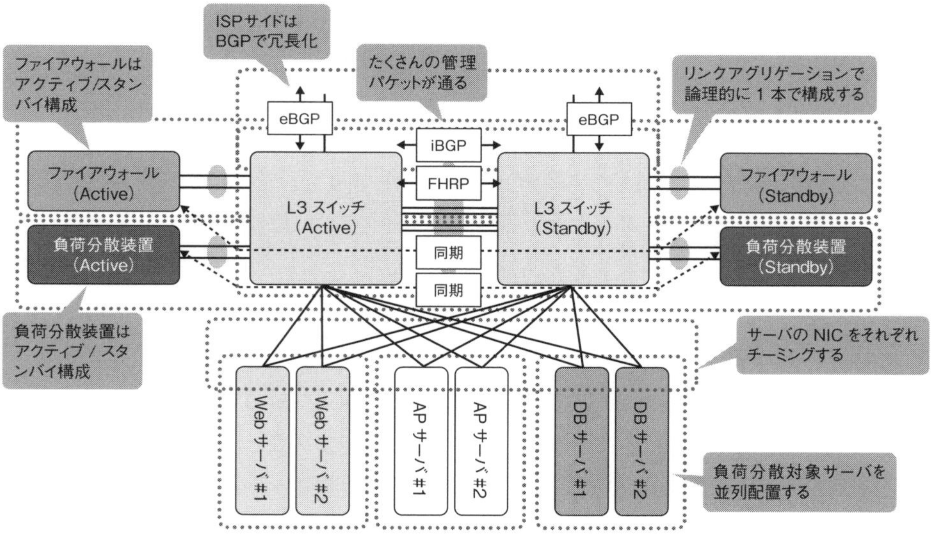

■L3スイッチ（コアスイッチ）

コアスイッチとなるL3スイッチは、ワンアーム構成のすべてを担っているといっても過言ではありません。ISPのPEスイッチとのBGPピアもL3スイッチで張ります。LAN側VLANはFHRPでアクティブ/スタンバイで構成します。インライン構成ではフェールオーバの影響を少なくするために必ずL2スイッチを配置していましたが、ワンアーム構成では必要ありません。その役割すらL3スイッチが担います。L3スイッチがたくさんの役割を担っているため、L3スイッチ障害のインパクトは大きいですが、煩雑化しがちなポートアサインの管理を集約できます。

第 4 章　高可用性設計

■ ファイアウォール

　ファイアウォールはアクティブ/スタンバイに構成します。L3スイッチとはリンクアグリゲーションで接続し、冗長化と帯域拡張を図ります。また、UntrustやTrust、同期用VLANなど、複数のVLANを通すためにトランクリンクで構成します。

　同期用のトラフィックは、リンクアグリゲーションによってできた論理リンクを通ります。サービストラフィックと同期用トラフィックが共存することになるため、場合によってはQoSで優先制御したり、同期用トラフィックの専用リンクを設けたりして、サービスに対する影響を最小限にします。

■ 負荷分散装置

　負荷分散装置の設計は、ほぼファイアウォールと同じと考えてよいでしょう。アクティブ/スタンバイに構成します。L3スイッチとはリンクアグリゲーションで接続し、冗長化と帯域拡張を図ります。

　同期用トラフィックについても同様です。リンクアグリゲーションによってできた論理リンクを通ります。サービストラフィックと同期用トラフィックが共存することになるため、場合によってはQoSで優先制御したり、このVLANだけ別リンクを設けたりして、サービスに対する影響を最小限にします。

■ サーバ

　インライン構成ではサーバを接続するスイッチを用意しますが、このワンアーム構成は、その役割もL3スイッチが担います。当然ながら、別々のL3スイッチに接続して、L3スイッチの障害に備えます。

🪨 ワンアーム構成パターン 2

　ワンアーム構成パターン2は、パターン1の構成に「ブレードサーバ」「仮想化」「StackWiseテクノロジー、VSS」「セキュリティゾーンの分割」という4つのエッセンスを加えています（図4.2.4）。構成パターン1との変更点だけをピックアップして説明します。

■ L3 スイッチ（コアスイッチ）

　コアスイッチとなるL3スイッチは、VSSで冗長化しています。物理的には2台ですが論理的には1台にして、管理の簡素化を図っています。役割的には構成パターン1とそれほど変わりません。構成パターン1と同じように、L3スイッチがたくさんの役割を担い、この構成のほぼすべてを握っています。

■ スイッチモジュール

　スイッチモジュールは、StackWiseテクノロジーで冗長化を図っています。L3スイッチに対す

る接続はリンクアグリゲーションを構成し、別々の物理スイッチから物理リンクを取ります。スイッチモジュールは用途ごと（DMZ、Trust、仮想化トラフィック用）に分けて、それぞれのトラフィックが他のトラフィックに影響しないようにしています。

■ブレードと仮想化

ブレードは用途ごとに分けられた2台ずつ、計8台のスイッチモジュールに対して自動で物理結線されます。接続したNICを使用して仮想スイッチをチーミングします。チーミングの負荷分散方式はポートIDか明示的なフェールオーバ、障害検知はリンク状態検知が多いでしょう。仮想化すると簡単にサーバがポンポン作れるようになって、サーバが多くなりがちです。負荷分散して、うまくトラフィックを散らしてください。

図 4.2.4　ワンアーム構成パターン2で使用している冗長化技術

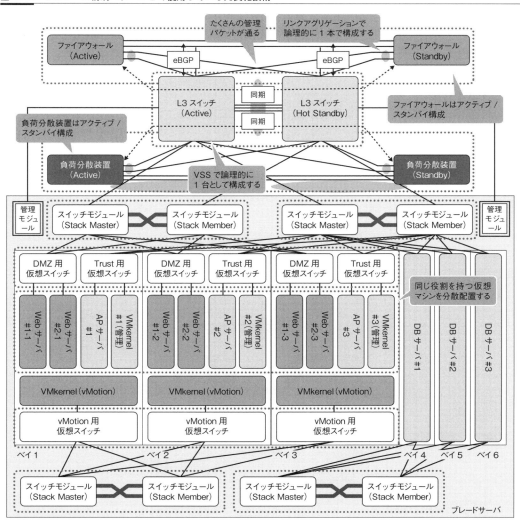

4.2.2 通信フローを整理する

「じゃあ、どこをどう通ってるの？」……システム管理者からこの質問を何度も聞いてきました。そこで、本書を通じて、どこをどう通っているかを説明していきます。もちろん、ここで説明する通信フローはあくまで例です。いろいろな状況によって、物理構成も論理構成も変わってくることでしょう。前もってしっかり障害試験を実施し、その流れを理解してください。

さて、サーバサイトにおける通信フローはインライン構成とワンアーム構成、それぞれで大きく異なります。ここからは、どちらも構成パターン1を使用して、分けて説明していきます。

インライン構成

インライン構成は障害時のルートが予測しやすく、トラブルシュートもしやすい構成です。アクティブルートのどこかがダウンしたら、スタンバイルートに切り替わる。単純でとてもわかりやすいです。では、アクティブ経路に障害が発生した場合をISP側から順に追っていきます。

■ 正常時の経路

まず、正常時の経路を整理しておきます。正常時のトラフィックは必ずアクティブ機、アクティブNICに偏ります。ここはこれまで説明してきたとおりです。以下のように、図の左側の機器を経由しています。

図4.2.5 正常時の通信経路はアクティブ機を経由していく

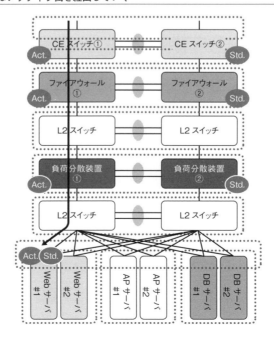

4.2 高可用性設計

■ **回線障害**

　ISPの回線に障害が発生すると、BFDパケットが届かなくなって、BFDネイバーがダウンし、eBGPピアもダウンします。eBGPピアダウンにより、ISP網とCEスイッチでBGPの再計算が行われ、割り当てIPアドレスに対するルートの切り替わりが発生します。計算が落ち着いたら、ISP向け（インターネット向け）ルートが並列して配置しているCEスイッチ（図中のCEスイッチ②）経由のルートに切り替わります。

図 4.2.6　回線障害は BGP で切り替える

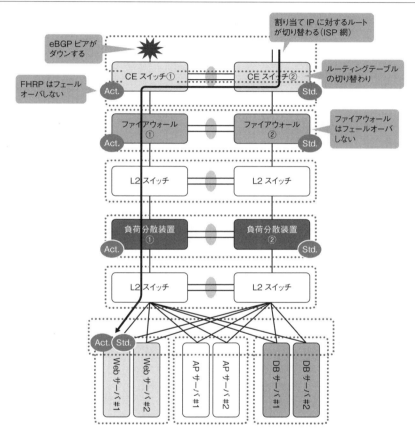

第 4 章 高可用性設計

■ CE スイッチ障害

CEスイッチに障害が発生すると、PEスイッチにBFDパケットが届かなくなって、BFDネイバーがダウンし、eBGPピアもダウンします。そして、eBGPピアのダウンにより、ISP網とCEスイッチでBGPの再計算が行われ、割り当てIPアドレスに対するルートの切り替わりが発生します。また、スタンバイCEスイッチのInsideにHelloパケットが届かなくなるため、FHRPもフェールオーバします。

この構成ではファイアウォールもフェールオーバします。ファイアウォールは自身のリンクダウンを監視していて、それをフェールオーバのトリガーにしています。CEスイッチに障害が発生すると、Untrustリンクもダウンしてしまいます。したがって、ファイアウォールもフェールオーバします。

図 4.2.7　CE スイッチに障害が発生すると、CE スイッチとファイアウォールがフェールオーバする

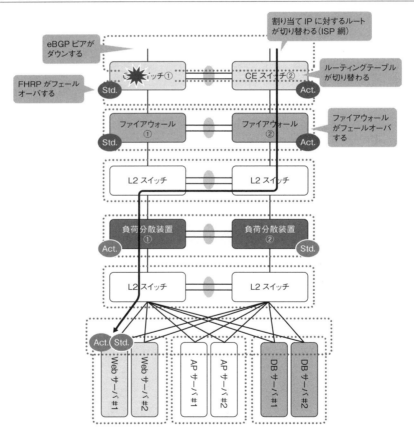

4.2 高可用性設計

■CE スイッチの Inside リンク（ファイアウォールの Untrust リンク）障害

　この構成では、CEスイッチのInsideリンクに障害が発生すると、併せてファイアウォールのUntrustリンクもダウンすることになります。そのリンクダウンを検知して、ファイアウォールもフェールオーバします。CEスイッチのInsideで動作しているFHRPはそのままです。フェールオーバしません。

図 4.2.8　CE スイッチの Inside リンクに障害が発生すると、ファイアウォールだけがフェールオーバする

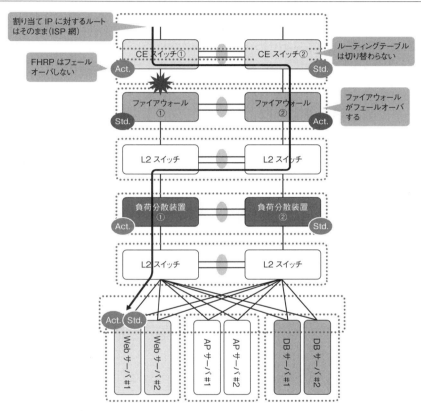

第4章 高可用性設計

■ ファイアウォール障害

ファイアウォールに障害が発生すると、それを検知したファイアウォールにフェールオーバが発生します。この構成では、併せてCEスイッチのInsideリンクが切れます。しかし、FHRPのHelloパケットはCEスイッチ間の論理リンクでやり取りされているため、そのままです。フェールオーバすることはありません。

図 4.2.9　ファイアウォールに障害が発生すると、ファイアウォールだけがフェールオーバする

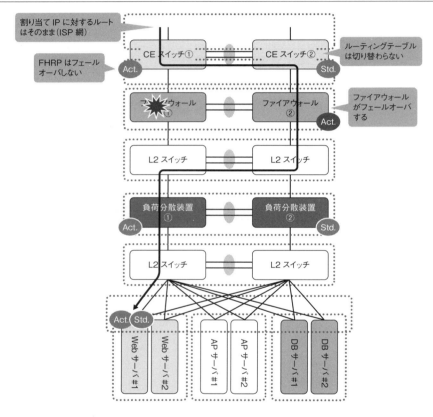

4.2 高可用性設計

■ ファイアウォールの Trust リンク障害

　ファイアウォールのTrustリンクに障害が発生すると、それを検知したファイアウォールにフェールオーバが発生します。それ以外の部分でフェールオーバが発生することはありません。L2スイッチが迂回経路を作ることによって、ファイアウォールのフェールオーバが負荷分散装置に影響を及ぼさないようにしています。

図 4.2.10　ファイアウォールの Trust リンクに障害が発生すると、ファイアウォールだけがフェールオーバする

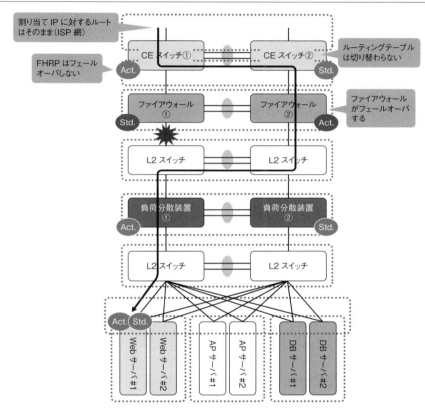

第4章 高可用性設計

■L2スイッチ障害（ファイアウォール－負荷分散装置間）

　L2スイッチに障害が発生すると、ファイアウォールと負荷分散装置の両方がフェールオーバします。ファイアウォールはこの障害によってTrustリンクのダウンを検知し、フェールオーバします。

　この障害では負荷分散装置もフェールオーバします。負荷分散装置もファイアウォール同様、自身のリンクダウンを監視していて、それをフェールオーバのトリガーにしています。L2スイッチに障害が発生すると、負荷分散装置のOutsideリンクもダウンしてしまうため、フェールオーバします。

図4.2.11 L2スイッチに障害が発生すると、ファイアウォールと負荷分散装置がフェールオーバする

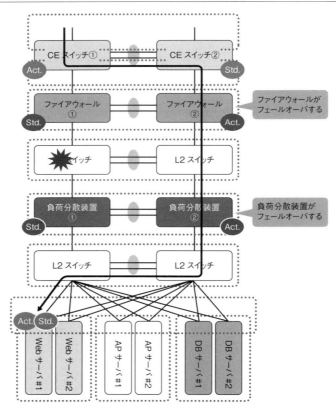

4.2 高可用性設計

■負荷分散装置の Outside リンク障害

負荷分散装置のOutsideリンクに障害が発生すると、それを検知したスタンバイ負荷分散装置にフェールオーバします。それ以外の部分でフェールオーバが発生することはありません。L2スイッチが迂回経路を作ることによって、負荷分散装置のフェールオーバがファイアウォールに影響しないようにしています。

図 4.2.12　負荷分散装置の Outside リンクに障害が発生すると、負荷分散装置だけがフェールオーバする

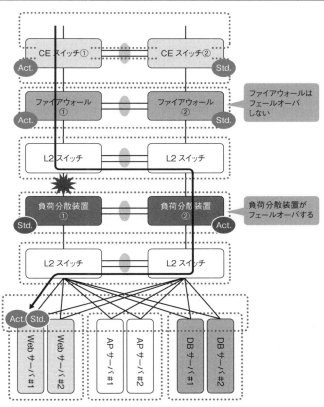

■ 負荷分散装置障害

　この障害は、負荷分散装置のOutsideリンク障害が発生したときと、ほぼ同じ動作をします。負荷分散装置に障害が発生すると、それを検知したスタンバイ負荷分散装置にフェールオーバが発生します。それ以外の部分でフェールオーバが発生することはありません。L2スイッチが迂回経路を作ることによって、負荷分散装置のフェールオーバがファイアウォールやサーバに影響しないようにしています。

図 4.2.13　負荷分散装置に障害が発生すると、負荷分散装置だけがフェールオーバする

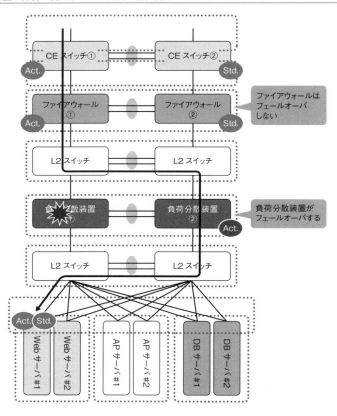

4.2 高可用性設計

■負荷分散装置の Inside リンク障害

この障害は、負荷分散装置のOutsideリンク障害が発生したときと、ほぼ同じ動作をします。負荷分散装置のInsideリンクに障害が発生すると、それを検知した負荷分散装置にフェールオーバが発生します。それ以外の部分でフェールオーバが発生することはありません。L2スイッチが迂回経路を作ることによって、負荷分散装置のフェールオーバがファイアウォールやサーバに影響しないようにしています。

図 4.2.14　負荷分散装置の Inside リンクに障害が発生すると、負荷分散装置だけがフェールオーバする

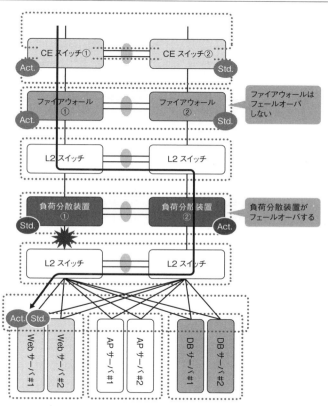

■ Inside の L2 スイッチ障害（負荷分散装置−サーバ間）

InsideのL2スイッチに障害が発生すると、負荷分散装置のInsideリンクがダウンすると同時に、サーバのリンクもダウンします。結果として、その両方がフェールオーバします。L2スイッチが迂回経路を作ることによって、負荷分散装置のフェールオーバがファイアウォールに影響しないようにしています。

図 4.2.15　Inside の L2 スイッチに障害が発生すると、負荷分散装置とチーミングがフェールオーバする

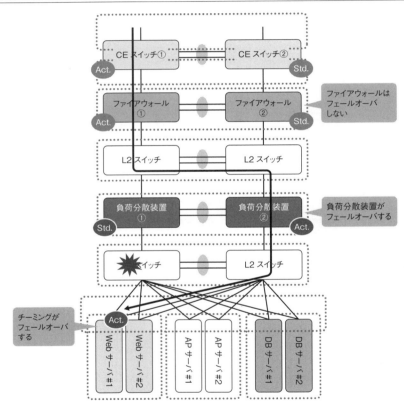

4.2 高可用性設計

■ サーバのリンク障害、NIC障害

　サーバのリンクやNICに障害が発生すると、チーミングにフェールオーバが発生します。フェールオーバが発生するのはこの部分だけです。L2スイッチが迂回経路を作ることによって、NICのフェールオーバが負荷分散装置に影響しないようにしています。

図 4.2.16　サーバのリンクや NIC に障害が発生すると、NIC のチーミングだけがフェールオーバする

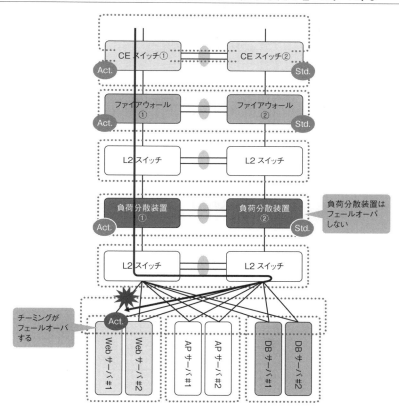

421

■ サーバのサービス障害

サーバのサービスに障害が発生すると、負荷分散装置のヘルスチェックが失敗し、負荷分散対象から外れます。したがって、サービス障害が発生したサーバにコネクションが割り振られることはありません。それ以外の部分では変化はありません。

図 4.2.17 サービス障害は負荷分散対象から外す

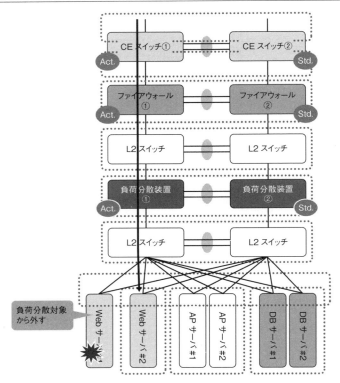

■ アクティブ経路以外の障害

アクティブ経路以外の障害については、どこで障害が発生したとしてもフェールオーバは発生しません。ダウンタイムも発生しません。ただ、筆者の経験上、ネットワーク機器のバグなどで余計なGARPを送信して、おかしなダウンタイムが発生したこともありました。障害試験をしっかり実施し、「影響がないこと」を確認しておいたほうがよいでしょう。

ワンアーム構成

ワンアーム構成はコアスイッチとなるL3スイッチがいろいろな役割を兼ねており、通信フローとしては複雑に見えがちです。ただ、実際は論理的には同じなわけで、そこまで身構える必要はありません。アクティブルートのどこかがダウンしたら、スタンバイルートに切り替わる。この基本を念頭に置きつつ、ISP側から順に障害を追っていきます。

■ 正常時の経路

まず、正常時の経路を整理しておきます。正常時のトラフィックは必ずアクティブ機に偏ります。ここはこれまで説明してきたとおりです。以下のように、図の左側の機器を経由しています。インライン構成と異なるのは、何度もL3スイッチを経由するところです。CEスイッチやL2スイッチ、すべてのスイッチの役割をL3スイッチが担うため、何度もL3スイッチを経由します。論理的な経路はインライン構成と変わりません。物理的な経路が異なります。

図 4.2.18　正常時の通信経路はアクティブ機を経由していく

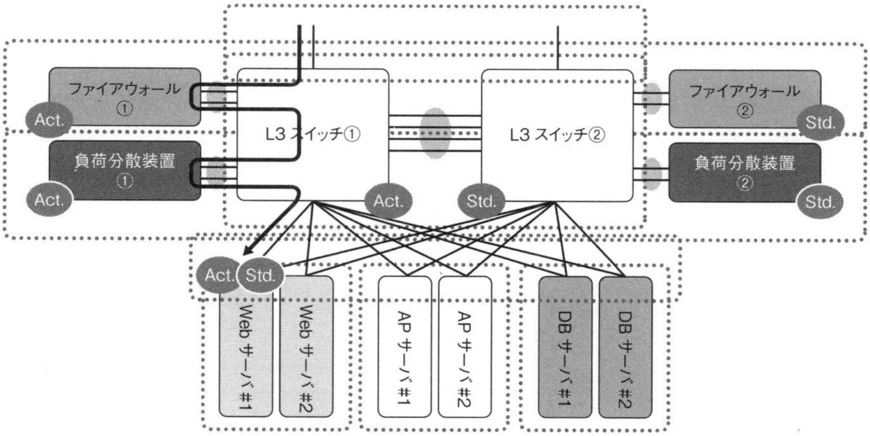

■ 回線障害

ISPの回線に障害が発生すると、BFDパケットが届かなくなって、BFDネイバーがダウンし、eBGPピアもダウンします。eBGPピアダウンにより、ISP網とCEスイッチでBGPの再計算が行われ、割り当てIPアドレスに対するルートの切り替わりが発生します。計算が落ち着いたら、ISP向け（インターネット向け）ルートが並列して配置しているL3スイッチ（図中のL3スイッチ②）経由のルートに切り替わります。

第 4 章 高可用性設計

図 4.2.19 回線障害は BGP で切り替える

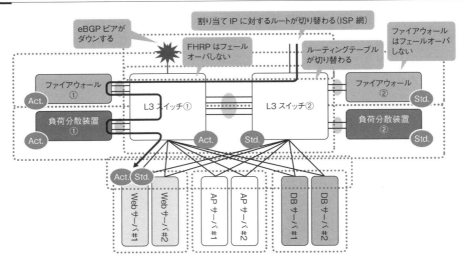

■ ファイアウォール障害

ファイアウォールに障害が発生すると、ファイアウォールだけにフェールオーバが発生します。それ以外の部分でフェールオーバが発生することはありません。ワンアーム構成は、インライン構成で迂回経路の役割を果たしていたL2スイッチの役割もL3スイッチが兼ねています。したがって、何度も何度もL3スイッチを経由してサーバに到達することになります。

図 4.2.20 ファイアウォールに障害が発生すると、ファイアウォールだけがフェールオーバする

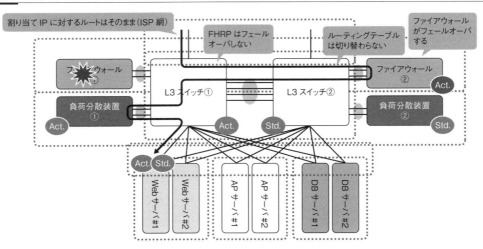

■ 負荷分散装置障害

　負荷分散装置に障害が発生すると、それを検知したスタンバイ負荷分散装置にフェールオーバが発生します。それ以外の部分でフェールオーバが発生することはありません。L3スイッチ①、ファイアウォール①、L3スイッチ①、L3スイッチ②、新しくアクティブになった負荷分散装置②、L3スイッチ②、L3スイッチ①と、何度もL3スイッチを経由して、サーバに到達します。

図 4.2.21　負荷分散装置に障害が発生すると、負荷分散装置だけがフェールオーバする

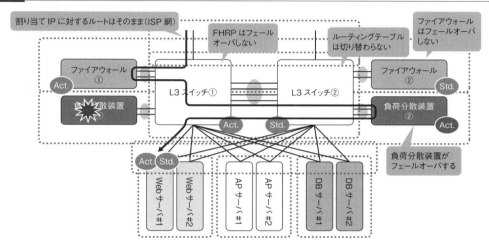

■ L3スイッチ（コアスイッチ）障害

　ワンアーム構成におけるコアスイッチの障害の影響範囲は甚大です。すべての部分において、一気にフェールオーバが発生します。ひとつひとつ見ていきましょう。

　まずはコアスイッチであるL3スイッチです。OutsideはeBGPのピアが切れるので、ISP網含めて、ルートの再計算が実行されます。InsideはFHRPパケットをやり取りできなくなるので、フェールオーバします。

　次にファイアウォールと負荷分散装置です。ファイアウォールはこれまでアクティブだったファイアウォール①が孤立し、ファイアウォール②がアクティブに昇格します。この部分は負荷分散装置も同様です。これまでアクティブだった負荷分散装置①が孤立し、負荷分散装置②がアクティブに昇格します。

　最後にサーバNICです。L3スイッチ障害によりサーバのリンクもダウンします。このリンクダウンを検知して、チーミングにもフェールオーバが発生します。

第 4 章　高可用性設計

図 4.2.22　L3 スイッチに障害が発生すると、一気に切り替わる

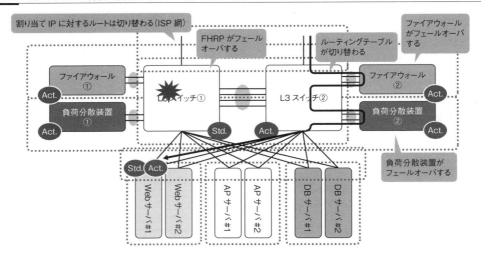

■ サーバのリンク障害、NIC 障害

サーバのリンクやNICに障害が発生すると、チーミングにフェールオーバが発生します。フェールオーバが発生するのはこの部分だけです。L3スイッチ①、ファイアウォール①、L3スイッチ①、負荷分散装置①、L3スイッチ①、L3スイッチ②と、何度もL3スイッチを経由して、サーバに到達します。

図 4.2.23　サーバのリンクや NIC に障害が発生すると、NIC のチーミングだけがフェールオーバする

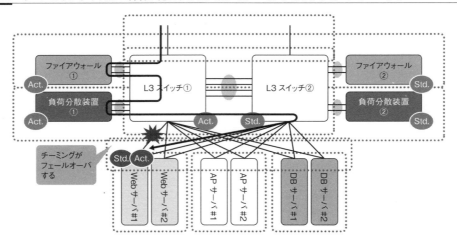

■ サーバのサービス障害

この部分はインライン構成と変わりません。サーバのサービスに障害が発生すると、負荷分散装置のヘルスチェックが失敗し、負荷分散対象から外れます。したがって、サービス障害が発生したサーバにコネクションが割り振られることはありません。それ以外の部分では変化はありません。

図 4.2.24 サービス障害は負荷分散対象から外す

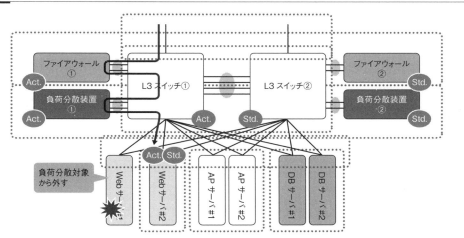

■ サーバのリンク以外のリンク障害

サーバのリンクは1本ずつで構成しているため、チーミングで対応する必要があります。それ以外のリンク、つまり、L3スイッチやファイアウォール、負荷分散装置など、ネットワーク機器を接続するリンクの障害は、リンクアグリゲーションで冗長化しているため、どこで障害が発生したとしてもフェールオーバすることはありません。経路も切り替わることはありません。

図 4.2.25 リンクアグリゲーションしているので経路変更はない

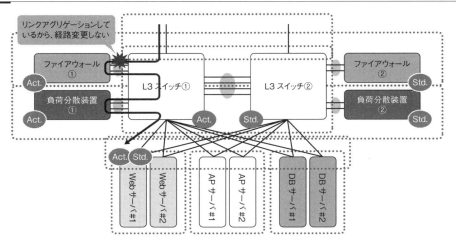

第 4 章　高可用性設計

■アクティブ経路以外の障害

　アクティブ経路以外の障害については、どこで障害が発生したとしてもフェールオーバは発生しません。ダウンタイムも発生しません。ただ、筆者の経験上、ネットワーク機器のバグなどで余計なGARPを送信して、おかしなダウンタイムが発生したこともありました。障害試験をしっかり実施し、「影響がないこと」を確認しておいたほうがよいでしょう。

第 5 章

管理設計

本章の概要

本章では、サーバサイトの運用管理で使用する技術やその設計ポイント、そして、運用管理していくにあたり決めておいたほうがよい各種項目について説明します。

ミッションクリティカルなサーバサイトにトラブルは付きものです。サーバサイトは設計、構築してからがスタートです。長年使用していると、機器が故障してしまうこともあるでしょうし、ケーブルが断線してしまうこともあるでしょう。起こりうるトラブルを事前に察知・予防するだけでなく、起こったトラブルに迅速に対応できるように、技術や仕様をしっかり理解し、最適な運用管理環境を設計していきましょう。

5.1 管理技術

管理技術は、ネットワークをより円滑に運用・管理していく仕組みを提供しています。ネットワークは設計、構築したら終了というわけではありません。むしろそこからがスタートです。これから起こりうるトラブルに対して、より迅速に、より効率良く対応できるように、たくさんの管理技術を駆使していきます。本書では数ある管理技術の中でも、一般的に使用することが多いプロトコルと、設計の際に気を付けるポイントをピックアップして説明します。

5.1.1 NTPで時刻を合わせる

NTP (Network Time Protocol) は機器の時刻を合わせるためのプロトコルです。おそらくこの言葉だけ聞いたら、「え？　時刻を合わせて意味があるの？」、そう思う方もいるかもしれません。かくいう筆者もそうでした。その重要性を理解できるようになったのは、トラブルで冷や汗をかいているときでした。

複数の機器が絡み合うトラブルの原因を突き止め、解決していくときに最も重要なポイントは、トラブルの流れを時系列で理解することです。何時何分何秒に何が起きたのか。その流れを整理するのに正確な時刻要素は欠かせません。

NTPの動きはシンプル

NTPは、クライアントの「今、何時ですかー？」という問い合わせ (NTP Query) に対して、サーバが「○○時○○分○○秒ですよー！」と返す (NTP Reply)、とてもシンプルな動きをします。

図5.1.1 NTPの動きはシンプル

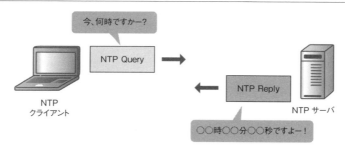

NTPは「Stratum（ストレイタム）」という値を用いた階層構造になっています。Stratumは最上位の時刻生成源からのNTPホップ数を表しています。最上位の時刻生成源は原子時計やGPS時計など、高精度の正確な時刻を保持していて、Stratumの値は「0」です。そこからNTPサーバを経由するたびにStratumが増えていきます。Stratum「0」以外のNTPサーバは、上位のNTPサーバに対するNTPクライアントであり、下位のNTPクライアントに対するNTPサーバでもあります。そして、上位のNTPサーバと時刻同期できない限り、下位に時刻を配信しようとはしません。

図5.1.2 NTPはStratumを使用した階層構造をとっている

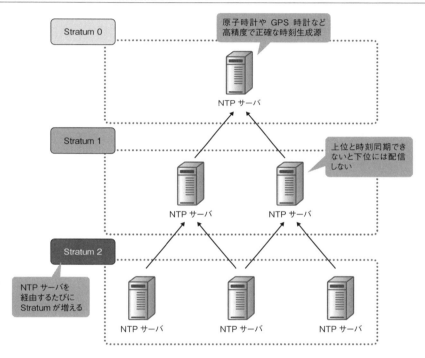

UDPのユニキャストを使用する

NTPはユニキャスト、マルチキャスト、ブロードキャスト、すべての通信種類において動作できるようにできています。しかし、**サーバシステムで使用するNTPはユニキャストのみ**です。本書ではユニキャストのみを扱います。

NTP Query

「今、何時ですかー？」がNTP Queryです。送信元IPアドレスは時刻を同期したい機器そのもののIPアドレス、あて先IPアドレスはNTPサーバのIPアドレスです。プロトコルには即時性を求めたUDPを使用しています。そして、そのポート番号は送信元もあて先も「123」です。フラグ

フィールド内のモードでQueryかReplyかを識別しています。Queryの場合、モードの値が「3」(client)です。

図 5.1.3　UDP のユニキャストで NTP Query を送信する

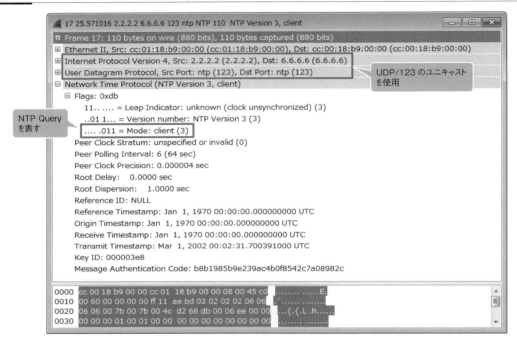

■ NTP Reply

「○○時○○分○○秒ですよー！」がNTP Replyです。送信元IPアドレスはNTPサーバのIPアドレス、あて先IPアドレスは時刻を同期したい機器そのもののIPアドレスです。NTP Query同様、プロトコルには即時性を求めたUDPを使用しています。そして、そのポート番号は送信元もあて先も「123」です。フラグフィールド内のモードでQueryかReplyかを識別しています。Queryの場合、モードの値が「4」(server)です。モードのあとに、Stratumや時刻情報、遅延等々、クライアントが正確な時刻を生成するための情報を詰め込んでいます。

図 5.1.4 NTP Reply に時刻情報を詰め込む

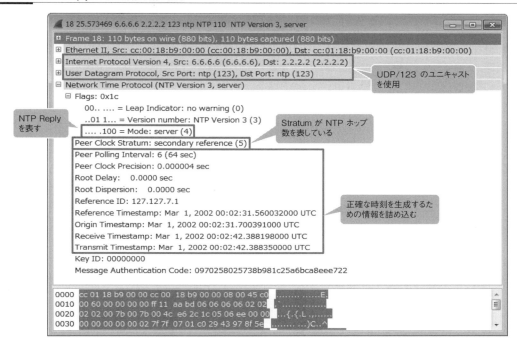

同期間隔は変動する

NTPサーバに対する同期間隔は、使用するNTPアプリケーションによって異なります。Linuxで一般的に使用されているntpdを例にとりましょう。ntpdの同期間隔は、安定しないうちは64秒、落ち着いてくると128秒、256秒と倍々にしていき、最大1024秒まで増やしていきます。もちろん設定で変更可能です。

図 5.1.5 同期間隔を徐々に伸ばしていく

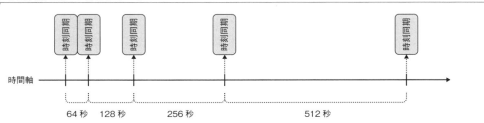

2種類の動作モードがある

NTPクライアントには「**step モード**」と「**slew モード**」という2種類の動作モードが存在します。違いは、ざっくりいうと、サーバから受け取った時刻の合わせ方です。stepモードは一気に合わせます。slewモードはゆっくり合わせます。どちらの動作モードを使用するかは、NTPクライアントのOSに依存します。たとえば、ntpdの場合、デフォルトで、自分の時刻とNTPサーバから受け取った時刻のズレが128ミリ秒以上であればstepモード、それより小さい場合はslewモードを使用します。

■ step モード

stepモードはズレの大きさに関係なく一気に時刻を合わせようとします。NTPクライアントの時刻が進んでいたとしても、目標の時刻に戻します。スイッチやルータなど、時刻情報をそこまで重要な部分で使用していない機器は、このモードを使用しています。

図 5.1.6 step モードで一気に合わせる

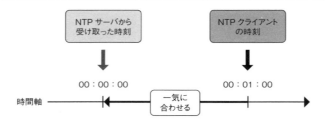

■ slew モード

slewモードはゆっくり時刻を合わせようとします。1秒間に0.5ミリ秒ずつ時刻を補正していきます。クライアントの時刻が進んでいたとしても、時刻を戻すことはしません。実際に進んだ時間よりも、時間の進み方を遅くする（小さく時間を進める）ことで、ゆっくりゆっくり調整していきます。

DBアプリケーションやログアプリケーションなど、一部のアプリケーションは時刻情報がアプリケーション内で重要な役割を果たしており、stepモードで一気に時刻を合わせると不具合が発生してしまう可能性があります。そのような場合は、アプリケーションをインストールする前にstepモードで時間を合わせておき、そのあとslewモードを使用して時刻を合わせます。

図 5.1.7 slew モードで徐々に合わせる

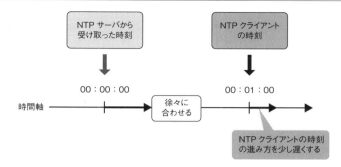

時刻が合うまでのんびり待つ

　実際にサーバシステムを構築していると、なかなか時刻が合ってこずに、ちょっとイライラしてきがちです。機器によっては強制的にNTP Queryを送信するコマンドがあったりするのですが、そのようなコマンドがない機器だと、同期するのにとても時間がかかります。慌てず、のんびり待ってください。そのうち合ってきます。**1時間くらい待って、それでも合わないようだったら、設定が間違っています。** 設定を確認してください。

監視サーバに時刻同期するとログを整理しやすい

　NTPで時刻同期を図るとき、最も重要なことはシステムとしての統一性です。システム内に存在する機器それぞれが、インターネット上にあるバラバラのNTPサーバに時刻同期をかけ、バラバラの時刻情報源から受け取った時刻情報を保持しても意味がありません。それに、インターネットトラフィックの無駄です。**システム内で1台、あるいは2台のNTPサーバを立てて時刻同期し、システムとして時刻の統一を図ったほうが効率が良いでしょう。**

　では、どのサーバをNTPサーバにすればよいか。これもよく質問されます。もちろんNTPサーバをNTPサーバとして完全に独立させるのもよいでしょう。他のサーバサービスと同居を図る場合は、監視サーバとの同居がお勧めです。これは、時刻情報が最も力を発揮してくれるのが、監視サーバのログを時系列に確認するトラブルシュートのときだからです。監視サーバの時刻さえ合っていれば、ログを時系列に整理することができます。

第 5 章 管理設計

図 5.1.8 システム内で時刻の整合性をとる

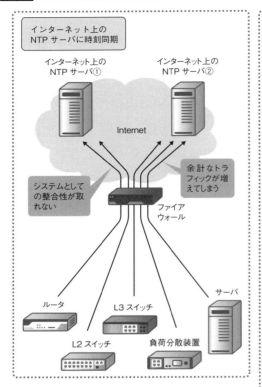
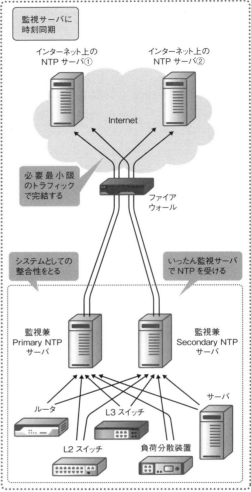

うるう秒に対応しているか確認する

「うるう秒(Leap Second)」という言葉をご存じですか？「うるう年」ではありません。「秒」です。うるう秒は、何年かに一度来るNTP的ビックイベントです。

先述のとおり、Stratum 0は、原子時計やGPS時計など、極度にずれにくい時計（原子時）を使用していて、一定のリズムで正確に時を刻み続けています。しかし、1日間の基準となる地球の自転周期（天文時）は必ずしも一定ではなく、速くなったり遅くなったり、微妙にずれがあります。したがって、たとえ原子時計やGPS時計がずれなくても、時間とともに必然的にずれてきてしまいます。そのずれを調整するためにうるう秒があります。

うるう秒の調整は、世界標準時（UTC）の6月か12月の末日の最後の秒、それでも間に合わない場合は3月か9月の末日の最後の秒に、数年に一度の間隔で不定期に行われます。たとえば、地球の自転が速いときは、時計が遅れてしまうので、23時59分58秒のあとの23時59分59秒をスキップして、0時0分0秒になります。逆に、地球の自転が遅いときは、時計が進んでしまうので、23時59分59秒のあとに23時59分60秒を挿入して、0時0分0秒になります。ちなみに、うるう秒の調整は1972年から本書執筆時（2019年5月）までに27回実施されていて、ここ最近では2016年12月31日（GMT）に1秒追加のうるう秒の調整が行われました。28回目の実施日はまだ決まっていません。

図5.1.9　うるう秒で時計を調整

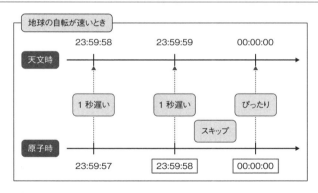

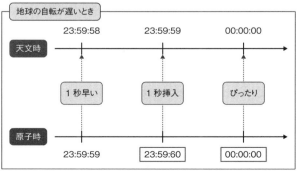

第5章 管理設計

さて、このうるう秒がなぜNTP的にビッグイベントなのか。これは、うるう秒の調整に先立って行われる事前準備にあります。NTPサーバは、うるう秒の調整が行われる24時間前に「Leap Indicator (LI)」というフラグを利用して、「うるう秒の調整がありますよー」と事前にクライアントに対して通知します。しかし残念なことに、世の中にはこのLeap Indicatorフラグをうまく処理できないNTPクライアント（サーバOSやネットワーク機器など）が存在していて、それが原因で不具合が発生する場合があります。もう、超一大事です。このためだけに泣く泣く待機したエンジニアは少なくないはずです。正月（2017年1月1日）9時にうるう秒が挿入されるとアナウンスされたときには、「せめて正月は外してくれよ…」と本当に泣きたくなりました。

そこで、うるう秒が挿入されるアナウンスがあったときは、まずメーカーやSIベンダーに、うるう秒への対応状況について確認してください。対応していない場合、時間と余裕があれば、対応しているバージョンにバージョンアップしてください。バージョンアップできないようであれば、24時間以上前にNTPサーバ参照をストップし、NTPサーバからLeap Indicatorのフラグが立ったNTPパケットが入ってこないようにしてください。そして、うるう秒の調整が行われた後に、NTPサーバを参照し直してください。1秒くらいの差であれば、いずれまた同期してくれるはずです。また、最近は、GoogleのPublic NTPサーバやAWSのNTPサーバなど、1秒を長い時間かけて分散調整する「Leap Smear」機能を持っているNTPサーバもあります。この場合はLeap Indicatorを使用しません。うまく活用して、Leap Indicatorフラグが立ったNTPパケットが入ってこないようにしましょう。

図 5.1.10 Leap Indicator フラグに未対応の場合、不具合を回避する必要がある

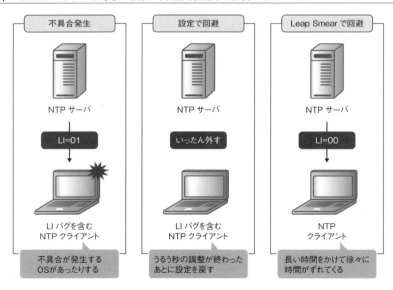

5.1.2 SNMPで障害を検知する

SNMP（Simple Network Management Protocol）は、ネットワーク機器やサーバの性能監視や障害監視で使用する、業界標準の管理プロトコルです。サーバシステムの運用管理で一般的に使用されています。サーバシステムにおいて「障害の兆候を見逃さないこと」、これはとても重要なことです。CPU使用率やメモリ使用率、トラフィック量、パケット量など、ありとあらゆる管理対象機器の情報を定期的に収集、継続的に監視し、障害の兆候をいち早く検知します。

SNMPマネージャとSNMPエージェントでやり取りする

SNMPの構成要素は、管理する「SNMPマネージャ」と、管理される「SNMPエージェント」のふたつです。これらふたつの構成要素の間でいくつかのメッセージを組み合わせてやり取りし、マネージャがエージェントの状態を把握できるようにしています。

SNMPマネージャは、SNMPエージェントが持っている管理情報を収集、監視するアプリケーションのことです。有名どころでいえば「Zabbix」や「OpenView Network Node Manager (NNM)」、「TWSNMPマネージャ」などでしょうか。どのアプリケーションも収集した情報を加工して、Web GUIベースで見える化し、わかりやすくしてくれています。

SNMPエージェントは、SNMPマネージャの要求を受け入れたり、障害を通知したりするプログラムのことです。ほとんどのネットワーク機器やサーバに実装されています。SNMPエージェントは、「**OID (Object Identifier)**」という数値で識別される管理情報と、それに関する値を「MIB (Management Information Base)」というツリー状のデータベースで保持しています。エージェントはマネージャの要求に含まれるOIDを見て、それに関連する値を返したり、OIDの値の変化を見て障害を通知したりします。

図 5.1.11 SNMPマネージャがSNMPエージェントを管理する

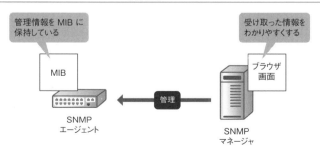

第 5 章　管理設計

図 5.1.12　MIB はツリー状になっている（図は TWSNMP マネージャで見た MIB 情報）

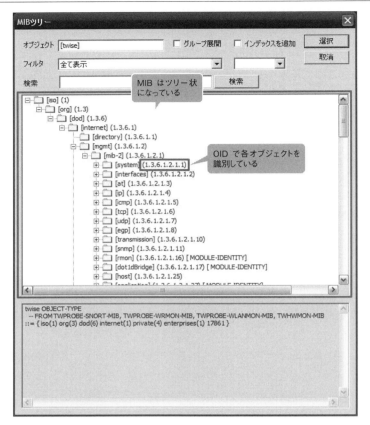

3 種類の動作パターンを使いこなす

　SNMPはUDPを使用していて、動きはシンプル、かつわかりやすいものです。「GetRequest」「GetNextRequest」「SetRequest」「GetResponse」「Trap」という5種類のメッセージを組み合わせ、「**SNMP Get**」「**SNMP Set**」「**SNMP Trap**」という3種類の動作パターンを実現しています。どれも「**コミュニティ名**」という合言葉が一致して、初めて通信が成り立ちます。では、それぞれの動作パターンを見ていきましょう。

SNMP Get

　SNMP Getは機器の情報を取得する動作パターンです。イメージ的には「○○の情報をくださーい！」という問い合わせに対して、「○○ですよー！」みたいな感じで応答します。あっさりしています。

SNMPマネージャはSNMPエージェントにOIDを含めた形でGetRequestを送信します。Get RequestはUDPのユニキャストで行われ、そのあて先ポート番号は「161」です。それに対して、SNMPエージェントは、指定されたOIDの値をGetResponseとして返します。次の情報が欲しいときは、マネージャが次に欲しいOIDを含めてGetNextRequestを送信し、またエージェントがGetResponseを返します。ひたすらそれを繰り返します。

図 5.1.13　SNMP Get で OID の情報を取得する

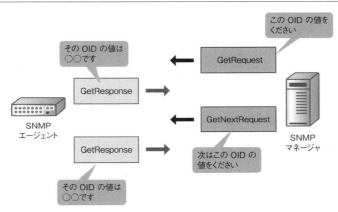

図 5.1.14　OID を含めて GetRequest する

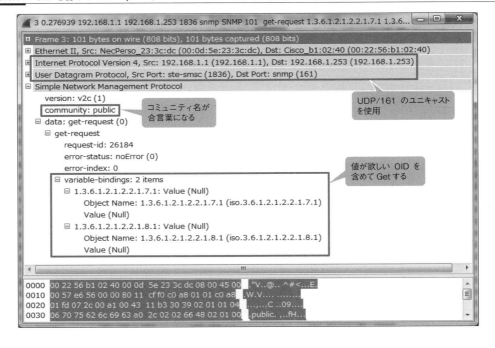

図 5.1.15 指定された OID を GetResponse する

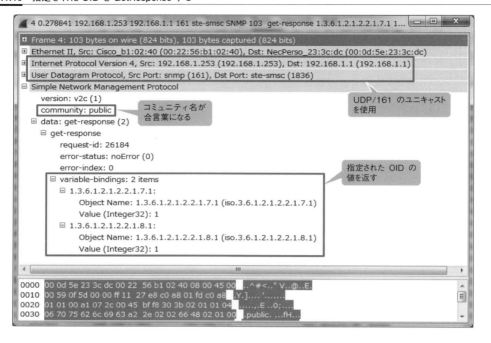

SNMP Set

　SNMP Setは機器の情報を更新する動作パターンです。「○○の情報を更新してくださーい！」という要求に対して、「できましたー！」みたいな感じで応答します。以前システム管理者から「値を更新してどうすんの？　偽装じゃないの？」と言われたことがあったのですが、そういう使い方をするわけではありません。SNMP Setを使用した例で最もわかりやすいものは、ポートのシャットダウンでしょう。エージェントは、ポートの状態をOIDの値として保持しています。この値を更新することで、ポートにシャットダウンをかけることができます。

　動きはSNMP Getとそれほど大きく変わりません。使用するメッセージが違うだけです。SNMPマネージャはSNMPエージェントにOIDを含めた形でSetRequestを送信します。SetRequestはSNMP Get同様、UDPのユニキャストで行われ、そのあて先ポート番号は「161」です。それに対して、SNMPエージェントは、更新した値をGetResponseとして返します。

図 5.1.16 SNMP Set で OID の値を更新する

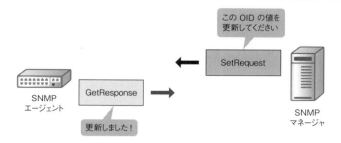

図 5.1.17 変更したい OID とその値を SetRequest する

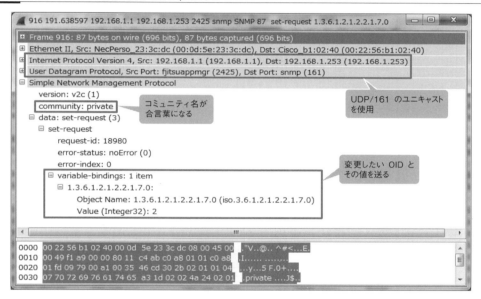

SNMP Trap

　SNMP Trapは障害を通知する動作パターンです。「○○に障害が発生しましたー！」みたいな感じでエージェントから送信されます。SNMP GetもSNMP Setもマネージャ発の通信でした。**Trapだけはエージェント発の通信なので、注意が必要です。**

　SNMPエージェントは、OIDの値に特定の変化があったとき、それを障害として判断し、「Trap」をマネージャに送信します。TrapはUDPのユニキャストで行われ、そのあて先ポート番号は「162」です。

第 5 章　管理設計

図 5.1.18　SNMP Trap で障害を検知する

図 5.1.19　障害が発生した OID を SNMP Trap する

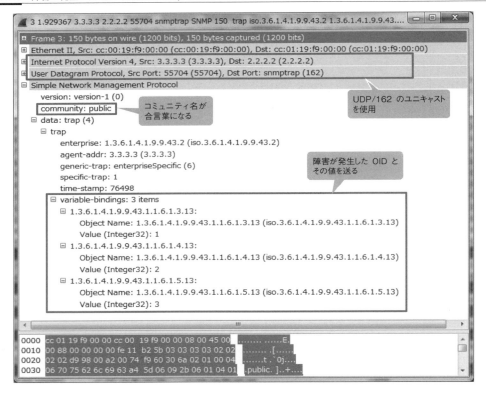

送信元を制限する

　現在、世の中で最もよく使用されているSNMPのバージョンは「v2c」です。v2cは暗号化機能を備えておらず、重要な管理情報がクリアテキストで流れます。v2cにおいて、唯一セキュリティを担保しているといえるものがコミュニティ名なのですが、やはりクリアテキストで流れてしまうため、セキュリティ的に強いとはいえません。

　そこで、SNMPを使用するときは、**SNMPエージェント側で許可する送信元IPアドレス、つまりSNMPマネージャのIPアドレスを制限して、セキュリティを担保する**ようにしてください。

図 5.1.20　SNMP エージェント側で送信元 IP アドレスを制限する

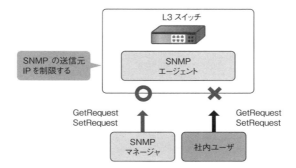

5.1.3　Syslog で障害を検知する

　SyslogはログメッセージをÂ転送するために使用されている、業界標準の管理プロトコルです。ネットワーク機器やサーバは、いろいろなイベントをログとして機器内部（バッファ、ハードディスク）に保持しています。Syslogはこのログをsyslogサーバに対して転送し、ログの一元化を図ります。サーバシステムではSNMPと併せて、よく使用されます。

Syslog の動きはシンプル

　SyslogはUDPを使用していて、動きはシンプル、かつわかりやすいものです。**何かのイベントが発生したら、それを自身のバッファやディスクに保存すると同時に、Syslogサーバへ転送するだけです**。転送はUDPのユニキャストで行われ、そのあて先ポート番号は「514」です。ペイロード部分は「**Facility**」と「**Severity**」、「メッセージ」で構成されています。メッセージはログそのものです。本書ではFacilityとSeverityについて説明します。

図 5.1.21　Syslog でログを転送する

第 5 章　管理設計

図 5.1.22　Syslog でログメッセージを転送する

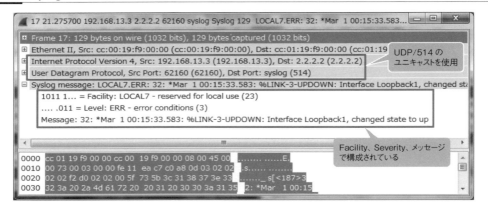

Severity

Severityはログメッセージの重要度を表す値のことです。0 〜 7の8段階で構成されていて、値が小さいほど重要度が高くなります。設計するときは、「どのSeverity以上のメッセージをSyslogサーバに送信するか」「どのSeverity以上のメッセージをどれくらい（サイズ、あるいは期間）まで保持するか」を定義します。たとえば、「warning以上をSyslogサーバに送信し、informational以上を40960バイトまでバッファに保持する」みたいな感じで定義していきます。機器によっては、ログを吐き出すこと自体が処理負荷になる可能性も否定できません。**ログ出力処理が負荷になってしまわないように、うまくSeverityを調整してください。**

表 5.1.1　Severity が緊急度を表す

名称	説明	Severity	重要度
emergencies	システムが不安定になるエラー	0	高い
alerts	緊急に対処すべきエラー	1	↑
critical	致命的なエラー	2	
errors	エラー	3	
warnings	警告	4	
notifications	通知	5	
informational	情報	6	↓
debugging	デバッグ	7	低い

Facility

Facilityはログメッセージの種類を表しています。24種類のFacilityで構成されていて、次の表のように種類の指標が示されています。

446

表 5.1.2　Facility がメッセージの種類を表す

Facility	コード	説明
kern	0	カーネルメッセージ
user	1	任意のユーザのメッセージ
mail	2	メールシステム（sendmail、qmail など）のメッセージ
daemon	3	システムデーモンプロセス（ftpd、named など）のメッセージ
auth	4	セキュリティ / 認可（login、su など）のメッセージ
syslog	5	Syslog デーモンのメッセージ
lpr	6	ラインプリンタサブシステムのメッセージ
news	7	ネットワークニュースサブシステムのメッセージ
uucp	8	UUCP サブシステムのメッセージ
cron	9	クロックデーモン（cron と at）のメッセージ
auth-priv	10	セキュリティ / 認可のメッセージ
ftp	11	FTP デーモンのメッセージ
ntp	12	NTP サブシステムのメッセージ
―	13	ログ監査のメッセージ
―	14	ログ警告のメッセージ
―	15	クロックデーモンのメッセージ
local0	16	任意の用途
local1	17	任意の用途
local2	18	任意の用途
local3	19	任意の用途
local4	20	任意の用途
local5	21	任意の用途
local6	22	任意の用途
local7	23	任意の用途

　機器によってはFacilityを変更できない機器もあります。設計するときに、仕様を確認してください。

メッセージをフィルタリングしてわかりやすく

　Syslogサーバを運用していると、トラブルが発生したときに限って膨大なログメッセージが飛んできて、結局重要なログを見逃してしまった。そんな話をよく耳にします。トラブルが起きているのですから、たくさんのログが飛んでくるのは当たり前です。肝心の時に役に立たなければSyslogサーバの意味がありません。**Syslogサーバ側でSeverityやFacilityを用いてメッセージをフィルタリングし、重要なログを見逃さないようにしてください。**

5.1.4 CDP/LLDPで機器情報を伝える

サーバシステムで発生するトラブルの多くは物理層に起因するものです。したがって、どのポートにどんな機器がつながっているか、この接続管理はサーバシステムを運用管理していくうえで、とても重要な要素になります。ネットワークには、接続管理を補助する役割を持つ、隣接機器発見プロトコルがいくつかあります。その中でも代表的なものが「**CDP (Cisco Discovery Protocol)**」と「**LLDP (Link Layer Discovery Protocol)**」です。どちらもL2レベルで、IPアドレスや機種、OSのバージョンといった機器の情報を送り、接続管理を容易なものにします。それぞれ説明しましょう。

CDP

CDPはシスコ独自のL2プロトコルです。EthernetⅡ (DIX) 規格ではなく、IEEE802.3規格を拡張させたIEEE802.3 with LLC/SNAPを使用して、機器情報をカプセル化しています。

CDPを有効にした機器は、デフォルト60秒間隔で「01-00-0C-CC-CC-CC」という予約済みマルチキャストMACアドレスに対してCDPフレームを送信します。CDPを受け取った機器は、その内容をキャッシュに保持します。そして、180秒間受け取れなくなったり、リンクダウンしたりしたときに、関連するリンクの情報を廃棄します。

図5.1.23 CDPで隣接機器の情報を認識する

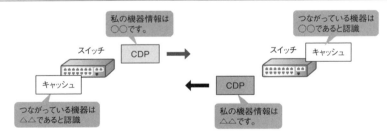

図 5.1.24 CDPにいろいろな管理情報を詰め込む

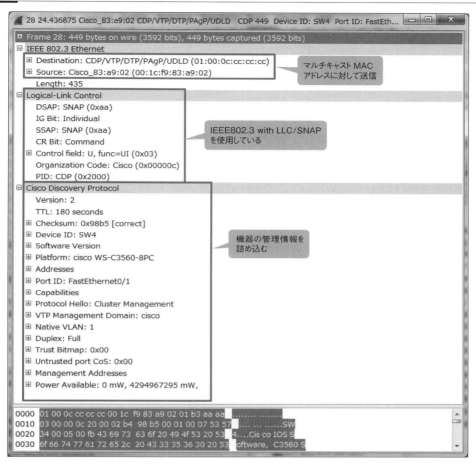

LLDP

　LLDPはIEEE802.1abで標準化されているプロトコルです。いろいろなベンダーが混在したマルチベンダー環境で使用します。EthernetⅡ規格を使用して、機器の情報をカプセル化しています。CDPとフォーマットは違いますが、できることはほとんど変わりません。
　LLDPを有効にした機器は推奨30秒間隔で「01-80-C2-00-00-0E」という予約済みマルチキャストMACアドレスに対して、LLDPフレームを送信します。LLDPを受け取った機器は、その内容をLLDP MIBというにデータベースに保持・管理します。そして、120秒受け取れなくなったり、リンクダウンしたりしたときに、関連するリンクの情報を廃棄します。

第 5 章　管理設計

図 5.1.25　LLDP で隣接機器の情報を認識する

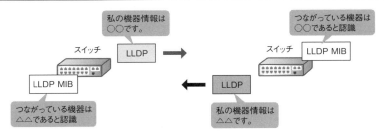

図 5.1.26　LLDP にいろいろな機器の情報を詰め込む

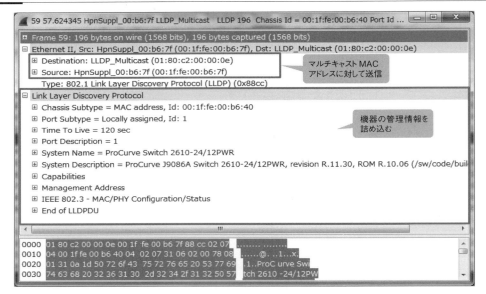

CDP や LLDP のセキュリティを考慮する

　接続管理に抜群の力を発揮してくれるCDPやLLDPですが、必ずしも良い面ばかりというわけではありません。どちらのプロトコルも機器の管理情報をクリアテキストで送信しているわけで、セキュリティの側面から考えると脆弱性のかたまりを垂れ流しているようなものです。したがって、**UntrustゾーンやDMZゾーンでは無効にしておいたほうがよいでしょう**。筆者は「機器が接続するまでは有効にしておいて、物理構成どおりの接続を確認できたら無効にする」といった形で活用するようにしています。

　設計時には、まず隣接機器発見プロトコルを有効にするかしないか。有効にする場合は、どのプロトコルを使用するか、どこで有効にするかを定義していきます。インターバルタイム（送信間隔）やホールドタイム（廃棄するまでの時間）を変更することはめったにないでしょう。

5.2 管理設計

ここからは、運用管理技術とは別に、設計しておいたほうがよい管理的な項目を説明していきます。いずれもとても細かいことなのですが、後々の助けになることが多く、設計段階でしっかりと定義しておいたほうがよいでしょう。

5.2.1 ホスト名を決める

ホスト名は位置や機器、役割などの識別子を定義して、よりわかりやすいものにしていくべきです。機器によって、使用できない特殊文字があったり、FQDN（完全修飾ドメイン名）が必須だったりといろいろな制限があったりします。設計時に仕様を確認してください。ホスト名を定義するときに意外と重要なポイントが「**文字数**」と「**呼び名（呼称）**」です。

大規模なネットワーク環境になると、AnsibleやTera Termのマクロなどを使用して、作業を自動化することが多くなります。ホスト名の文字数を合わせておくと、コードを書きやすくなり、コードにおける文字列操作の手間が省けます。また、会議の場やドキュメント内で使用する呼び名も意外と重要なポイントです。ホスト名はいろいろな識別子が入っていて、定義をしっかり理解していないと混乱してきがちです。ホスト名と合わせて呼び名を定義しておくと、話が進めやすくなったり、ドキュメントも作りやすくなったりと、いろいろなところで役に立ちます。

5.2.2 オブジェクト名を決める

ファイアウォールポリシーやアドレスグループ、VLANからリンクアグリゲーションの論理ポートなど、各種設定オブジェクトの命名規則も重要な設計要素です。特に、最近のネットワーク機器は、ありとあらゆる設定オブジェクトに名前を付けないといけなくなっているため、定義すべき命名規則が盛りだくさんです。オブジェクトごとにしっかりした命名規則を設け、わかりやすい名前を付けておくと、運用管理の自動化が楽になるだけでなく、将来的に引き継ぎもしやすくなります。逆に、めちゃくちゃな名前を付けてしまうと、設計者ですら混乱してきて、よくわからなくなってきます。

設定オブジェクトにおける命名規則のポイントは「設定概要」です。ひとつの設定オブジェクトにおいて、すべての設定項目をフルに設定することなんて、めったにありません。そこで、ポイントとなる設定項目の値を概要的に入れておくと、ある程度直感的に設定内容を認識できるようにな

第 5 章 管理設計

ります。ファイアウォールポリシーを構成するルールを例に説明しましょう。ファイアウォールのルールにはたくさんの設定項目がありますが、ポイントとなる設定項目は「送信元」「あて先」「プロトコル」「ポート番号」「アクション」の5つです。そこで、たとえば次の表のように命名しておくと、ざっくり設定内容を理解することができます。

表 5.2.1　設定オブジェクトの名前付けでは、ポイントとなる設定項目の値を用いるのがおすすめ

名前例	送信元	あて先	プロトコル	ポート番号	アクション
any-web1-tcp-80-p	any	web1	tcp	80	permit
any-web2-tcp-443-p	any	web2	tcp	443	permit
any-dns1-udp-53-p	any	dns1	udp	53	permit
any-dns2-udp-53-p	any	dns2	udp	53	permit
any-dmz-any-any-d	any	dmz	any	any	deny

5.2.3　ラベルで接続を管理する

　どこにどういうラベルを貼るか。ラベルの定義も重要な管理設計ポイントのひとつです。「はて？　ラベル？　シール？」と思うかもしれませんが、たかがラベル、されどラベルなのです。いざトラブルが発生したとき、どこに対象となる機器があるか、それを物理的に即座に把握するために、ラベルは役立ちます[1]。

　[1]　セキュリティ上の理由で「ラベルは貼らない！」というポリシーのところもあるかもしれません。そこはシステム管理者に確認しつつ進めてください。

ケーブルラベル

　ここでいうケーブルはLANケーブルだけでなく、電源ケーブルやSANで使用するファイバケーブルなど、サーバサイト内にあるすべてのケーブルを表しています。どういう種類のラベルで、どのような内容を記述するかを定義しておきましょう。

　いろいろな定義方法がありますが、既存に別のシステムがある場合は、それをヒアリングし、それに準じたほうがよいでしょう。**ラミネートタイプのラベルや丸タグに接続元・接続先の機器のホスト名とポート番号を記述することが多いでしょう。**

図 5.2.1　ケーブルラベルのタイプと記述内容を定義する

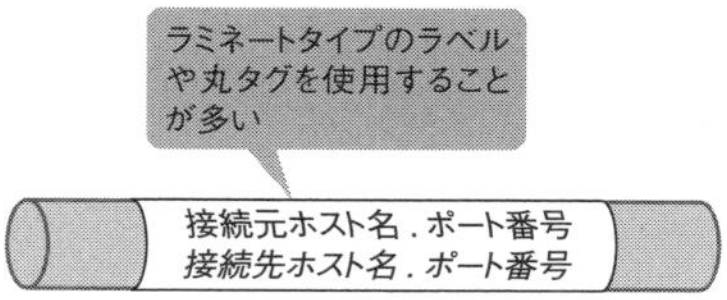

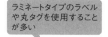

本体ラベル

　サーバやネットワーク機器本体に貼るラベルも同じように定義していきます。どこにどんな内容のラベルを貼るかを定義します。これもいろいろな定義方法がありますが、既存に別のシステムがある場合は、それをヒアリングし、それに準じたほうがよいでしょう。本体のラベルはフォントやそのフォントサイズにこだわる管理者もいますので、その辺も含めて聞いておいたほうがよいでしょう。**本体の前面と背面にホスト名を貼ったりすることが多いでしょう。**

5.2.4　パスワードを決める

　機器に設定するパスワードも管理設計で定義しておきます。どんなに厳重なデータセンターに設置していても、パスワードが「password」だったら意味がありません。張り子の虎のようなものです。情報セキュリティの認証規格であるISMS (Information Security Management System)では、質の良いパスワードの条件を以下のように定めています。

（ア）覚えやすい。
（イ）当人の関連情報（例えば、名前、電話番号、誕生日など）から、他の者が容易に推測できる又は得られる事項に基づかない。
（ウ）辞書攻撃に脆弱でない（すなわち、辞書に含まれる語から成り立っていない）。
（エ）同一文字を連ねただけ、数字だけ、又はアルファベットだけの文字列でない。

　ISMSの取得を目指さない限り、必ずしもこの条件に準拠する必要はないでしょう。あまりに安全なパスワードは複雑すぎて、設定した本人ですらログインできなくなるなどという事態に陥る可能性もあります。ただ、少なくともユーザが容易に想像できるようなパスワードは設定すべきではありません。機器によっては、閲覧レベルや設定レベルに応じて複数のパスワードを設定することができたりします。これも同じパスワードにするなんてもってのほかです。それではレベルを分けている意味がありません。横着せずに**レベルごとにパスワードを定義するようにしてください。**また、使用できる文字種や最大文字数、大文字・小文字の区別など、パスワード特有の制限について

第 5 章　管理設計

も注意を払ってください。コロンやセミコロン、バックスラッシュなど、特殊な文字は、機器によっては使用できないことがあります。マニュアルなどであらかじめ確認したうえで設計しましょう。

5.2.5　運用管理ネットワークを定義する

　ネットワーク機器の運用管理形態は、ネットワークの配置により「アウトオブバンド（OOB、Out-Of-Band）管理」と「インバンド（Inband）管理」に大別することができます。

　アウトオブバンド管理は、サービスを提供するネットワークとは別に、運用管理をするためだけのTrustedネットワーク（以下、運用管理ネットワーク）を用意する形態です。大規模ネットワークでよく採用されています。最近のネットワーク機器は、サービスを提供するポートとは別に、運用管理を行うための管理ポートを持っています*1。このポートに運用管理ネットワークのIPアドレスを割り当て、このポート経由でNTPやSNMP、Syslog、GUIアクセス、CLIアクセスなどなど、運用管理に関するトラフィックをやり取りします。アウトオブバンド管理は、サービストラフィックが逼迫してきたとしても、それに関係なく運用管理を継続できるというメリットがあります。また、信頼されたネットワークで運用管理するため、運用管理トラフィックに関するセキュリティを考慮する必要がありません。一方、信頼できる運用管理ネットワークを別で用意しなくてはいけないというデメリットがあります。

　インバンド管理は、サービスを提供するネットワークを、運用管理ネットワークとしても使用する形態です。中小規模ネットワークでよく採用されています。管理ポートを使用せず、サービスを提供するポートを使用して運用管理を行います。インバンド管理は、運用管理ネットワークを別に用意する必要がないというメリットがあります。一方、サービストラフィックの逼迫という異常事態に、何もできなくなる可能性があるというデメリットがあります。また、運用管理トラフィックのためのセキュリティを考慮する必要があります。

* 1　管理ポートがない場合は、管理VLANや管理VRF（Virtual Routing Forwarding、ルーティングテーブル）を作って、ポートに割り当てます。

表 5.2.2　ネットワーク機器の運用管理形態

管理方法	アウトオブバンド管理	インバンド管理
採用しているネットワークの規模	大規模ネットワーク	中小規模ネットワーク
運用管理ネットワーク（VLAN）の用意	必要あり	必要なし
運用管理を行うポート	管理ポート	サービスポート
運用管理ポートに対するセキュリティの考慮	必要なし	必要あり
サービストラフィック逼迫時における運用管理トラフィックに対する影響	なし	あり

454

5.2.6 設定情報を管理する

　ネットワーク機器の設定情報をどのようにバックアップし、どのようにリストアするか。これも管理設計のひとつです。不思議なことに、サーバのバックアップ・リストアには注意を払うのに、ネットワークのバックアップ・リストアにはそこまで注意を払わないことが多いのが現状です。しかし、ネットワーク機器の設定情報は、そのシステムの根幹を担うもので、サーバのそれと同じくらい重要なものです。いつ、どこに、どのように、どうやってバックアップ・リストアしていくか、しっかり定義しておきましょう。

バックアップ設計では「タイミング」「手法」「保管場所」を定義する

　バックアップ設計におけるポイントは「タイミング」「手法」「保管場所」の3つです。それぞれ説明していきましょう。

設定変更する前にバックアップを取得する

　ネットワーク機器のバックアップは、サーバのバックアップとは異なり、定期的に取得することは少ないでしょう。もちろん専用の管理ツールなどを使用して、定期的にバックアップすることも可能です。また、最近はネットワーク機器の中でcron[*1]を動かして、定期的にバックアップをスケジューリングすることもできます。しかし、たいていの場合は、設定変更する前のタイミングで取得します。

　　*1　cron（クーロン）は定期的にジョブを実行するための機能です。

機器ごとにバックアップ手法を定義する

　バックアップの手法は使用する機器によって異なります。機器によってはバックアップファイルを作成するためのメニューが用意されていたりもします。それぞれの機器において、「どんな情報を取得すべきか」「どのプロトコルでバックアップを取得すべきか」をしっかり確認して、定義するようにしてください。

バックアップファイルの保管場所を定義する

　バックアップファイルの保管場所もしっかり定義しておきましょう。機器ごとにバラバラな場所に保管していても統一感がなくなって、管理の混乱を招くだけです。また、取得したバックアップファイルの名称のフォーマットにも注意を払ってください。これもバラバラなフォーマットを使用していたら、いつ設定したかすらわかりません。すべてにおいて統一感を持たせてください。

図 5.2.2 バックアップ設計では「タイミング」「手法」「保管場所」を定義する

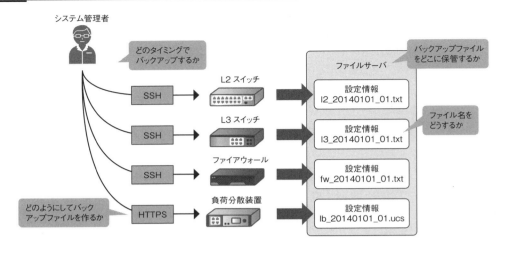

障害が発生したらリストアする

　ネットワーク機器のリストアは、サーバのリストアと同じく、障害が発生したときに実施します。バックアップと同様、リストアの手法は機器によって異なります。それぞれの機器でどのような手法でリストアすべきか、また、リストアにどれくらいの時間がかかるか、しっかり確認して定義しておくようにしてください。機器や設定の量によっては、リストアするより最初から設定し直したほうが早いこともあります。そのような機器の場合は例外として定義しておいたほうがよいでしょう。リストア設計における、しっかりとした定義が、障害復旧のスピードの鍵を握っていることは間違いありません。

図 5.2.3 障害が発生したときにリストアする

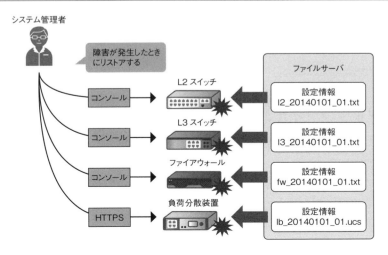

INDEX

■ 数字

1:1 NAT ･･････････････････････････ 162, 200
1000BASE-T ･･････････････････ 16, 19, 23
100BASE-TX ･････････････････････････ 21
100GBASE-LR4 ･････････････････････ 44
100GBASE-R ･･･････････････････････ 41
100GBASE-SR10 ･･･････････････ 42, 44
100GBASE-SR4 ････････････････ 43, 44
10GBASE-LR ･････････････････････ 39, 44
10GBASE-R ･･･････････････････････ 39
10GBASE-SR ･････････････････････ 39, 44
10GBASE-T ･･･････････････････････ 24, 25
2.5GBASE-T ･･･････････････････････ 25
3DES ･･･････････････････････････ 285
3ウェイハンドシェイク ･･･････････････ 213, 254
40GBASE-LR4 ････････････････ 40, 44
40GBASE-R ･･････････････････････ 40
40GBASE-SR4 ････････････････ 40, 44
4ウェイハンドシェイク ･･････････････････ 221
5GBASE-T ･･･････････････････････ 25

■ A

Accept-Encodingヘッダ ･････････････ 274
ACK ･････････････････････････････ 212
　　〜番号 ･････････････････････････ 216
AD (Adiministrative Distance)値 ････････ 160
Advertisementパケット (VRRP) ･･･････ 381, 382
AES (Advanced Encryption Standard) ････ 285
ALGプロトコル ･････････････････････ 317, 318
ARP (Address Resolution Protocol)
　　････････････････････ 105, 144, 385
ARP Reply ･････････････････ 107, 109, 113
ARP Request ･･･････････････ 106, 109, 113
ARPキャッシュ ･･･････････････････ 110, 111
arpコマンド ･･･････････････････････ 109
ARPテーブル ･････････････････････ 109
　　〜の更新 ･･･････････････････････ 115
ARPペイロード ･･･････････････････ 108
AS (Autonomous System) ･･･････････ 149
　　〜番号 ･････････････････････････ 153
Auto MDI/MDI-X ･･･････････････････ 23, 69

■ B

BFD (Bidirectional Forwarding Detection)
　　･･･････････････････････････ 360, 390
BGP ･･･････････････ 153, 194, 390, 392
BGPアトリビュート ･････････････････ 155, 194
BGPテーブル ･････････････････････ 154
BGPピア ･･･････････････････････ 154
BPDU (Bridge Protocol Data Unit)
　　･･････････････････ 366, 367, 373
BPDUガード ･････････････････････ 376, 378
Bフレッツ ･･･････････････････････ 223

■ C

CA (Certificate Authority) ･････････ 283, 292
Camellia ････････････････････････ 285
CA証明書 ･･･････････････････････ 293
CDP (Cisco Discovery Protocol) ･･ 104, 448, 450
CE (Customer Edge)スイッチ ･･･････ 177, 403
　　〜障害 ･･････････････････････ 412
　　〜のInsideリンク障害 ･････････････ 413
CE (Customer Edge)ルータ ･･･････････ 177
Certificate ･･･････････････････････ 299
Certificate Request ･･･････････････ 308
Certificate Verify ･･･････････････ 308
Change Ciper Spec ･･･････････････ 302
CIDR (Classless Inter-Domain Routing) ･････ 130
Cipher Suite ･････････････････････ 297
Client Certificate ･･･････････････ 308
Client Hello ･････････････････････ 297
Client Key Exchange ････････････ 301, 308
client random ･････････････････ 297, 301
close_notify ･････････････････････ 305
Connectionヘッダ ･･･････････････ 274
Content-Encodingヘッダ ･･･････････ 274
Cookie ･･････････････････････････ 262
Cookieパーシステンス (Insertモード)
　　････････････････････ 262, 277, 333
Cookieヘッダ ･･･････････････････ 276
CSR (Certificates Signing Request) ････ 294, 336

■ D

Destination Unreachable ････････････ 174, 224

457

INDEX

DF (Don't fragment) ビット ········ 122, 223, 225
DH/DHE ································· 286
DHCP ···································· 167
DHCP Ack ······························ 169
DHCP Discover ························· 168
DHCP Offer ···························· 168
DHCP Release ·························· 169
DHCP Request ·························· 169
DHCPサーバIP ·························· 167
DHCPパケットフォーマット ············· 167
DHCPリレーエージェント ··········· 167, 170
DMZ (DeMilitarized Zone) ゾーン ··· 179, 326
DNS (Domain Name System) ············ 318
DNSクエリ ······························ 319
DNSサーバ ······························ 320
Duplicate ACK ························· 218
Dynamic and/or Private Ports ······· 209, 211

■ E

eBGP ······························ 153, 194
ECDH/ECDHE ···························· 286
Echo Reply ···························· 172
Echo Request ·························· 172
ECMP (Equal Cost Multi Path) ········· 152
EGP (Exterior Gateway Protocol) ······ 149, 153
EIGRP ···················· 149, 150, 152, 393
End of Option List ···················· 214
End of Row ····························· 73
ePAgP ································· 360
Establishedオプション ················· 239
Ethernet Ⅱ ···························· 83

■ F

Facility ······················ 445, 446, 447
Fast Retransmit ······················ 218
FCS (Frame Check Sequence) ············ 85
FHRP (First Hop Redundancy Protocol) ····· 379
　～のIDの重複 ······················· 387
　～の動作プロセス ··················· 385
FIBテーブル ·························· 355
Finished ······························ 302
FINフラグ ························· 212, 221
FLP (Fast Link Pulse) ··················· 28
FQDN (Fully Qualified Domain Name) ······· 262
Fragmentation needed ·················· 224
FTP (File Transfer Protocol) ············· 309
FTPS ································· 284

■ G

GARP (Gratuitous ARP) ·············· 114, 386
GI (Graded Index) 型 ···················· 32
GLBP ································· 380

■ H

Helloパケット
　(EIGRP) ···························· 152
　(HSRP) ····························· 380
　(OSPF) ····························· 151
Host Unreachable ······················ 174
HSRP ································· 380
HTTP (Hypertext Transfer Protocol) ········· 268
　～0.9 ······························· 269
　～1.0 ······························· 269
　～1.1 ······························· 270
　～2 ··························· 270, 271
HTTP/2 and SPDY indicator ·············· 272
HTTPS ································ 281
HTTP圧縮機能 ························· 274
HTTPバージョン ·················· 277, 278
HTTPメッセージ ······················ 273
HTTPリクエスト ················· 272, 277
HTTPレスポンス ······················ 272

■ I

I/Gビット ····························· 89
IANA ································· 209
iBGP ······························ 153, 194
ICANN ························· 121, 129, 132
ICMP ····················· 171, 224, 254
ICMPパケットフォーマット ·············· 171
IDS ································· 242
IEC320 C13 ···························· 78
IEC320 C19 ···························· 78
IEEE802.11 ···························· 16
IEEE802.1ab ·························· 449
IEEE802.1ad ·························· 342
IEEE802.1Q ·························· 100
IEEE802.1s ·························· 375
IEEE802.1w ·························· 373
IEEE802.3 ························· 16, 83
IEEE802.3ab ·························· 16
IEEE802委員会 ························ 15
IGP (Interior Gateway Protocol) ··· 149, 150, 393
ip route ······························ 145
IP (Internet Protocol) ··················· 119
　～パケット ························· 119
　～ペイロード ··················· 119, 126
　～ヘッダ ·················· 119, 120, 126
IPS································· 242
IPsec VPN ····························· 242
IPv4 ································· 120
　～のフォーマット ··················· 120
IPv6 ································· 121

458

INDEX

～のフォーマット ･･････････････････････････ 121
IPアドレス ･･････････････ 105, 125, 127, 144
　　～設計 ･･････････････････････････････････ 185
　　～の必要個数の見積もり･････････････････ 185
　　～変換 ･･････････････････････････････････ 162
　　～割り当て ･･････････････････････････････ 191
IPマスカレード ･･････････････････････････････ 163
iSCSI ･･ 68
ISL ･･･ 100
ISP (Internet Service Provider) ･････････････ 392

■ J
JPNIC ･･･････････････････････････････････････ 132

■ K
Keep-Aliveヘッダ ････････････････････････････ 274
KEEPALIVEメッセージ ･･････････････････････ 154

■ L
L2スイッチ･･････････････････････････････ 90, 91
　　～障害････････････････････････････････ 416, 420
L2ループ防止機能 ･･･････････････････････････ 379
L3スイッチ･･････････ 91, 139, 197, 254, 334
L4スイッチ･･････････････････････ 91, 254, 334
L7スイッチ･･････････････････････ 91, 255, 334
LACP (Link Aggregation Control Protocol) ･･･ 342
LCコネクタ････････････････････････････････････ 36
Leap Indicatorフラグ･･･････････････････････ 438
Leap Smear機能 ･････････････････････････････ 438
LLDP (Link Layer Discovery Protocol)
　　･････････････････････････････････････ 449, 450
LSDB ･･ 151

■ M
MAC (Message Authentication Code) ･･････ 291
MACアドレス ･･･････････････ 84, 86, 105, 144
MACアドレステーブル ･･････････････････ 91, 96
　　～の更新 ･･････････････････････････ 115, 116
MAC鍵 ･･････････････････････････････････････ 301
MDI ････････････････････････････････････ 20, 21
MDI-X･･･････････････････････････････････ 20, 21
MF (More fragment)ビット ･･････････････････ 122
MIB (Management Information Base) ･･･････ 439
MMF ･･･････････････････････････････････ 32, 34
MPOケーブル ････････････････････････････････ 34
MPOコネクタ ･･････････････････････････ 34, 36
MSL (Maximum Segment Lifetime) ･･･････ 221
MSS (Maximum Segment Size) ･･･ 214, 222, 226
MST (Multiple Spanning-Tree) ･･･････ 372, 375
MTBF (Mean Time Between Failures) ･･････ 51
MTU (Maximum Transmission Unit) ･･･ 85, 222

■ N
NAPT ･･･････････････････････････････ 163, 200

NAT (Network Address Translation)････ 162, 198
NATテーブル･････････････････････････････････ 165
NEMA 5-15 ･･････････････････････････････････ 77
NEMA L5-30･･････････････････････････････････ 77
NEMA L6-20･･････････････････････････････････ 77
NEMA L6-30･･････････････････････････････････ 77
no_certificate ････････････････････････････････ 308
No-Operation ･･･････････････････････････････ 214
NTP Query ･･････････････････････････ 430, 431
NTP Reply ･･･････････････････････････ 430, 432
NTP (Network Time Protocol) ･･････････････ 430
NTPクライアント ････････････････････････････ 431
NTPサーバ･･････････････････････････ 431, 435
NUMAノード･････････････････････････････････ 60
　　～またぎ ････････････････････････････････ 61

■ O
OID (Object Identifier) ････････････････････ 439
OSPF ･･････････････････ 149, 150, 151, 393
OSバージョン･････････････････････････････････ 64
OUI (Organizationally Unique Identifier) ･･･････ 86

■ P
PAgP (Port Aggregation Protocol) ･･････････ 342
PAT (Port Address Translation) ･･････････････ 163
PE (Provider Edge)スイッチ･･････････････････ 403
ping･･･････････････････････････････････ 171, 175
PortFast ･･･････････････････････････････ 376, 378
PPTP (Point-to-Point Tunneling Protocol) ･･･ 318
PSH ･･･ 212
PVST (Per VLAN Spanning-Tree) ･･････ 372, 373

■ R
RARP (Reverse ARP) ･･･････････････････････ 116
Redirect ･･････････････････････････････････････ 174
Redirect Datagram for the Network ･･･････････ 174
Request Timeout ････････････････････････････ 173
RFC 6589 ･･･････････････････････････････････ 133
RIPv1 ･･ 151
RIPv2 ･･･････････････････････････････････ 149, 150
RJ-45 ･･･ 20
route add･･･････････････････････････････････････ 193
route print･･････････････････････････････････････ 143
RSA ･･･ 286
RST ･･･ 212
RSTP (Rapid Spanning-Tree) ･････････ 372, 373
RTO (Retransmission Time Out) ･･････････････ 219
RTSP (Real Time Streaming Protocol) ･･････ 318
RTT (Round Trip Time) ･････････････････････ 219

■ S
SCコネクタ ･･････････････････････････････････ 36
Selective ACK ･････････････････････････････ 214

INDEX

Selective ACK Permitted ··················· 214
Server Hello ······························· 299
Server Hello Done ····················· 299, 308
server random ························ 299, 301
Set-Cookieヘッダ ···························· 276
Severity ······························ 445, 446
SHA-256 ·································· 290
show ip route ······························· 144
show mac address-table ····················· 96
SI (Step Index) 型 ··························· 32
SIP (Session Initiation Protocol) ············ 318
slewモード ································· 434
SMF ·································· 32, 34
SMTPS ································· 284
SNMP ·································· 439
　～のセキュリティ ······················· 444
SNMP Get ································ 440
SNMP Set ································ 442
SNMP Trap ································ 443
SNMPエージェント ························· 439
SNMPマネージャ ··························· 439
SOAレコード ······························· 321
SQLインジェクション ······················· 247
SR-IOV ·································· 59
　NIC設計 ······························· 63
　仮想CPU設計 ·························· 61
　仮想メモリ設計 ························· 62
SSL (Secure Socket Layer) ······ 265, 280, 284
　～で使用する技術 ······················ 294
SSL-VPN ································· 242
SSLオフロード機能 ························· 265
　～の使用 ····························· 336
SSLサーバ ··························· 294, 337
SSLセッション
　～のクローズ ·························· 305
　～の再利用 ··························· 304
SSLハンドシェイク ····················· 295, 296
stack-mac persist timer 0 ················· 356
StackWiseテクノロジー ·········· 354, 355, 362
stepモード ································· 434
STP (Spanning Tree Protocol)
··················· 187, 362, 365, 366
STPケーブル ···························· 18, 19
Stratum ································· 431
SYN ·································· 212
Syslog ·································· 445
System Ports ······················· 209, 210

■ T
TC (Topology Change) ビット ················· 374

TCP (Transmission Control Protocol)
··················· 204, 206, 207
　～セグメント ·························· 204
　～のパケットフォーマット ················· 207
TCPコネクション ······················ 207, 213
　～の終了処理 ························· 221
TFTP (Trivial File Transfer Protocol) ········ 318
Timestamps ····························· 214
Time-To-Live exceeded ···················· 123
TIME-WAIT ······························· 221
TLS (Transport Layer Security) ············· 280
Top of Rack ······························ 74
ToS (Type of Service) ···················· 126
Trustゾーン ··························· 179, 326
TTL (Time To Live) ···················· 123, 126
　～のデフォルト値 ······················· 124
Twice NAT ································ 164

■ U
UDLD ·································· 379
UDP (User Datagram Protocol) ········· 204, 206
　～のパケットフォーマット ················· 206
　～データグラム ························ 204
UFD (Uplink Failure Detection) ··············· 364
Untrustゾーン ························· 179, 325
UPDATEメッセージ ························· 154
URG ·································· 212
User Ports ························· 209, 210, 211
User-Agentヘッダ ····················· 275, 276
UTM (Unified Threat Management)
··················· 240, 246, 331
UTPケーブル ····························· 18, 19

■ V
VIP (Virtual IPアドレス) ···················· 178
VLAN ID ························· 98, 100, 184
VLAN (Virtual LAN) ························· 97
　～設計 ······························· 177
　～の数 ······························· 183
VLANタグ ································· 100
VLANホッピング ··························· 184
vmnic ·································· 102
vMotion ································· 116
VPN ·································· 241
VRRP ······························ 380, 381
VSL (Virtual Switch Link) ··················· 359
VSLP Fast Hello ·························· 360
VSS (Virtual Switching System)
··················· 354, 357, 362
VST (Virtual Switch Tagging) ··············· 102
vSwitch ································· 102

INDEX

■ W

WAF (Web Application Firewall) ········ 240, 246
Webアプリケーションファイアウォール ········ 246
Well-known Ports ······························· 209
Window Scale ·································· 214
Wireshark ··· 86
WoL (Wake-on-LAN) ························· 137

■ X

XenMotion ····································· 116

■ あ

アウトバウンド通信 ······················· 198, 200
アクセススイッチ ································· 73
アクセス制御ポリシー ························· 327
アクティブオープン ····························· 213
アクティブクローズ ····························· 221
アクティブモード（FTP） ················· 310, 311
アクティブルータ ························· 380, 388
アグリーメント ··························· 373, 374
アグリゲーションスイッチ ················· 68, 73
あて先IPアドレス ······················· 125, 126
あて先MACアドレス ··························· 84
あて先NAT ····································· 248
あて先ネットワーク ····························· 139
アドレスクラス ································· 129
アプリケーションスイッチング機能 ········ 265, 337
アプリケーション制御 ························· 245
アプリケーション層 ····························· 268
アプリケーションの識別 ························· 208
暗号化 ··································· 282, 284
暗号化アルゴリズム ····························· 284
暗号鍵 ··· 284
暗号スイート ··································· 297
アンチウイルス ································· 243
アンチスパム ··································· 243

■ い

イーサネット ··························· 16, 83
　　～ペイロード ······························· 85
　　～ヘッダ ································· 84
イーサネットフレーム ························· 83
　　～フォーマット ····························· 85
イコールコストマルチパス ················· 152, 393
一方向ハッシュ関数 ····························· 288
インスタンス ··································· 375
インバウンド通信 ······················· 198, 199
インライン構成 ················· 45, 46, 402, 410
　　～パターン1 ······················· 46, 402
　　～パターン2 ······················· 47, 405

■ う

ウイルス対策 ··································· 243

ウィンドウサイズ ······························· 220
うるう秒 ··· 437
運用管理VLAN ··································· 183
運用管理ネットワーク ························· 454

■ え

エージングタイム ································· 95
エッジスイッチ ··························· 195, 196
エッジルーティング ············· 195, 196, 197
エリア ··· 151
エンクロージャ ································· 352

■ お

オートネゴシエーション ····················· 27, 28
オクテット ····································· 127
オブジェクト名 ································· 451
オプション
　　（DHCP） ··································· 167
　　（TCP） ··························· 213, 214
重み付け・比率 ························· 256, 336
オンボードNIC ································· 351

■ か

改ざん ··· 282
回線障害 ······························· 411, 423
外部ゲートウェイプロトコル ················· 149
鍵配送 ··································· 285, 286
鍵ペア ··· 286
拡張NIC ······································· 351
確認応答 ······································· 215
仮想MACアドレス ······················· 361, 396
仮想アプライアンス ····························· 56
仮想化環境 ····································· 180
仮想サーバ ····································· 248
仮想スイッチ ··························· 102, 181
仮想ドメインID ································· 358
仮想マシン ······························· 102, 181
カテゴリ ································· 19, 69
　　～3 ··· 20
　　～4 ··· 20
　　～5 ··· 20
　　～5e ································· 20, 25
　　～6 ··· 20
　　～6A ··· 20
　　～7 ··· 20
監視サーバ ····································· 435
完全修飾ドメイン名 ····························· 262
管理IPアドレス ································· 186
管理技術 ······································· 430
管理設計 ······································· 451
管理ポート ····································· 183
管理モジュール ································· 354

461

INDEX

■き

ギアボックス	43
機器の選定	51
競合IPアドレスの検知	114
共通鍵暗号化方式	285, 287
共通鍵の交換	301
共有IPアドレス	186
拠点間VPN	241

■く

空間IPアドレス	200
空冷効率	76
区間IPアドレス空間	200
クライアント証明書	306
クライアント認証	305, 306, 307
クラス	
～A	129, 134
～B	129, 134
～C	129, 134
～D	129
～E	129
クラスフルアドレス	130
クラスレスアドレス	130
クラッド	31
グローバルAS番号	154
グローバルIPアドレス	132
クロスケーブル	20, 22, 69
クロスサイトスクリプティング	247
クロスサイトリクエストフォージェリ	247

■け

ケーブル	
～の色	69
～の長さ	70
ケーブルラベル	452

■こ

コア	31
コアスイッチ	73, 195, 196
～障害	425
コアルーティング	195, 197
公開鍵	286
公開鍵暗号化方式	286, 287
高可用性設計	402
コード (ICMP)	171, 172
コールドアイル	76
コスト	151
コネクション集約機能	266, 338
コネクション情報の同期	395
コネクションテーブル	227, 228, 250
コンテンツフィルタリング	244
コントロールコネクション	310, 312, 313, 316

コントロールビット	180, 212

■さ

サーバ	
～NIC障害	421, 426
～サービス障害	422, 427
～サイトの通信フロー	410
～リンク障害	421, 426
サーバ証明書	294, 295
サーバ認証	305
最少コネクション数	257, 336
再送制御	217
再送タイムアウト	219
最大セグメント生存時間	221
最短応答時間	258
再配送	157
再配布	157
サブネット化	130
サブネット部	130
サブネットマスク	127
サポート期限	64

■し

シーケンス番号	213, 215
識別子	122, 126
シグネチャ	242, 243
次世代ファイアウォール	240, 244, 246, 331
持続的接続	274
ジャンボフレーム	85
収束時間	147, 372
収束状態	147
障害検知	349
冗長化技術	340
初期シーケンス番号	213, 215
署名前証明書	292
自律システム	149
新規接続数	55
シングルモード光ファイバ	33, 34

■す

スイッチモジュール	353
スクエア構成	46, 371
スタートライン	273
スタックMACアドレス	356
スタックケーブル	357
スタティックVLAN	99
スタンバイルータ	380
ステータスコード	278, 280
ステータスライン	278
ステートフルインスペクション	227
(TCP)	232
(UDP)	228

INDEX

ストームコントロール ･････････････････････ 379
ストレージ通信 ･･････････････････････････ 68
ストレートケーブル ･･･････････ 20, 21, 69
スピード ････････････････････････････････ 26
スループット ･････････････････････ 53, 54

■せ
静的 ･･････････････････････････････････ 341
静的NAT ･･････････････････････････････ 162
静的ルーティング ･･････････････････････ 145
セカンダリルートブリッジ ･････････ 367, 371
セキュリティ設計 ･･････････････････････ 324
セキュリティゾーン ････････ 179, 325, 326
セッション鍵 ･････････････････････････ 301
セッション層 ･････････････････････････ 268
接続IPアドレス空間 ･･･････････････････ 199
接続数 ････････････････････････････ 53, 55
設定情報
　　〜の管理 ･･･････････････････････ 455
　　〜のバックアップ ･･･････････････ 455
　　〜のリストア ･････････････････････ 456
全二重通信 ･･････････････････････････ 26

■そ
送信元IPアドレス ･･･････････････ 125, 126
　　〜パーシステンス ･･･････････ 260, 333
送信元MACアドレス ･･･････････････････ 84
ゾーン転送 ･･････････････････････ 320, 321
ゾーンファイル ･･･････････････････ 320, 321

■た
帯域幅 ･･･････････････････････････････ 152
耐荷重 ･･･････････････････････････････ 79
第三者認証 ･･･････････････････････････ 292
対称鍵暗号化方式 ･････････････････････ 285
ダイナミックVLAN ･･･････････････････ 99
タイプ
　　(ICMP) ･････････････････ 171, 172
　　(イーサネット) ･･･････････････････ 84
タイムアウト値 ･･･････････････････････ 330
ダイレクトブロードキャストアドレス ･････ 137
タグVLAN ･･････････････････ 100, 184
　　(仮想化環境) ･････････････････ 102
単一方向リンク検出 ･･･････････････････ 379
短波長 ･･･････････････････････････････ 31

■ち
チーミング ･･････････････ 346, 351, 364
チーミング (仮想化環境) ･･･････････････ 349
遅延 ･･･････････････････････････････ 152
中間証明書 ･･･････････････････････････ 295
中間認証局 ･･･････････････････････････ 295
長波長 ･･･････････････････････････････ 31

重複ACK ･････････････････････････････ 218

■つ
ツイストペアケーブル ･･･････････ 18, 29, 65, 69
通信の見える化 ･･･････････････････････ 245
通信要件 ･･･････････････････ 324, 325, 332

■て
ディスタンスベクタ型 ･･･････････････ 149, 150
ディスティングウィッシュネーム ･･･････････ 294
データコネクション ･･･････････ 310, 312, 313, 316
データリンク ･････････････････････････ 82
データリンク層 ･･････････････････････ 82
デジタル証明書 ･･････････ 283, 292, 336
　　〜の構成要素 ･･･････････････････ 293
デジタル署名 ･･････････････････ 283, 292
　　〜のアルゴリズム ･･･････････････ 292
デフォルトゲートウェイ ･･････ 106, 140, 160, 192
デフォルトルート ･･････････････････････ 160
　　〜アドレス ･･･････････････････ 135
デュプレックス ･･････････････････････ 26
電源系統 ･････････････････････････････ 78
電源コンセント ･･･････････････････････ 77
電源プラグ ･･････････････････････････ 77
電磁ノイズ ･･･････････････････････････ 19
伝送速度 ･･･････････････････････ 19, 26

■と
同期用VLAN ･･････････････････････････ 395
同期用リンク ･･････････････････････････ 395
同時接続数 ･･･････････････････････････ 55
盗聴 ･･･････････････････････････････ 282
動的ルーティング ･････････････････････ 146
トポロジテーブル ･･････････････････････ 152
ドメイン名 ･･･････････････････････････ 318
トライアングル構成 ･･･････････････････ 371
トラッキング ･････････････････････････ 383
トラディショナルファイアウォール ･･････ 240, 246
トラブルシューティング ･･･････ 30, 175, 176
トランク ･･････････････････････････ 102
トランクフェールオーバ ･･･････････ 364, 365
トランスポート層 ･････････････････････ 204
トランスポートヘッダ ･････････････････ 204

■な
内部ゲートウェイプロトコル ･････････････ 149
名前解決 ･････････････････････････････ 318
なりすまし ･･･････････････････････････ 283

■に
認証局 ･･･････････････････ 283, 292, 295

■ね
ネイティブVLAN ･･････････････････ 103, 184
　　(仮想化環境) ･････････････････ 104

463

INDEX

ネクストホップ ······················ 139
ネットワークアドレス ················ 134
ネットワークオブジェクト ············ 327
ネットワーク層 ······················ 118
ネットワークの割り当て ·············· 187
ネットワーク部 ······················ 127

■の
ノード ····························· 82

■は
パーシステンス ················ 259, 333
　～情報の同期 ···················· 400
　～のタイムアウト値 ·············· 333
パーシステンステーブル ············ 260
バージョン ························ 126
　（IP） ··························· 120
ハードウェア構成設計 ·············· 53
ハーフデュプレックス ·············· 26
ハイパースレッディング ············ 61
ハイブリッド暗号化方式 ············ 287
バグスクラブ ······················ 65
パケット ·························· 118
パケット化 ························ 118
パケットキャプチャ ················ 30
パケット長 ························ 126
パケットフィルタリング ············ 237
パスコスト ···················· 368, 369
パスベクタ型 ······················ 154
パスワード認証 ···················· 305
パスワードの定義 ·················· 453
バックアップVLAN ················ 182
バックアップルータ ················ 382
パッシブオープン ·················· 213
パッシブクローズ ·················· 221
パッシブモード（FTP） ·········· 313, 314
ハッシュ化 ···················· 282, 288
ハッシュ値 ························ 288
パディング ························ 85
半二重通信 ························ 26

■ひ
ビーコン検知 ······················ 349
光信号 ···························· 31
光波長分割多重 ···················· 40
光ファイバケーブル ·········· 18, 31, 65
　～を使用する規格 ·············· 39, 44
非対称鍵暗号化方式 ················ 286
ビット ···························· 14
ビット列 ·························· 14
秘密鍵 ························ 286, 336

■ふ
ファイアウォール ·············· 227, 331
　～障害 ···················· 414, 424
　～のTrustリンク障害 ············ 415
　～のブロック動作 ················ 328
　～ポリシー ······················ 328
　～ログ ·························· 329
ファイアウォール冗長化技術 ········ 394
　～の同期プロセス ················ 397
フィルタリングルール ·············· 227
フィンガープリント ················ 288
フェールオーバ ················ 383, 386
フォールトトレランス（NIC） ········ 347
負荷分散設計 ······················ 332
負荷分散装置 ······················ 248
　～障害 ···················· 418, 425
　～のInsideリンク障害 ············ 419
　～のOutsideリンク障害 ·········· 417
　～の冗長化技術 ·················· 400
負荷分散方式 ·················· 255, 336
　（NIC） ························· 350
　（リンクアグリゲーション） ········ 343, 344
復号 ···························· 284
復号アルゴリズム ·················· 284
復号鍵 ·························· 284
物理層 ···························· 14
プライベートAS番号 ·············· 154
プライベートIPアドレス ········ 132, 133
フラグ ···················· 122, 126, 213
フラグメンテーション ·············· 122
フラグメントオフセット ········ 122, 126
フラッディング ···················· 93
プリアンブル ······················ 84
ブリッジID ························ 367
ブリッジングループ ············ 187, 377
プリマスターシークレット ·········· 301
フルデュプレックス ················ 26
フルルート ························ 153
ブレイクアウトケーブル ············ 35
ブレード ·························· 352
ブレードサーバ ···················· 352
フレーム ·························· 83
フレーム化 ························ 83
フロアの配置 ······················ 73
フロー制御 ························ 220
フローティングスタティックルート ···· 161
ブロードキャストMACアドレス ······ 88
ブロードキャストアドレス ·········· 135
ブロードキャストドメイン ········ 88, 97

INDEX

プロキシARP ··································· 166
ブロッキングポート ················ 366, 368, 371
プロトコル番号 ···························· 124, 126
プロポーザル ······························ 373, 374

■へ
平均故障間隔 ···································· 51
ベストパス選択アルゴリズム ············ 155, 156
ヘッダチェックサム ······························ 126
ヘッダ長 ·· 126
ヘルスチェック ···························· 253, 334

■ほ
ポートID ·· 350
ポートVLAN ······································ 99
ポート使用のポリシー（機器） ·················· 70
ポート番号 ································· 205, 208
ホールドタイム ·································· 383
ホスト部 ·· 127
ホスト名 ·· 451
ホットアイル ······································ 76
ホップ数 ··································· 123, 151
本体ラベル ······································ 453

■ま
マスターシークレット ··························· 301
マスタスイッチ ····························· 355, 356
マスタルータ ···································· 382
マルチキャスト ···································· 89
　～のMACアドレス ···························· 89
マルチモード光ファイバ ····················· 32, 34

■め
明示的なフェールオーバ ························ 350
迷惑メール対策 ·································· 243
メザニンカード ·································· 353
メソッド ···································· 277, 278
メッセージダイジェスト ························· 288
メッセージ認証コード ··························· 291
メッセージヘッダ ································ 273
メッセージボディ ································ 273
メディアコンバータ ······························ 66
メトリック ·· 150
メンバスイッチ ·································· 355

■も
モード ·· 31

■ゆ
床の耐荷重 ······································ 79
ユニキャスト ······································ 88

■ら
ライブマイグレーション ···················· 116, 180
ラウンドロビン ······················· 256, 336
ラックの耐荷重 ···································· 79

ラベル ·· 452

■り
リーズンフレーズ ·························· 278, 280
リクエストURI ·································· 277
リクエストメッセージ ····························· 273
リクエストライン ································ 277
リディストリビューション ························ 157
リピータハブ ······································ 29
リミテッドブロードキャストアドレス ············· 137
リモートアクセスVPN ··························· 241
リンクアグリゲーション
　（NIC） ··························· 347, 348
　（物理リンク） ······················ 340, 343
リンク状態検知 ·································· 349
リンクステート型 ································ 150
リンクステートデータベース ···················· 151
リンクステートトラック ························· 364
リンク連動機能 ···································· 66

■る
ルータ ···································· 139, 197
ルーティング ···································· 139
　～設計 ·································· 191
ルーティングアルゴリズム ·················· 149, 150
ルーティングテーブル ····················· 139, 145
　（Ciscoルータ） ························· 144
　（Windows） ·························· 143
ルーティングプロトコル ······· 146, 149, 195, 390
ルーティングループ ······················ 124, 161
ルート集約 ······················ 159, 188, 198
ルート証明書 ···································· 299
ルート認証局 ···································· 295
ルートブリッジ ········· 366, 367, 368, 371, 388
ループガード ···································· 379
ループバックアドレス ··························· 138

■れ
レスポンスメッセージ ··························· 273
レピュテーション ································ 243

■ろ
ローカルブロードキャストアドレス ··············· 136
ロードバランシング（NIC） ·················· 347, 348
ロンゲストマッチ ································ 158

■わ
割り当てIPアドレス ····························· 178
　～空間 ·································· 199
割り当てクライアントIP ························· 167
ワンアーム構成 ················ 45, 49, 407, 423
　～パターン1 ····················· 49, 407
　～パターン2 ····················· 50, 408

465

■本書のサポートページ

https://isbn.sbcr.jp/96805/

本書をお読みいただいたご感想を上記URLからお寄せください。
本書に関するサポート情報やお問い合わせ受付フォームも掲載しておりますので、
あわせてご利用ください。
右のQRコードからもサポートページにアクセスできます。

著者紹介

みやた ひろし

大学と大学院で地球環境科学の分野を研究した後、某システムインテグレーターにシステムエンジニアとして入社。その後、某ネットワーク機器ベンダーのコンサルタントに転身。設計から構築、運用に至るまで、ネットワークに関連する業務全般を行う。CCIE (Cisco Certified Internetwork Expert)。

著書に『サーバ負荷分散入門』『インフラ/ネットワークエンジニアのためのネットワーク・デザインパターン』『パケットキャプチャの教科書』(以上、みやた ひろし名義)、『イラスト図解式 この一冊で全部わかるサーバーの基本』(きはし まさひろ名義) がある。

インフラ/ネットワークエンジニアのための
ネットワーク技術&設計入門 第2版

2013年 12月 31日　初版発行
2019年 6月 28日　第2版第1刷発行
2024年 7月 25日　第2版第11刷発行

著　　者 ……………… みやた ひろし
発行者 ……………… 出井 貴完
発行所 ……………… SBクリエイティブ株式会社
　　　　　　　　　　〒105-0001 東京都港区虎ノ門2-2-1
　　　　　　　　　　https://www.sbcr.jp/
印　　刷 ……………… 株式会社シナノ

カバーデザイン ……… 細山田 光宣＋グスクマ・クリスチャン・セサル
　　　　　　　　　　　（株式会社細山田デザイン事務所）
カバーイラスト ……… zentilia/Shutterstock.com
本文デザイン・組版 … クニメディア株式会社
企画・編集 ………… 友保 健太

落丁本、乱丁本は小社営業部にてお取り替えいたします。
定価はカバーに記載されております。

Printed in Japan　ISBN978-4-7973-9680-5